Electronic Circuits Experiments

전자회로 실험

기현철 · 권상직 공저

한티미디어

▶ 저자소개

기 현 철 : 경원대학교 전자공학과
권 상 직 : 경원대학교 전자공학과

전자회로 실험

발행일 2011년 3월 1일 초판 2쇄
수정판 2014년 3월 3일 초판 3쇄
저 자 기현철 권상직
발행인 김준호
발행처 한티미디어
편 집 김은수 유채원
마케팅 노호근 박재인 최상욱 김원국 김택성
관 리 김지영 문지희

등 록 제15-571호
주 소 서울시 마포구 동교로 23길 67 Y빌딩 3층
전 화 02)332-7993~4
팩 스 02)332-7995
가 격 25,000원
홈페이지 www.hanteemedia.co.kr
이메일 hantee@hanteemedia.co.kr

ISBN 978-89-91182-74-5 93560

머 리 말

전자회로실험은 전자회로에서 이론적으로 배운 개념을 실제 회로로 구현하여 그 특성을 경험하고 감각적으로 느낌으로써 관념에 만 의존해 얻은 지식의 허점을 보완하여 실제 회로에 대한 감각을 갖고 흥미를 유발할 수 있는 데에 그 의의가 있다고 생각하며 그런 마음을 갖고 이 책을 집필하였다.

이 책은 9개 Part로 구성하였다. 'Part 0. 전자소자에 대한 예비지식'에서는 반도체 물성과 다이오드 동작의 이해 및 전자소자의 이해와 부품판독에 대한 내용을 다루어 전자회로 실험 전에 꼭 필요한 지식을 요약하여 놓았다. 실제 실험은 Part 1부터 시작되며 먼저 주파수 응답과 증폭기에 대한 실험을 통하여 회로를 이해하는 데에 가장 근본이라 할 수 있는 증폭기와 주파수 응답에 대한 개념을 느끼면서 이해할 수 있도록 하고 있다.

Part 2에서는 다이오드 회로를 다루고 있으며 다이오드 회로 해석을 부하선 개념을 이용한 그래프적 해법과 모델구축을 통한 해석적 해법을 직접 경험하도록 하여 두 해석법의 유용성과 각각의 장단점을 자연스럽게 이해할 수 있도록 하였다. 또한, 각종 다이오드 응용회로들을 구현해 보도록 하여 단순한 다이오드 소자로써 얼마나 많은 응용이 가능한 지를 느낄 수 있도록 하고 있다.

Part 3에서는 트랜지스터 회로를 다루고 있으며 먼저 트랜지스터 스위칭 동작을 통해 트랜지스터의 대신호 모델을 이해할 수 있도록 하고 트랜지스터 소신호 증폭기의 근간이 되는 공통 이미터 증폭기, 공통 베이스 증폭기 및 공통 콜렉터 증폭기의 특성을 실제로 확인하고 느낄 수 있도록 하고 있다. 또한, 공통증폭기 외에 차동 증폭기와 푸쉬풀 증폭기의 실험을 통해 실제로 많이 사용되고 있는 주요 증폭기들의 동작을 이해하고 체험할 수 있도록 하고 있다.

Part 4에서는 연산 증폭기의 특성을 이해하고 응용하는 방법에 대해 실험한다. Part 5에서는 실제연산 증폭기의 특성을 이해하고 익숙해 지는 데에 중점을 두었으며 특히 한정된 연산 증폭기의 대역폭 문제를 실제 회로설계에서 어떻게 극복하는지를 보였고 주파수 응답에 대한 개념을 이해하도록 하는 데에 역점을 두었다.

Part 6에서는 연산 증폭기를 이용한 능동 필터 설계에 대해 다루어 회로에서 흔히 쓰이는 필터회로 설계에 익숙해 지도록 하였다.

Part 7에서는 연산 증폭기를 이용한 발진기에 대해 다루고 있으며 이론으로 만 배운 발진의 원리를 실제로 확인할 수 있도록 하는 데에 역점을 두었다.

마지막으로, Part 8에서는 MOS회로를 다루고 있으며 MOSFET를 이용한 정전류원과 능동부하의 동작원리를 이해하고, 실제로 CMOS 연산증폭기를 구현하여 동작을 검증해봄으로써 연산증폭기에 대한 전모를 이해하고 습득할 수 있도록 하였다.

그러나 아직 미흡한 점이 많으리라 생각하고 독자 여러분의 많은 조언을 바라는 바이다. 끝으로, 교정에 수고를 아끼지 않아준 RF/아날로그 연구실의 학생들과 이 책이 출판되기까지 도와주신 한티미디어 모든 분들께 감사를 드린다.

2014년 2월

저자 씀

차 례

Part 0 전자회로 실험에 대한 예비지식

Part 1 주파수 응답과 증폭기

Part 2 다이오드 회로

Part 3 트랜지스터 회로

Part 4 연산 증폭기의 이해와 응용

Part 5 실제연산 증폭기의 특성

Part 6 필터회로

Part 7 발진회로

Part 8 MOS 회로

부록

Part 0

전자회로 실험을 위한 예비지식

예비 1. 회로도의 해석

예비 2. 전자소자의 이해와 부품판독

예비 1 회로도의 해석

회로도는 회로의 동작을 다른 사람에게 전달하거나 동일한 것을 만들 수 있도록 하기 위한 것으로 설계자의 의도를 표현한 것이다. 따라서 설계자의 설계의도나 회로동작을 이해하기 위해서 반드시 회로도를 해석할 수 있어야 한다.

1.1 회로도의 기본적인 요소

회로도를 이해하기위해서는 다음의 기본적인 요소들을 반드시 이해하고 있어야 한다. 이 것은 회로도를 이해하는데 뿐만 아니라 회로도를 그리는데도 기본 요소들이 되므로 반드시 알아두어야 한다.

(1) 사용하는 있는 부품들의 **명칭** 또는 **종류**

(2) 사용하고 있는 부품들의 **부품값** 또는 **규격**

(3) 사용하고 있는 각 부품들이 서로 어떻게 연결되었는지의 **접속 관계**

한편, 사용되고 있는 부품의 기호에는 기본적인 규약이 있는 경우가 있으며 이 경우 이 규약이나 데이터 시트로부터 부품값 또는 규격을 파악할 수 있다.

1.2 접속과 교차

회로도에서 부품 사이의 접속관계는 직선으로 표현하는데 직선이 서로 교차하는 경우 접속이 된 것인지 않된 것인지를 잘 구별해야 한다. 회로도에서는 일반적으로 교차한 직선을 표시할 때 다음과 같이 하고 있다.

(1) 'T'자형 교차의 경우 교차점에 점이 있으나 없으나 접속된 것이다.

(2) '+'자형 교차의 경우는 두 가지 규칙이 있다.

- ► **교차점에 점을 사용하는 경우**: 교차점에 점이 있으면 접속된 것이고, 점이 없으면 접속되지 않은 것이다(그림 P1.1(a) 참조).

► 교차점에 반원을 사용하는 경우: 교차점에 반원이 없으면 접속된 것이고, 반원이 있으면 접속되지 않은 것이다(그림 P1.1(b) 참조).

한편, '+'자형 교차의 경우에 교차점에 점도 없고 반원도 없는 경우 접속이 된 것인지 안된 것인지 잘 판단하기 어렵게 된다. 그러나 일반적으로 (2)항의 두 경우 중 하나를 이용하여 회로를 그린다. 따라서 교차점에 점을 찍는 경우는 반원 표시를 생략하는 경우가 많으며 반원표시를 사용하는 경우는 점을 찍지 않는 것이 일반적이다. 또한 교차점이 접속이 된 것인지 않된 것인지는 회로의 동작을 보면 접속이 되어야 할 곳인지 접속 되지 않아야 할 곳인지 알 수도 있다.

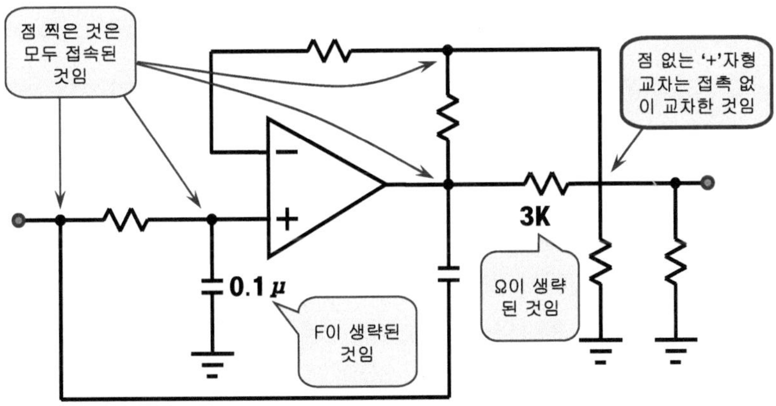

(a)

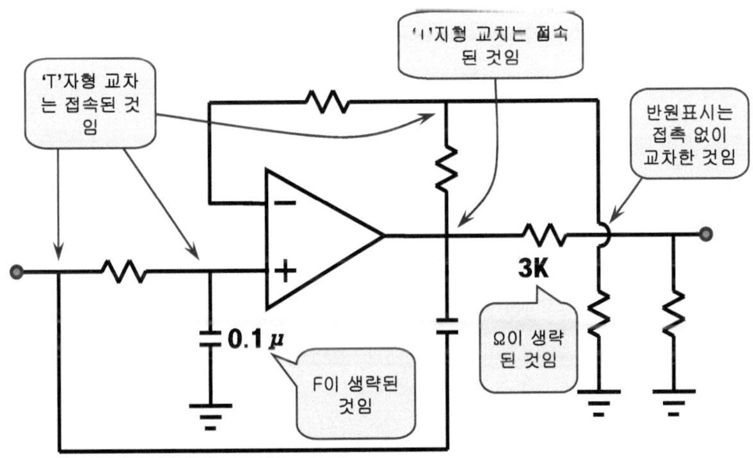

(b)

그림 P1.1 회로도에서의 접속과 교차
(a) 교차점에 점을 사용하는 경우 (b) 교차점에 반원을 사용하는 경우

1.3 회로도상의 기본 단위

회로도에 있는 부품 근처에는 다양한 숫자와 기호가 그려져 있다. 이 중에 부품의 값이 포함되고 있으며 그것들에는 단위가 붙어 있다. 이 기본적인 단위는 다음과 같다.

표 P1.1 회로도에서 사용되는 기본적인 단위

전기정수	기호	의미	읽는법	사용예
전 압	V	Volt	볼트	μV, mV, V, kV
전 류	A	Ampere	암페어	μA, mA, A
전 력	W	Watt	와트	μW, mW, W, kW
저 항	Ω	Ohm	옴	Ω, kΩ, MΩ
인덕턴스	H	Henry	헨리	μH, mH
정전용량	F	Farad	패럿	pF, μF(uF)
주 파 수	Hz	Hertz	헤르츠	Hz KHz MHz GHz

위의 표에 포함되지 않았지만 보조 단위로서 다음과 같은 것들이 많이 사용되고 있다. 대문자와 소문자의 분리 사용도 다음과 같은 것이 일반적이다.

표 P1.2 회로도에서 사용되는 보조 단위

기호	단위	읽는법
	1000000	메가
	1000	킬로
m	0.001	밀리
μ	0.000001	마이크로
	0.000000001	나노
	0.000000000001	피코

(실제 회로도에서는 μ는 u로 대용하고 Ω은 생략하는 경우가 많다.)

예비 2 전자소자의 이해와 부품판독

회로소자는 크게 수동소자와 능동소자로 구분한다. 수동소자는 에너지를 발생할 능력이 없는 다시 말해서, 신호를 증폭할 수 없는 소자로서 저항, 콘덴서, 인덕터가 이에 속한다. 능동소자는 에너지를 발생할 능력이 있는 다시 말해서, 신호를 증폭할 수 있는 소자로서 각종 트랜지스터가 이에 속한다. 일반적으로 전원(power supply)은 소자로 분류하지 않고 기기로 분류한다.

2.1 저항기

저항기(Resistor; R)는 전하의 흐름을 방해하여 회로에 흐르는 전류의 크기를 가감하는 기능을 하는 소자로서 회로심벌은 아래 표에 보였다. 저항값의 단위는 Ω (ohm: 옴)이 사용된다. 저항기는 크게 **고정저항기**와 **가변저항기**로 나누어진다. 또한, 사용하는 재료에 따라 탄소계와 금속로 분류된다. 저항기를 사용할 때 중요시 해야 되는 것은 정격전력, 저항값, 오차가 있다.

표 P2.1 저항기 (Resistor; R)

기능	전하의 흐름을 방해하여 회로에 흐르는 전류의 크기를 가감한다
회로심벌	
단위	Ω (ohm:옴)
정격전력	정격전력은 저항기가 견딜 수 있는 소비전력(Watt: 와트)을 의미한다. 전력(P)은 전류의 제곱(I^2)x저항(R)으로 구할 수 있다. 전자회로에서 많이 사용되는 것으로 1/16W, 1/8W, 1/4W, 1/2W, 1W, 5W 등이 있다. 전자회로의 신호회로에서는 미약전류가 흐르기 때문에 크게 의식하지 않아도 되지만, 전원회로 등의 전류제어용 회로에서는 큰 전류가 흐르기 때문에 정격전력을 꼭 지켜야 한다.

2.1.1 고정 저항기

고정저항기는 피막형과 권선형으로 분류되며 탄소피막형은 0.125W~5W의 전력용량과 1Ω ~ 10MΩ 의 저항값의 범위를 갖고, 권선형은 1W~200W의 전력용량과 1Ω

~100KΩ 의 저항값의 범위를 갖는다. 가변저항기도 피막형과 권선형으로 분류되며 피막형은 0.125W~1W의 전력용량과 50Ω ~ 300KΩ 의 저항값의 범위를 갖고, 권선형 은 1W~5W의 전력용량과 2Ω ~ 10KΩ 의 저항값의 범위를 갖는다.

고정 저항기의 종류에는 탄소피막저항기, 권선 저항기, 금속피막 저항기, 저항 어레이 등이 있다.

(1) 탄소피막 저항기

가장 일반적이고 저가격의 저항기이다. 저항값의 오차는 ±5%의 저항기가 가장 많다. 정격전력으로는 1/8, 1/4, 1/2 등이 많다. 탄소피막 저항기는 잡음이 심하다고 하는 결점이 있기 때문에, 아날로그 회로에는 금속계의 저항기를 사용하는 경우도 많다. 경험적으로는 아날로그 회로의 미소한 신호를 증폭하는 곳에는 가급적 금속계 저항기를 사용한다. 그러나 일반 디지털 회로에서는 저렴한 탄소계 저항기를 사용해도 잡음이 문제시 되지는 않는다. 저항기의 크기는 대개 그림 P2.1과 같이 되어 있다. 저항기의 정격전력은 그림 P2.1에서 보인 것처럼 크기를 보고 가늠하는 경우가 많다.

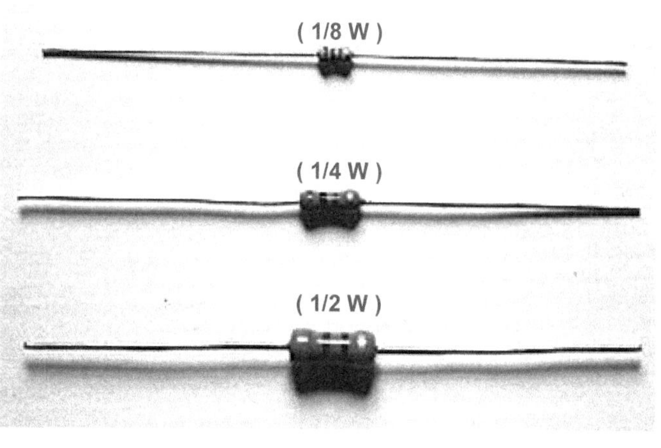

그림 P2.1 탄소피막 저항기

(2) 금속피막 저항기

금속피막 저항기는 탄소계 저항기보다 오차가 적은 높은 정밀도의 저항값이 필요한 경우에 사용된다. 오차는 ±0.05% 정도의 것도 있지만, 일반적인 전자회로에서는 그다지 고정밀도가 요구되는 저항기는 사용되지 않으며, 고정밀도라고 해도 ±1% 정도의 저항기로 충분하다. 그림 P2.2는 금속피막 저항기를 보여준다. 금속피막 저항기는 비싸기 때문에 꼭 필요한 경우에 부분적으로 사용하는 것이 좋다. 금속피막 저항기의 저항체 재료는 Ni-Cr(nichrome) 등이 사용되고 있다. 금속피막 저항기의 용도는 브리지 회로, 필터와 같이 저항값의 오차가 회로의 성능에 크게 영향을 미치는 경우나 저잡음이 요구되는 회로 등에 사용한다.

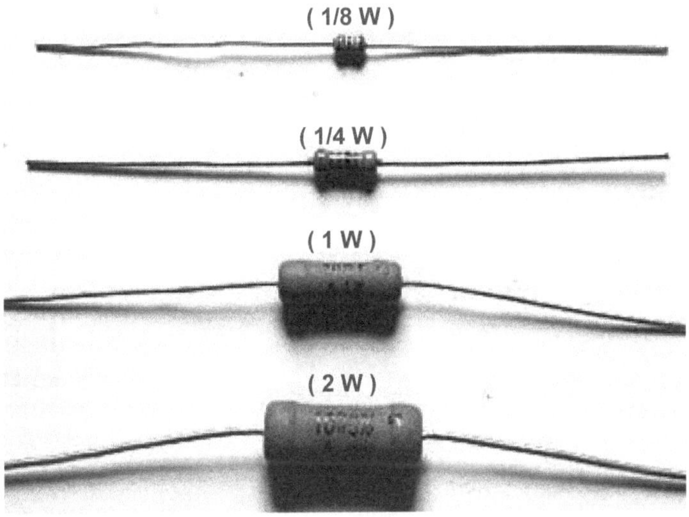

그림 P2.2 금속피막 저항기

(3) 저항 어레이

저항 어레이는 그림 P2.3에 보였듯이 여러 개의 같은 값을 가진 저항기가 일체형으로 만들어져 있다. 즉, 여러 개의 저항 소자를 하나의 패키지로 나열하여 접속하고 절연 도료를 입힌 형태로서 네트워크 저항기라고도 한다. 여러 개의 발광 다이오드 전류를 제어하는 경우와 같이 어레이 형태로 동일한 저항값의 저항기를 대량으로 사용 해야 할 때 활용하면 적은 공간으로 해결할 수 있어 편리하다.

그림 P2.3(a)의 사진은 공통형 저항 어레이로서8개의 저항기가 그림 P2.3(c)와 같이 각 저항기의 한쪽이 내부에서 접속되어 있다. 이런 타입은 그림 P2.3(a)의 저항 어레이 사진에서 볼 수 있듯이 470Ω 이라고 저항값 만이 표시되어 있다. 다리모양의 9개의 리드가 있으며, 그림 P2.3(a) 사진을 보았을 때, 맨 좌측의 리드가 공통(common) 리드이다.

그림 P2.3(b)의 사진은 분리형 저항 어레이로서, 같은 모양이면서 4S470Ω이라는 식으로 머리에 4S를 붙여 표시하고 있다. 이 타입은 리드가 8개로 그림 P2.3(d)와 같이 독립된 저항기가 4개 내장되어 있는 것이다. 이러한 저항기의 정격전력은 대략

1/8W 정도이다. 사이즈는 9개의 리드가 있는 타입의 경우, 폭 23mm, 높이 5mm(검은 부분), 두께 1.8mm이고, 8개의 리드가 있는 타입은 폭 20mm, 높이 5mm, 두께 1.8mm 이다.

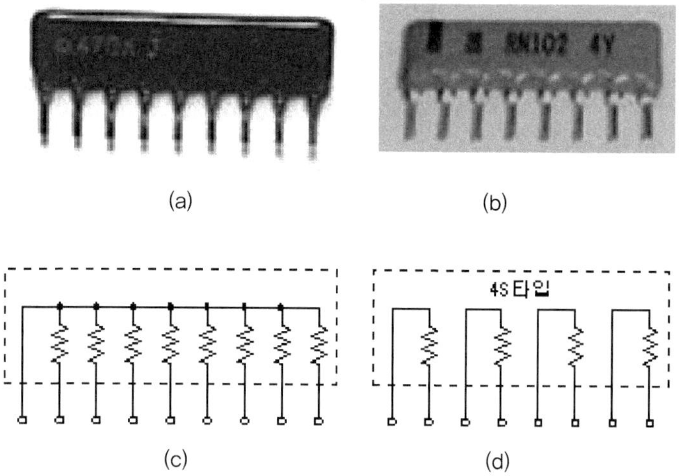

그림 P2.3 저항 어레이
(a) 공통형 저항 어레이의 실제모양 (b) 분리형 저항 어레이의 실제모양
(c) 공통형 저항 어레이의 내부구조 (d) 분리형 저항 어레이의 내부구조

2.1.2 가변 저항기

가변 저항기란 저항값을 가변시킬 수 있는 것으로, 반고정 저항기, 가변 저항기 등이 이에 속한다.

(1) 반고정 저항기

반고정 저항기는 일반적인 가변저항보다는 저항값의 가변이 매우 어렵게 만들어 필요에 따라 저항값을 설정한 후에는 거의 고정하여 사용하는 가변 저항기이다.

일반적으로 반고정 저항기는 회전할 수 있는 각도가 300도 정도이지만, 저항값을 세밀하게 조정하기 위해 기어(gear)를 조합하여 10~25회 정도로 여러 회전시킬 수 있도록 만든 것을 포텐셔미터(potentiometer)라고 부른다. 아래 그림에서의 반고정 저항기의 단자 별 저항 구조는 그림 P2.4의 아래에 표시된 등가회로와 같다.

그림 P2.4 반고정 저항기

(2) 가변 저항기

그림 P2.5는 가변 저항기의 모양을 보여준다. 가변저항기는 일반적으로 볼륨(Volume)이라 부르며, 저항기의 값을 조정할 수 있는 저항기이다. 라디오의 음량조정과 같이 소리의 크기를 조절하거나 회로의 동작 상태를 조정할 때에 사용되며 자주 저항값을 바꾸지 않는 곳에는 반고정 저항기를 사용한다.

일반적으로 가변 저항기는 회전할 수 있는 각도가 300도 정도이지만, 저항값을 세밀하게 조정하기 위해 기어(gear)를 조합하여 10~25회 정도로 여러 회전시킬 수 있도록 만든 것을 포텐셔미터(potentiometer)라고 부른다. 아래 그림에서의 가변 저항기의 단자 별 저항 구조는 사진 아래에 표시된 등가회로와 같다.

그림 P2.5 가변 저항기

2.1.3 저항기의 컬러코드(color code) 읽는 방법

저항기의 컬러코드는 4색띠-표기가 가장 많이 쓰이고 있으나, 정밀저항의 경우 5색띠-표기를 쓰기도 한다. 읽는 방법은 그림 P2.6에 보인 바와 같이 제1색띠와 제2색띠는 저항 color code표와 같이 숫자로 환산을 하며, 제3색띠의 승수는 배수 또는 곱수에 해당하므로 역시 color code 표의 숫자로 환산을 합니다. 또한, 제4색띠인 오차는 코드표와 같이 갈색, 적색, 금색, 은색, 무색에 해당하는 오차로 환산하면 된다.

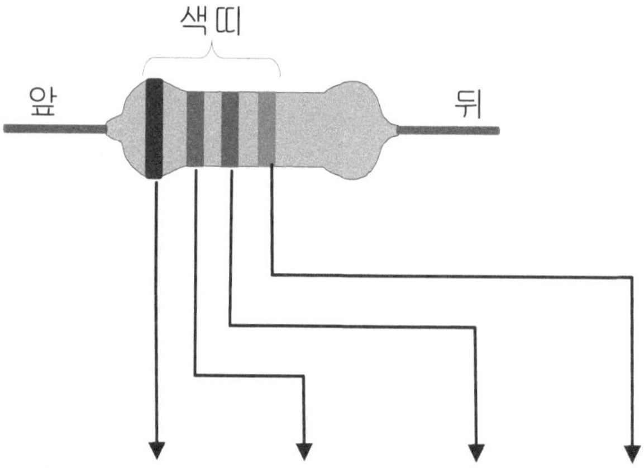

색		제1색띠	제2색띠	제3색띠	제4색띠
		첫째수	둘째수	승수	오차 [%]
흑(검정)	Black	0	0	10^0	
갈(밤색)	Brown	1	1	10^1	+/- 1
적(빨강)	Red	2	2	10^2	+/- 2
등(주황)	Orange	3	3	10^3	
황(노랑)	Yellow	4	4	10^4	
녹(풀색)	Green	5	5	10^5	
청(파랑)	Blue	6	6	10^6	
자(보라)	Violet	7	7	10^7	
회(회색)	Gray	8	8	10^8	
백(흰색)	White	9	9	10^9	
금(금분)	Gold			10^{-1}(=0.1)	+/- 5
은(은분)	Silver			10^{-2}(=0.01)	+/- 10
무	No color				+/- 20

그림 P2.6 저항의 색별법

이때 주의해야 할 사항은, 무색은 색이 없는 것을 의미한다. 사실, 저항기에서의 오차는 그다지 중요한 사항이 아니므로 승수의 환산에 주의하도록 한다.

5색띠-표기의 경우 제1색띠~제3색띠는 유효숫자를 나타내고 제4색띠는 승수, 제5색띠는 오차를 나타낸다.

2.1.4 표준 저항값

저항을 사용하다 보면 저항 값들이 이상한 값들로 되어 있는 것을 볼 수 있다. 예를 들어, 47KΩ, 560Ω 등의 저항값은 있지만 정확히 500Ω의 값을 갖는 저항은 찾을 수 없다. 그 이유는 저항기 생산 업체가 E계열이라는 값으로 정해진 표준 저항값에 맞춰 저항기를 생산하고 있기 때문이다. 저항의 E계열이란 KS, JIS와 같은 여러 나라의 공업규격에서 공통적으로 사용하는 규격 중의 하나로 1부터 10까지의 숫자을 10의 등비급수로 나눈 값이다. 예를 들어 E3 계열이라고 하면 다음과 같이 계산된다.

표 P2.2 E3계열의 표준 저항값

등분	10의 등비급수	E3계열의 표준 저항값
1	$10^{\frac{0}{3}} = 1$	$1x10^n$= 1, 10, 100, 1000, 10000
2	$10^{\frac{1}{3}} = 2.2$	$2.2x10^n$= 2.2, 22, 220, 2200
3	$10^{\frac{2}{3}} = 4.7$	$4.7x10^n$= 4.7, 47, 470, 4700

즉, E3계열의 저항값은 1, 2.2, 4.7의 10_n배를 한 값만이 존재한다.

그렇다면, 왜 균등 간격으로 분할하지 않고 10의 등비급수로 나누어 분할해야 할까? 그것은 한 저항값의 오차 범위 내에 다른 저항 값을 두는 것은 무의미하기 때문에 오차 범위를 벋어난 점에서 분할하다 보면 저항 값이 커질수록 듬성듬성 분할하게 되어 등비급수로 분할하게 되는 것이다. 예를 들어, 10%의 오차를 갖는 저항에서 10Ω은 9~11Ω범위 내의 저항 값을 의미하고, 90Ω은 81~99Ω 범위 내의 저항 값을 의미 한다. 10Ω에서 오차 저항값은 2Ω인 데 비해 90Ω에서 오차 저항값은 18Ω으로 늘어난다. 따라서 2Ω 근처에서의 분할 간격보다 90Ω 근처에서의 분할 간격이 훨씬 넓어져서 등비급수 분할이 된다.

한편, 표준 저항값은 오차의 범위를 감안하여 연속적인 저항값을 얻을 수 있도록 설정된다. 따라서 오차가 적은 저항일수록 많은 분할이 이루어지므로 높은 계열을 사용하게 된다. 실제로는 E3 계열은 사용되지 않으며 가장 일반적인 2, 5, 10%의 오차를 갖는 저항은 E24계열의 표준 저항값을, 1%는 E96, 0.5% 이하의 오차를 갖는 경우에는 E192 계열의 표준 저항값을 사용한다.

표 P2.3은 E24계열, E12계열, E6계열의 표준 저항값을 구하는 방법을 보여준다.

표 P2.3 E24계열, E12계열, E6계열의 표준 저항값

분할	E24계열		E12계열		E6계열	
1	$10^{\frac{0}{24}} = 1$	1	$10^{\frac{0}{12}} = 1$	1	$10^{\frac{0}{6}} = 1$	1
2	$10^{\frac{1}{24}} = 1.1$	1.1				
3	$10^{\frac{2}{24}} = 1.2$	1.2	$10^{\frac{1}{12}} = 1.2$	1.2		
4	$10^{\frac{3}{24}} = 1.3$	1.3				
5	$10^{\frac{4}{24}} = 1.5$	1.5	$10^{\frac{2}{12}} = 1.5$	1.5	$10^{\frac{1}{6}} = 1.5$	1.5
6	$10^{\frac{5}{24}} = 1.6$	1.6				
7	$10^{\frac{6}{24}} = 1.8$	1.8	$10^{\frac{3}{12}} = 1.8$	1.8		
8	$10^{\frac{7}{24}} = 2.0$	2.0				
9	$10^{\frac{8}{24}} = 2.2$	2.2	$10^{\frac{4}{12}} = 2.2$	2.2	$10^{\frac{2}{6}} = 2.2$	2.2
10	$10^{\frac{9}{24}} = 2.4$	2.4				
11	$10^{\frac{10}{24}} = 2.7$	2.7	$10^{\frac{5}{12}} = 2.7$	2.7		
12	$10^{\frac{11}{24}} = 3.0$	3.0				
13	$10^{\frac{12}{24}} = 3.3$	3.3	$10^{\frac{6}{12}} = 3.3$	3.3	$10^{3\frac{0}{6}} = 3.3$	3.3
14	$10^{\frac{13}{24}} = 3.6$	3.6				
15	$10^{\frac{14}{24}} = 3.9$	3.9	$10^{\frac{7}{12}} = 3.9$	3.9		
16	$10^{\frac{15}{24}} = 4.3$	4.3				
17	$10^{\frac{16}{24}} = 4.7$	4.7	$10^{\frac{8}{12}} = 4.7$	4.7	$10^{\frac{4}{6}} = 4.7$	4.7
18	$10^{\frac{17}{24}} = 5.1$	5.1				
19	$10^{\frac{18}{24}} = 5.6$	5.6	$10^{\frac{9}{12}} = 5.6$	5.6		
20	$10^{\frac{19}{24}} = 6.2$	6.2				
21	$10^{\frac{20}{24}} = 6.8$	6.8	$10^{\frac{10}{12}} = 6.8$	6.8	$10^{\frac{5}{6}} = 6.8$	6.8
22	$10^{\frac{21}{24}} = 7.5$	7.5				
23	$10^{\frac{22}{24}} = 8.2$	8.2	$10^{\frac{11}{12}} = 8.2$	8.2		
24	$10^{\frac{23}{24}} = 9.1$	9.1				

2.2 콘덴서

콘덴서(Capacitor; C)는 전하를 축적하는 기능과 직류전류를 차단하고 교류전류를 통과시키려는 목적에 사용되는 수동소자이다. 금속판을 일정한 간격을 두고 맞붙인 것으로 전압을 공급하면 금속판 사이에 전기가 축적된다. 전극판의 면적이 클수록, 두 전극판의 거리가 짧을수록 전기가 많이 축적된다. 여기에 직류전압을 걸면, 각 전극에 전하(電荷)라고 하는 전기가 축적되며, 축적하고 있는 도중에는 전류가 흐른다. 축적된 상태에서는 전류는 흐르지 않게 된다. 그러므로, 직류전압이 콘덴서에 가해진 경우, 순간적으로 전류가 흐르지만 후에는 흐르지 않기 때문에 직류를 통과시키지 않으려는 용도에도 사용된다. 그러나, 교류의 경우에는 앞서 언급한 테스터의 측정 봉을 항상 교대로 바꾸어 접속하는 것과 같으므로 그 때마다 전류가 흐르게 되어, 교류전류는 흐르는 것이다. 두 극판의 전극간에 절연체(유전체라고 한다)를 넣어 콘덴서를 만들며, 아무것도 삽입하지 않고 공기를 유전체로 하는 콘덴서도 있다.

콘덴서의 용량을 크게 하기 위해서는 극판 면적을 넓게 하거나, 극판사이의 간격을 좁게 하거나, 극판 사이에 비유전율이 큰 절연물을 사용하는 방법이 있다. 콘덴서를 병렬로 접속하면 합성 용량은 각 정전 용량의 합이 된다. 또한, 콘덴서를 직렬로 접속하면 두 콘덴서의 축전 전하량이 같아지는 특성을 가지고 있다. 콘덴서의 주파수 특성은 두 극판이 떨어져 있으므로 일단 충전이 되고 나면 더 이상 전류가 흐르지 않는다. 그러나 교류 전압을 가할 경우 교류값과 극성이 계속 변하므로 계속하여 방향을 바꾸어 가며 충전을 반복하게 되어 전류가 계속 흐르게 된다. 이 때, 극성이 바뀌는 속도가 빠를수록 전류가 잘 흐르게 된다. 즉, 주파수가 클수록 용량 리액턴스가 작아져서 전류가 잘 흐르게 되고, 주파수가 작을수록 용량 리액턴스가 커져서 전류가 잘 흐르지 않게 된다. 반면에 주파수가 0인 직류에서는 용량 리액턴스가 무한대가 되어 전류가 전혀 흐르지 않게 된다.

표 P2.4 콘덴서 (Capacitor; C)

기능	전하를 축적하거나 직류전류를 차단하고 교류전류를 통과시킨다
회로심벌	⊣⊢
단위	F (farad: 패러드)
고정 콘덴서	전해 콘덴서, 마일러 콘덴서, 쎄라믹 콘덴서
가변 콘덴서	바리콘

콘덴서의 용량을 나타내는 단위는 패러드(farad: F)가 사용된다. 1[F]이란 1[V]의 전압을 가하여 1[C]의 전하가 축적된 경우의 정전용량이다. 축적된 전하 Q=CV [C]으로 표현되며 여기서, C는 정전용량, V는 전압이다. 일반적으로 콘덴서에 축적되는 전하용량은 매우 작기 때문에, μF(마이크로 패러드: 10^{-6}F)나 pF(피코 패러드: 10^{-12}F)의 단위가 사용된다. 최근에는 슈퍼 커패시터라는 명칭으로 패러드 단위의 용량을 가진 콘덴서도 등장했다.

콘덴서는 재질이나 제작방법, 기능에 따라 그 종류가 다양하다. 제작방법에 따라서는 권임형과 적층형이 있고, 재질에 따라서는 마일러, 운모, 세라믹, 종이 등이 있다. 기능에 따라 분류하면 용량을 바꿀 수 없는 고정 콘덴서와 용량을 바꿀 수 있는 가변 콘덴서로 나눌 수 있다. 고정 콘덴서로는 전해 콘덴서, 마일러 콘덴서, 세라믹 콘덴서 등이 있고, 가변 콘덴서로는 동조 코일과 더불어 라디오 방송을 선택하는 부품으로 사용되는 바리콘이 있다.

표 P2.5 콘덴서의 종류에 따른 용도

콘덴서의 유형	콘덴서의 용량[μ F]	동작전압[VDC]	용 도
종이콘덴서	0.001~1	200~2,000	저주파 결합용
종이콘덴서	1~10	200~2,000	필터용
유입콘덴서	0.05~15	600~5,000	필터용
전해콘덴서	2~40	150~450	필터용
전해콘덴서	5~500	25~100	바이어스용
전해콘덴서	500~4,000	12~25	저전압 필터용
운모콘덴서	0.005~0.01	12~10,000	저주파, 고주파 결합용
세라믹 콘덴서	0.5×109≈0.47	12~10,000	저주파, 고주파 결합용
가변콘덴서	15~350	150~3,000 피크[V]	고주파 동조형

2.2.1 콘덴서의 특성과 용량 판독법

현재 가장 많이 쓰이고 있는 콘덴서는 세라믹 콘덴서, 마일러 콘덴서, 전해 콘덴서로서 이들의 특성과 용량 판독법을 알아보기로 한다.

(1) 세라믹 콘덴서

세라믹콘덴서는 모양이 원반형으로 되어 있으며, 용량은 비교적 작으며 극성이 없다.

단위는 [pF](피코 페럿)으로 표현한다. 세라믹 콘덴서는 전극간의 유전체로 티탄산 바륨(Titanium-Barium)과 같은 유전율이 큰 재료가 사용되고 있다. 이 콘덴서는 인덕턴스 성분이 적어 고주파 특성이 양호하다는 특징을 가지고 있어, 고주파 신호를 접지단자로 바이패스(고주파 성분 또는 잡음을 어스로 통과시킨다)시키는 고주파의 바이패스에 흔히 사용된다. 일반적으로 세라믹 콘덴서는 온도 특성이 좋지 못하다. 위에 검은 색 띠가 있는 콘덴서는 NPO형으로 온도 안정도가 매우 높다. 한편, 세라믹콘덴서는 신호왜곡을 초래할 수 있으므로 아날로그 신호에는 사용하지 않는다.

콘덴서의 용량 표시에 3자리의 숫자가 사용되는 경우가 있다. 부품 메이커에 따라 용량을 3자리의 숫자로 표시하든가, 그대로 표시하기도 한다. 3자리 숫자로 나타내는 경우에는 앞의 2자리 숫자가 용량의 제1숫자와 제2숫자이고, 3자리째가 승수가 된다. 표시의 단위는 pF(피코 패러드)로 되어 있다. 예를 들어 그림 P2.7의 세라믹 콘덴서의 경우, 104로 표시되어 있으므로

$$C = 10 \times 10^4 [pF] = 0.1 [\mu F]$$

으로 된다.

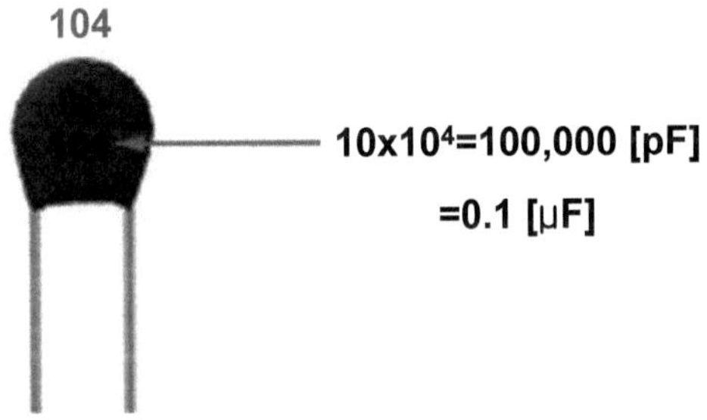

그림 P2.7 콘덴서의 용량 표기법(3자리 숫자)

한편, 3자리의 숫자 뒤에 알파벳이 붙을 수 있는 데 이 알파벳은 허용오차를 나타낸다.

표 P2.6 허용오차 코드표

문 자	B	C	D	F	G	J	K	M	N	V	X	Z	P
허용 오차 (%)	±0.1	0.25	0.5	±1	±2	±5	±10	±20	±30	±20	±40	±80	±100
허용오차 [pF]	±0.1	0.5	0.5	±1	±2								

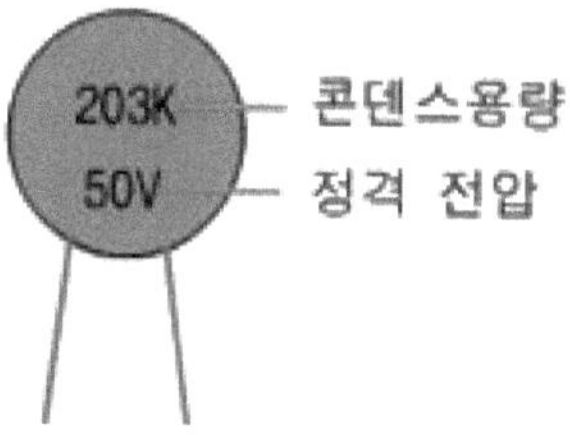

그림 P2.8 허용오차와 정격전압 표기법

예를 들어, 그림 P2.8과 같은 세라믹콘덴서는 203K로 표시되어 있으므로 콘덴서의 용량 C는 다음 과 같고 정격전압은 50V이다.

$$C = 20 \times 10^3 [pF] \pm 10[\%] = 0.02[\mu F] \pm 10[\%]$$

일반적으로, 100pF 이하의 콘덴서는 용량을 그대로 표시하고 있다. 즉, 47은 47pF를 의미한다

[적층 세라믹 콘덴서] 적층 세라믹 콘덴서는 전극간의 유전체로 고유전율계 세라믹을 다층 구조로 사용하고 있으며, 온도 특성, 주파수 특성이 양호하고, 게다가 소형이라는 큰 특징이 있다. 디지털 회로에서 취급하는 구형파(펄스파) 신호는 비교적 높은 주파수 성분이 함유되어 있다. 이 콘덴서는 주파수 특성이 양호하고, 소형이라는 점 때문에 바이패스용으로 흔히 사용된다. 온도 특성도 양호하므로 온도변화를 꺼려하는 회로에도 사용된다.

그림 P2.9의 좌측에 있는 것은 용량이 104로 표시되어 있으므로 10×10^4=0.1μF의 용량이며, 폭 4mm, 높이 3mm, 두께 2mm의 콘덴서이다. 아래 그림 우측에 있는 것은 용량이 103($10 \times 10_3$=0.01μF)의 콘덴서로, 둥근 부분의 직경이 2mm, 높이가 4mm이다. 고밀도 실장을 하는 데에는 우측에 있는 형상의 콘덴서가 좋은 경우도 있다. 전극의 극성은 없다.

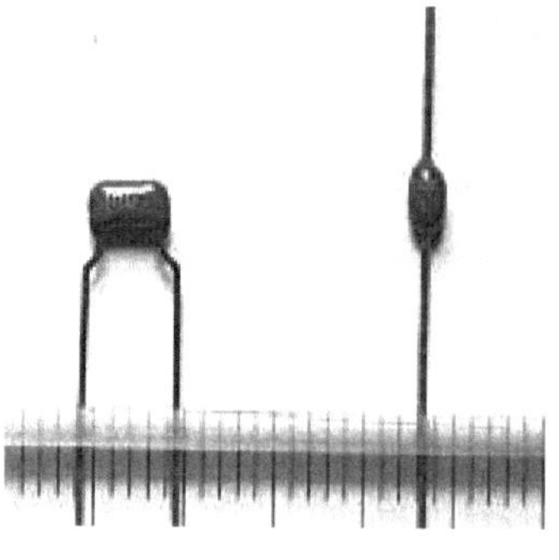

그림 P2.9 적층 세라믹 콘덴서

(2) 마일러 콘덴서

마일러(Mylar) 콘덴서는 폴리에스테르(polyester) 필름이라고도 하며, 얇은 폴리에스테르(polyester) 필름을 양측에서 금속으로 삽입하여, 원통형으로 감은 것이다.

마일러 콘덴서는 소용량이며 극성이 없으며 단위는[pF](피코 페럿)으로 표현한다.

마일러 콘덴서는 저가로 사용하기 쉽지만, 높은 정밀도는 기대할 수 없다. 오차는 대략 ±5%에서 ±10% 정도이다.

표 P2.7 정격전압 코드표

	A	B	C	D	E	F	G	H	J	K
0	1	1.25	1.6	2.0	2.5	3.15	4.0	5.0	6.3	8.0
1	10	12.5	16	20	25	31.5	40	50	63	80
2	100	125	160	200	250	315	400	500	630	800
3	1000	1,250	1,600	2,000	2,500	3,150	4,000	5,000	6,300	8,000

마일러 콘덴서는 용량 판별법은 아래 그림에 설명되어 있다. 콘덴서 용량 표시 전에 문자 코드로 정격전압을 표시하며 정격전압 코드표는 위에 보였다.

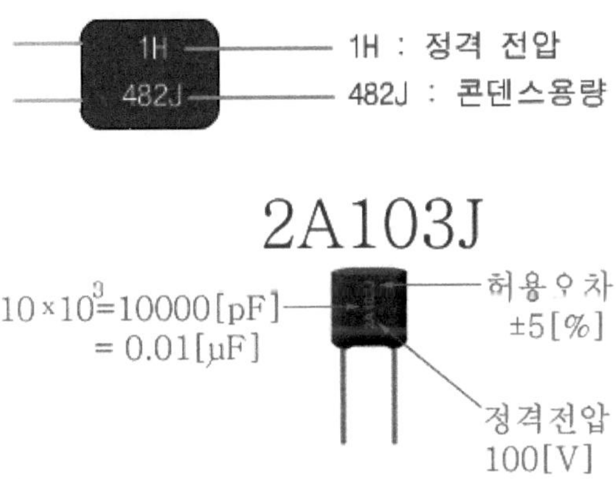

그림 P2.10 마일러(Mylar) 콘덴서

(3) 전해 콘덴서

전해콘덴서는 케미콘(chemical condenser)이라고도 부른다. 이 콘덴서는 유전체로 얇은 산화막을 사용하고, 전극으로는 알루미늄을 사용하고 있다. 유전체를 매우 얇게 할 수 있으므로 콘덴서의 체적에 비해 큰 용량을 얻을 수 있다.

특징은 극성(플러스 전극과 마이너스 전극이 정해져 있다)이 있다는 점이다. 일반적으로 콘덴서 자체에 마이너스측 리드를 표시하는 마크가 붙어 있으며 다리가 긴

쪽이 (+), 짧은 쪽이 (−)로 확인 할 수도 있다. 또, 가할 수 있는 전압, 용량(전기를 축적할 수 있는 양)도 표시되어 있다. 극성을 잘못 접속하거나, 전압이 너무 높으면 콘덴서가 파열되므로 주의해야 한다.(통상, 회로도에도 + 극성을 표시한다).

용량은 1μF부터 수천μF, 수만μF라는 식으로 비교적 큰 용량이 얻어지며, 단위로는 μF이 사용된다. 이 콘덴서는 주로 전원의 평활회로, 저주파 바이패스(저주파 성분을 어스 등에 패스시켜 회로 동작에 악영향을 주지 않는다) 등에 사용된다.

한편. 전해콘덴서는 코일 성분이 많아 고주파에는 적합하지 않다. 다시 말해, 주파수 특성이 좋지 못하다.

그림 P2.11 전해콘덴서

[탄탈 전해콘덴서] 탄탈 전해 콘덴서는 단순히, 탄탈 콘덴서(tantalum condenser)라고도 부르며, 전극에 탄탈륨이라는 재료를 사용하고 있는 전해콘덴서이다. 알루미늄 전해콘덴서와 마찬가지로, 비교적 큰 용량을 얻을 수 있다. 그리고 온도 특성(온도의 변화에 따라 용량이 변화한다. 용량이 변화하지 않을수록 특성이 좋다고 말한다), 주파수 특성 모두 전해콘덴서 보다 우수하다.

알루미늄 전해콘덴서는 크라프트(kraft)지 등에 전해액이 스며 들게 한 것을 금속 알루미늄으로 삽입하여 감아 붙인 구조로 되어 있지만, 탄탈 전해콘덴서의 경우는 tantalum powder를 소결하여 굳혔을 때에 나오는 빈틈을 이용하는 구조로 되어 있어, 두루마리 구조가 아니므로 앞서 언급한 바와 같이 특성이 우수하다.

이 콘덴서도 극성이 있으며, 통상, 콘덴서 자체에 +의 기호로 전극을 표시하고 있다. 탄탈 콘덴서도 극성에 주의하여 접속해야 한다. 가격은 전해콘덴서 보다 비싸기 때문에 온도에 의한 용량변화가 엄격한 회로, 어느 정도 주파수가 높은 회로 등에 사용한다.

또한, 알루미늄 전해콘덴서에서 발생하는 spike 형상의 전류가 나오지 않으므로 신호 파형을 중요시하는 아날로그 신호계에는 탄탈 콘덴서를 사용하는 것이 일반적이다. 스파이크와 같은 불요 파형이 문제가 되지 않는 경우에는 전해콘덴서로도 충분하다.

그림 P2.12는 탄탈 전해콘덴서의 외관을 나타낸 것으로 둥근 모양으로 되어 있다. 용량은 좌측부터 0.33μF(35V), 0.47μF(35V), 10μF(35V)의 탄탈 콘덴서이다.

오른쪽의 탄탈 콘덴서도 전해 콘덴서와 마찬가지로 플러스와 마이너스 극성을 가지고 있다. 전극(리드선)의 +측을 나타내는 기호가 콘덴서 자체에 표시되어 있다.

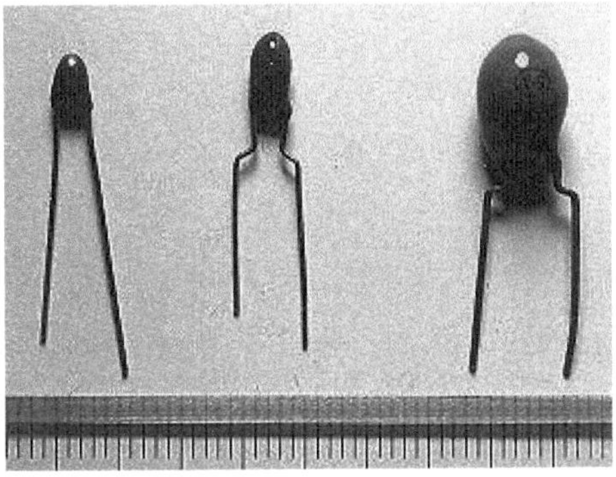

그림 P2.12 탄탈 전해 콘덴서

2.3 인덕터

인덕터(Inductor; L)은 에너지를 자기장 형태로 저장하는 기능과 고주파 교류전류를 차단하고 직류전류를 통과시키려는 목적에 사용되는 수동소자이다. 인덕터란 코일을 철심에 감아 만든 2단자 소자를 말한다. 도선에 전류가 흐르면 그 주위에 자장(magnetic field)이 형성되며, 그 자장의 모양을 기하학적으로 표현한 것을 자력선(magnetic line)이라 한다.

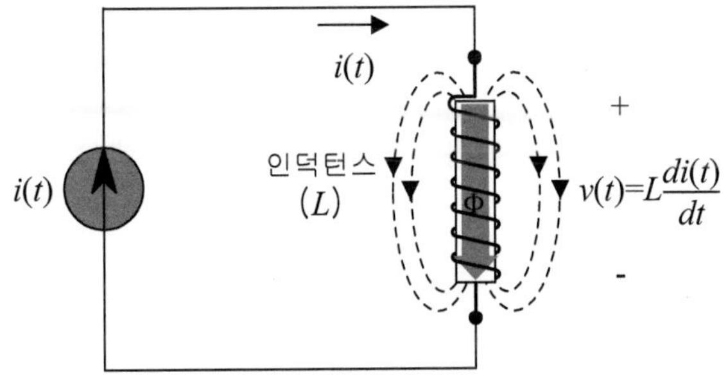

그림 P2.13 인덕터

전류와 자력선의 방향과의 관계는 "오른 나사의 법칙"이 적용되어 전류의 방향이 나사가 진행하는 방향이라면 자장은 나사가 돌아가는 방향이다. 어떤 단면을 통하는 자력선을 한 묶음하여 자속(magnetic flux)이라 하며, ø로 표시하며 MKS 단위는 웨버(Weber: Wb)이다. 위의 그림과 같이 전류에 의해서 생기는 자속은 반드시 폐회로를 이루며, 전류와 쇄교(link)한다. 자속이 전류와 쇄교하는 수를 자속쇄교수(number of flux linkage)라 하고, 단위는 웨버-터언(Weber-Turn)을 사용한다

코일 내를 흐르는 전류가 변하면 인덕터는 전류의 변화에 저항하는 전압을 발생시킨다. 이것을 렌쯔의 법칙(Lens's Law)이라고 하며 다음 수식으로 표현된다.

$$V = L\frac{di}{dt} \tag{P2.1}$$

렌쯔의 법칙에 의하면 전류가 빠르게 변할수록 유도되는 전압은 커지게 된다. 여기서, 비례계수 L을 인덕턴스라고 하며 단위는 H(henry)를 쓴다.

표 P2.8 인덕터 (Inductor; L)

기능	에너지를 자기장 형태로 저장하거나 고주파 교류전류를 차단하고 직류전류를 통과시킨다.
회로심벌	
단위	H(henly: 헨리)
용도에 따른 분류	동조 코일, 잡음방지용 코일, 쵸크 코일, 발진 코일, 트랜스포머,
권심에 따른 분류	공심 코일, 자심 코일, 성층 철심, 페라이트

인덕터를 용도에 따라 분류하면 동조 코일, 잡음방지용 코일, 쵸크 코일, 발진 코일, 트랜스포머 등으로 분류할 수 있다. 한편, 권심 (core)에 따라 분류하면 공심 코일, 자심 코일, 성층 철심, 페라이트 등으로 구분된다.

(1) 동조 코일

인덕터는 전류변화율에 비례하는 유도전압을 발생시키거나 고주파 신호의 차단하는 기능을 한다. 동조용 코일은 임피던스 정합용, 튜닝용, 공진회로용으로 사용되는 인덕터로서 아래 그림은 고주파 동조코일(FCZ)과 중간주파 동조코일(IFT)을 보여주고 있다.

[고주파 동조코일] 고주파 동조코일은 FCZ 코일이라고도 불린다.

그림 P2.14 고주파 동조코일

[중간주파 동조코일] 중간주파 동조코일은 IFT 코일이라고도 불린다.

그림 P2.15 중간주파 동조코일

[안테나 코일] 안테나 코일은 중파 방송 수신용 페라이트 코어에 리츠선을 감은 바 안테나가 많이 사용된다. 바 안테나는 300~430uH로서 바리콘과 함께 사용되어 높은 주파수의 방송 수파수들 유입시키는 역할을 한다.

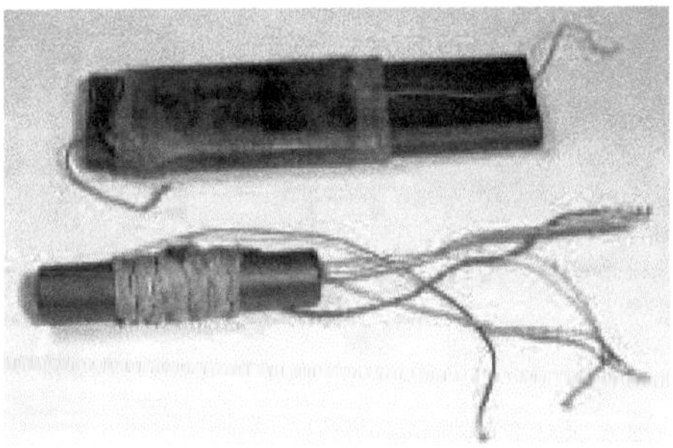

그림 P2.16 바 안테나 코일

(2) 잡음방지용 코일

전원이나 신호라인에 콘덴서와 함께 삽입하여 잡음의 진입을 방지하는 역할을 하며 트로이덜 코어나 EI코어에 감겨져 있다. 고주파용으로는 사용하지 않는다.

콘덴서와 함께 로패스 필터를 구성하여 높은 주파수 성분의 노이즈를 제거한다. 이 경우, 인덕턴스값의 정밀도는 중요하지 않다. 이 용도에서는 히스테리시스 손실이나 과전류 손실은 노이즈의 에너지가 열로 변환되어 손실되기 때문에 결코 결점이 아니다. 반대로 Q가 높은 코일을 사용하면, 노이즈의 에너지는 흡수되지 않고 다른 곳에 영향을 미칠 수 있다.

그림 P2.17 잡음방지용 코일

(3) 쵸크 코일

[고주파 초크코일] 고주파 초크코일은 고주파에 대하여 높은 임피던스를 갖고 회로에서 고주파 전류를 저지하며 직류나 저주파 전류는 통과 시킨다. 주로 솔레이드나 허니컴 감이로 감겨있으며 높은 주파수의 주파수 조종과 밴드 패스 필터로 사용한다.

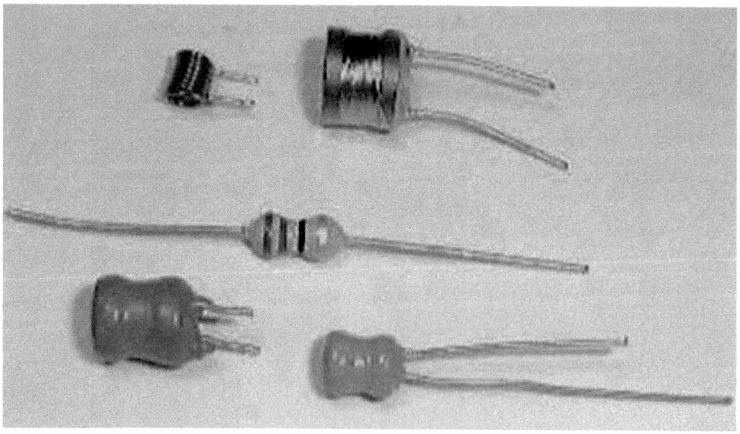

그림 P2.18 고주파 초크코일

[저주파용 초크코일] 저주파용 초크코일은 저주파에 대하여 높은 임피던스를 가져야 하므로 크기가 비교적 크다. 정류회로의 맥동을 억제하여 직류만 통과시킨다.

그림 P2.19 저주파용 초크코일

(4) 발진 코일

발진 코일은 페라이트 코어에 코일을 감은 것으로 높은 주파수의 전류를 증폭하거나 LC 발진회로 및 주파수 조정 등에 사용한다 수퍼헤테로다인 수신기의 국부 발진을 위한 코일로 사용되며 AM용은 중간주파 트랜스와 외형이 같고, FM용은 동조주파수가 높으므로 코일의 감은 회수를 3~7회 정도로 감은 코일을 사용하며 인덕턴스는 코일 간의 간격을 조정하여 사용한다.

그림 P2.20 발진 코일

(5) 트랜스포머

트랜스포머는 트랜스 또는 변압기라고도 하며 입력전압을 전자유도 작용으로 높이거나 낮추는 역할을 한다.

[중간 주파 트랜스] 수퍼 헤테로다인 수신기에서 중간 주파수 증폭에 사용된다. AM용은 455kHz의 중간주파수가 사용되고 FM용은 10.7MHz의 중간주파수가 사용된다.

그림 P2.21 중간 주파 트랜스

[입력, 출력 트랜스]

- 입력트랜스는 변성기라고도 하며 증폭기의 입력 측에 넣어 임피던스 매칭에 사용된다.
- 출력트랜스는 증폭기의 출력 측과 스피커의 임피던스 매칭에 사용된다.

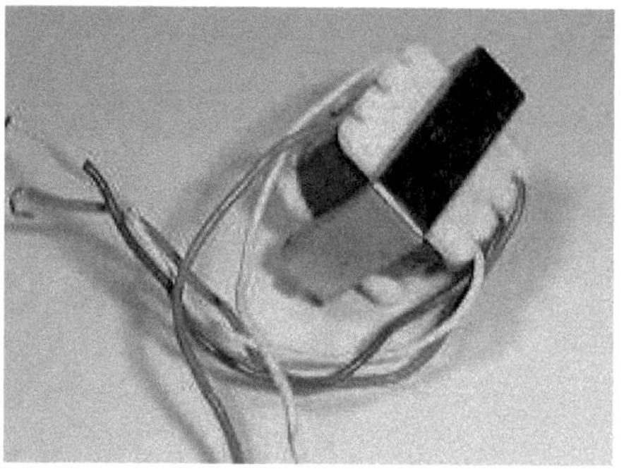

그림 P2.22 입력, 출력 트랜스

[전원 트랜스]

전원 트랜스(Power Transformer)는 입력신호 전압에 대하여 2차에서 입력신호 전압에 비례한 출력신호 전압을 분압하여 필요한 전력을 얻는데 사용한다.

- 감압 트랜스는 가정용 전원전압 220V를 전자 회로에 알맞은 전압으로 낮춘다.
- 승압 트랜스는 승압 회로에 사용할 전원으로 전압을 높인다.

그림 P2.23 전원 트랜스

(6) 인덕터 색상코드

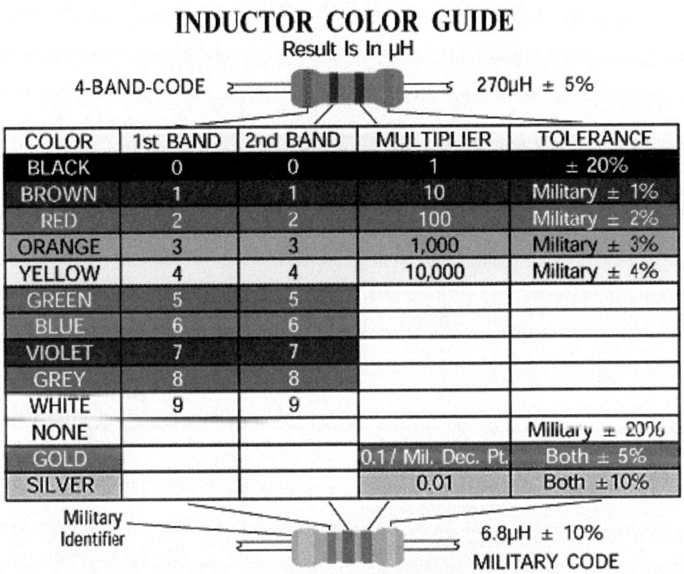

INDUCTOR COLOR GUIDE

Result Is In μH

4-BAND-CODE 270μH ± 5%

COLOR	1st BAND	2nd BAND	MULTIPLIER	TOLERANCE
BLACK	0	0	1	± 20%
BROWN	1	1	10	Military ± 1%
RED	2	2	100	Military ± 2%
ORANGE	3	3	1,000	Military ± 3%
YELLOW	4	4	10,000	Military ± 4%
GREEN	5	5		
BLUE	6	6		
VIOLET	7	7		
GREY	8	8		
WHITE	9	9		
NONE				Military ± 20%
GOLD			0.1 / Mil. Dec. Pt.	Both ± 5%
SILVER			0.01	Both ±10%

Military Identifier

6.8μH ± 10%
MILITARY CODE

그림 P2.24 인덕터 색상코드

2.4 다이오드

다이오드(Diode)란 두 개라는 뜻의 "Di"와 전극이라는 뜻의 "ode"를 합친 것으로 P형과 N형 반도체를 접합하여 PN접합다이오드를 만들어 정류작용과 검파작용을 한다. P형반도체= (+)에노드, N형반도체= (−)케소드가 된다. P형반도체는 순수한 4가의 반도체 실리콘(Si)나 게르마늄(Ge)에 3가의 불순물 알루미늄(Al), 붕소(B), 갈륨 (Ga)

등을 이용하여 만든 반도체 이다.이때 다수케리어는 정공이 되고 소수케리어는 전자이다. 또, 3가 원자를 억셉터(acceptor)원자라 한다. N형반도체는 순수한 4가의 반도체 실리콘(Si)나 게르마늄(Ge)에 5가의 불순물 인(P), 비소(As),안티몬(Sb) 등을 이용하여 만든 반도체 이다.이때 다수케리어는 전자가 되고 소수케리어는 정공이다. 또, 5가 원자를 도우너(doner)원자라 한다. 순방향바이어스(forward bias)는 전원의 +가 P형 반도체에, 전원의 −가 N형 반도체에 연결될 때 순방향 바이어스(forward bias)라 한다. 이때 전류가 잘 흘러 다이오드가 도통하게 된다. 또한, 역방향바이어스(reverse bias)는 전원의 −가 P형 반도체에 전원의 +가 N형 반도체에 연결될 때 역방향바이어스(reverse bias)라 한다. 이때 전류가 잘 흐르지 못해서 다이오드가 불통하게 된다.

2.4.1 다이오드의 방향 테스트

다이오드의 방향은 캐소드(cathode: K)(−) 단자 쪽에 아래 그림 좌측에서와 같이 띠를 둘러 놓아 캐소드 단자임을 표시한다. 이를 테스터로 확인할 때는 아래 그림 우측에서와 같이 에노드(Anode: A)(+) 단자에 테스터의 (−)단자를 연결하고 캐소드(cathode : K)(−) 단자에 테스터의 (+)단자를 연결하여 테스터 지침이 움직이면 순방향 도통을 하는 것으로 확인할 수 있다.

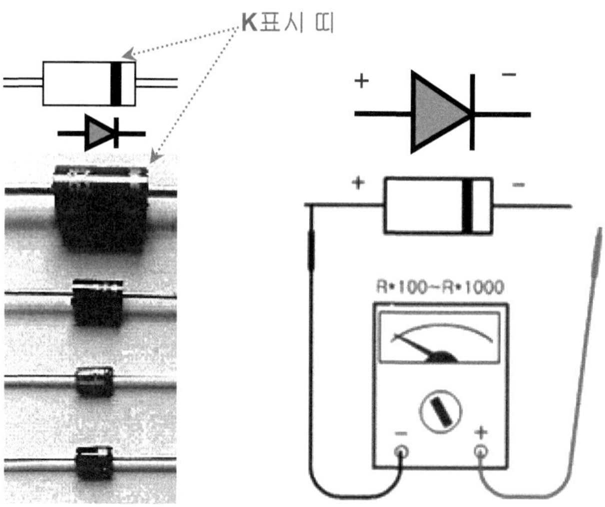

그림 P2.25 다이오드의 방향 테스트

반면에, 테스터의 양 단자를 서로 뒤바꿔서 연결하면 다이오드가 역바이어스가 되므로 전류가 흐르지 않아야 정상이다. 만약 이 경우에 전류가 흐른다면 다이오드가 고장 난 것으로 판정할 수 있다.

2.4.2 발광다이오드

발광다이오드는 Light Emitting Diode의 약어로 LED라고 부르며, 일반 다이오드와 마찬가지로 (+) 와 (−) 극성이 있으며, 보통 다리가 짧은 쪽이 캐소드(cathode : K)(−)이고 긴쪽이 에노드(Anode : A)(+)이나 재사용하게 되면 다리의 장단을 모르므로 LED의 내부를 들여다 보아 금속이 "ㄱ"자로 굽어 있는 쪽이 (-)이다. 이렇게 단자 구분이 있으므로 일반 다이오드처럼 극성을 정확하게 판별하여 사용하면 된다. 극성이 반대로 되면 빛이 나지 않는다. 발광 다이오드를 살펴보면 두 개의 리드선이 있다. 발광 다이오드의 구조는 갈륨의 화합물인 갈륨비소(GaAs), 갈륨인(GaP) 등 발광하기 쉬운 성질을 갖고 있는 재료로 접합되어 있으며, 이 다이오드에 순방향 전압을 걸면 전자와 정공이 재결합하여 녹색, 적색, 황색등의 빛이 난다.

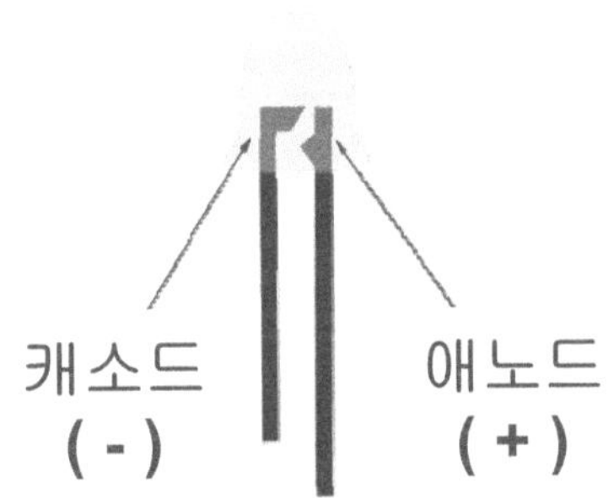

그림 P2.26 발광다이오드

[발광다이오드 극성 판별] 회로 시험기를 R X 1에 놓고 두 리드봉을 발광 다이오드의 리드선에 접촉시켜 발광 다이오드가 점등될 때 순방향을 지시하며, 이때 적색 리드봉이 닿는 쪽이 캐소드(K)이고 흑색 리드봉이 닿는 쪽이 애노드(A)이다.

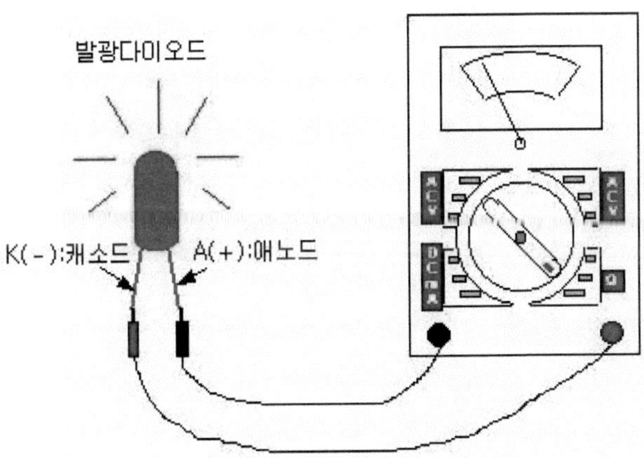

그림 P2.27 발광다이오드 극성 판별

2.5 트랜지스터

2.5.1 트랜지스터의 증폭 작용

트랜지스터의 기본구조는 다이오드이다. NPN형 트랜지스터에의 콜렉터와 베이스 간에 그림 P2.28(a)와 같이 콜렉터에 (+)전압을 연결하고 베이스에 (−)전압을 걸면 역방향 전압이 되어 전류는 흐르지 않는다. 다음에는 콜렉터와 베이스간에 역방향 전압을 그대로 두고, 베이스와 이미터간에 그림 P2.28(b)와 같이 베이스에 (+)전압을 걸고, 이미터에 (−)전압을 연결하면 베이스에 단 0.1㎃의 전류만 흐르게 하였는데도 콜렉터에는 10㎃의 전류가 흐르게 된다. 이렇게 베이스에 0.1㎃의 전류를 흐르게 하였을 때 콜렉터에 10㎃의 전류가 흐르게 되는 것이 트랜지스터의 증폭 작용이다.

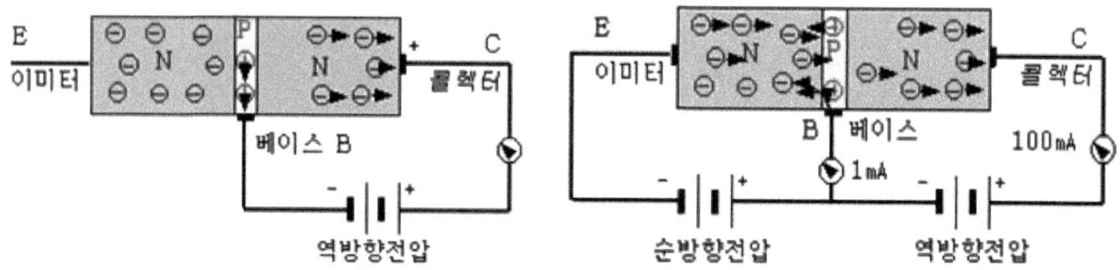

(a) (b)

그림 P2.28 트랜지스터의 증폭 작용

2.5.2 트랜지스터 형명 표시법

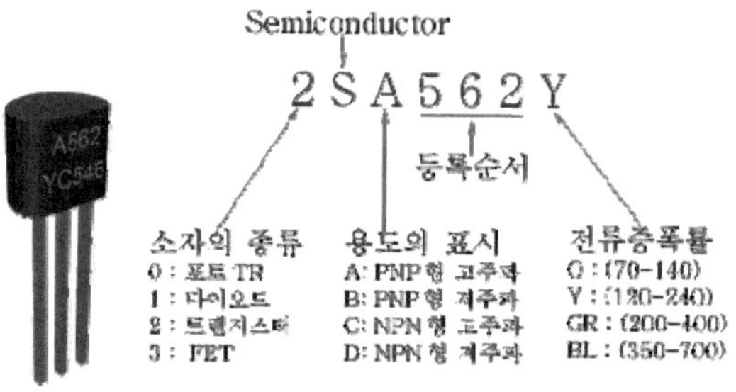

그림 P2.29 트랜지스터의 형명

2.5.3 트랜지스터 종류

트랜지스터는 다이오드 2개를 접합한 구조로 되어 있으며, 종류에는 NPN형과 PNP형이 있다. NPN형은 중앙에 P형 반도체, 양측에 N형 반도체로 구성되어 있고, PNP형은 중앙에 N형 반도체, 양측에 P형 반도체로 구성되어 있다. 이때 중앙에 끼

워져 있는 반도체는 두께가 수 μ m정도에 불과할 정도로 얇게 되어 있다. 이 부분을 베이스(Base: B)라고 한다. 베이스양쪽에 있는 다른 종류의 반도체 중 어느 한쪽을 이미터(Emitte: E), 다른 한쪽을 콜렉터(Collector: C)라 부른다. 이미터와 콜렉터는 불순물의 농도, 접합부의 면적 등 구조상 다르게 되어 있다. 트랜지스터의 기호는 그림과 같이 이미터의 화살표가 안쪽으로 향하고 있는 것이 PNP형이고, 화살표가 밖으로 향하고 있는 것이 NPN형이다.

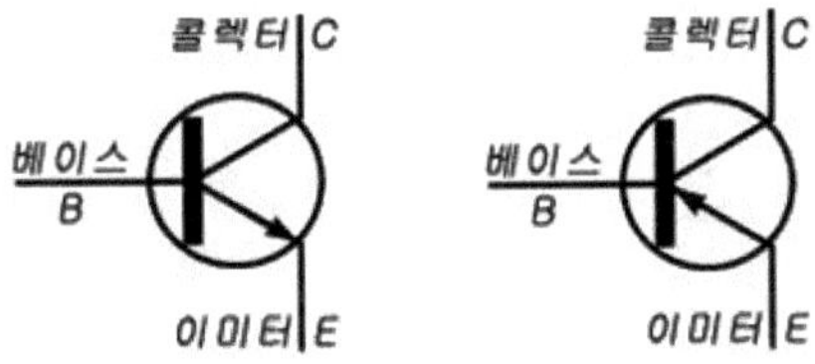

NPN 트랜지스터　　PNP 트랜지스터

그림 P2.30 트랜지스터 종류

2.5.4 트랜지스터의 극성 판별

트랜지스터를 사용할 때는 극성을 정확히 판별하여 납땜해야 한다. 극성을 판별할 때는 먼저, 회로 시험기의 전환 스위치를 R1 또는 R10의 측정 범위에 놓고 임의의 리드봉을 트랜지스터의 한 핀에 대고 다른 리드봉을 트랜지스터의 나머지 두 핀에 각각 대어 본다. 이때 순방향을 지시하는 상태(저항값이 10Ω 부근의 작은 상태)에서 NPN형은 흑색 리드봉이 닿은 쪽이 베이스이고, PNP형이면 적색 리드봉이 닿은 쪽이 베이스이다. 다음, 회로 시험기의 전환 스위치를 R10000의 범위에 놓고 베이스 전극을 제외한 나머지 두 핀의 저항 값을 번갈아 측정하여 순방향 지시 상태가 되었을 때, NPN형이면 흑색 리드봉이 닿은 쪽이 이미터 이고, PNP형이면 적색 리드봉이 닿은 쪽이 콜렉터이다.

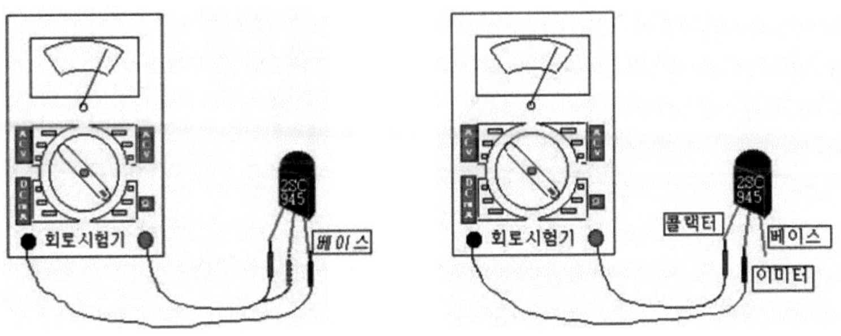

NPN형의 베이스 찾기　　NPN형의 콜렉터와 이미터 찾기

그림 P2.31 트랜지스터 극성 판별

2.5.5 트랜지스터의 단자 찾기

2SC1815의 경우

품명이 인쇄되어 있는 평평한 면을 바라 보았을 때,

오른쪽 리드가 베이스
중앙의 리드가 컬렉터
왼쪽의 리드가 이미터

2SD880의 경우

품명이 인쇄되어 있는 면을 바라 보았을 때,

오른쪽 리드가 이미터
중앙의 리드가 컬렉터
왼쪽의 리드가 베이스

이며, 2SC1815와는 반대

그림 P2.32 트랜지스터의 단자 찾기

2.6 기타 소자

(1) 슬라이드 스위치

슬라이드 스위치는 가운데 단자를 중심으로 사용하는 스위치이다. 아래의 그림과 같이 가운데 단자를 중심으로 양쪽 단자를 모두 사용하거나 한쪽만을 선택적으로 사용한다.

그림 P2.33 슬라이드 스위치

(2) 푸쉬 스위치

아래 그림과 같은 푸쉬 스위치(Push Swtich)를 TACT 스위치라 부르며 4개의 단

자 중에서 아래 그림과 같이 대각선으로 두 단자를 사용한다

그림 P2.34 푸쉬 스위치

아래 그림과 같은 푸쉬 스위치(Push Swtich)는 샤시용으로 작품 케이스등에 매입할 수 있는 형태로 양쪽단자를 극성없이 사용할 수 있다.

그림 P2.35 푸쉬 스위치(샤시용)

(3) Dip 스위치

Dip 스위치는 개인용 컴퓨터본체와 주변기기를 정상적으로 작동시키기 위해 작동 환경을 설정하는 스위치이다. 전자, 실습에서는 데이터 비트를 설정하는 용도로 주로 사용 한다. 딥 스위치의 사용은 양쪽 단자를 극성 없이 사용한다.

그림 P2.36 Dip 스위치

(4) 스피커

스피커는 보이스 코일의 안쪽이나 바깥쪽에는 자석이 있어 보이스 코일은 이 자석들이 만드는 자기장 속에 잠겨있다. 앰프 출력단자의 전압은 보이스 코일의 양끝에 가해지면 앰프로부터 받은 전류가 보이스 코일에 만든 자기 모멘트와 영구 자석이 만든 자기장이 상호 작용하여 보이스 코일을 상하 운동 시킨다. 보이스 코일은 cone에 접착되어 있으므로 보이스 코일이 운동할 때 cone도 따라 움직인다. 이런 원리로 앰프의 전기 출력이 스피커 콘의 진동으로 바뀌어진다. 여기서 스피커의 능률을 결정하는 것은 콘의 크기와 무게, 자석의 세기, 보이스 코일의 지름과 코일 감은 수 등입니다. 콘이 클수록, 무게가 가벼울 수록, 자석의 세기가 셀수록, 보이스 코일 지름과 감은 수가 클수록 같은 전류로 큰 소리를 낼 수 있지만 이 조건들은 서로 반대의 관계에 있다. 예를 들면 콘이 커지면 무게가 무거워지고, 보이스 코일의 감은 수를 늘리면 저항과 무게가 커지는 등의 문제가 발생한다. 자석의 세기를 크게 한다고 무한정 큰 자석을 쓸 수는 없다. 이러한 스피커는 전자실습을 할 때 극성을 특별히 구별하지 않고 사용한다.

그림 P2.37 스피커

(5) TR 만능기판

13×23기판은 좌측의 그림과 같이 일반적으로 전자,실험 실습에 사용되는 종류이다. 기판은 동판면이 광택이 흐르고 구멍이 일정하게 천공되어 있는 것이 좋다. 전자회로를 조립하기 위해서는 부품을 탑재하여 배선할 필요가 있다. 프린트기판(Printed Circuit Board: PCB)이라고 하는 것이 바로 그것인데, 전자실습을 제작하는 전자회로의 경우는 프린트 기판을 매번 만드는 것은 매우 번거로운 일이다. 그래서, 그림과 같은 유니버설 기판(만능기판)을 사용한다. 유니버설(만능기판) 기판은 절연판(유리 에폭시, 종이 에폭시, 베이크라이트 등)에 0.1인치(2.54mm) 간격으로 약 1mm 정도의 구멍이 사방에 뚫려 있다. 기판의 뒷편에는 구멍을 중심으로 2mm 정도의 동박(랜드)이 프린트되어 있다. 사용법은 표면 측에 부품을 탑재하고, 부품의 리드를 구멍을

통해 이면측(납땜하는 쪽)으로 내어, 이면 측에서 배선을 하는 것이다. 아래 그림에 보인 것은 베이크라이트를 사용한 것으로, 묽은 갈색을 띠고 있습니다. 종이 에폭시는 베이지색, 유리 에폭시는 녹색을 띠고 있다. 구멍의 수에 따라 몇 가지 크기가 있다.

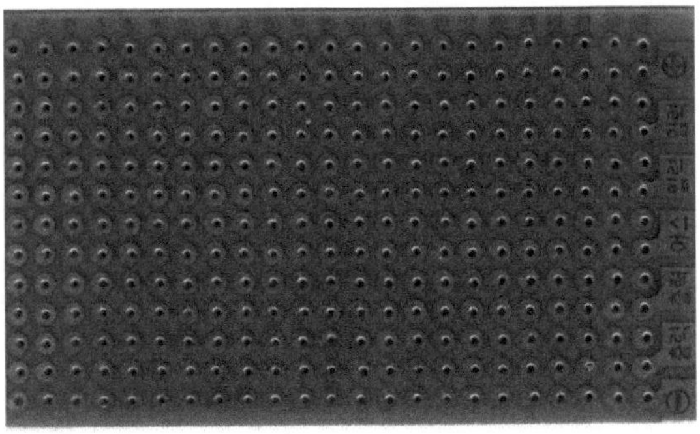

그림 P2.38 TR 만능기판

(6) 브레드 보드(bread board)

브레드보드는 회로의 개발 또는 원형판(prototype version)을 위하여 사용하는 기판으로서 별도의 납땜 또는 접속없이 전선 및 부품을 각 홈에 삽입하여 회로를 구성할 수 있도록 되어 있다.

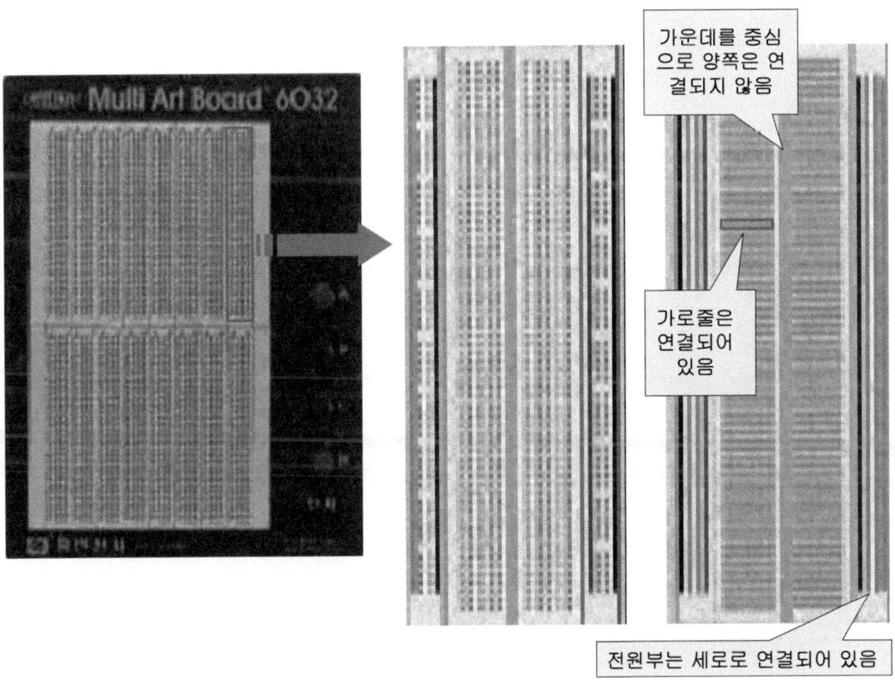

그림 P2.39 브레드 보드의 구조

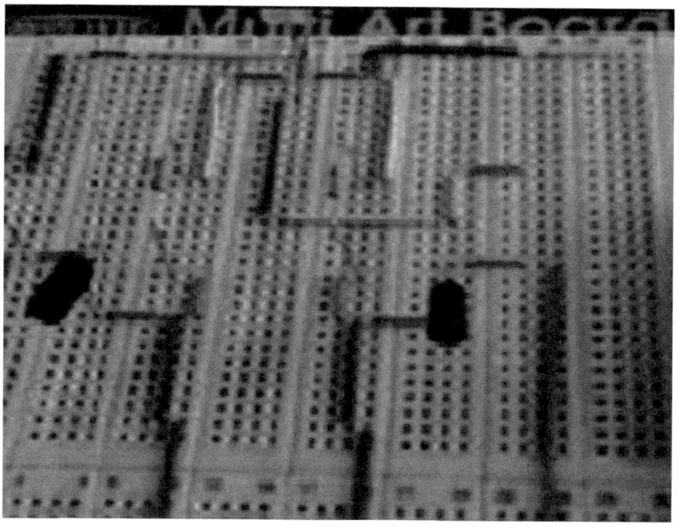

그림 P2.40 브레드 보드와 회로구성의 예

Part 1

주파수 응답과 증폭기

실험 1. 수동소자의 주파수 특성

실험 2. 주파수 응답

실험 3. 증폭개념과 연산증폭기의 이해

실험 1 수동소자의 주파수 특성

1. 실험 목적

(1) 저항기(R), 인덕터(L) 및 콘덴서(C)의 주파수 특성을 살펴본다.

(2) 회로가 주파수에 따라 특성이 변하는 원인을 이해한다.

2. 관련 이론

2.1 전자 소자

[전자소자의 개념] 조각가가 나무를 가공하기 위해서는 톱, 칼, 끌, 대패 등의 다양한 도구가 필요하다. 마찬가지로 전기적 신호의 파형을 가공하기 위해서도 다양한 도구가 필요하며 이를 전자소자라고 부른다. 가장 기본이 되는 수동 전자소자로는 저항기(R: Resistor), 인덕터(L :Inductor), 콘덴서(C: Condenser)[혹은, 커패시터(C: Capacitor)]를 들 수 있다.

[저항; R] 저항은 전류의 흐름을 방해하여 전류의 크기를 조절하므로 신호의 크기를 감쇄시키는 도구로 사용된다. 저항에서의 전류-전압 관계는 다음 수식으로 표현되며 이를 옴의 법칙이라고 부른다.

$$\mathbf{v = Ri} \tag{1.1}$$

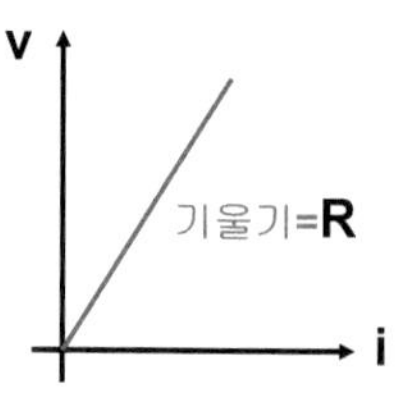

그림 1.1 저항의 전류-전압 관계

따라서, 저항 R에 대한 임피던스를 Z_R이라고 표현하면 Z_R은 다음과 같이 표현된다.

$$\mathbf{Z_R = R = \frac{v}{i}} \tag{1.2}$$

[인덕터; L] 인덕터는 신호의 고주파 성분은 차단하고 저주파 성분을 통과시키는 특성을 갖고 있으며 전류-전압 관계는 다음의 미분식으로 표현된다.

$$v = L\frac{di}{dt} \tag{1.3}$$

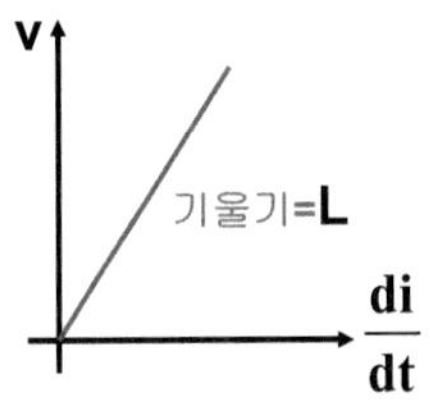

그림 1.2 인덕터의 전류-전압 관계

윗 식에 페이저를 도입하여 인덕터 L의 임피던스 Z_L를 구하면 다음과 같다.

$$Z_L = \frac{V}{I} = j\omega L \tag{1.4}$$

[콘덴서; C] 콘덴서는 인덕터와는 반대로 신호의 저주파 성분은 차단하고 고주파 성분을 통과시키는 특성을 갖고 있으며 전류-전압 관계는 다음의 미분식으로 표현된다.

$$i = C\frac{dv}{dt} \tag{1.5}$$

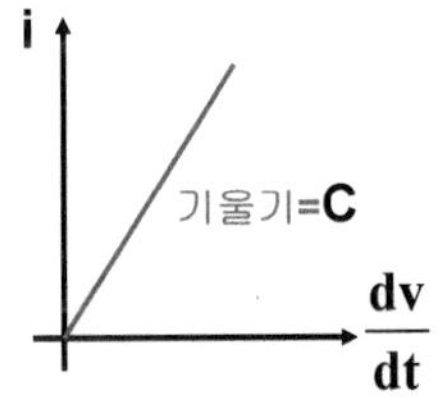

그림 1.3 콘덴서의 전류-전압 관계

윗 식에 페이저를 도입하여 콘덴서 C의 임피던스 Z_C를 구하면 다음과 같다.

$$Z_C = \frac{V}{I} = \frac{1}{j\omega C} \tag{1.6}$$

2.2 주파수 응답의 발생 요인

[주파수응답의 원인] 주파수응답(frequency response)이란 어떤 시스템 이득의 크기와 위상이 주파수에 따라 변화하는 특성을 말한다. 그렇다면 주파수 변화에 따라 시스템의 특성을 변화시키는 근본 요인은 무엇일까?

위에서 구한 임피던스 수식을 이용하여 저항(R), 콘덴서(C), 인덕터(L)의 주파수에 따른 임피던스 변화하는 특성을 그래프로 그리면 그림 1.4와 같다.

저항의 임피던스(Z_R)는 주파수의 변화에 상관없이 일정한 특성을 보여주고 있다. 반면에 인덕터의 임피던스(Z_L)와 콘덴서의 임피던스(Z_C)는 주파수가 변화함에 따라 매우 큰 특성변화를 보이고 있어 이 두 소자가 주파수 변화에 따라 시스템의 특성변화를 야기시키는 근본 요인이 되고 있음을 알 수 있다.

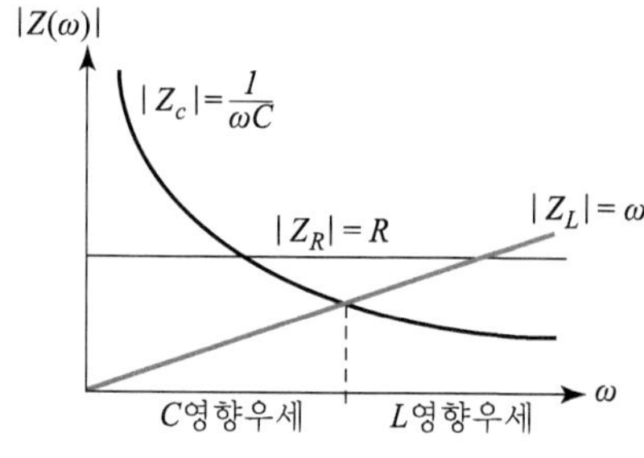

그림 1.4 기본소자의 주파수에 따른 임피던스 특성 변화

또한, 콘덴서의 임피던스(Z_C)는 주파수가 감소함에 따라 커지는 특성을 보이는 반면에 인덕터의 임피던스(Z_L)는 주파수가 증가함에 따라 커지고 있어 높은 주파수에서는 인덕터의 영향이 우세고 낮은 주파수에서는 콘덴서의 영향이 우세하다는 것을 알 수 있다. 실제로 초고주파 대역에서는 인덕터 성분에 의해 주파수응답이 크게 영향을 받는다. 그러나 실제로 전자회로설계에서 사용하는 주파주 대역은 초고주파보다 훨씬 낮은 주파수 대역이므로 주로 콘덴서 성분에 의해 주파수응답이 좌우되며 인덕터 성분의 영향은 극히 미미하여 일반적으로 무시된다. 따라서 일반적인 경우 주파수응답은 콘덴서 성분에 의한 영향만을 취급하게 될 것이다.

3. 실험 기기 및 부품

사용 기기	소요 부품
(1) 디지털 멀티미터(DMM): 1대 (2) 파형 발생기: 1대 (3) 직류전원장치: 5[V] 1채널 (4) 오실로스코프: 2채널-1대 (5) 브레드보드: 1대	(1) 저항: 1.5KΩ(0.25W) 2개 (2) 콘덴서: 10 nF 1개 (3) 인덕터: 1 μH 1개

4. 실험 내용 및 절차

4.1 저항의 주파수 특성

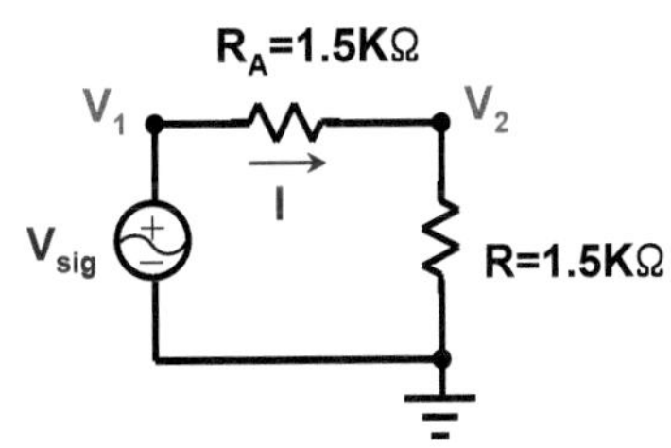

[그림 1]

(1) [그림 1]의 회로를 브레드보드에 구성한다.

(2) 파형 발생기(V_{sig})로 진폭 1V(첨두간 전압=$2V_{p\text{-}p}$)의 사인파를 발생시키도록 한다. 주파수는 [표 1]에 지시된 대로 변화 시켜가며 실험한다.

(3) 오실로스코프의 CH1을 회로의 입력단자(V_1)에 연결하고 수직설정에서 입력 커플링(coupling)을 접지(GND)로 선택하여 0 [V] 접지레벨이 화면의 수평축 상에 오도록 수직위치를 조절한 다음, 입력 커플링을 다시 교류(AC) 결합으로 변경한다

(4) 오실로스코프의 CH2를 회로의 출력단자(V_2)에 연결하고 수직설정에서 입력 커플링을 접지(GND)로 선택하여 0[V] 접지레벨이 화면의 수평축 상이나 혹은, 원하는 위치에 오도록 수직위치를 조절한 다음, 입력 커플링을 다시 교류(AC) 결합으로 변경한다.

(5) V_1과 V_2 마디에서의 전압 파형을 오실로스코프로 측정하여 각각의 진폭을 구하여 [표 1]에 기록한다.

(6) 아래 수식으로 전류 I를 계산하여 [표 1]에 기록한다.

$$I = \frac{V_1 - V_2}{R_A} \tag{1}$$

(7) 실험(6)항에서 구한 전류 I와 전압 V_2 로부터 아래 수식을 이용하여 임피던스 Z_R 을 계산하여 [표 1]에 기록한다.

$$\mathbf{Z_R = R = \frac{V_2}{I}} \tag{2}$$

4.2 콘덴서의 주파수 특성

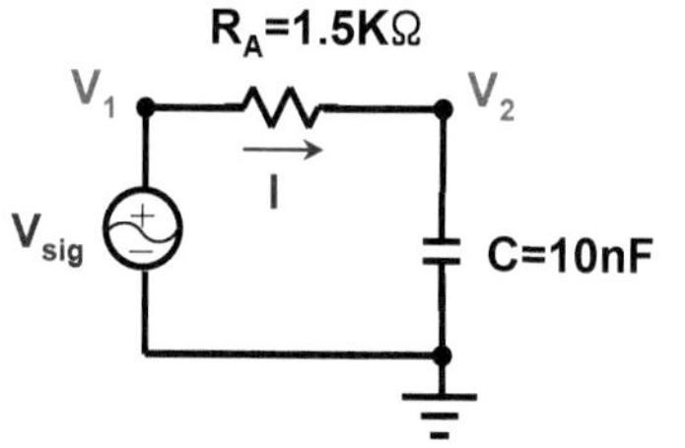

[그림 2]

(1) [그림 2]의 회로를 브레드보드에 구성한다.

(2) 파형 발생기(V_{sig})로 진폭 1V(첨두간 전압=$2V_{p\text{-}p}$)의 사인파를 발생시키도록 한다. 주파수는 [표 2]에 지시된 대로 변화 시켜가며 실험한다.

(3) V_1과 V_2 마디에서의 전압 파형을 오실로스코프로 측정하여 각각의 진폭을 구하여 [표 2]에 기록한다.

(4) 아래 수식으로 전류 I를 계산하여 [표 2]에 기록한다.

$$I = \frac{V_1 - V_2}{R_A} \tag{3}$$

(5) 위에서 구한 전류 I와 전압 V_2 로부터 아래 수식으로 임피던스 Z_C을 계산하여 [표 2]에 기록한다.

$$\mathbf{Z_C = \frac{V_2}{I}} \tag{4}$$

4.3 인덕터의 주파수 특성

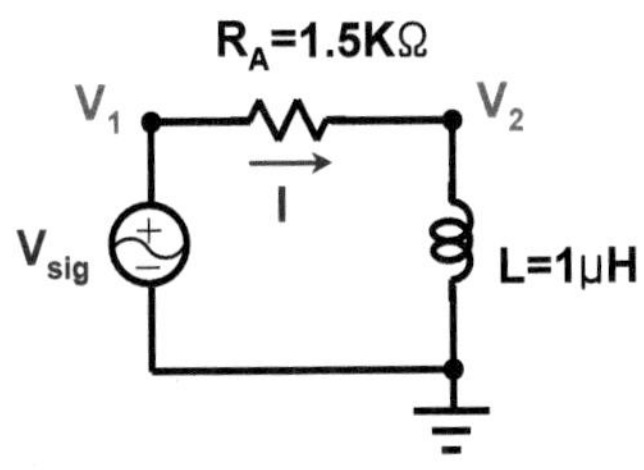

[그림 3]

(1) [그림 3]의 회로를 브레드보드에 구성한다.

(2) 파형 발생기(V_{sig})로 진폭 1V(첨두간 전압=$2V_{p\text{-}p}$)의 사인파를 발생시키도록 한다. 주파수는 [표 3]에 지시된 대로 변화 시켜가며 실험한다.

(3) V_1과 V_2 마디에서의 전압 파형을 오실로스코프로 측정하여 각각의 진폭을 구하여 [표 3]에 기록한다.

(4) 아래 수식으로 전류 I를 계산하여 [표 3]에 기록한다.

$$\mathbf{I} = \frac{\mathbf{V_1 - V_2}}{\mathbf{R_A}} \tag{5}$$

(5) 위에서 구한 전류 I와 전압 V_2 로부터 아래 수식으로 임피던스 Z_L을 계산하여 [표 3]에 기록한다.

$$\mathbf{Z_L} = \frac{\mathbf{V_2}}{\mathbf{I}} \tag{6}$$

실험예비 보고서

실험조: 반 조 학번: 이름:

실험제목:
1. 주파수 응답이란?   2. 각 소자(R, L, C)의 임피던스 식을 구하고 설명하시오.

실험결과 보고서

실험자: 반 조 학번: 이름:

실 험 일 시: 년 월 일 교시

공동 실험자:

실험제목:

1. 실제 실험 회로도

(디지털 멀티미터 등을 사용하여 실제 사용된 소자값을 정확하게 측정하여 회로도에 기재한다.)

2. 실험 결과

[표 1] 저항의 임피던스

주파수[Hz]	10	100	1K	10K	100K	1M	10M	25M
V_1								
V_2								
I								
Z_R								

[표 2] 콘덴서의 임피던스

주파수[Hz]	10	100	1K	10K	100K	1M	10M	25M
V_1								
V_2								
I								
Z_C								

[표 3] 인덕터의 임피던스

주파수[Hz]	10	100	1K	10K	100K	1M	10M	25M
V_1								
V_2								
I								
Z_L								

3. 실험 결과 논의

1. 위에서 구한 Z_R, Z_C, 및 Z_L에 대해서 주파수 변화에 따른 크기를 [그림 R1]의 세미로그 용지에 그래프로 그리시오. (단, Z_L의 크기는 그래프로 그릴 때 100을 곱하여 그리시오.)

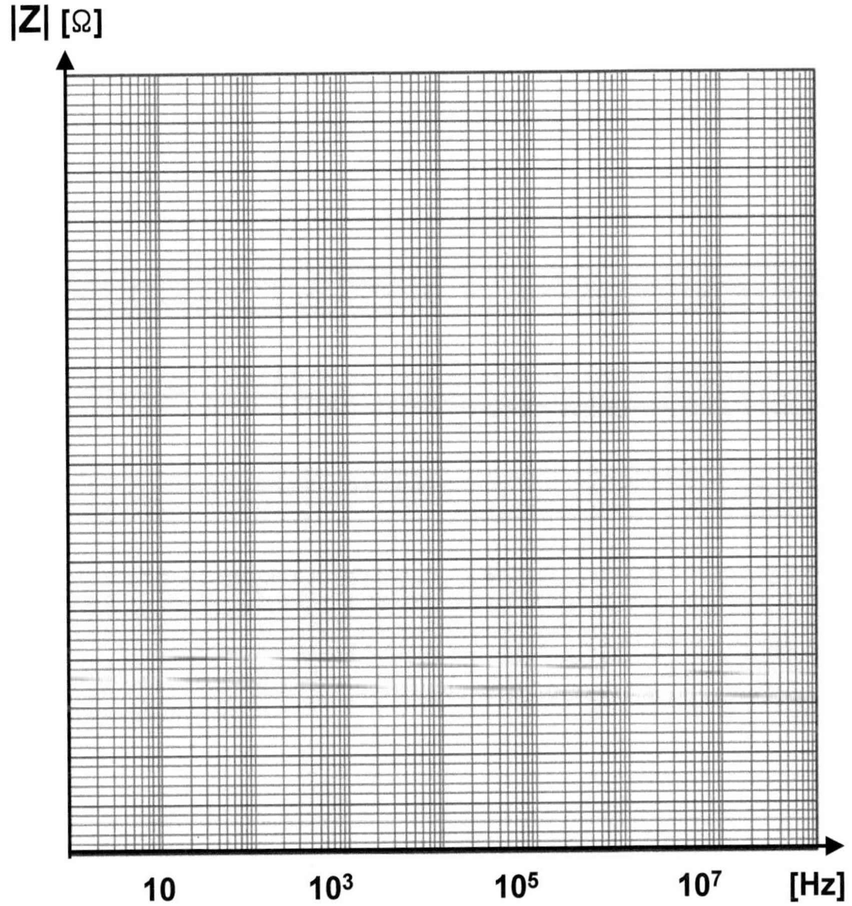

[그림 R1]

2. 위의 그래프를 보고 각 소자의 주파수 특성을 설명하시오. 또한, 이를 사용한 회로에서 주파수 응답이 발생하는 즉, 주파수에 따라 그 특성을 달리하는 원인을 설명하시오.

실험 2 주파수 응답

1. 실험 목적

(1) R-C회로의 주파수 특성을 조사한다.

(2) 회로에서 대역폭이 어떻게 형성되는지를 이해한다.

2. 관련 이론

저항 R과 콘덴서 C를 조합하여 회로를 구성하고 이에 따른 주파수 응답을 살펴보기로 한다.

2.1 R−C 직렬회로(저역통과 필터)

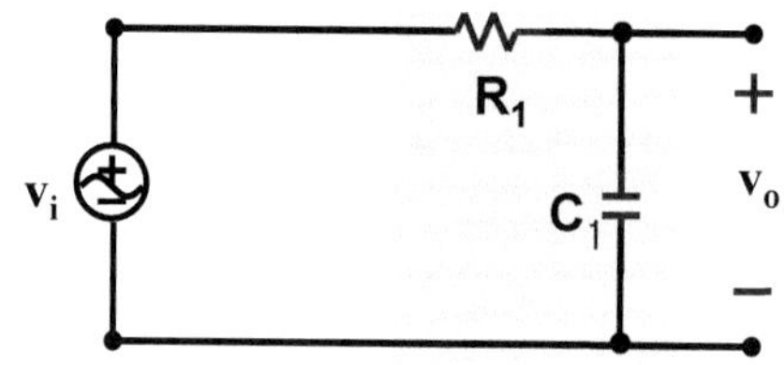

그림 2.1 R−C직렬회로

위의 그림과 같이 R-C직렬회로를 구성하여 주파수응답을 구하기 위해 전압 이득 ($A_v = V_o / V_i$)을 구하면 다음과 같다.

$$|\mathbf{A_v}| \equiv \left|\frac{\mathbf{V_O(\omega)}}{\mathbf{V_i(\omega)}}\right| = |\mathbf{A_v(j\omega)}| = \frac{1}{\sqrt{(\omega \mathbf{R_1 C_1})^2 + 1}} \tag{2.1}$$

위에서 구한 전압이득 수식으로부터 주파수에 따른 전압이득 크기를 그래프로 그리면 아래 그림과 같다. 위의 R-C직렬회로는 주파수가 낮을 때는 신호를 잘 통과시켜 이득이 1로서 거의 감쇄가 없으나 주파수가 높아짐에 따라 출력 신호가 감쇄되어 이득이 1이하로 급격히 떨어 지고 있음을 알 수 있다. 이 회로는 고주파 대역은 차단

하나 저주파 대역은 잘 통과 시키므로 저역통과 필터라고 부른다.

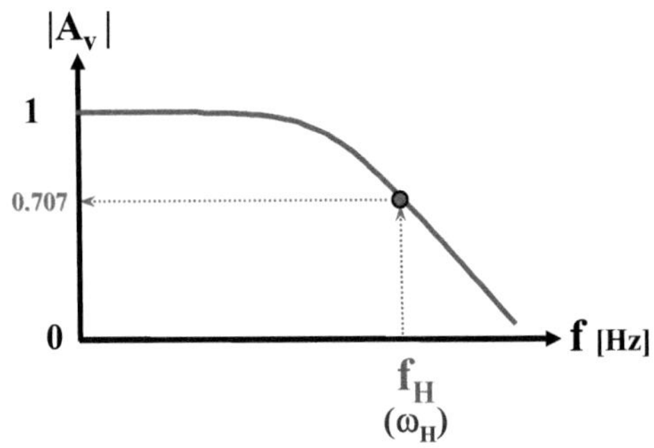

그림 2.2 R-C직렬회로의 주파수 응답

한편, 이득이 $1/\sqrt{2}(=0.707)$ 배로 감소하는 때의 주파수를 3-dB주파수 $\mathbf{f_H}(=\boldsymbol{\omega}_\mathbf{H}/2\boldsymbol{\pi})$ 라고 하며 이를 구하면 다음과 같다.

$$\frac{1}{\sqrt{(\boldsymbol{\omega}_\mathbf{H}\mathbf{R}_1\mathbf{C}_1)^2+1}}=\frac{1}{\sqrt{2}}$$
$$\rightarrow \boldsymbol{\omega}_\mathbf{H}=\frac{1}{\mathbf{R}_1\mathbf{C}_1} \tag{2.2}$$
$$\left(\text{or, } \mathrm{f}_\mathbf{H}=\frac{1}{2\boldsymbol{\pi}\mathbf{R}_1\mathbf{C}_1}\right)$$

2.2 C-R 직렬회로(고역통과 필터)

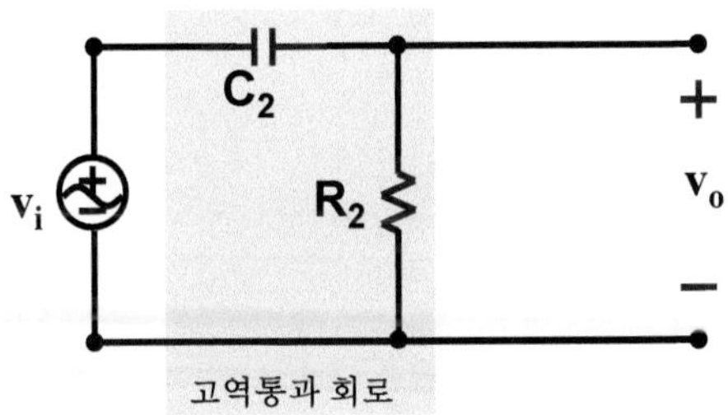

그림 2.3 C-R직렬회로

위의 그림과 같이 C-R직렬회로를 구성하여 주파수응답을 구하기 위해 전압 이득 $(A_v=V_o/V_i)$을 구하면 다음과 같다.

$$|\mathbf{A_v}| \equiv \left|\frac{\mathbf{V_O}(\boldsymbol{\omega})}{\mathbf{V_i}(\boldsymbol{\omega})}\right| = |\mathbf{A_v}(\mathbf{j}\boldsymbol{\omega})| = \frac{\boldsymbol{\omega}\mathbf{R_2C_2}}{\sqrt{(\boldsymbol{\omega}\mathbf{R_2C_2})^2 + 1}} \quad (2.3)$$

위에서 구한 전압이득 수식으로부터 주파수에 따른 전압이득 크기를 그래프로 그리면 아래 그림과 같다. 위의 C-R직렬회로는 주파수가 높을 때는 신호를 잘 통과시켜 이득이 1로서 거의 감쇄가 없으나 주파수가 낮아짐에 따라 출력 신호가 감쇄되어 이득이 1이하로 급격히 떨어 지고 있음을 알 수 있다. 이 회로는 저주파 대역은 차단하나 고주파 대역은 잘 통과 시키므로 고역통과 필터라고 부른다.

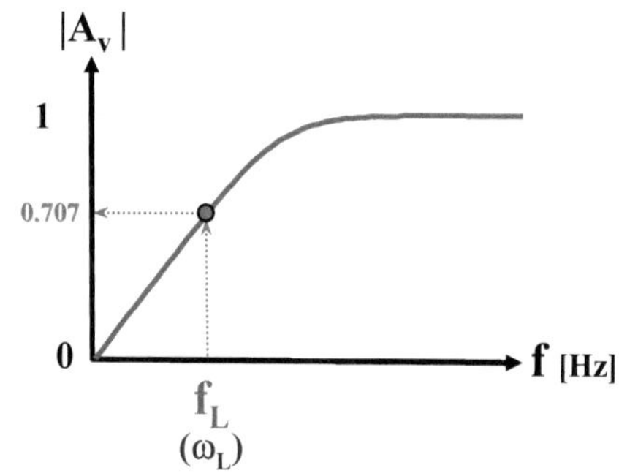

그림 2.4 C-R직렬회로의 주파수 응답

한편, 이득이 $1/\sqrt{2}(=0.707)$ 배로 감소하는 때의 주파수를 3-dB주파수 $f_L(=\omega_L/2\pi)$ 라고 하며 이를 구하면 다음과 같다.

$$\boldsymbol{\omega}_\mathbf{L} = \frac{1}{\mathbf{R_2C_2}} \quad \left(\text{or, } \mathbf{f_L} = \frac{1}{2\pi\mathbf{R_2C_2}}\right) \quad (2.4)$$

2.3 대역통과 필터

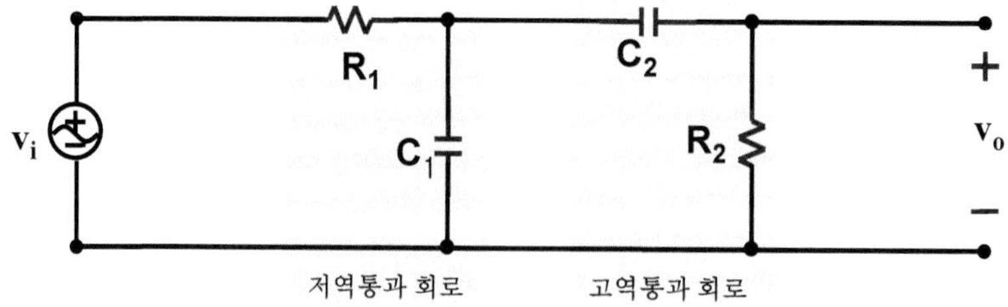

그림 2.5 대역통과 필터 회로

위에서 설명한 저역통과 회로와 고역통과 회로를 직렬 연결하여 위의 그림과 같은 회로를 구성하여 주파수 응답을 구하면 설명한 저역통과 회로와 고역통과 회로의 두 통과대역의 교집합이 되므로 아래 그림과 같은 대역통과특성을 나타내며 따라서 이를 대역통과 필터라고 부른다.

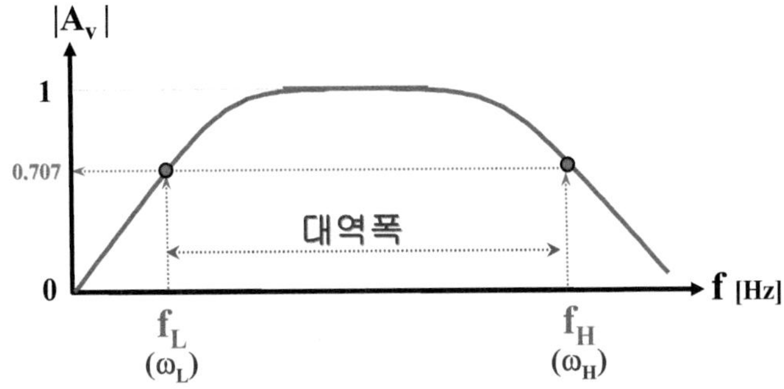

그림 2.6 대역통과 필터 회로의 주파수 응답

여기서, 통과 대역은 f_L로부터 f_H까지가 되며 이를 대역폭이라고 부른다.

$$\text{대역폭} = f_H - f_L = \frac{1}{2\pi}\left(\frac{1}{R_1C_1} - \frac{1}{R_2C_2}\right) \tag{2.5}$$

3. 실험 기기 및 부품

사용 기기	소요 부품
(1) 디지털 멀티미터(DMM): 1대 (2) 파형 발생기: 1대 (3) 오실로스코프: 2채널-1대 (4) 직류전원장치: 5[V] 1채널 (5) 브레드보드: 1대	(1) 저항: 1.3KΩ(0.25W) 1개 15KΩ(0.25W) 1개 (2) 콘덴서: 47 nF 1개 0.1 μF 1개

4. 실험 내용 및 절차

4.1 R-C 직렬회로의 주파수 특성(저역통과 필터)

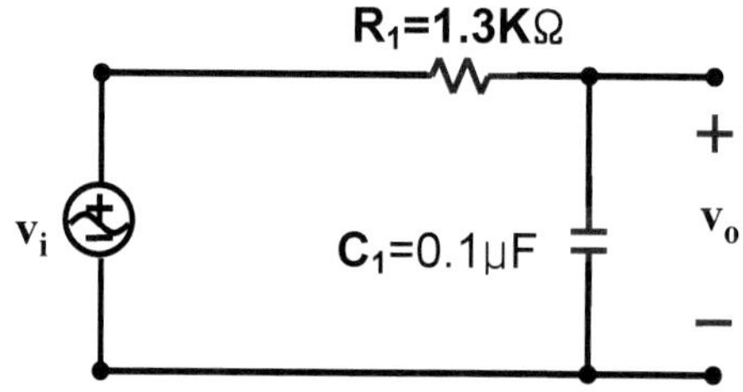

[그림 1]

(1) [그림 1]의 회로를 브레드 보드에 구성한다.

(2) 파형 발생기(V_i)로 진폭 0.5V(첨두간 전압=1$V_{p\text{-}p}$)의 사인파를 발생시키도록 한다. 주파수는 [표 1]에 지시된 대로 변화 시켜가며 실험한다.

(3) 오실로스코프의 CH1을 회로의 입력단자(V_i)에 연결하고 수직설정에서 입력 커플링 (coupling)을 접지(GND)로 선택하여 0[V] 접지레벨이 화면의 수평축 상에 오도록 수직위치를 조절한 다음, 입력 커플링을 다시 교류(AC) 결합으로 변경한다.

(4) 오실로스코프의 CH2를 회로의 출력단자(V_o)에 연결하고 수직설정에서 입력 커플링을 접지(GND)로 선택하여 0[V] 접지레벨이 화면의 수평축 상이나 혹은, 원하는 위치에 오도록 수직위치를 조절한 다음, 입력 커플링을 다시 교류(AC) 결합으로 변경한다.

(5) v_i와 v_o의 전압 파형을 오실로스코프로 측정하여 각각의 진폭을 구하여 [표 1]에 기록한다.

(6) 아래 수식으로 전압이득 $|A_v|$를 계산하여 [표 1]에 기록한다.

$$|A_v| = \left|\frac{v_O}{v_i}\right| \tag{1}$$

4.2 C-R 직렬회로의 주파수 특성(고역통과 필터)

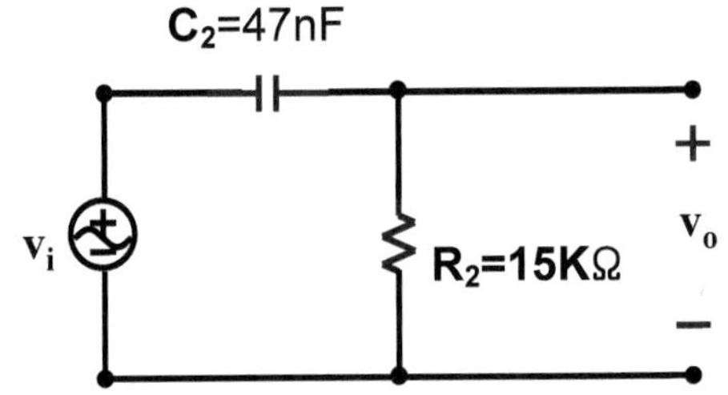

[그림 2]

(1) [그림 2]의 회로를 브레드보드에 구성한다.

(2) 파형 발생기(V_i)로 진폭 0.5V(첨두간 전압=1$V_{p\text{-}p}$)의 사인파를 발생시키도록 한다. 주파수는 [표 2]에 지시된 대로 변화 시켜가며 실험한다.

(3) v_i와 v_o의 전압 파형을 오실로스코프로 측정하여 각각의 진폭을 구하여 [표 2]에 기록한다.

(4) 위의 식(1)을 이용하여 전압이득 $|A_v|$를 계산하여 [표 2]에 기록한다.

4.3 대역통과 필터

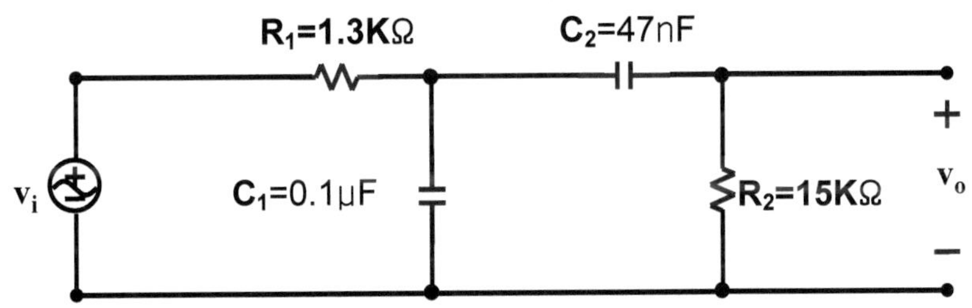

[그림 3]

(1) [그림 3]의 회로를 브레드보드에 구성한다.

(2) 파형 발생기(V_i)로 진폭 0.5V(첨두간 전압=1$V_{p\text{-}p}$)의 사인파를 발생시키도록 한다. 주파수는 [표 3]에 지시된 대로 변화 시켜가며 실험한다.

(3) v_i와 v_o의 전압 파형을 오실로스코프로 측정하여 각각의 진폭을 구하여 [표 3]에 기록한다.

(4) 위의 식(1)을 이용하여 전압이득 $|A_v|$를 계산하여 [표 3]에 기록한다.

실험예비 보고서

실험조: 반 조 학번: 이름:

실험제목:
1. 저역통과 필터와 고역통과 필터에 대해 설명하시오. 2. 회로에서 대역폭이란 무엇인가?

실험결과 보고서

실험자: 반 조 학번: 이름:

실 험 일 시: 년 월 일 교시

공동 실험자:

실험제목:

1. 실제 실험 회로도

(디지털 멀티미터 등을 사용하여 실제 사용된 소자값을 정확하게 측정하여 회로도에 기재한다.)

2. 실험 결과

[표 1]

주파수[Hz]	10	100	1K	10K	100K	1M	10M	25M
v_i								
v_o								
$\|A_V\|$								

[표 2]

주파수[Hz]	10	100	1K	10K	100K	1M	10M	25M
v_i								
v_o								
$\|A_V\|$								

[표 3]

주파수[Hz]	10	100	1K	10K	100K	1M	10M	25M
v_i								
v_o								
$\|A_V\|$								

3. 실험 결과 논의

1. 위에서 구한 [표 1]의 결과를 [그림 R1]의 세미로그 용지에 그래프로 그리시오.

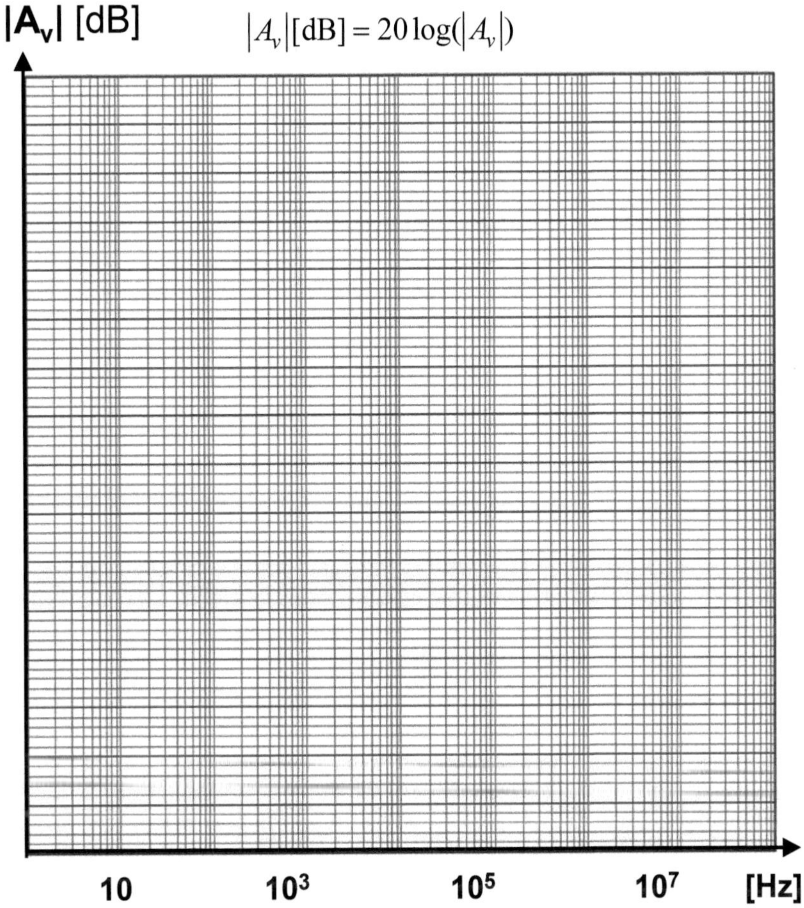

[그림 R1]

2. 위의 그래프를 보고 주파수 응답의 특징을 설명하시오.

3. 위에서 구한 [표 2]의 결과를 [그림 R2]의 세미로그 용지에 그래프로 그리시오.

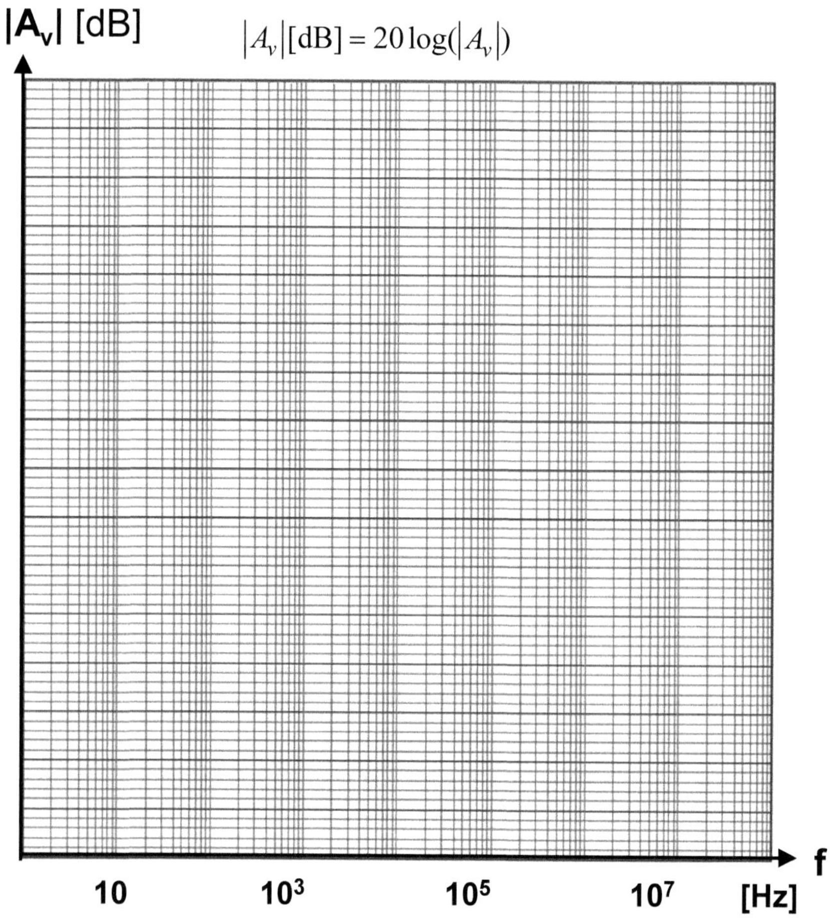

[그림 R2]

4. 위의 그래프를 보고 주파수 응답의 특징을 설명하시오.

5. 위에서 구한 [표 3]의 결과를 [그림 R3]의 세미로그 용지에 그래프로 그리시오.

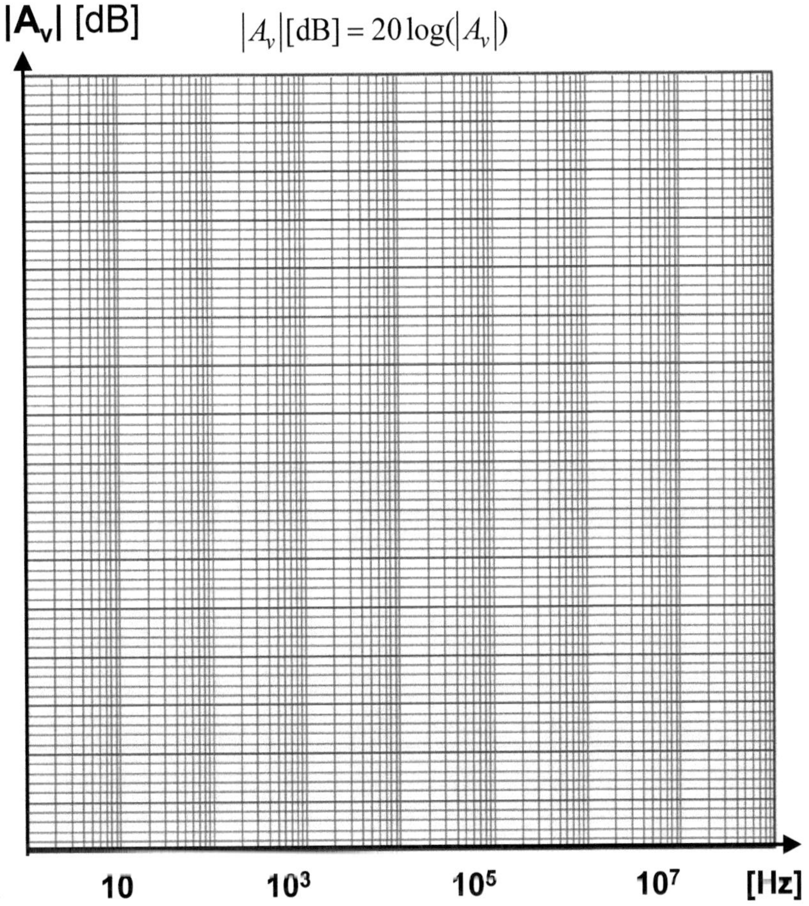

[그림 R3]

6. 위의 그래프를 보고 주파수 응답의 특징을 설명하시오. 또한, 대역폭을 표시하고 대역폭의 크기를 구하시오.

실험 3 증폭개념과 연산증폭기의 이해

1. 실험 목적

(1) 일반적인 증폭기의 구조와 특성을 이해한다.
(2) 차동모드 증폭과 공통모드 증폭의 개념을 이해한다.
(3) 가상접지 개념을 이해한다.

2. 관련 이론

2.1 증폭기의 중요성

전자기기 내에서 신호를 가공함에 있어 증폭기는 매우 중요한 역할을 한다. 트랜스듀서가 회로의 입력으로 공급하는 신호는 일반적으로 마이크로 볼트[μV] 내지 밀리 볼트[mV] 단위의 매우 작은 신호이므로 다음 단계의 신호처리를 위해 신호증폭이 필요하게 된다. 또한 큰 전력의 출력신호가 요구될 경우도 최종신호를 증폭하여 출력해 줘야 한다. 그러나 그보다 더욱 중요한 것은 신호처리 과정에서 손실되는 신호의 전력을 증폭작용으로 보상할 수 있다는 점이다. 만약 증폭을 할 수 없다면 신호처리 과정에서 신호전력의 손실을 피할 수 없게 되고 신호의 전력은 신호처리 과정이 반복될수록 작아져서 결국에는 더 이상 신호처리를 할 수 없는 상황에 이르게 될 것이다. 그러나 일반적으로 전자기기는 수 없이 많은 신호처리 과정을 거치면서 그 본래의 기능을 수행하므로 증폭을 할 수 없다면 현재와 같이 발달된 전자기기의 실현은 불가능 했을 것이다. 실제로 전자기기 내에서 거의 모든 신호처리작용은 증폭작용과 겸하여 동시에 이루어지고 있다.

2.2 증폭기의 구조

증폭기는 입력포트(port)와 출력포트의 2개의 포트를 갖는 2포트 회로로서 그림 3.1(a)와 같은 회로심벌로 나타낸다.

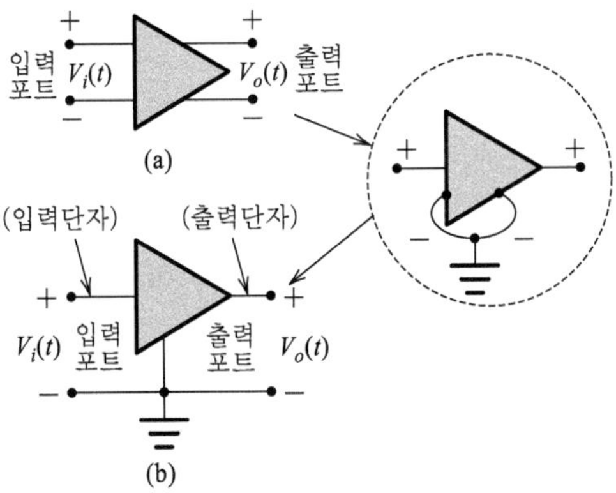

그림 3.1 증폭기의 회로심벌
(a) 증폭기의 회로심벌 (b) 입.출력 포트의 공통 단자를 갖는 증폭기의 회로심벌

증폭기 심벌인 삼각형 모양을 화살표의 머리로 간주할 때 화살표 방향은 신호 흐름의 방향을 의미한다. 따라서 증폭기의 입력포트와 출력포트를 따로 표기하지 않아도 심벌로써 구분할 수 있도록 하고 있다.

한편, 실제 상황에서는 입력포트의 두 단자 중 한 단자와 출력포트의 두 단자 중 한 단자가 하나의 기준전압에 공통으로 연결되어 쓰이게 되는 경우, 회로접지(circuit ground)가 기준전압으로 사용되어 그림 3.1(b)의 회로심벌로 쓰인다.

일반적인 증폭기의 특성을 실험하기 위해 본 실험에서는 범용으로써 가장 널리 사용되는 연산 증폭기를 사용하기로 한다.

2.3 연산 증폭기의 이해

[연산 증폭기의 회로심벌] 신호상으로 볼 때, 연산증폭기는 입력 포트는 2개의 단자로 이루어 지고 출력 포트는 1개의 단자와 접지로 이루어진 3단자 소자로서 그림 3.2와 같은 **회로심벌**로 표현된다.

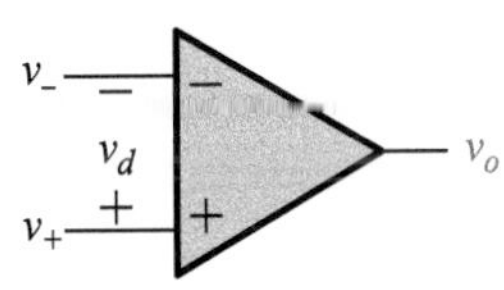

그림 3.2 연산증폭기의 회로심벌

두개의 입력 단자 중 '–'로 표시된 입력단자의 신호(v_-)는 출력 신호(v_O)와 180° 위상차를 갖게 되어 **반전 입력단자**(inverting input terminal) 라고 부른다. 반면에 '+'로 표시

된 입력단자의 신호(v_+)는 출력신호(v_o)와 0°의 위상차 즉, 동상이 되어 비반전 입력단자(noninverting input terminal)라고 부른다. 차 신호(v_d: difference signal)는 비반전 입력단자 신호(v_+)에서 반전입력단자 신호(v_-)를 뺀 값 즉, $v_d = v_+ - v_-$로 정의하기로 한다.

모든 능동회로와 마찬가지로 연산증폭기도 신호단자 외에도 전력을 공급하기 위한 전원단자가 필요하다. 일반적으로 연산증폭기의 바이어스는 같은 크기의 +전원(V_{CC})와 −전원(V_{EE})의 2종류의 전원을 사용하고 입출력 신호는 접지(GND)를 기준으로 한 전압으로 정의한다. 그림 3.3(a)는 연산증폭기에 바이어스 전원과 입력신호가 연결되는 형태를 보여준다. 그림 3.3(a)의 전원연결은 그림 3.3(b)와 같이 간략화 하여 표현하는 것이 보다 더 일반적이다. 또한, 특별히 전원연결을 표시해야 할 필요가 없는 경우 전원단자는 회로심벌에서 흔히 생략하여 그림 3.2의 회로심벌로 쓴다.

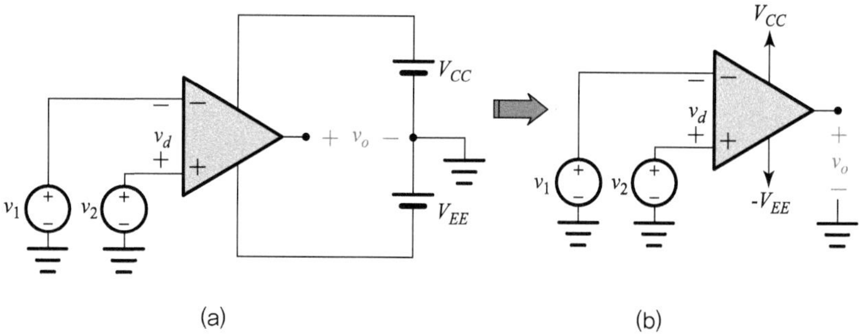

그림 3.3 바이어스 전원과 입력신호가 연결된 연산증폭기

[연산 증폭기의 등가회로] 연산증폭기를 블랙 박스로 보고 회로모델을 구하면 그림 3.4와 같은 등가회로를 얻을 수 있다. R_i는 연산증폭기의 입력저항을 표현하고 R_o는 출력저항을 표현한다. 이득은 전압제어 종속전압원으로 표현함으로써 연산증폭기가 전압증폭형의 증폭기임을 나타낸다. 또한, 이득을 표현하는 종속전원의 제어변수를 차전압 v_d로 표시하여 연산증폭기가 두 입력단자 전압의 차를 증폭하는 차동증폭기(differential amplifier)임을 표현한다.

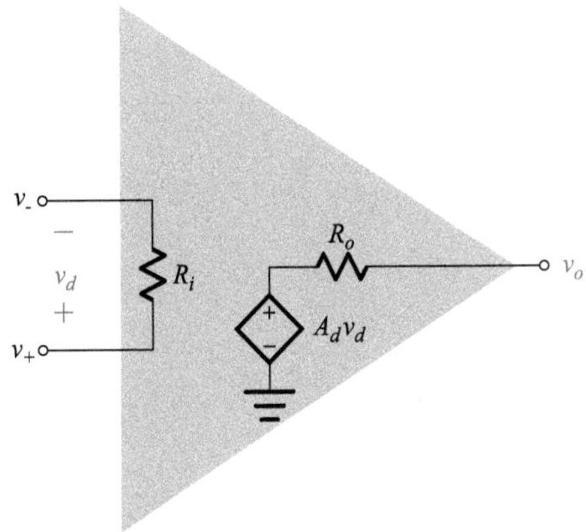

그림 3.4 연산증폭기의 등가회로

2.4 이상적인 연산 증폭기

[이상적인 연산증폭기의 특성] 연산증폭기는 어떤 특성을 갖추는 것이 가장 좋고 바람직할까? 우선 입력저항 R_i 는 커질수록 입력구동에 필요한 전류가 작아져서 구동하기가 용이해질 것이므로 $R_i \to \infty$ 로 되는 것이 이상적일 것이다. 출력저항 R_o 는 작을수록 출력전압이 출력전류의 변화에 따른 영향을 덜 받으므로 (큰 부하를 구동하기에 유리할 것이므로) $R_o = 0$ 이 되는 것이 이상적일 것이다. 개방루프전압이득 A_o 와 주파수대역폭 BW도 클수록 좋으므로 $A_o \to \infty$, $\mathrm{BW} \to \infty$ 로 되는 것이 이상적일 것이다. 또한, 차동 증폭기이므로 입력의 차전압 $v_d = 0$ 이면 출력전압 $v_o = 0$ 이 되어야 한다. 이와 같이 증폭기로서 이상적인 조건을 모두 만족하는 가상의 연산증폭기를 이상적인 연산증폭기(ideal operational amplifier)라고 하며 그 조건을 요약하면 [표 3.1]과 같다.

[표 3.1] 이상적인 연산증폭기의 특성

	항목	특성
1	입력저항	$R_i \to \infty$
2	출력저항	$R_o = 0$
3	개방루프전압이득	$A_o \to \infty$
4	주파수 대역폭	$\mathrm{BW} \to \infty$
5	오프셋전압	$v_+ = v_-$ 일 때 $v_o = 0$

그림 3.4의 연산증폭기의 등가회로에 연산증폭기의 특성을 적용하여 수정하면 그림 3.5에서와 같은 이상적인 연산증폭기의 등가회로가 얻어진다.

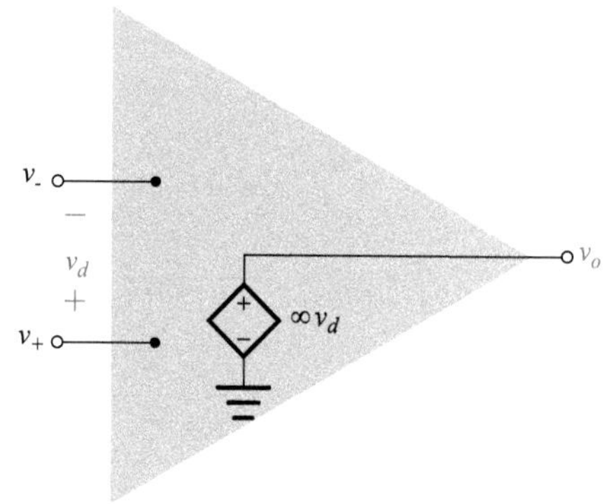

그림 3.5 이상적인 연산증폭기의 등가회로

[이상적인 연산증폭기의 해석(가상단락)] 이상적인 연산증폭기의 특성으로부터 연산증폭기 회로 해석을 매우 단순화 시킬 수 있는 조건을 찾아 낼 수 있다. 우선, 두 입력단자 사이에 흐르는 전류(i)를 입력저항 $R_i \to \infty$ 란 특성을 고려하여 구하면 다음 수식으로 구해진다.

$$i = \frac{v_d}{R_i} = \frac{v_d}{\infty} \to 0\ [\mathrm{A}] \tag{3.1}$$

식(3.1)로부터 두 입력단자 사이는 마치 개방회로처럼 전류가 흐르지 않음을 알 수 있다.

한편, 출력전압(v_o)의 크기가 유한하다고 가정하고 이 때의 입력 차전압($v_d = v_+ - v_-$)을 구하면 이득 $A_o \to \infty$ 이므로 다음과 같이 구해진다.

$$v_d = (v_+ - v_-) = \frac{v_O}{A_o} = \frac{v_O}{\infty} \to 0\ [\mathrm{V}] \tag{3.2}$$

따라서 두 입력단자의 전압 v_+와 v_-는 마치 단락된 회로처럼 항상 같다는 것을 알 수 있다.

위의 v_+와 v_-의 두 입력단자에서와 같이 개방된 것처럼 두 단자 사이로 전류가 흐르지 못하나(i=0) 동시에 단락된 것처럼 두 단자의 전압이 같은($v_+ = v_-$) 것을 **가상단락**(virtual short) 또는 **가상접지**(virtual ground)라고 부른다. 연산증폭기 입력의 두 단자 사이로 전류는 못 흐르나 두 단자의 전압은 같다는 가상단락조건은 이상적인 연산증폭기 회로 해석을 단순화 시킬 수 있는 매우 중요한 실마리가 된다. 이 가상단락조건은 실제적 연산증폭기라도 개방루프이득(A_o)이 충분히 크면 근사적으로 적용할 수 있으므로 매우 유용한 조건이다.

2.4 차동모드 증폭과 공통모드 증폭

차동 증폭기(difference amplifier)는 두 입력신호의 차성분(v_d)만 증폭하고 공통성분(v_c)은 제거하는 증폭기를 말한다. 여기서 **차성분** v_d와 **공통성분** v_c는 다음과 같이 정의된다.

$$v_d \equiv v_+ - v_- \tag{3.3a}$$

$$v_c \equiv \frac{v_+ + v_-}{2} \tag{3.3b}$$

그림 3.6(a)의 v_+와 v_-의 두 입력신호를 식(3.3)의 **차 신호** v_d와 **공통모드 신호** v_c로 표현하면 그림 3.6(b)로 된다.

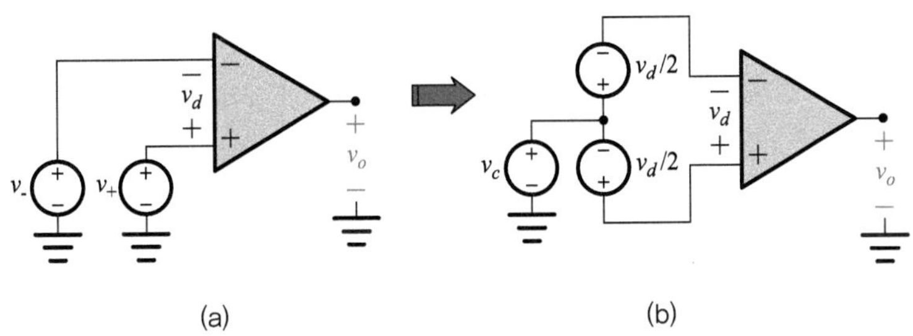

그림 3.6 차동 증폭기의 입력신호
(a) 두 입력신호가 인가된 모양 (b) 차동성분과 공통성분을 구분한 등가 표현

차동모드(difference-mode) **이득**을 A_d라고 하고 **공통모드**(common-mode) **이득**을 A_c라고 하면 출력전압 v_O는 다음과 같이 표현된다.

$$v_O = A_d v_d + A_c v_c \tag{3.4}$$

차동 증폭기의 효율은 차 신호(v_d)에 비해 공통모드 신호(v_c)를 얼마나 많이 제거하는가로 평가한다. 공통모드 신호를 제거하는 효율을 **공통성분 제거비**(CMRR: Common-Mode Rejection Ratio)로 표현하며 다음과 같이 정의한다.

$$CMRR = 20\log\frac{|A_d|}{|A_c|} \quad [\text{dB}] \tag{3.5}$$

단일 연산 증폭기 자체도 차동 증폭기이지만 보다 더 좋은 특성을 얻기 위해 여러 개의 연산 증폭기로써 차동 증폭기를 구성하기도 한다.

3. 실험 기기 및 부품

사용 기기	소요 부품
(1) 디지털 멀티미터(DMM): 1대 (2) 파형 발생기: 1대 (3) 오실로스코프: 2채널-1대 (4) 직류전원장치: +15[V](50㎃) 1채널, −15[V](50㎃), 1채널 (5) 브레드보드 : 1대	(1) μA 741 op-amp: 1개 (2) 저항: 10KΩ(0.25W) 2개 39KΩ(0.25W) 2개 8.2KΩ(0.25W) 1개

4. 실험 내용 및 절차

4.1 비반전 증폭(차동모드)

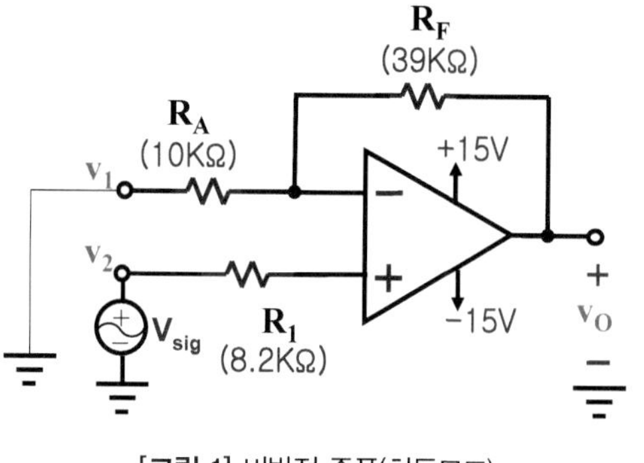

[그림 1] 비반전 증폭(차동모드)

(1) [그림 1]의 회로를 브레드 보드에 구성한다.

(2) 파형 발생기로 진폭 0.5V(첨두간 전압=1$V_{p\text{-}p}$), 주파수=1KHz의 사인파를 발생시켜 v_2(비반전단자)에 인가하고, v_1(반전단자)는 접지 시킨다.

(3) 오실로스코프의 CH1을 회로의 입력단자(V_2)에 연결하고 수직설정에서 입력 커플링 (coupling)을 접지(GND)로 선택하여 0 [V] 접지레벨이 화면의 수평축 상에 오도록 수직위치를 조절한 다음, 입력 커플링을 다시 직류(DC) 결합으로 변경한다.

(4) 오실로스코프의 CH2를 회로의 출력단자(V_o)에 연결하고 수직설정에서 입력 커플

링을 접지(GND)로 선택하여 0[V] 접지레벨이 화면의 수평축 상이나 혹은, 원하는 위치에 오도록 수직위치를 조절한 다음, 입력 커플링을 다시 직류(DC) 결합으로 변경한다.

(5) v_2와 v_o의 전압 파형을 오실로스코프로 측정하여 각각의 진폭 및 위상을 구하여 [표 1]에 기록하고 각각의 파형을 [그림 R1]에 그리시오.

4.2 차동모드 증폭과 공통모드 증폭

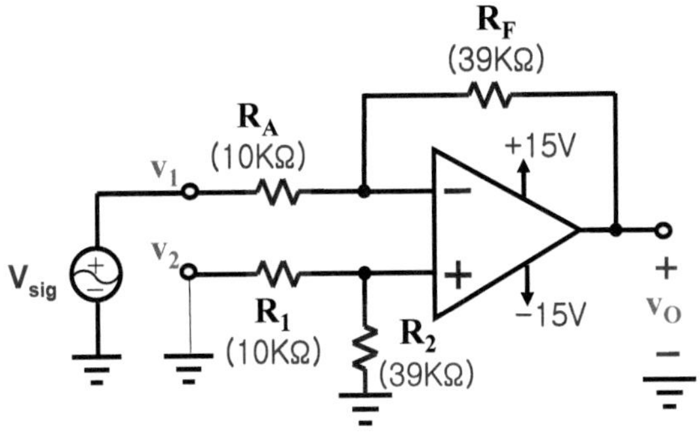

[그림 2] 반전 증폭(차동모드)

(1) [그림 2]의 회로를 브레드 보드에 구성한다.

(2) 파형 발생기(v_{sig})로 진폭 0.5V(첨두간 전압=1V_{p-p}), 주파수=1KHz의 사인파를 발생시켜 [그림 2]의 회로도와 같이 인가한다.

(3) v_1과 v_o 의 전압 파형을 오실로스코프로 측정하여 각각의 진폭 및 위상을 구하여 [표 2]에 기록하고 각각의 파형을 [그림 R2]에 그리시오.

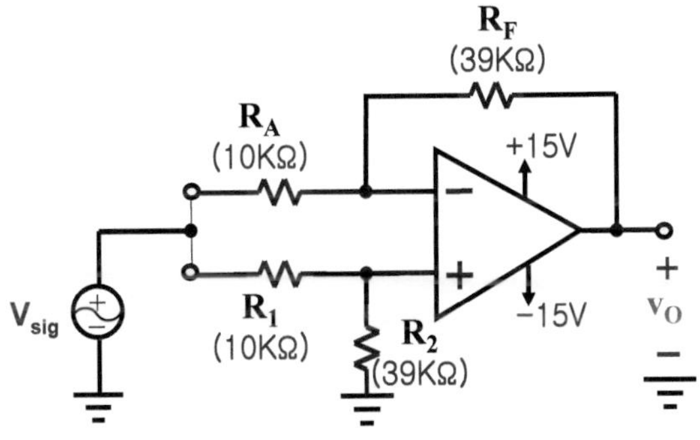

[그림 3] 공통모드 증폭

(1) [그림 3]의 회로를 브레드보드에 구성한다.

(2) 파형 발생기(v_{sig})로 진폭 0.5V(첨두간 전압=1V_{p-p}), 주파수=1KHz의 사인파를 발생시켜 [그림 3]의 회로도와 같이 인가한다.

(3) v_{sig}와 v_o 의 전압 파형을 오실로스코프로 측정하여 각각의 진폭 및 위상을 구하여 [표 3]에 기록하고 각각의 파형을 [그림 R3]에 그리시오.

4.3 가상접지의 이해

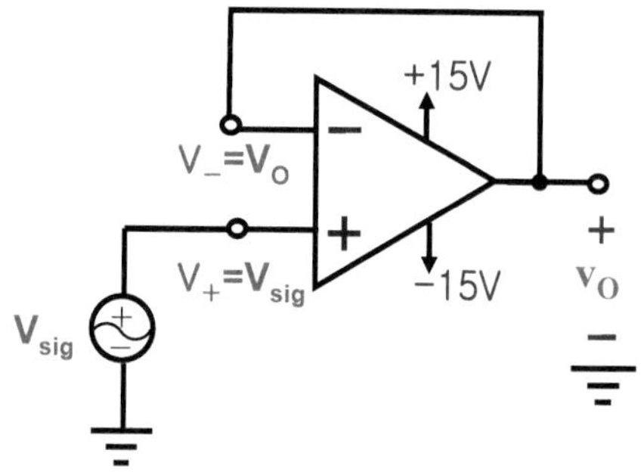

[그림 4]

(1) [그림 4]의 회로를 브레드보드에 구성한다.

(2) 파형 발생기(v_{sig})로 진폭 1V(첨두간 전압=2V_{p-p}), 주파수=1KHz의 사인파를 발생시켜 [그림 4]의 회로도와 같이 인가한다.

(3) v_{sig}와 v_o의 전압 파형을 오실로스코프로 두 채널로 동시에 측정하여 두 파형을 비교해보고 v_{sig}의 크기와 주파수를 변화시켜 가며 v_o의 파형과 비교해 보시오. 그 중 한 시점의 파형을 선택하여 v_{sig}와 v_o의 진폭 및 위상을 구하여 [표 4]에 기록하고 각각의 파형을 [그림 R4]에 그리시오.

실험예비 보고서

실험조: 반 조 학번: 이름:

실험제목:
1. 반전 증폭과 비반전 증폭이란? 2. 차동모드와 공통모드란? 3. 공통성분제거비(CMRR) 란?

실험결과 보고서

실험자: 반 조 학번: 이름:

실 험 일 시: 년 월 일 교시

공동 실험자:

실험제목:

1. 실제 실험 회로도

(디지털 멀티미터 등을 사용하여 실제 사용된 소자값을 정확하게 측정하여 회로도에 기재한다.)

2. 실험 결과

[표 1] 비반전 증폭기(차동모드)

	v_1 [V]	v_2 [V]	v_o [V]	$A_v = v_o / v_2$
크기				
위상				

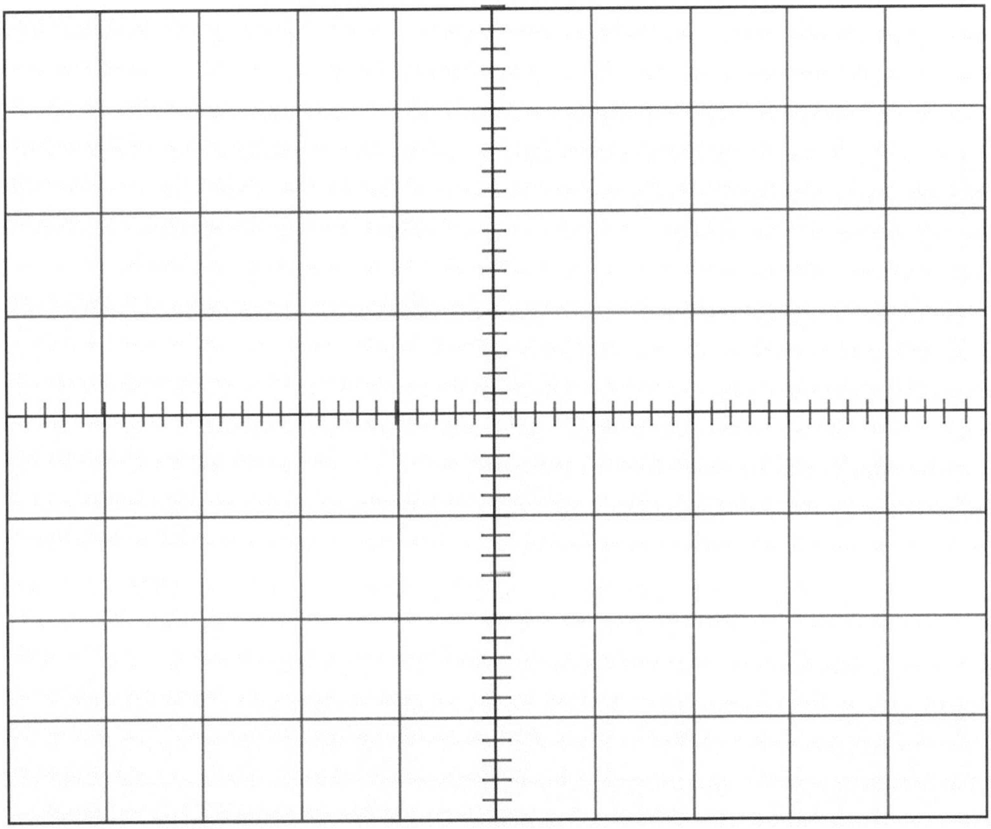

CH1	신호	V/Div.	Time:
CH2	신호	V/Div.	Sec/Div.

[그림 R1] 입력 및 출력 파형

[표 2] 반전 증폭기(차동모드)

	v_1 [V]	v_2 [V]	v_o [V]	$A_v = v_o / v_1$
크기				
위상				

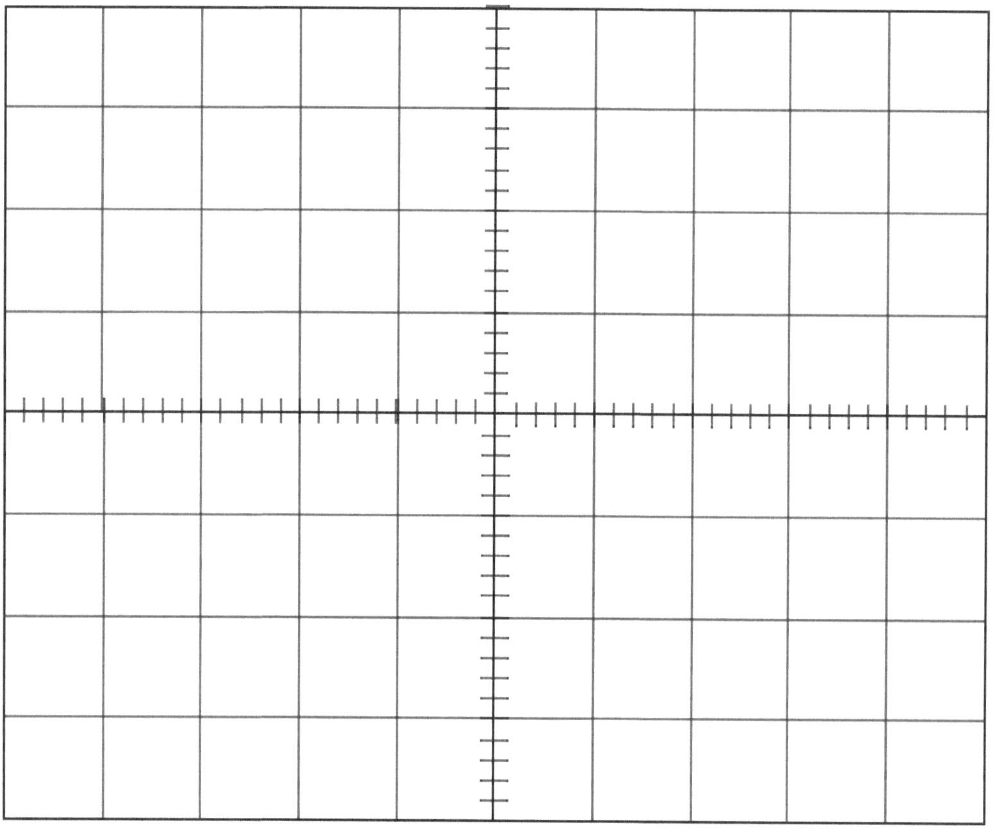

CH1	신호	V/Div.	Time:
CH2	신호	V/Div.	Sec/Div.

[그림 R2] 입력 및 출력 파형

[표 3] 공통모드 증폭기

	v_{sig} [V]	v_o [V]	$A_v = v_o / v_{sig}$
크기			
위상			

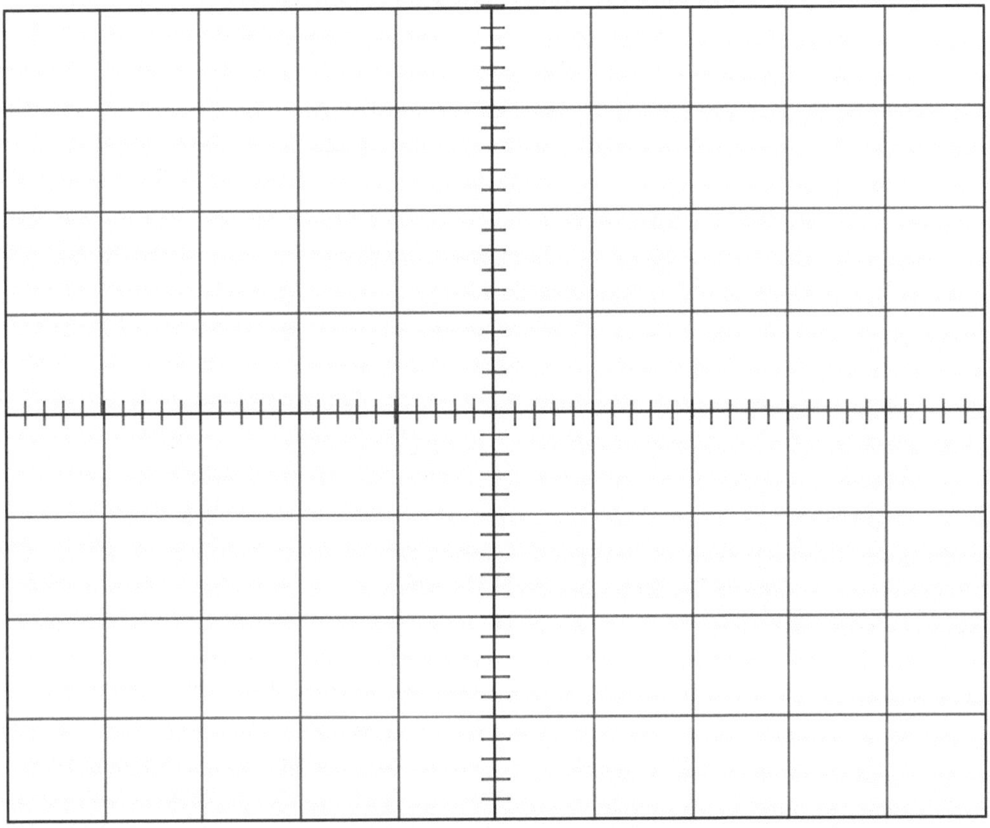

CH1	신호	V/Div.	Time:
CH2	신호	V/Div.	Sec/Div.

[그림 R3] 입력 및 출력 파형

[표 4] 가상접지의 이해

	v_{sig} [V]	v_o [V]	$A_v = v_o / v_{sig}$
크기			
위상			

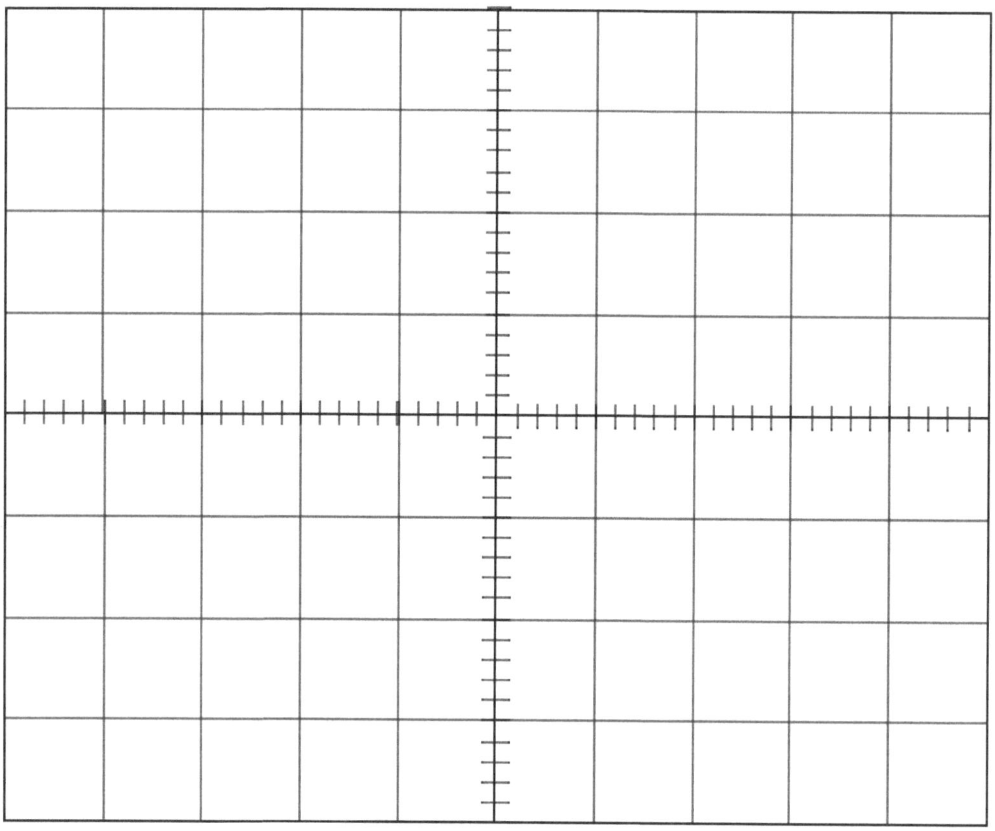

CH1	신호	V/Div.	Time:
CH2	신호	V/Div.	Sec/Div.

[그림 R4] 입력 및 출력 파형

3. 실험 결과 논의

1. 두 경우의 전압 증폭율을 구하고 반전단자와 비반전 단자의 특성 차이를 설명하시오.
2. [표 3]과 [표 4]에서 전압이득을 계산하고 차동모드 동작과 공통모드 동작의 차이를 설명하시오.
3. 공통성분제거비(CMRR)는 몇 dB인가?
4. 가상접지가 무엇인지 설명하고, 가상접지가 성립하기 위한 조건을 설명하시오.

Part 2

다이오드 회로

실험 4 다이오드의 특성과 부하선 개념

1. 실험 목적

(1) 다이오드의 순방향 및 역방향 바이어스에 대한 전압-전류 특성을 이해한다.
(2) 실리콘 다이오드의 장벽전위를 측정한다.

2. 관련 이론

2.1 다이오드의 기본 정의

[다이오드의 회로심볼] 다이오드는 2-단자 소자로서 회로심볼은 그림 4.1과 같다. 좌측 화살표쪽의 단자를 어노드(anode:A)라고 하고 우측 짧은 막대쪽의 단자를 캐소드(cathode:K)라고 부른다. 어노드(+)와 캐소드(–) 사이의 전압을 다이오드 전압, v_D 라고 하고, 어노드로부터 캐소드 방향(=심볼의 화살표 방향)으로 흐르는 전류를 다이오드전류, i_D라고 정의한다.

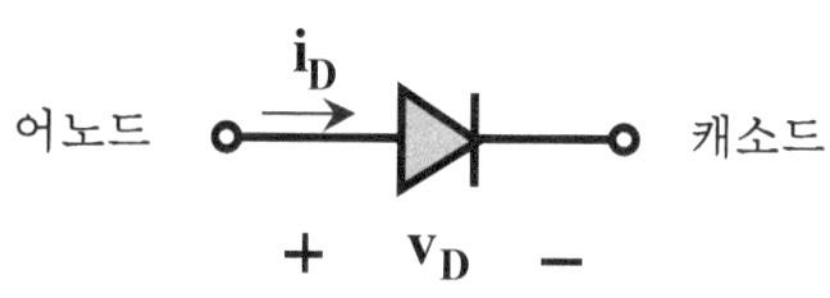

그림 4.1 다이오드의 회로심볼

[순바이어스 와 역바이어스] 외부에서 전압을 인가하여 어노드 단자 전압이 캐소드 단자 전압보다 높아진 상태 즉, $v_D>0$인 상태를 순바이어스(forward bias) 되었다고 한다. 반대로 어노드 단자 전압이 캐소드 단자 전압보다 낮아진 상태 즉, $v_D<0$인 상태를 역바이어스(reverse bias) 되었다고 한다.

2.2 이상적인 다이오드

[이상적인 다이오드의 전류-전압 특성] 다이오드로서의 이상적인 특성은 순바이어스($v_D>0$)가 되면 단락회로가 되고, 역바이어스($v_D<0$)가 되면 개방회로가 되는 것으로

서 그림 4.2(a)와 같은 전류-전압 특성 곡선을 보인다. 이런 특성을 갖는 가상적인 다이오드를 이상적인 다이오드(ideal diode)라고 부른다.

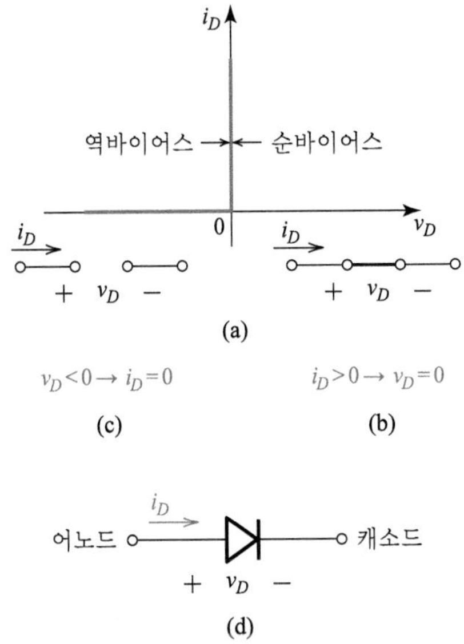

그림 4.2 이상적인 다이오드

(a) 전류-전압 특성 (b) 순바이어스 등가회로 (c) 역바이어스 등가회로 (d) 심볼

결국 이상적인 다이오드는 순바이어스(v_D>0)일 때 온(on)되고, 역바이어스(v_D<0)일 때 오프(off)되는 스위치인 것이다.

2.3 실제 다이오드 특성

[실제 다이오드의 특성] 앞 절의 이상적인 다이오드는 상상할 수 있는 이상적인 특성을 갖는 다이오드일 뿐 실제로 그대로 구현할 수는 없다. 실제로 사용되는 실제 다이오드는 주로 반도체의 접합특성을 이용하여 구현되며 그 특성은 이상적인 다이오드의 특성과 부분적으로 차이를 보이지만 근사적으로 닮았으므로 다이오드의 기능을 수행할 수 있다.

[pn접합 다이오드의 특성] pn접합 다이오드의 전류-전압 관계는 다음의 다이오드 수식으로 표현된다.

$$i_D = I_s(e^{\frac{v_D}{\eta V_t}} - 1) \tag{4.1}$$

여기서, I_s는 역포화전류(reverse saturation current), η는 이상인자(ideality factor), V_t는 열적전압(thermal voltage)이다.

위의 다이오드 수식을 그래프로 그리면 그림 4.3에 보인 pn접합 다이오드의 전류-전압 특성곡선을 얻는다. 특성곡선에서 볼 수 있듯이 다이오드의 특성은 다이오드 전압 $v_D>0$인 순바이어스 영역과 다이오드 전압 $v_D<0$인 역바이어스 영역으로 구분된다. 또한, 역바이어스 영역에서 역바이어스 전압이 지나치게 커지면 항복현상으로 인해 다이오드의 기능을 상실하게 되는데 이 영역을 항복영역으로 구분한다. 따라서 다이오드의 특성은 순바이어스 영역, 역바이어스 영역 및 항복 영역의 세 영역으로 구분된다. 각 영역 별로 특성을 살펴보면 다음과 같다.

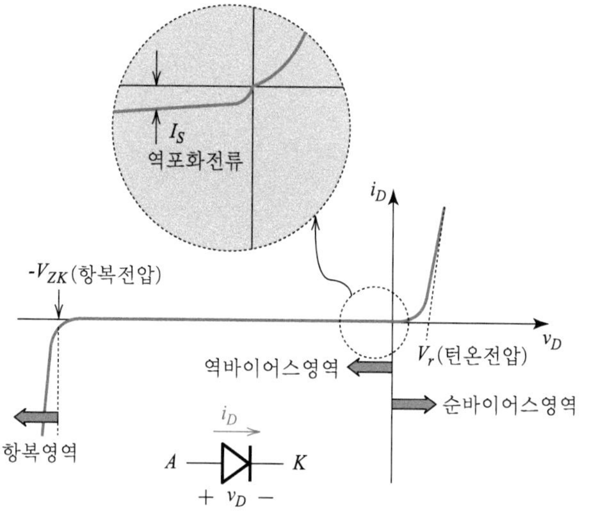

그림 4.3 pn접합 다이오드의 전류-전압 특성

[순바이어스 특성] 다이오드전압 $v_D>0$이면 다이오드는 순바이어스 영역에서 동작하게 된다. 순바이어스 영역에서 다이오드 전류 i_D는 식(4.1)의 다이오드 수식으로부터 다이오드 전압 v_D가 증가함에 따라 지수 함수적으로 증가함을 알 수 있다. 지수함수의 특성 상 전류가 커질수록 직선에 가까운 특성곡선이 된다. 따라서 **i_D가 큰 영역에서의 특성곡선을 직선으로 근사하여 그 연장선이 v_D축과 만나는 점의 전압**을 다이오드 턴온전압(V_γ)으로 정의한다. 이 턴온전압을 넘어서면서 다이오드의 전류는 급격히 증가하므로 턴온전압을 다이오드가 턴온되는 임계전압으로 간주한다. **실리콘 다이오드의 경우 턴온전압(V_γ)은 대략 0.7V**이다. 따라서 실용 다이오드는 순바이어스 되었다고 곧바로 턴온되지 않고 반드시 턴온전압 이상의 순바이어스가 인가되어야 턴온된다는 점에서 이상적인 다이오드와 차이를 보인다.

역포화전류 I_s는 그림 4.3의 확대영역에서 보였듯이 역바이어스 되었을 때 다이오드를 통해 흐르는 누설전류로서 극히 적은 량의 전류(10^{-14}~10^{-15} A)이다. 그러나 다이오드 수식에서 볼 수 있듯이 역 포화전류 변화 비율은 곧바로 다이오드 전류 변화 비율로 나타나므로 다이오드 특성을 민감하게 변화시키는 변수가 된다. 또한, 역포화전류는 온도가 5℃증가할 때 마다 대략 두 배씩 증가할 정도로 온도에 매우 민감하다.

이상인자(η)는 다이오드의 재료와 구조에 따라 1에서 2사이의 값을 보이는 상수로서 Si경우 저전류 부분에서 2이고 턴온되어 전류가 많이 흐르면1이 된다. 또한 Ge경우는 1이다. **앞으로 다이오드에 대해 특별한 언급이 없으면 이상인자(η)는 1로 간주하고 또한, 실리콘 다이오드로 간주하여 턴온전압(V_γ)은 0.7V로 가정하기로 한다.**

열적전압(V_t)은 다음 수식으로 표현되는 상수이다.

$$V_t = \frac{kT}{q} \tag{4.2}$$

여기서, k는 볼쯔만 상수, T는 절대온도, q는 전자의 전하량을 의미하고, 상온(20℃)에서 열전압은 25 mV가 된다.

한편, v_D>> V_t인 경우 식(3.1)의 다이오드 수식은 다음과 같이 간략한 수식으로 근사된다.

$$i_D \approx I_s e^{\frac{v_D}{\eta V_t}} \tag{4.3}$$

[역바이어스 특성] 다이오드전압 v_D<0이면 다이오드는 역바이어스 영역에서 동작하게 된다. v_D값이 음이고 그 크기가 V_T(≈25 mV)의 수 배 이상 커지면 식(4.1)에서 지수함수 항이 1보다 매우 작아지므로 무시되어 다이오드 전류는 다음과 같이 표현된다.

$$i_D \approx -I_s \tag{4.4}$$

이와 같이 역바이어스 되었을 때 다이오드를 통해 흐르는 미세한 전류 **I_s를 역포화전류**라고 부른다. I_s는 수식상으로는 상수로 표현되었으나 실제로는 역바이어스 전압이 증가함에 따라 미세하게 증가하며 특히, 온도 증가에 대해서 매우 민감하게 증가하는 특성을 보인다.

[항복 영역] 역바이어스전압이 증가하여 일정 한계를 넘어서면 갑자기 다이오드의 전류가 급격히 증가하는 데 이를 항복현상(breakdown)이라고 하고 이 때의 한계전

압을 **항복전압**(breakdown voltage: V_{ZK})이라고 한다. 항복현상이 발생하면 정상적인 다이오드의 기능을 상실하게 되므로 제너 다이오드를 제외한 모든 다이오드는 항복 현상이 발생하지 않는 범위 안에서만 사용한다.

2.4 부하선 개념

[부하선 개념] 소자의 전류와 전압을 i_D와 v_D라는 변수로 놓고 전원(V_A), 부하(R), 및 소자를 그림 4.4(a)와 같이 직렬로 연결하여 폐루프를 형성한 후, 키르히호프의 전압 법칙을 적용하면 i_D와 v_D를 관계 짓는 다음의 방정식을 얻는다.

$$i_D = -\frac{1}{R}v_D + \frac{V_A}{R} \tag{4.5}$$

식(4.5)는 직선방정식으로서 i_D-v_D평면 상에 그리면 그림 4.5(b)와 같이 기울기가 –1/R 이고 y축 절편이 V_A/R인 직선을 얻는다. 이 직선을 **부하선**(load line)이라고 하고 식 (4.5)을 **부하선 방정식**(load line equation)이라고 한다.

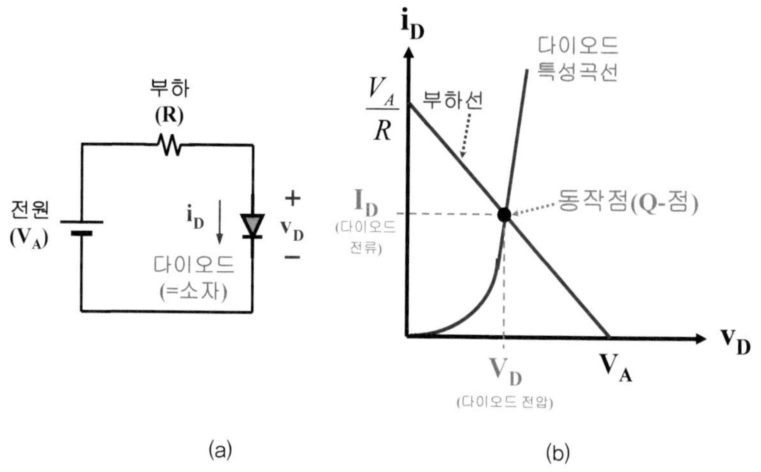

그림 4.4 부하선의 개념
(a) 부하선을 구하기 위한 회로 (b) 동작점의 결정

그림 4.4(b)는 소자가 다이오드라고 가정했을 때의 부하선을 보여주고 있다. 그림 4.4(b)에서 보인 바와 같이 부하선과 소자(다이오드)특성을 동일 그래프 상에 그리면 그림 4.4(a)의 회로는 부하선과 소자특성을 동시에 만족시키며 동작해야 하므로 두 선의 교점에서 동작하게 된다. 이 점을 **동작점**(operating point) 혹은 **Q–점**(Quiescent point)이

라고 하고, 이점에서의 전압과 전류를 **동작전압(V_{DQ})**과 **동작전류(I_{DQ})**라고 부른다.

부하선 개념을 이용하면 그래프적 작도 만으로 회로의 동작점을 알아낼 수 있으므로 복잡한 비선형 회로의 동작을 쉽게 해석할 수 있다.

2.5 다이오드의 방향 테스트

다이오드는 캐소드[cathode(K):−극] 단자 쪽에 그림 4.5(a)와 같이 띠를 둘러 놓아 캐소드 단자임을 표시함으로써 다이오드 방향을 구분할 수 있도록 하고 있다. 이를 테스터로 확인할 때는 그림 4.5(b)와 같이 어노드[anode(A):+극] 단자에 테스터의 (−) 단자를 연결하고 캐소드(K) 단자에 테스터의 (+)단자를 연결하여 테스터 지침이 움직이면 순방향 도통을 하는 것으로 확인할 수 있다.

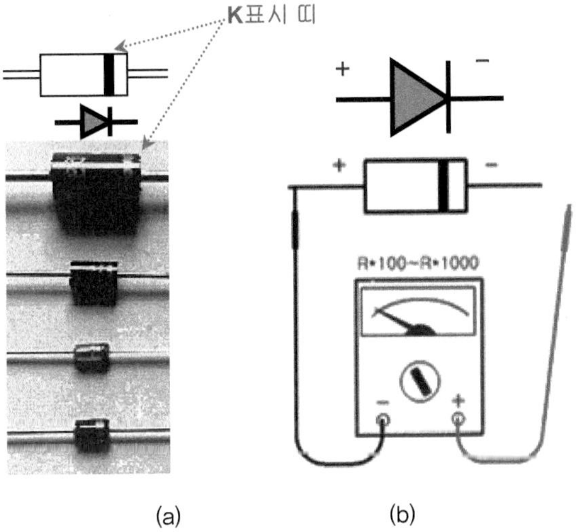

그림 4.5 다이오드의 방향 테스트
(a) 부하선을 구하기 위한 회로 (b) 동작점의 결정

반면에, 테스터의 양 단자를 서로 뒤바꿔서 연결하면 다이오드가 역바이어스가 되므로 전류가 흐르지 않아야 정상이다. 만약 이 경우에 전류가 흐른다면 다이오드가 고장 난 것으로 판정할 수 있다.

3. 실험 기기 및 부품

사용 기기	소요 부품
(1) 디지털 멀티미터(DMM): 1대 (2) 오실로스코프: 2채널1대 (3) 직류전원장치: +5[V](50㎃) 1채널 (전압가변가능) (4) 브레드 보드: 1대 (5) 직류전압계: 2대 (6) 직류전류계: 1대	(1) 다이오드: IN4001 1개 (2) 저항: 470Ω(0.25W) 1개 1KΩ(0.25W) 1개 2.2KΩ(0.25W) 1개 4.7KΩ(0.25W) 1개

4. 실험 내용 및 절차

4.1 다이오드 순바이어스 특성

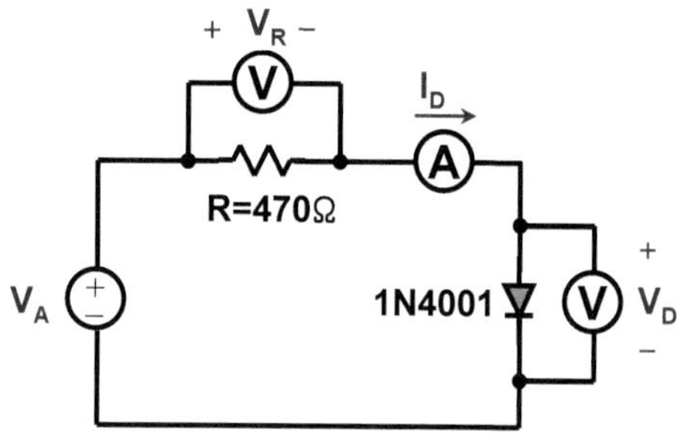

[그림 1] 순바이어스

(1) [그림 1]의 회로를 브레드 보드에 구성하고 직류 전압계를 저항과 다이오드에 병렬로 연결하고, 직류 전류계를 다이오드에 직렬로 연결한다.

(2) 전원 전압(V_A) 값을 [표 1]에 지시된 대로 변화시켜 가면서 저항 양단의 전압(V_R), 다이오드 양단의 전압(V_D) 및 다이오드 전류(I_D) 값을 읽어 [표 1]에 기록한다.

(3) [표 2]에 지시된 특정 조건에서 같은 측정을 하여 [표 2]의 측정치 칸에 기록한다.

4.2 다이오드 역바이어스 특성

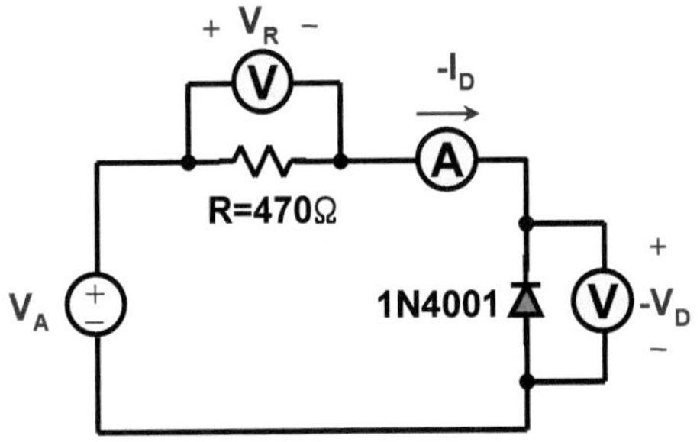

[그림 2] 역바이어스

(1) [그림 1]의 회로에서 다이오드 방향을 뒤바꾸어 [그림 2]의 역바이어스 회로를 구성한다. 직류 전압계를 저항과 다이오드에 병렬로 연결하고, 직류 전류계를 다이오드에 직렬로 연결한다.

(2) 전원 전압(V_A) 값을 [표 3]에 지시된 대로 변화시켜 가면서 저항 양단의 전압(V_R), 다이오드 역방향 전압($-V_D$) 및 다이오드 역포화 전류($-I_D$) 값을 읽어 [표 3]에 기록하시오.

(3) [표 1]과 [표 3]의 측정 결과를 가지고 [그림 R1]에 그래프로 그리시오.

실험예비 보고서

실험자: 반   조   학번: 이름:

실험제목:
1. pn접합 다이오드의 특성에 대해 설명하시오. 2. 부하선이란? 3. 부하선을 이용한 비선형회로 해석법에 대해 간략히 설명하시오.

실험결과 보고서

실험자: 반 조 학번: 이름:

실 험 일 시: 년 월 일 교시

공동 실험자:

실험제목:

1. 실제 실험 회로도

(디지털 멀티미터 등을 사용하여 실제 사용된 소자값을 정확하게 측정하여 회로도에 기재한다.)

2. 실험 결과

[표 1] 순바이어스

V_A [V]	V_D [V]	I_D [mA]	V_R [V]
0			
0.2			
0.4			
0.5			
0.55			
0.6			
0.65			
0.7			
0.75			
0.8			
0.9			
1.0			
1.1			
1.2			
1.3			
1.4			
1.5			
1.6			
1.7			
1.8			
1.9			
2.0			

[표 2] 측정 조건

V_A [V]	R[KΩ]	V_D [V]		I_D [mA]		V_R [V]
		측정치	부하선계산	측정치	부하선계산	
1.5	1					
1.5	2.2					
1.5	4.7					
3.0	1					
3.0	2.2					
3.0	4.7					
5.0	1					
5.0	2.2					
5.0	4.7					

[표 3] 역바이어스

V_A [V]	V_{DR} [V]	I_S [mA]	V_R [V]
0			
0.5			
1.0			
1.5			
2.0			
2.5			
3.0			
4.0			
5.0			

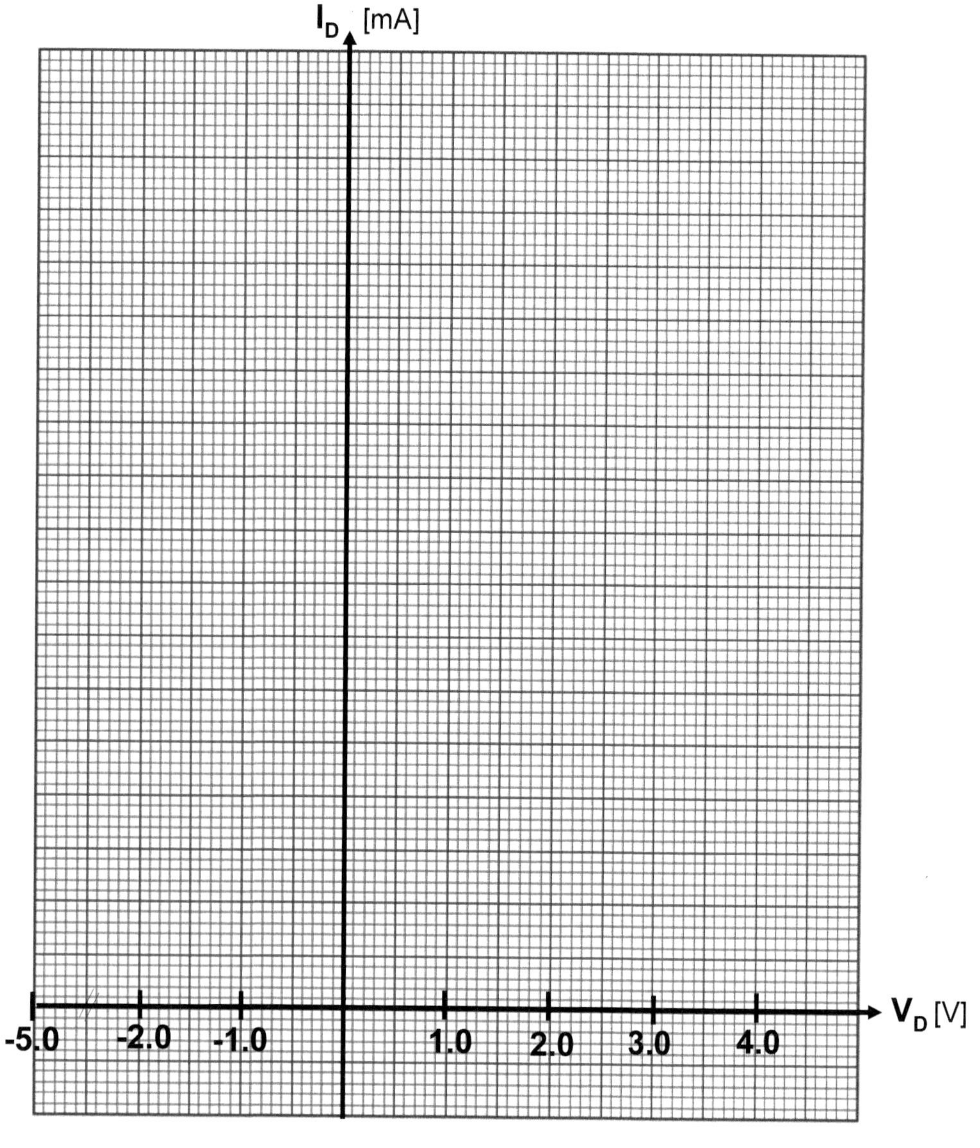

[그림 R1]

3. 실험 결과 논의

1. 측정 결과를 근거로 다이오드의 순방향 특성과 역방향 특성에 대해 설명하시오.
2. [그림 R1]의 다이오드 특성 곡선으로부터 다이오드 턴온전압(V_γ)을 구하시오.
3. [부하선 개념을 이용한 계산]

   (1) [표 2]의3가지 특정 조건을 부하선 방정식에 적용하여 각각의 부하선을 [그림 R1]에 그리시오.

   $$I_D = -\frac{1}{R}V_D + \frac{V_A}{R} \qquad \text{(4.5): 부하선 방정식}$$

   (2) 각각의 부하선에 대해 다이오드 특성 곡선의 교점에서의 다이오드 전압(V_D) 및 다이오드 전류(I_D) 값을 읽어 [표 2]의 부하선 계산 칸에 기록하시오.

   (3) 측정치와 부하선 개념을 이용한 계산의 결과를 비교하여 보시오.

실험 5 해석을 위한 다이오드 근사모델

1. 실험 목적

(1) 다이오드 모델의 유용성을 이해한다.

(2) 이상적인 다이오드 모델, 고정전압 모델, 구간선형 모델의 특징과 적절한 적용의 기준을 이해한다.

2. 관련 이론

2.1 해석을 위한 다이오드 근사모델

비선형 소자를 다루는 가장 일반적인 방법은 소자의 비선형적인 특성을 구간별로 적절히 분할하고 분할된 각 구간특성을 직선으로 근사하여 선형 모델을 구축하는 것이다. 선형 모델을 사용할 경우 선형회로 해석법을 적용할 수 있으므로 쉽고 빠른 해석이 가능해 진다.

선형모델은 근사 하는 정도에 따라 여러 형태로 모델화 될 수 있다. 근사를 심하게 할 경우 모델이 단순해지는 반면 오차가 커지고, 근사를 적게 할 경우 오차는 적어지나 모델이 복잡해지는 단점이 있다. 따라서 일반적으로 몇 가지의 모델을 구축하여 상황에 따라 적절한 모델을 선택하여 쓰도록 하고 있다.

2.2 구간 선형 모델

다이오드의 지수함수적 특성을 선형화 하기 위한 구간분할은 턴온 전압을 경계로 하는 것이 일반적이다. 그림 5.1(a)의 점선으로 표시된 곡선은 pn접합 다이오드의 전류-전압 특성곡선이다. 이 특성곡선을 턴온전압 V_γ를 경계로 두 구간으로 분할하고 각 구간을 직선으로 근사화 함으로써 두 개의 직선구간을 얻을 수 있다.

턴온 이후의 직선구간은 기울기를 갖는 직선이다. 여기서 기울기는 $\Delta i_D/\Delta v_D$로서 턴온된 다이오드의 컨덕턴스 즉, 다이오드 턴온 저항의 역수가 된다. 다이오드 턴온 저항을 R_f로 표시하면 다음 식으로 표현된다.

$$기울기 \equiv \frac{di_D}{dv_D} = \frac{1}{R_f} \tag{5.1}$$

또한, 턴온이 되기 위해서는 V_γ만큼의 바이어스전압이 필요하다. 이를 직류 전압원 V_γ로 표현하여 등가회로를 구하면 그림 5.1(b)로 된다.

턴온 이전의 직선구간에서 i_D=0A이므로 개방회로로 표현하여 그림 5.1(c)와 같은 등가회로를 얻는다.

이와 같이 다이오드의 비선형 특성을 구간별로 직선 근사하여 선형화한 모델을 구간선형(piecewise linear) 모델 이라고 한다.

다이오드 회로를 해석할 때에는 먼저 다이오드 상태를 살펴서 $v_D>V_\gamma$이면 그림 5.1(b)의 턴온 등가회로를 적용하고, $v_D<V_\gamma$이면 그림 5.1(c)의 턴오프 등가회로를 적용하여 해석한다.

턴온 및 턴오프의 두 등가회로는 이상적인 다이오드를 사용하여 그림 5.1(d)와 같이 하나의 등가회로로 표현될 수도 있다.

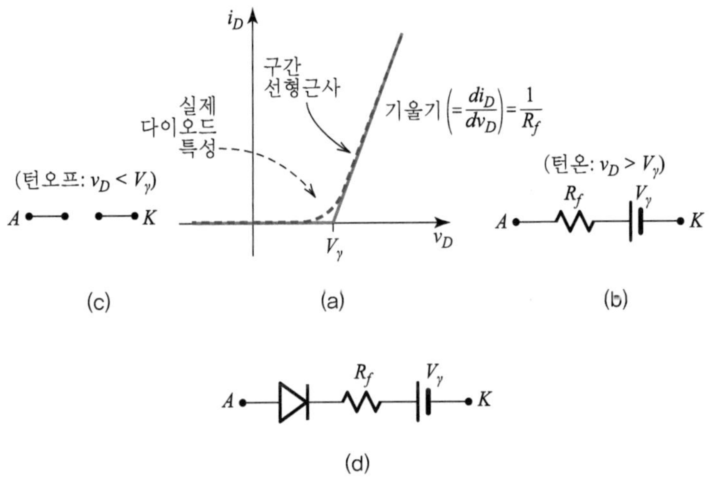

그림 5.1 구간 선형(piecewise linear) 모델.
(a) 다이오드의 비선형 특성의 구간 선형 (b) 턴온상태 다이오드의 등가회로
(c) 턴오프상태 다이오드의 등가회로 (d) 이상적인 다이오드를 이용한 등가회로.

2.3 고정전압 모델

구간선형 모델에서 R_f은 다이오드 턴온상태의 특성을 보다 정확하게 표현해 주는 잇점이 있기는 하나 이로 인해 다이오드 회로의 해석에 번거로운 계산이 많이 추가된다. 따라서, 구간선형 모델에서 턴온저항 R_f=0으로 근사하여 단순화하면 그림 5.2와

같은 다이오드 모델을 얻는데 이를 고정전압(constant voltage-drop)모델이라 부른다.

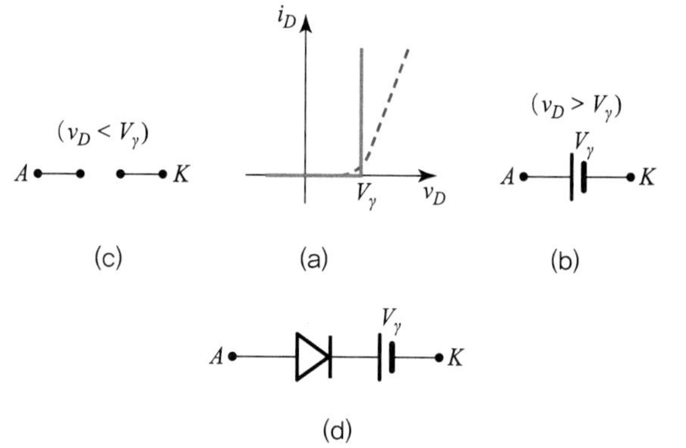

그림 5.2 고정전압 모델.
(a) 고정 전압-강하 특성 (b) 다이오드의 온상태 등가회로
(c) 다이오드의 오프상태 등가회로 (d) 이상적인 다이오드를 이용한 등가회로.

고정전압 모델은 실제 다이오드의 턴온전압(V_γ)만을 고려하여 단순화한 모델로서 턴온전압을 고려한 다이오드 회로의 단순 동작을 이해하는 데에 매우 유용한 모델이 된다.

2.4 이상적인 다이오드 모델

고정전압 모델에서 턴온전압(V_γ) 마저도 무시하여 극단적으로 단순화 할 경우 그림 5.3과 같은 이상적인 다이오드 모델(ideal diode model)로 된다. 이상적인 다이오드 모델은 다이오드 회로의 기능을 간략히 파악하고자 할 때에 유용하게 사용된다.

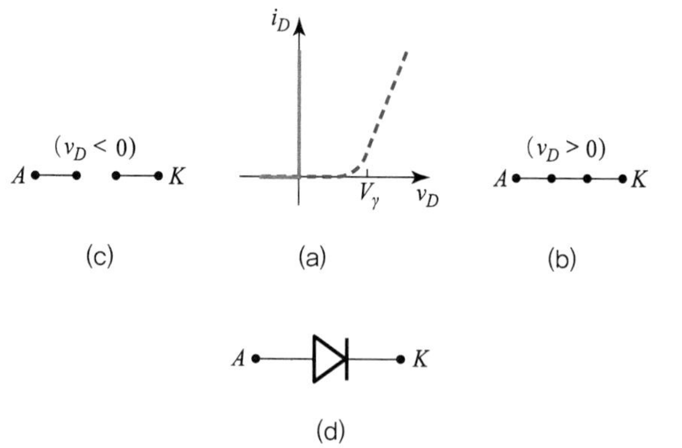

그림 5.3 이상적인 다이오드 모델
(a) 이상적인 다이오드 특성 (b) 다이오드의 온상태 등가회로
(c) 다이오드의 오프상태 등가회로 (d) 이상적인 다이오드 심볼.

결국, 이상적인 다이오드는 순바이어스(v_D>0)일 때 온(on)되고, 역바이어스(v_D<0)일 때 오프(off)되는 스위치로 모델화 된다. 또한, 순바이어스일 경우 단락회로가 되고, 역바이어스일 경우 개방회로가 된다.

2.5 고정전압 모델을 이용한 다이오드 회로 해석 예

그림 5.4 (a) 및 (b)의 두 다이오드 회로에 대해 고정전압 모델을 이용하여 V_R, I_O 및 V_O를 구해보자.

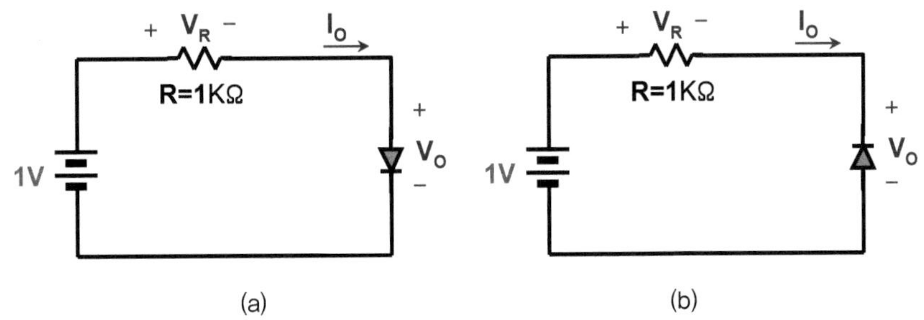

그림 5.4 다이오드 회로
(a) 순바이어스 회로 (b) 역바이어스 회로

그림 5.4(a)회로에서 다이오드는 순바이어스로 되어 있으므로 회로내의 다이오드를 턴온 때의 고정전압 모델로 대체하면 그림 5.5(a)의 등가회로를 얻을 수 있다.

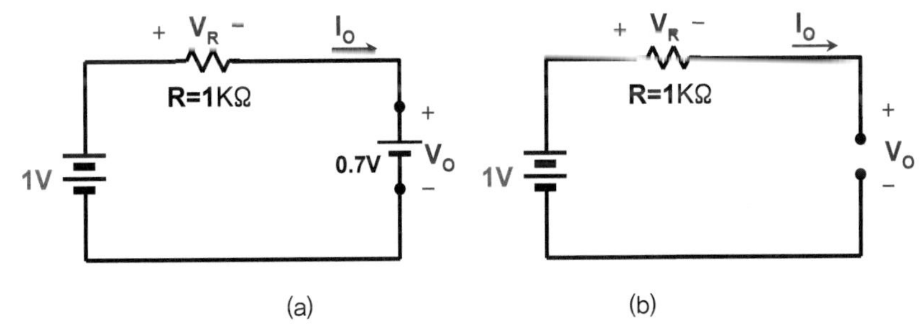

그림 5.5 고정전압 모델을 사용한 다이오드 등가회로
(a) 순바이어스 회로 (b) 역바이어스 회로

따라서, V_O=0.7V이고, V_R은 다음과 같이 구해진다.

$$\mathbf{V_R} = 1\mathbf{V} - 0.7\mathbf{V} = 0.3\mathbf{V} \tag{5.2}$$

또한, 키르히호프의 전압법칙을 적용하면 I_O는 다음과 같이 구해진다.

$$\mathbf{I_O} = \frac{1-0.7}{\mathbf{R}} = \frac{0.3\mathbf{V}}{1\mathbf{K}\Omega} = 0.3\mathbf{mA} \tag{5.3}$$

한편, 그림 5.4(b)회로에서 다이오드는 역바이어스로 되어 있으므로 회로내의 다이오드를 턴오프 때의 고정전압 모델로 대체하면 그림 5.5(b)의 등가회로를 얻을 수 있다.

그림 5.5(b)회로는 개방회로이므로 I_O=0가 되고 V_R은 다음과 같이 0V가 된다.

$$\mathbf{V_R} = \mathbf{R} \times \mathbf{I} = 1\mathbf{K}\Omega \times 0\mathbf{A} = 0\mathbf{V} \tag{5.4}$$

또한, 키르히호프의 전압법칙에 의해 을 적용하면 V_O는 다음과 같이 구해진다.

$$\mathbf{V_O} = 1\mathbf{V} - \mathbf{V_R} = 1\mathbf{V} - 0 = 1\mathbf{V} \tag{5.5}$$

3. 실험 기기 및 부품

사용 기기	소요 부품
(1) 디지털 멀티미터(DMM): 1대 (2) 오실로스코프: 2채널-1대 (3) 직류전원장치: +5[V](50㎃) 1채널 (전압가변가능) (4) 브레드 보드: 1대 (5) 직류전압계: 2대 (6) 직류전류계: 1대	(1) 다이오드: 1N4001 1개 (2) 저항: 2.2KΩ(0.25W) 1개

4. 실험 내용 및 절차

4.1순바이어스된 다이오드 회로

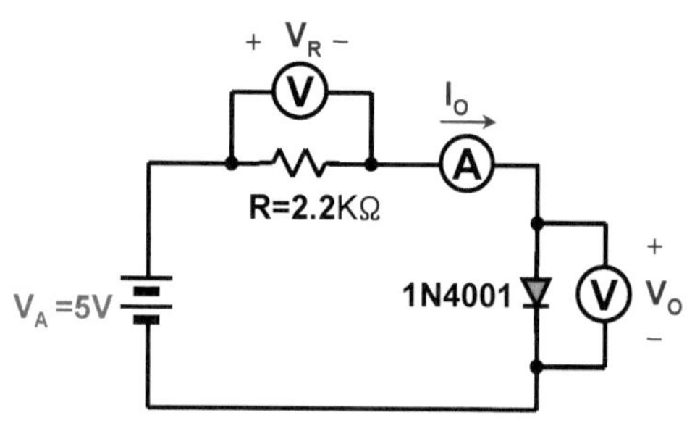

[그림 1] 다이오드 순바이어스 회로

(1) [그림 1]의 회로를 브레드 보드에 구성하고 직류 전압계를 저항과 다이오드에 병렬로 연결하고, 직류 전류계를 다이오드에 직렬로 연결한다.

(2) V_O, I_O 및 V_R의 값을 측정하여 [표 1]에 기록한다.

(3) V_O, I_O 및 V_R의 값을 고정전압모델로 계산하여 [표 1]에 기록한다.

(4) 다음 수식으로 측정값과 계산값의 오차를 구하시오

$$\text{오차} = \frac{\text{계산값} - \text{측정값}}{\text{계산값}} \times 100[\%]$$

4.2 역바이어스된 다이오드 회로

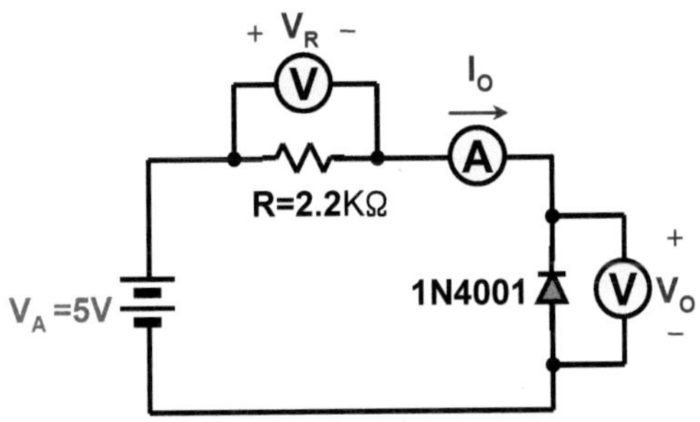

[그림 2] 다이오드 역바이어스 회로

(1) [그림 2]의 회로를 브레드 보드에 구성하고 직류 전압계를 저항과 다이오드에 병렬로 연결하고, 직류 전류계를 다이오드에 직렬로 연결한다.

(2) V_O, I_O 및 V_R의 값을 측정하여 [표 2]에 기록한다..

(3) V_O, I_O 및 V_R의 값을 고정전압모델로 계산하여 [표 2]에 기록한다.

(4) 다음 수식으로 측정값과 계산값의 오차를 구하시오

$$\text{오차} = \frac{\text{계산값} - \text{측정값}}{\text{계산값}} \times 100[\%]$$

실험예비 보고서

실험조:　반　조　　학번:　　이름:

실험제목:
1. 다음의 3가지 다이오드 모델에 대해 설명하고 각 모델에 대해 적용하기에 적합한 상황을 간략히 설명하시오. (1) 이상적인 다이오드 모델 (2) 고정전압 다이오드 모델 (3) 구간선형 다이오드 모델

실험결과 보고서

실험자: 반 조 학번: 이름:

실 험 일 시: 년 월 일 교시

공동 실험자:

실험제목:

1. 실제 실험 회로도

(디지털 멀티미터 등을 사용하여 실제 사용된 소자값을 정확하게 측정하여 회로도에 기재한다.)

2. 실험 결과

[표 1] 순바이어스 회로 (V_A=0.3, 0.5, 0.8, 1, 2, 4 [V] 일 때)

항목	측정값	계산값	오차 [%]
V_O [V]			
I_O [mA]			
V_R [V]			

[표 2] 역바이어스 회로 (V_A=0.3, 0.8, 1, 4 [V] 일 때)

항목	측정값	계산값	오차 [%]
V_O [V]			
I_O [mA]			
V_R [V]			

3. 실험 결과 논의

1. 고정전압 다이오드모델로 계산한 결과를 측정 결과와 비교할 때 고정전압 모델을 실제 다이오드 회로 해석에 사용해도 적절할 것으로 생각이 되는가? 실험4의 [표 2](b)조건의 부하선 계산 결과와 비교하여 고정전압 모델의 정확도는 어떠한가?
2. 고정전압 모델이 부적절하여 보다 정확한 구간선형 모델을 써야만 하는 경우를 [그림 1] 회로에서 소자 값을 변경하여 보이고, 이 회로에 대해 고정전압 모델과 구간선형 모델(R_f=10Ω으로 가정)로 계산하여 결과치를 비교하시오.
3. [표 1]과 [표 2]에서 고정전압 모델대신 이상적인 다이오드 모델로 계산하여 정확도를 비교하시오.
4. 3가지 다이오드 모델이 각각 어떤 경우 사용하는 것이 적절한지 [그림 1] 회로에서 V_A와 R값의 크기로 설명하시오.
   (1) 이상적인 다이오드 모델:

   (2) 고정전압 모델:

   (3) 구간선형 모델:

실험 6 반파 정류회로

1. 실험 목적

(1) 다이오드 반파정류회로의 동작을 이해한다.

(2) 다이오드 턴온전압에 의해 반파정류회로의 출력 전압의 파형과 첨두값에 어떻게 영향을 미치는지 관찰한다.

2. 관련 이론

2.1 반파정류기

그림 6.1은 반파 정류기를 보여주고 있다. 교류 입력신호 $v_I(t)$가 인가되었을 때 출력 전압 $v_o(t)$의 파형을 구해보기로 한다. 편의상 이상적인 다이오드로 가정하고 해석하기로 한다. 그러나 다이오드 턴온 전압 v_γ=0.7V만큼의 파형 감쇄가 있음은 염두에 두도록 한다.

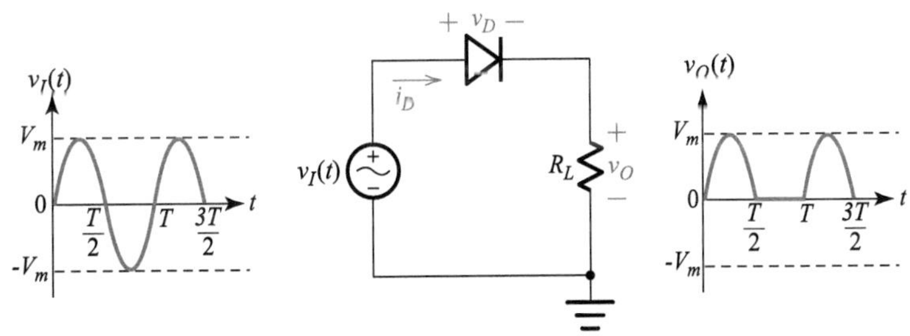

그림 6.1 반파 정류회로

[양의 반주기 동작] 양의 반주기 동작동안의 다이오드는 순바이어스로 되기 때문에 다이오드는 단락회로로 대체 되어 그림 6.2의 등가회로를 얻는다. 따라서 부하저항 R_L양단에 나타나는 출력전압 v_o는 입력전압 v_I의 파형과 동일하게 된다.

$$v_O = v_I \tag{6.1}$$

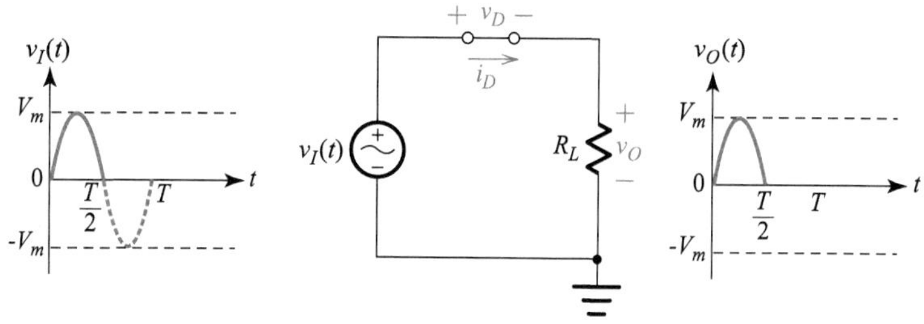

그림 6.2 반파 정류회로의 양의 반주기 동작.

[음의 반주기 동작] 음의 반주기 동작동안의 다이오드는 역바이어스로 되기 때문에 다이오드는 개방회로로 대체 되어 그림 6.3의 등가회로를 얻는다. 따라서 회로 내에 전류가 흐르지 못하여 부하저항 R_L양단에 나타나는 출력전압 v_o는 0가 된다.

$$v_O = 0 \tag{6.2}$$

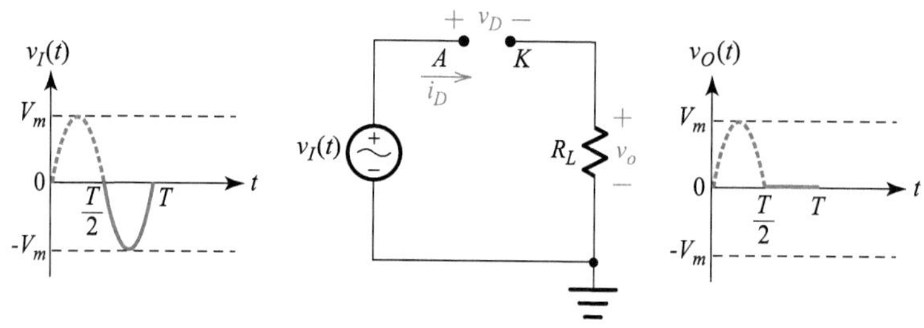

그림 6.3 반파 정류회로의 음의 반주기 동작.

[최대 역전압; PIV] 이 경우, 역바이어스된 다이오드에 모든 입력 전압이 걸리게 되고 다이오드는 이 전압을 견뎌내야 한다. 역바이어스된 다이오드에 걸리게 되는 최대 전압을 최대 역전압(PIV)이라고 부른다. 그림 6.3으로부터 반파 정류회로에서 PIV는 입력신호의 진폭 V_m이 된다.

$$PIV = V_m \tag{6.3}$$

[직류 전압] 정류된 출력전압의 평균값을 구하면 그 것이 얻을 수 있는 직류전압이 된다. 반파 정류의 경우 평균 값을 구하면

$$\begin{aligned} V_{dc} &= \frac{1}{T}\int_0^{\frac{T}{2}} v_o dt = \frac{1}{T}\int_0^{\frac{T}{2}} V_m \sin\left(\frac{2\pi}{T}\right) tdt \\ &= \frac{V_m}{\pi} \cong 0.318 V_m \end{aligned} \tag{6.4}$$

2.2 고정전압 모델을 사용한 반파정류기 해석

그림 6.1의 반파 정류회로에 대해 이상적인 다이오드 모델이 아닌 고정전압 모델을 써서 출력전압의 최대치를 구해보자.

고정전압 모델을 사용할 경우 0.7V의 다이오드 턴온 전압이 고려되어야 하므로 등가회로를 그리면 그림 6.4와 같다.

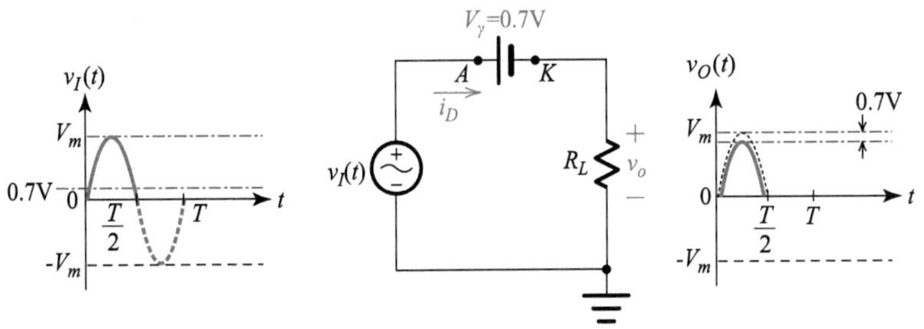

그림 6.4 고정전압 모델을 사용한 반파 정류회로의 등가회로

따라서 전류 i_D의 최대치는

$$i_{D\_max} = \frac{v_I - V_\gamma}{R_L}\bigg|_{최대치} = \frac{V_m - 0.7V}{R_L}$$

이다. 따라서 출력전압의 최대치는

$$v_{O\_max} = R_L i_{D\_max} = V_m - 0.7V$$

즉, 다이오드가 턴온되기 위해서는 입력전압이 0.7V보다 커야 하므로 입력의 양의 반주기 중에 0.7V이상에 대해서만 도통 되어 출력이 나타난다. 따라서 출력전압의 최대치는 이상적인 다이오드를 가정했을 때 보다 0.7V낮아진다. 입력 신호가 클 경우 0.7V의 오차는 무시될 수 있지만 입력 신호가 작을 경우 고려해 주어야 한다.

3. 실험 기기 및 부품

사용 기기	소요 부품
(1) 디지털 멀티미터(DMM): 1대 (2) 파형 발생기: 1대 (220V 전원 대체용) (3) 오실로스코프: 2채널-1대 (4) 브레드 보드: 1대	(1) 다이오드: IN4001 1개 (2) 저항: 30KΩ(0.25W) 1개 (3) 전원트랜스: 1차측 220[V] / 2차측 0[V], 6[V], 12[V] 1개

4. 실험 내용 및 절차

4.1 반파 정류 회로

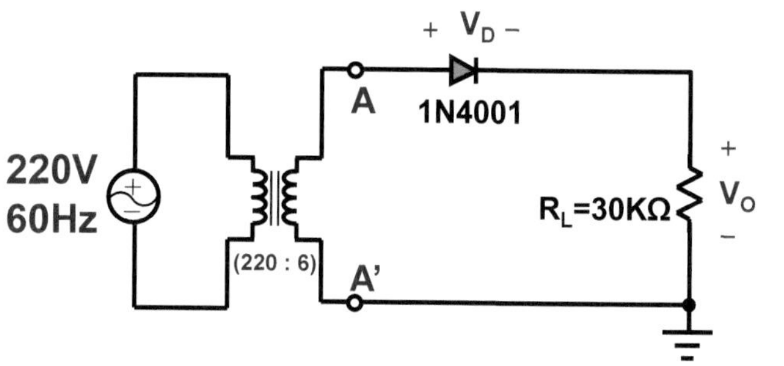

[그림 1] 반파 정류 회로

(1) [그림 1]의 회로를 브레드 보드에 구성한다. 한편, [그림 1]과 같이 변압기로 220V를 강압한 신호를 사용할 경우 감전의 위험이 있을 수 있으므로 보다 안전한 실험을 위해 전원트랜스포머 대신 파형 발생기를 A-A'단자에 연결하여 사용한다. 이 경우 파형 발생기의 출력신호는 진폭을 3V(=6V_{p-p})로 설정하고 주파수를 10KHz로 설정하여 사용한다.

(2) 오실로스코프의 CH1을 회로의 입력에 연결하고 수직설정에서 입력 커플링(coupling)을 접지(GND)로 선택하여 0[V] 접지레벨이 화면의 수평축 상에 오도록 수직위치를 조절한 다음, 입력 커플링을 다시 직류(DC) 결합으로 변경한다.

(3) 오실로스코프의 화면에 2~3주기의 신호파형이 나타나도록 오실로스코프의 시간 스케일과 화면에 최대 진폭의 신호파형이 나타나도록 오실로스코프의 전압 스케일을 조정한다.

(4) 오실로스코프로 측정하면서 입력신호의 진폭 V_m=3[V](첨두간 값 V_{pp}=6[V_{p-p}])가 되고 주파수 fi=10[KHz]가 되도록 파형 발생기의 진폭 및 주파수를 정확히 조절한다.

(5) [그림 R1]에 입력파형을 그리고, [표 1]에 입력 첨두값 $V_{pi}(=V_m)$와 입력주파수 f_i를 측정하여 기록한다.

(6) 오실로스코프의 CH2를 회로 내 저항 R_L의 양단에 연결하고 수직설정에서 입력 커플링을 접지(GND)로 선택하여 0[V] 접지레벨이 화면의 수평축 상이나 혹은, 원하는 위치에 오도록 수직위치를 조절한 다음, 입력 커플링을 다시 직류(DC) 결합으로 변경한다.

(7) 오실로스코프의 화면에 2~3주기의 신호파형이 나타나도록 오실로스코프의 시간 스케일과 화면에 최대 진폭의 신호파형의 나타나도록 오실로스코프의 전압 스케일을 조정한다.

(8) [그림 R1]에 출력파형을 그리고, 출력 첨두값 V_{po}, 평균값 V_{DC}및 출력주파수 f_o를 측정하여 [표 1]에 기록한다.

(9) 오실로스코프의 CH2를 셋팅을 그대로 유지한 채로 CH2를 회로 내 다이오드의 양단에 연결하여 다이오드전압 V_D를 측정한다.

(10) [그림 R2]에 다이오드전압 파형을 그리고, 순방향 첨두값 및 PIV(역방향 첨두값)을 측정하여 [표 1]에 기록한다.

실험예비 보고서

실험조: 반 조 학번: 이름:

실험제목:

1. 반파 정류회로의 동작을 설명하시오.

2. 다이오드 턴온 전압이 반파정류회로의 출력 전압의 파형에 어떤 영향을 미치는지 설명하시오.

실험결과 보고서

실험자: 반 조 학번: 이름:

실험일시: 년 월 일 교시

공동 실험자:

실험제목:

1. 실제 실험 회로도

(디지털 멀티미터 등을 사용하여 실제 사용된 소자값을 정확하게 측정하여 회로도에 기재한다.)

2. 실험 결과

[표 1] 반파 정류회로

측정 항목			측정값	계산값
입력	입력 첨두값 V_{pi}	[V]		-
	입력주파수 f_i	[Hz]		-
출력	출력 첨두값 V_{po}	[V]		
	평균값 V_{DC}	[V]		
	출력주파수 f_o	[Hz]		-
다이오드 전압	순방향 첨두값	[V]		
	PIV(역방향 첨두값)	[V]		

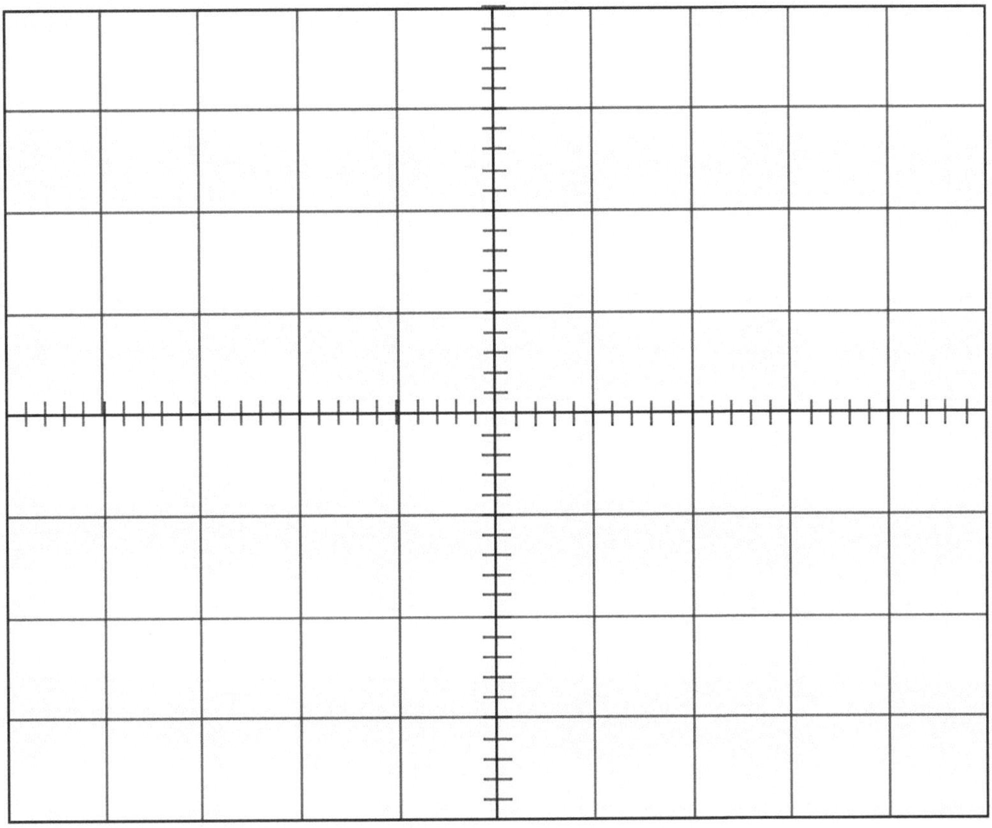

CH1	신호	V/Div.	Time:
CH2	신호	V/Div.	Sec/Div.

[그림 R1] 입력 및 출력 파형

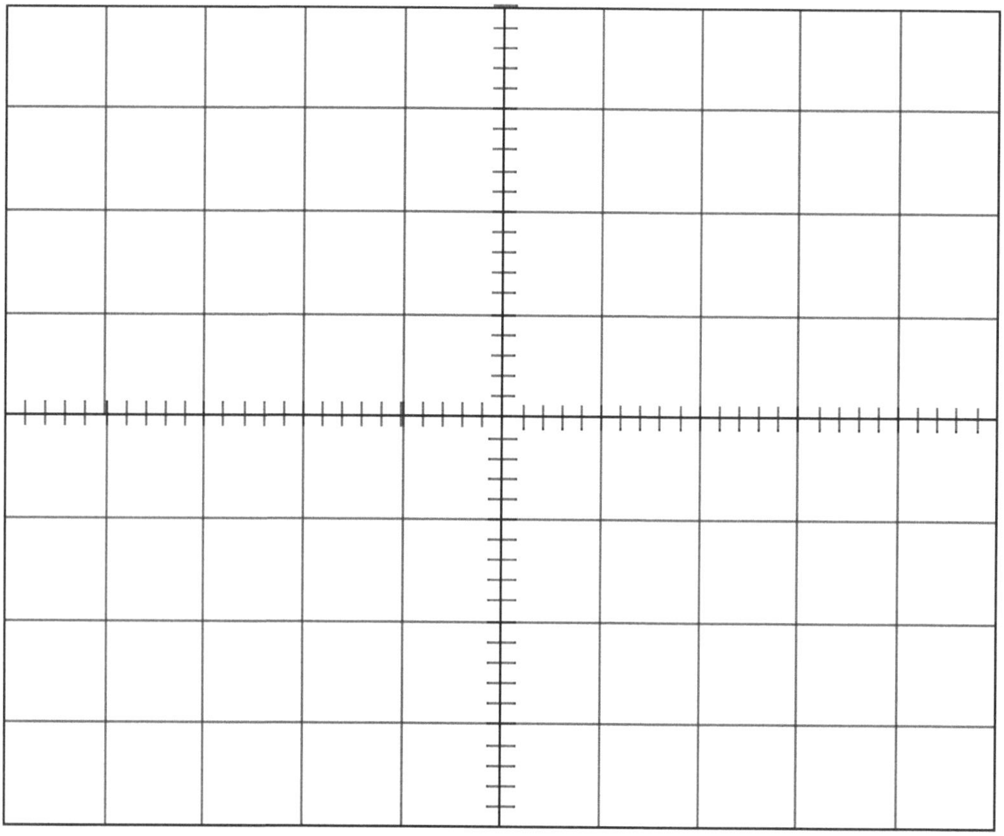

CH1	신호	V/Div.	Time:
CH2	신호	V/Div.	Sec/Div.

[그림 R2] 다이오드 전압 파형

3. 실험 결과 논의

1. 반파 정류회로에서 다이오드의 턴온전압은 어떤 결과를 초래하는가?
2. [그림 1]의 반파 정류 회로를 고정전압 모델을 사용하여 해석하고 출력 첨두값 V_{po}, 평균값 V_{DC}, 다이오드 역방향 첨두값 (PIV), 및 역방향 첨두값을 계산하여 [표 1]에 기록하시오.
3. 다이오드 파형과 출력파형 모양의 상관관계를 설명하시오.

실험 7 중간탭 정류기

1. 실험 목적

(1) 다이오드 전파 중간탭 정류기의 동작을 이해한다.

(2) 반파정류와 전파정류의 차이점을 이해한다.

(3) 정류된 출력 파형의 첨두 전압의 변화를 관찰한다.

2. 관련 이론

2.1 중간탭 정류기

중간탭 정류기는 그림 7.1에서 볼 수 있듯이 중간탭을 갖는 변압기가 동일한 크기의 두 입력신호 v_I를 생성해 주고 이를 두 개의 다이오드로 정류한다.

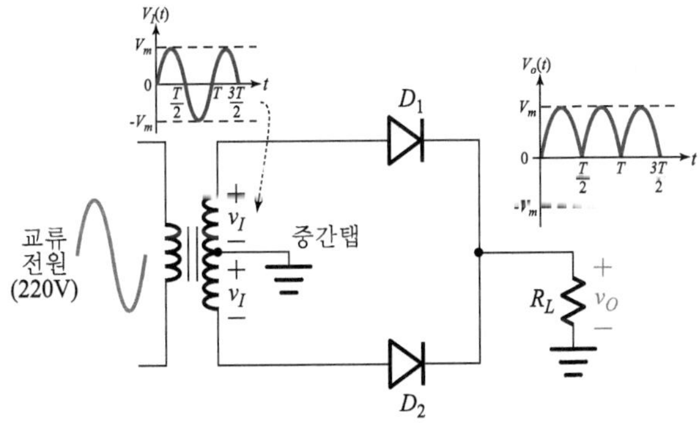

그림 7.1 중간탭 정류기

[양의 반주기 동작] v_I의 양의 반주기 동안 D_1은 순바이어스되어 턴온되고, D_2는 역바이어스되어 턴오프된다. 따라서 전류는 그림 7.2에 굵은 화살표로 표시되어 있듯이 D_1을 지나는 경로를 통해 R_L로 흘러 들어가므로 양의 v_o가 발생된다.

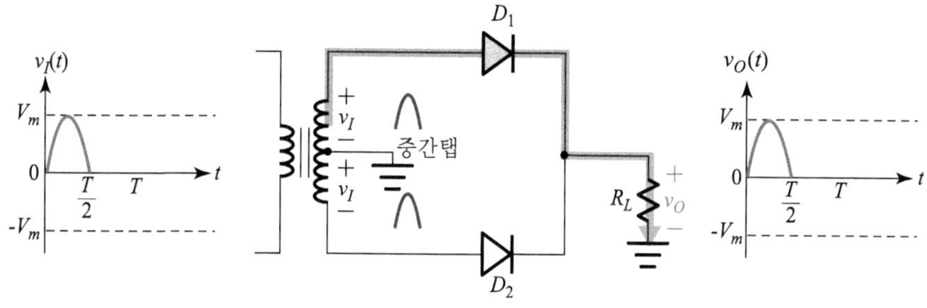

그림 7.2 중간탭 정류기의 양의 반주기 동안의 동작 경로.

[음의 반주기 동작] v_I의 음의 반주기 동안 D_2는 순바이어스되어 턴온되고, D_1은 역바이어스되어 턴오프된다. 따라서, 전류는 그림 7.3에 굵은 화살표로 표시되어 있듯이 D_2을 지나는 경로를 통해 R_L로 흘러 들어가므로 양의 반주기 동작에서와 동일한 극성인 양의 v_o가 발생된다. 따라서 음의 반주기와 양의 반주기가 출력에서 모두 한 극성으로 합해지는 전파정류기가 된다.

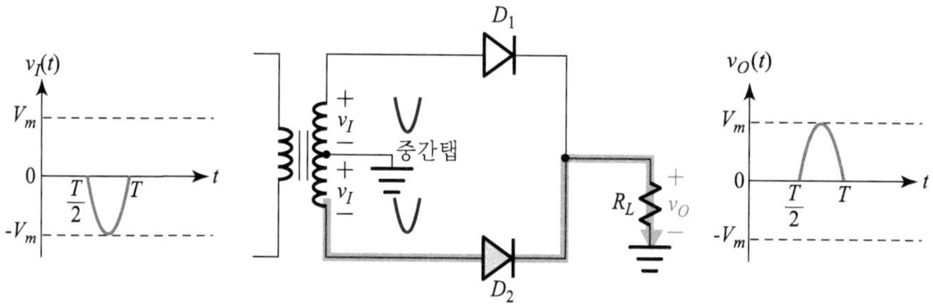

그림 7.3 중간탭 정류기의 음의 반주기 동안의 동작 경로.

[PIV] 한편 역바이어스되는 다이오드의 캐소드가 V_m일 때 어노드는 항상 $-V_m$이 되므로 최대역전압 PIV는 $2V_m$이 되어 반파정류기 때의 2배가 된다.

$$PIV = 2V_m \quad \text{(중간 탭 경우)} \tag{7.1}$$

[직류 전압] 전파정류에서의 정류된 출력은 반파정류의 2배가 되므로 평균 값은 다음 수식으로 표현된다.

$$V_{dc} = \frac{2V_m}{\pi} \cong 0.636V_m \tag{7.2}$$

3. 실험 기기 및 부품

사용 기기	소요 부품
(1) 디지털 멀티미터(DMM): 1대 (3) 오실로스코프: 2채널1대 (5) 브레드보드: 1대	(1) 다이오드: IN4001 2개 (2) 저항: 30KΩ(0.25W) 1개 (3) 전원트랜스: 1차측 220[V] / 2차측0[V], 6[V], 12[V] 1개 혹은, 오디오 트랜스포머: OPT-16mm 1개

4. 실험 내용 및 절차

4.1 중간탭 정류기

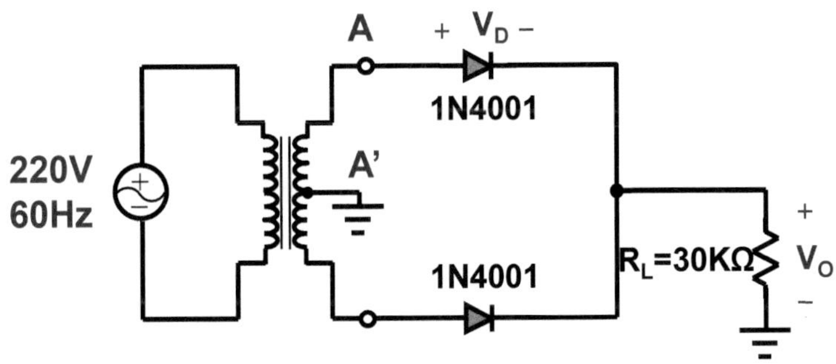

[그림 1] 중간탭 정류기

(1) [그림 1]의 회로를 브레드 보드에 구성한다.

한편, [그림 1]과 같이 220V 신호를 강압하는 전원트랜스를 사용할 경우 감전의 위험이 있을 수 있으므로 보다 안전한 실험을 위해 220V 전원을 파형 발생기로 대체하고, 전원트랜스 대신 오디오 트랜스포머(OPT-16mm)를 사용한다. 이 경우 파형 발생기의 출력신호는 진폭을 3V($6V_{p-p}$)로 설정하고 주파수를 10KHz로 설정하여 사용한다.

(2) 오실로스코프의 CHI을 회로의 입력인 A-A'단자에 연결하고 수직설정에서 입력 커플링(coupling)을 접지(GND)로 선택하여 0[V] 접지레벨이 화면의 수평축 상에 오도록 수직위치를 조절한 다음, 입력 커플링을 다시 직류(DC) 결합으로 변경한다.

(3) 오실로스코프의 화면에 2~3주기의 신호파형이 나타나도록 오실로스코프의 시간 스케일과 화면에 최대 진폭의 신호파형이 나타나도록 오실로스코프의 전압 스케일을 조정한다.

(4) [그림 R1]에 입력파형을 그리고, [표 1]에 입력 신호의 진폭 $V_{m,i}\left(V_{m,i}=\frac{1}{2}V_{pp,i}\right)$와 입력주파수 f_i를 측정하여 기록한다.

(5) 오실로스코프의 CH2를 회로 내 저항 R_L의 양단에 연결하고 수직설정에서 입력 커플링을 접지(GND)로 선택하여 0[V] 접지레벨이 화면의 수평축 상이나 혹은, 원하는 위치에 오도록 수직위치를 조절한 다음, 입력 커플링을 다시 직류(DC) 결합으로 변경한다.

(6) 오실로스코프의 화면에 2~3주기의 신호파형이 나타나도록 오실로스코프의 시간 스케일과 화면에 최대 진폭의 신호파형의 나타나도록 오실로스코프의 전압 스케일을 조정한다.

(7) [그림 R1]에 출력파형을 그리고, 출력 첨두값 V_{po}, 평균값 V_{DC} 및 출력주파수 f_o를 측정하여 [표 1]에 기록한다.

(8) 오실로스코프의 CH2를 셋팅을 그대로 유지한 채로 CH2를 회로 내 다이오드의 양단에 연결하여 다이오드전압 V_D를 측정한다.

(9) [그림 R2]에 다이오드전압 파형을 그리고, 순방향 첨두값 및 PIV(역방향 첨두값)을 측정하여 [표 1]에 기록한다.

실험예비 보고서

실험조: 반 조 학번: 이름:

실험제목:
(1) 중간탭 트랜스포머에 대해 설명하시오. (2) 다이오드 전파 중간탭 정류기의 동작을 설명하시오. (3) 반파정류와 전파정류의 차이점을 설명하시오.

실험결과 보고서

실험자: 반 조 학번: 이름:

실 험 일 시: 년 월 일 교시

공동 실험자:

실험제목:

1. 실제 실험 회로도

(디지털 멀티미터 등을 사용하여 실제 사용된 소자값을 정확하게 측정하여 회로도에 기재한다.)

2. 실험 결과

[표 1] 중간탭 정류기

측정 항목			측정값	계산값
입력	입력 첨두값 V_{pi}	[V]		-
	입력주파수 f_i	[Hz]		-
출력	출력 첨두값 V_{po}	[V_p]		
	평균값 V_{DC}	[V]		
	출력주파수 f_o	[Hz]		-
다이오드 전압	순방향 첨두값	[$V_{p\text{-}p}$]		
	PIV(역방향 첨두값)	[$V_{p\text{-}p}$]		

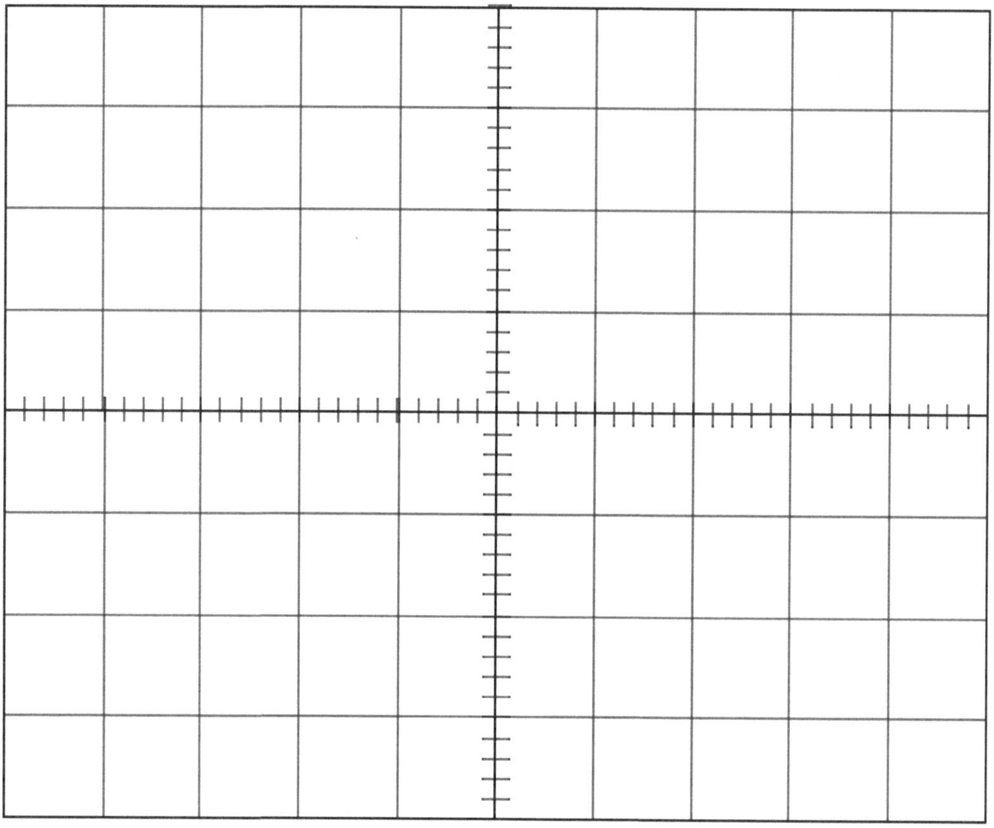

CH1	신호	V/Div.	Time:
CH2	신호	V/Div.	Sec/Div.

[그림 R1] 입력 및 출력 파형

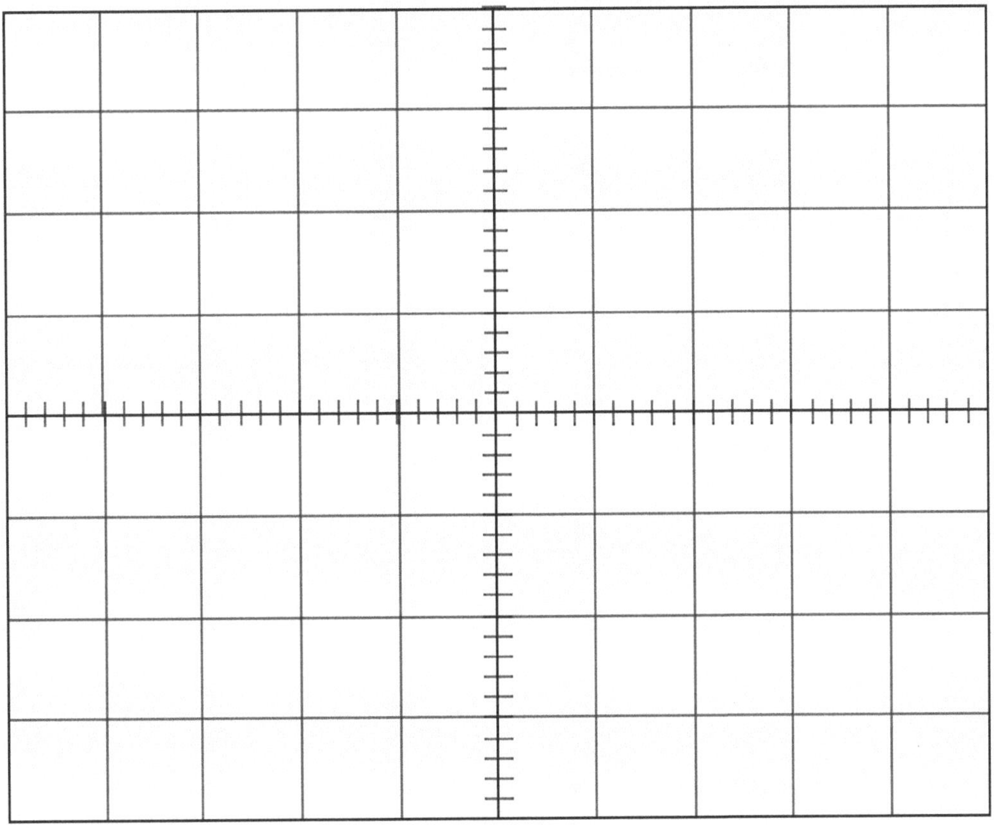

CH1	신호	V/Div.	Time:
CH2	신호	V/Div.	Sec/Div.

[그림 R2] 다이오드 전압 파형

3. 실험 결과 논의

1. 반파 정류와 전파 정류의 차이점은 무엇인가?
2. [그림 1]의 중간탭 정류기를 고정전압 모델을 사용하여 해석하고 출력 첨두값 V_{po}, 평균값 V_{DC}, 다이오드 역방향 첨두값 (PIV)을 계산하여 [표 1]에 기록하시오.
3. PIV 값이 반파 정류회로에 비해 어떠한가?
4. 다이오드 파형과 출력파형 모양의 상관관계를 설명하시오.

실험 8 브리지 정류기

1. 실험 목적

(1) 다이오드 전파브리지 정류기의 동작을 이해한다.

(2) 전파브리지 정류기 출력 파형의 첨두전압 변화를 관찰한다.

(3) 출력되는 직류전압 값들을 비교함으로써 다른 정류회로에 비해 우수한 전파 브리지 정류기의 효율을 확인한다.

2. 관련 이론

2.1 전파 브리지 정류기

브리지 정류기는 그림 8.1에서와 같이 4개의 다이오드를 휘스톤 브리지처럼 연결한 형태의 정류기이다.

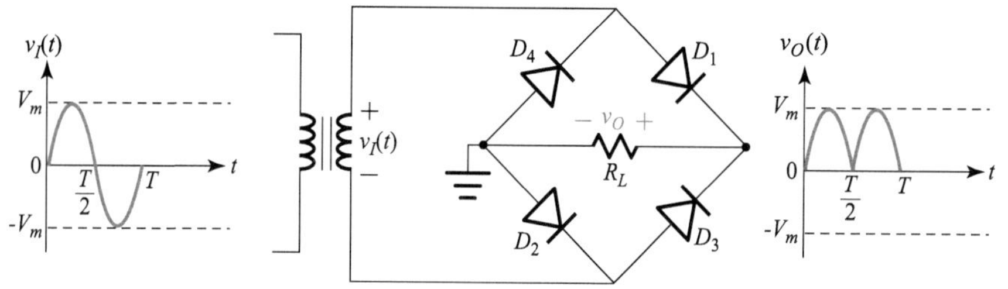

그림 8.1 브리지 정류기

[양의 반주기 동작] v_I의 양의 반주기 동안 D_1, D_2는 순바이어스되어 턴온되고, D_3, D_4는 역바이어스되어 턴오프된다. 따라서 전류는 그림 8.2에 굵은 화살표로 표시되어 있듯이 D_1, R_L과 D_2를 지나는 경로를 통해 흐르므로 양의 v_o가 발생된다.

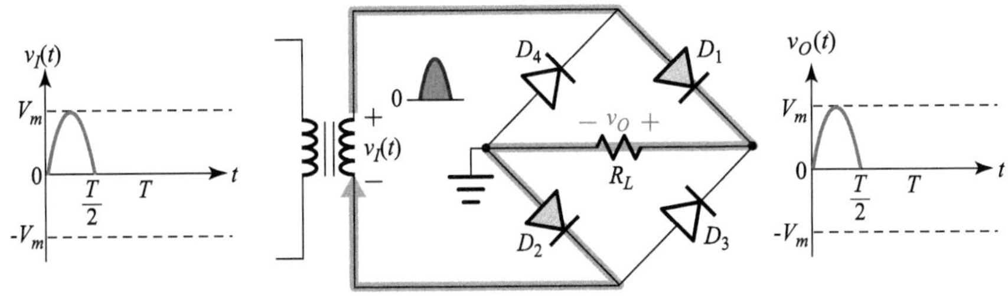

그림 8.2 브리지 정류기의 양의 반주기 동안의 동작 경로.

[음의 반주기 동작] v_I의 음의 반주기 동안 D_3, D_4는 순바이어스되어 턴온되고, D_1, D_2는 역바이어스되어 턴오프된다. 따라서 전류는 그림 8.3에 굵은 화살표로 표시되어 있듯이 D_3, R_L과 D_4를 지나는 경로를 통해 흐르므로 양의 v_o가 발생된다.

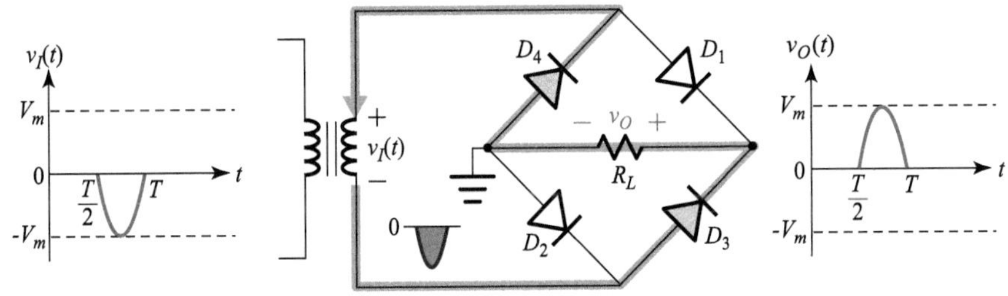

그림 8.3 브리지 정류기의 음의 반주기 동안의 동작 경로.

결과적으로 음의 반주기에서도 양의 반주기에서와 동일한 극성의 v_o가 발생된다. 따라서 음의 반주기와 양의 반주기가 출력에서 모두 한 극성으로 합해지는 전파정류기가 된다.

[PIV] 한편 역바이어스되는 다이오드는 항상 접지와 V_m사이나 접지와 $-V_m$사이에 있게되므로 최대역전압 PIV는 V_m이 되어 중간탭 정류기 때의 반으로 작아짐을 알 수 있다. 이 것은 중간탭 정류기와는 달리 변압기가 반드시 필요하지 않다는 점과 함께 브리지 정류기의 분명한 장점이 된다.

$$PIV = V_m \quad \text{(브리지 경우)} \tag{8.1}$$

3. 실험 기기 및 부품

사용 기기	소요 부품
(1) 디지털 멀티미터(DMM): 1대 (2) 파형 발생기: 1대 (220V 전원 대체용) (3) 오실로스코프: 2채널1대 (4) 브레드보드: 1대	(1) 다이오드: IN4001 4개 (2) 저항: 30KΩ(0.25W) 1개 (3) 오디오 트랜스포머: OPT-16mm 1개

4. 실험 내용 및 절차

4.1 브리지 정류기

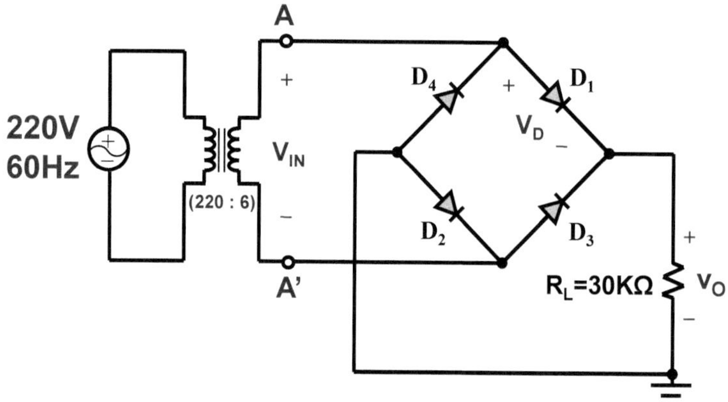

[그림 1] 중간탭 정류기

(1) [그림 1]의 회로를 브레드 보드에 구성한다. 한편, [그림 1]과 같이 전원 트랜스포머로 220V를 강압한 신호를 사용할 경우 감전의 위험이 있을 수 있으므로 보다 안전한 실험을 위해 전원 트랜스포머를 오디오트랜스포머(OPT-16mm)로 대체하고, 220V전원 대신에 파형 발생기를 인가하여 사용한다. 이 경우 오디오트랜스포머의 중간탭은 사용하지않는다(floating). 또한, 파형 발생기의 신호는 진폭을 3V(=6[$V_{p\text{-}p}$])로 설정하고 주파수를 10KHz로 설정하여 사용한다.

(2) 오실로스코프의 CHI을 회로의 입력인 A-A'단자에 연결하고 수직설정에서 입력 커플링(coupling)을 접지(GND)로 선택하여 0 [V] 접지레벨이 화면의 수평축 상에 오도록 수직위치를 조절한 다음, 입력 커플링을 다시 직류(DC) 결합으로 변경한다.

(3) 오실로스코프의 화면에 2~3주기의 신호파형이 나타나도록 오실로스코프의 시간 스케일과 화면에 최대 진폭의 신호파형이 나타나도록 오실로스코프의 전압 스케일을 조정한다.

(4) 오실로스코프로 측정하면서 입력신호의 진폭 V_m=3[V](첨두간 값 V_{pp}=6[$V_{p\text{-}p}$])가 되고 주파수 f_i=10KHz가 되도록 파형 발생기의 진폭 및 주파수를 정확히 조절한다.

(5) [그림 R1]에 입력파형을 그리고, [표 1]에 입력 첨두값 V_{pi}와 입력주파수 f_i를 측정하여 기록한다.

(6) 오실로스코프의 CH1을 제거한 후, CH2를 회로 내 저항 R_L의 양단에 연결하고 수직설정에서 입력 커플링을 접지(GND)로 선택하여 0[V] 접지레벨이 화면의 수평축 상이나 혹은, 원하는 위치에 오도록 수직위치를 조절한 다음, 입력 커플링을 다시 직류(DC) 결합으로 변경한다.

(7) 오실로스코프의 화면에 2~3주기의 신호파형이 나타나도록 오실로스코프의 시간 스케일과 화면에 최대 진폭의 신호파형이 나타나도록 오실로스코프의 전압 스케일을 조정한다.

(8) [그림 R1]에 출력파형을 그리고, 출력 첨두값 V_{po}, 평균값 V_{DC} 및 출력주파수 f_o를 측정하여 [표 1]에 기록한다.

(9) 오실로스코프의 CH2를 셋팅을 그대로 유지한 채로 CH2를 회로 내 다이오드의 양단에 연결하여 다이오드전압 V_D를 측정한다.

(10) [그림 R2]에 다이오드전압 파형을 그리고, 순방향 첨두값 및 PIV(역방향 첨두값)을 측정하여 [표 1]에 기록한다.

실험예비 보고서

실험조: 반 조 학번: 이름:

실험제목:
1. 브리지 정류 방식을 설명하시오. 2. 브리지 정류기에서의 다이오드 역방향 첨두값 (PIV)는 얼마인가? 3. 중간탭 정류기에 비해 브리지 정류기의 장점을 설명하시오.

실험결과 보고서

실험자: 반 조 학번: 이름:

실 험 일 시: 년 월 일 교시

공동 실험자:

실험제목:

1. 실제 실험 회로도

(디지털 멀티미터 등을 사용하여 실제 사용된 소자값을 정확하게 측정하여 회로도에 기재한다.)

2. 실험 결과

[표 1] 브리지 정류기

<table>
<tr><th colspan="3">측정 항목</th><th>측정값</th><th>계산값</th></tr>
<tr><td rowspan="2">입력</td><td>첨두값 V_{pi}</td><td>[V]</td><td></td><td>-</td></tr>
<tr><td>입력주파수 f_i</td><td>[Hz]</td><td></td><td>-</td></tr>
<tr><td rowspan="3">출력</td><td>첨두값 V_{po}</td><td>[V]</td><td></td><td></td></tr>
<tr><td>평균값 V_{DC}</td><td>[V]</td><td></td><td></td></tr>
<tr><td>출력주파수 f_o</td><td>[Hz]</td><td></td><td>-</td></tr>
<tr><td rowspan="2">다이오드 전압</td><td>순방향 첨두값</td><td>[V]</td><td></td><td></td></tr>
<tr><td>PIV(역방향 첨두값)</td><td>[V]</td><td></td><td></td></tr>
</table>

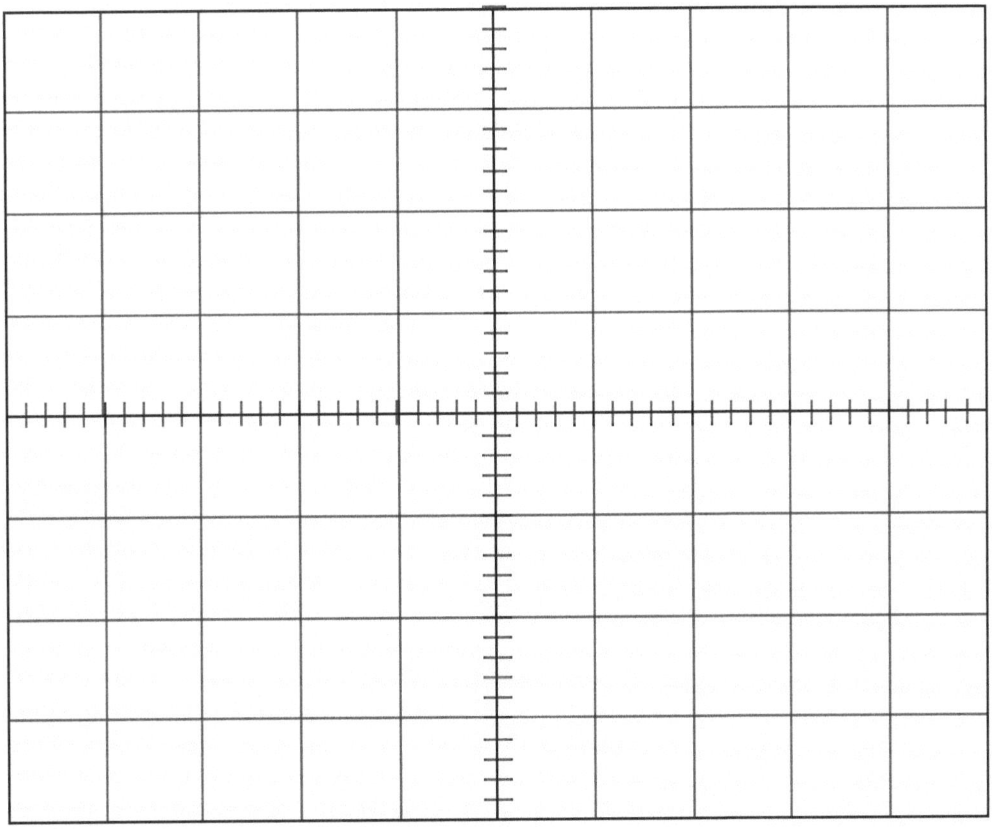

CH1	신호	V/Div.	Time:
CH2	신호	V/Div.	Sec/Div.

[그림 R1] 입력 및 출력 파형

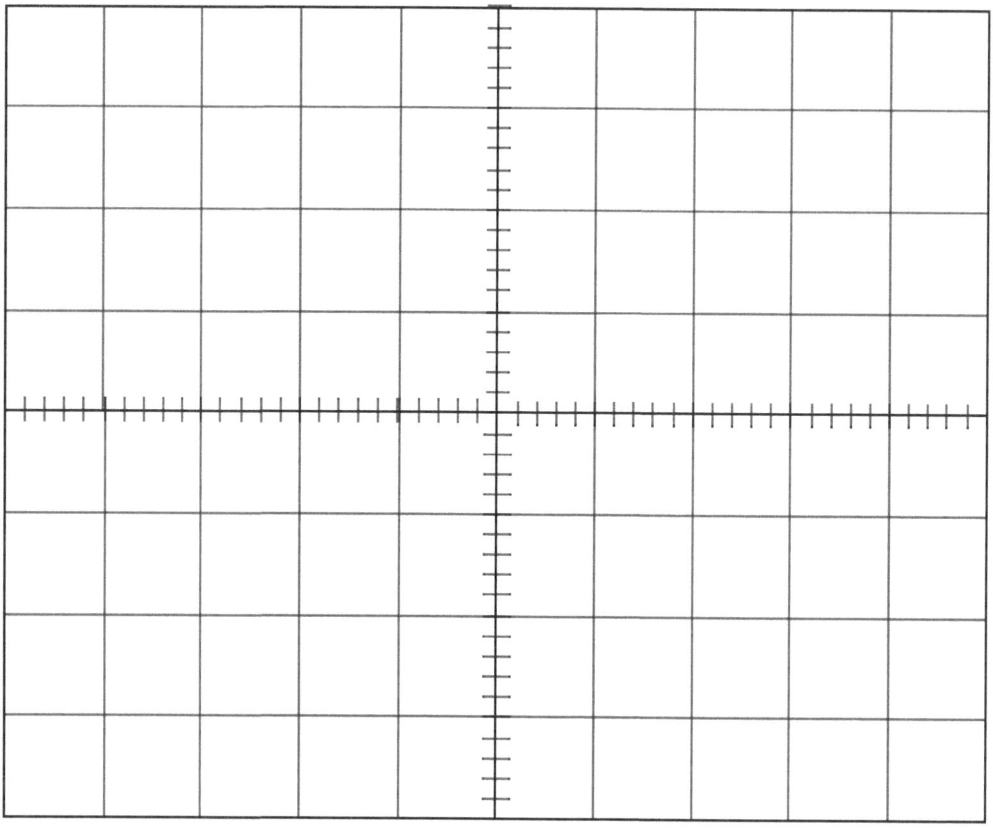

CH1	신호	V/Div.	Time:
CH2	신호	V/Div.	Sec/Div.

[그림 R2] 다이오드 전압 파형

3. 실험 결과 논의

1. 중간탭 정류와 브리지 정류 방식의 장단점을 설명하시오.
2. [그림 1]의 브리지 정류기를 고정전압 모델을 사용하여 해석하고 출력 첨두값 V_{po}, 평균값 V_{DC}, 다이오드 역방향 첨두값 (PIV), 및 역방향 첨두값을 계산하여 [표 1]에 기록하시오.
3. PIV 값이 중간탭 정류기에 비해 어떠한가?
4. 다이오드 전압파형과 출력 전압파형 모양의 상관관계를 설명하시오.

실험 9 평활 회로

1. 실험 목적

(1) 평활회로의 동작을 이해한다.

(2) 전파평활회로가 반파평활회로보다 평균전압이 더 크고 리플은 더 작아 효율이 우수함을 확인한다.

(3) 용량이 큰 콘덴서로 평활화할 때 평균전압이 더 크고, 리플이 더 적게 됨을 확인한다..

2. 관련 이론

2.1 필터 커패시터 평활회로

정류기의 출력 전압은 맥류로서 매우 급격한 변동을 보인다. 이러한 변동을 효과적으로 줄이는 간단한 방법은 그림 9.1에 보인 것처럼 부하저항 R_L에 병렬로 커패시터를 달아 주는 것이다. 이 필터 커패시터는 다이오드와 함께 작용하여 정류기의 출력 전압 변동을 극적으로 줄여주는 작용을 한다.

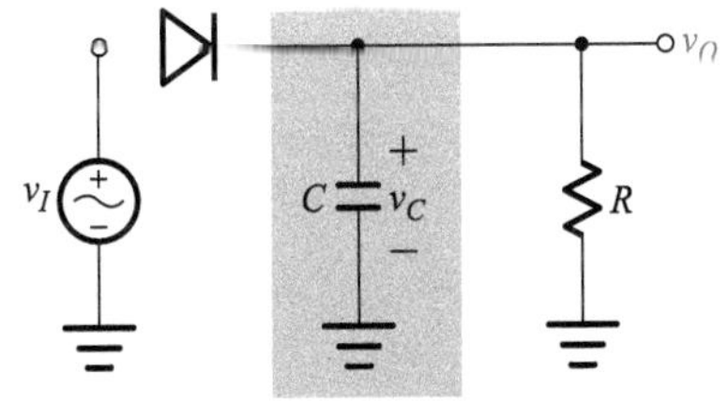

그림 9.1 필터 커패시터 효과를 설명하기위한 회로

그림 9.1회로에서 $v_I>v_C$일 때에 다이오드는 턴온되어 그림 9.2(a)의 충전동작 등가회로로 표현된다. 이상적인 다이오드로 가정할 경우 충전할 때 시상수가 0가 되므로 충전 구간에서 $v_I=v_C$인 상태로 충전되어 그림 9.2(b)에서 보였듯이 v_I의 첨두값 V_p까지 충전된다. 이후부터는 v_I가 감소하기 시작하므로 $v_I<v_C$가 되어 다이오드가 턴오프되므로 그림 9.2(c)의 방전동작 등가회로로 표현된다. 이 경우 v_I와의 연결이 끊어지

므로 커패시터에 충전되어있던 전하가 부하 R_L을 통해 시상수 τ=CR_L로 서서히 방전하게 된다. v_C는 방전을 통하여 계속 감소하나, v_I는 교번하는 교류 신호이므로 감소 후 다시 증가하여 v_C와 같아지게 되며 이 시점부터 다시 v_I>v_C가 되므로 다시 충전을 시작한다.

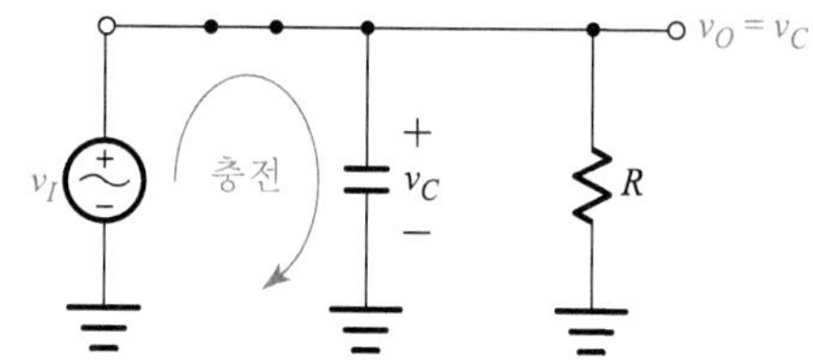

(a) 충전동작 때의 등가회로

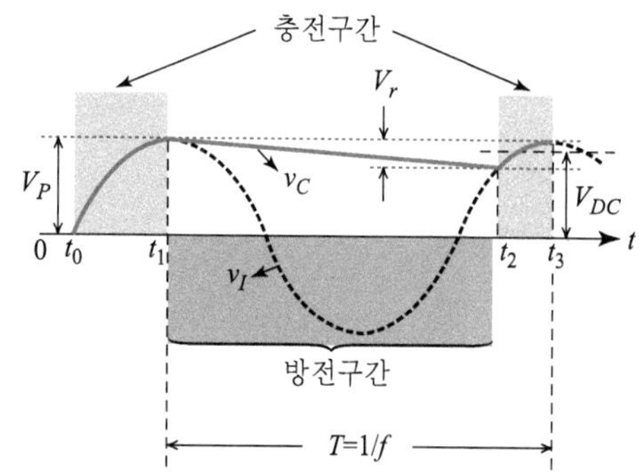

(b) 입력 및 출력 파형

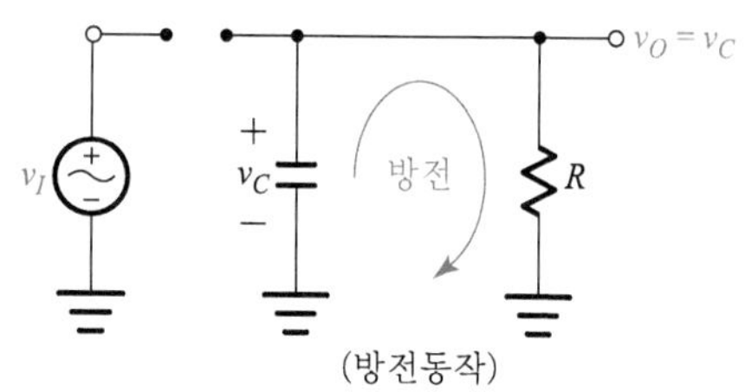

(c) 방전동작 때의 등가회로

그림 9.2 필터 커패시터의 충 · 방전 과정

결과적으로 그림 9.2(b)와 같이 커패시터 전압 v_C는 첨두값 V_p까지 증가했다가 서서히 감소하고 다시 재충전되어 V_p까지 증가하기를 반복하는 파형이 된다. 이 때 출력 전압인 v_C의 변동성분을 리플전압(V_r: ripple voltage)이라고 한다. 리플전압은 첨두간(peak-to-peak) 전압으로 나타내며 단위는 [V_{p-p}]가 된다. 또한, 출력이 평활화되어 완전한 직류 전압으로 되었을 때의 값을 직류전압 V_{DC}라고하며 이 것은 출력 전압 v_C의 평균 값이 된다.

리플전압은 시상수 $\tau(=CR_L)$를 크게 해 줄수록 감소하며 평활 작용도 좋아진다. 평활작용의 효율은 아래 수식으로 정의되는 리플계수(r: ripple factor)로 나타낸다.

$$r \equiv \frac{V_r}{V_{DC}} \tag{9.1}$$

리플계수도 시상수 $\tau(=CR_L)$가 클수록 작아지며 리플계수가 작을 수록 평활작용이 잘 이루어짐을 의미한다.

3. 실험 기기 및 부품

사용 기기	소요 부품
(1) 디지털 멀티미터(DMM): 1대 (2) 파형 발생기: 1대(220V 전원 대체용) (3) 오실로스코프: 2채널-1대 (4) 직류전원장치: 5[V] 1채널 (5) 브레드보드: 1대	(1) 다이오드: IN4001 1개 (2) 저항: 1KΩ(0.25W) 1개 (3) 전해콘덴서: 1μF 1개 4.7μF 1개 (4) 오디오 트랜스포머: OPT-16mm 1개

4. 실험 내용 및 절차

4.1필터 커패시터 평활회로(반파정류)

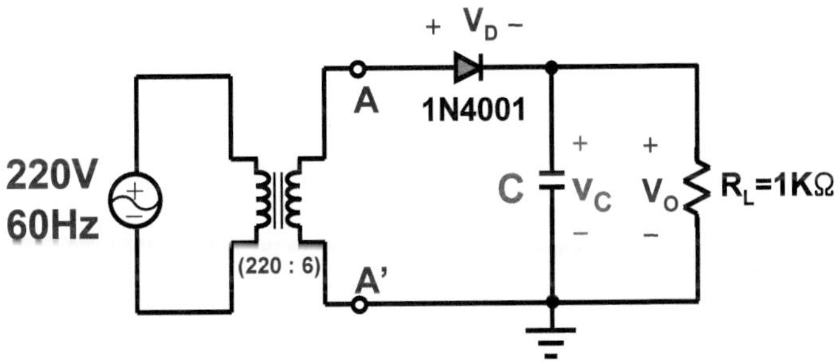

[그림 1] 반파정류 평활회로

(1) [그림 1]의 회로도에서 평활회로인 필터 커패시터 C를 제거한 반파정류회로를 브레드보드에 구성한다. 한편, [그림 1]과 같이 변압기로 220V를 강압한 신호를 사

용할 경우 감전의 위험이 있을 수 있으므로 보다 안전한 실험을 위해 변압기 대신에 A-A'단자에 오디오 트랜스포머 연결하고 그 입력단에 파형 발생기를 연결한다. 이 경우 파형 발생기의 출력신호는 진폭을 3V(첨두간 값 V_{pp}=6[V_{p-p}])로 설정하고 주파수를 10KHz로 설정하여 사용하고 오디오 트랜스포머 는 승압이 되도록 연결한다.

(2) 오실로스코프의 CH1을 회로의 입력인 A-A'단자에 연결하고 수직설정에서 입력 커플링(coupling)을 접지(GND)로 선택하여 0 [V] 접지레벨이 화면의 수평축 상에 오도록 수직위치를 조절한 다음, 입력 커플링을 다시 직류(DC)로 변경한다.

(3) 오실로스코프의 화면에 2~3주기의 신호파형이 나타나도록 오실로스코프의 시간 스케일과 화면에 최대 진폭의 신호파형의 나타나도록 오실로스코프의 전압 스케일을 조정한다.

(4) 오실로스코프의 CH2를 부하저항 R_L의 양단에 연결하고 수직설정에서 입력 커플링을 접지(GND)로 선택하여 0[V] 접지레벨이 화면의 수평축 상이나 혹은, 원하는 위치에 오도록 수직위치를 조절한 다음, 입력 커플링을 다시 직류(DC) 결합으로 변경한다.

(5) 오실로스코프의 화면에 2~3주기의 신호파형이 나타나도록 오실로스코프의 시간 스케일과 화면에 최대 진폭의 신호파형의 나타나도록 오실로스코프의 전압 스케일을 조정한다.

(6) [그림 R1]에 출력파형을 그린다.

(7) 이제는 1[μF]의 필터 커패시터 C를 [그림 1]의 회로와 같이 연결한 후에 출력파형을 [그림 R1]에 그리고 출력파형의 첨두값(V_{po})과 평균값(V_{DC})를 측정하여 [표 1]에 기록한다. 이로부터 리플계수(r)을 계산하여 [표 1]에 기록한다

(8) 1[μF]의 필터 커패시터 C를 4.7[μF]으로 교체하여 (9)의 실험과정을 반복한다.

4.2 필터 커패시터 평활회로(전파정류)

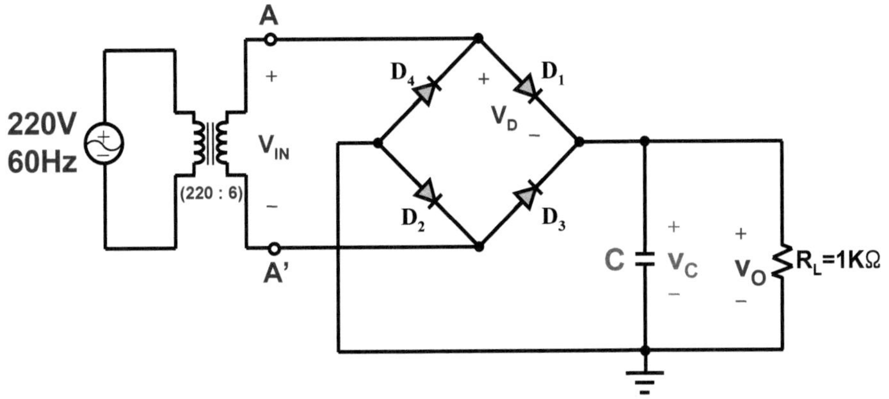

[그림 2] 전파정류 평활회로

(1) [그림 2]의 회로도에서 평활회로인 필터 커패시터 C를 제거한 전파정류회로를 브레드 보드에 구성하여 사용한다. [그림 1] 반파정류 평활회로 실험과 같은 방법으로 실험하여 다음의 측정을 실행한다.

(2) [그림 R2]에 출력파형을 그린다.

(3) 이제는 1[μF]의 필터 커패시터 C를 [그림 2]의 회로와 같이 연결한 후에 출력파형을 [그림 R2]에 그리고 출력파형의 첨두값(V_{po})과 평균값(V_{DC})를 측정하여 [표 2]에 기록한다. 이로부터 리플계수(r)을 계산하여 [표 2]에 기록한다.

(4) 1[μF]의 필터 커패시터 C를 4.7[μF]으로 교체하여 (3)의 실험과정을 반복한다.

실험예비 보고서

실험조: 반 조 학번: 이름:

실험제목:
1. 필터 커패시터 평활 회로에 대해 설명하시오.   2. 반파정류 평활회로와 전파정류 평활회로의 리플을 비교하여 설명하시오.   3. 그림 2.9의 반파정류된 신호에 대해 식(9.1)로 정의된 리플전압(V_r)에 대한 수식을 유도하시오.

실험결과 보고서

실험자: 반 조 학번: 이름:

실험일시: 년 월 일 교시

공동 실험자:

실험제목:

1. 실제 실험 회로도

(디지털 멀티미터 등을 사용하여 실제 사용된 소자값을 정확하게 측정하여 회로도에 기재한다.)

2. 실험 결과

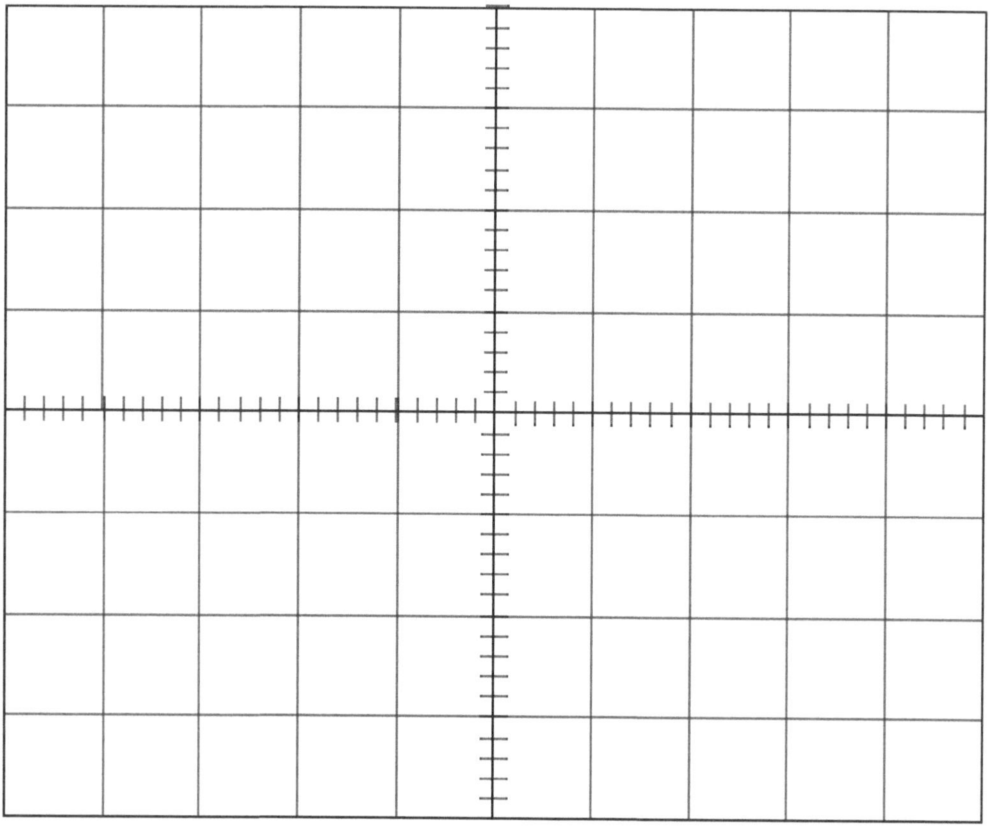

CH1	신호	V/Div.	Time: Sec/Div.
CH2	신호	V/Div.	

[그림 R1] 입력 및 출력 파형

[표 1] 반파정류 평활회로

필터 커패시터C	출력 첨두값 V_{po} [V]	평균전압 V_{DC} [V]	리플계수 r
1 [μF]			
4.7 [μF]			

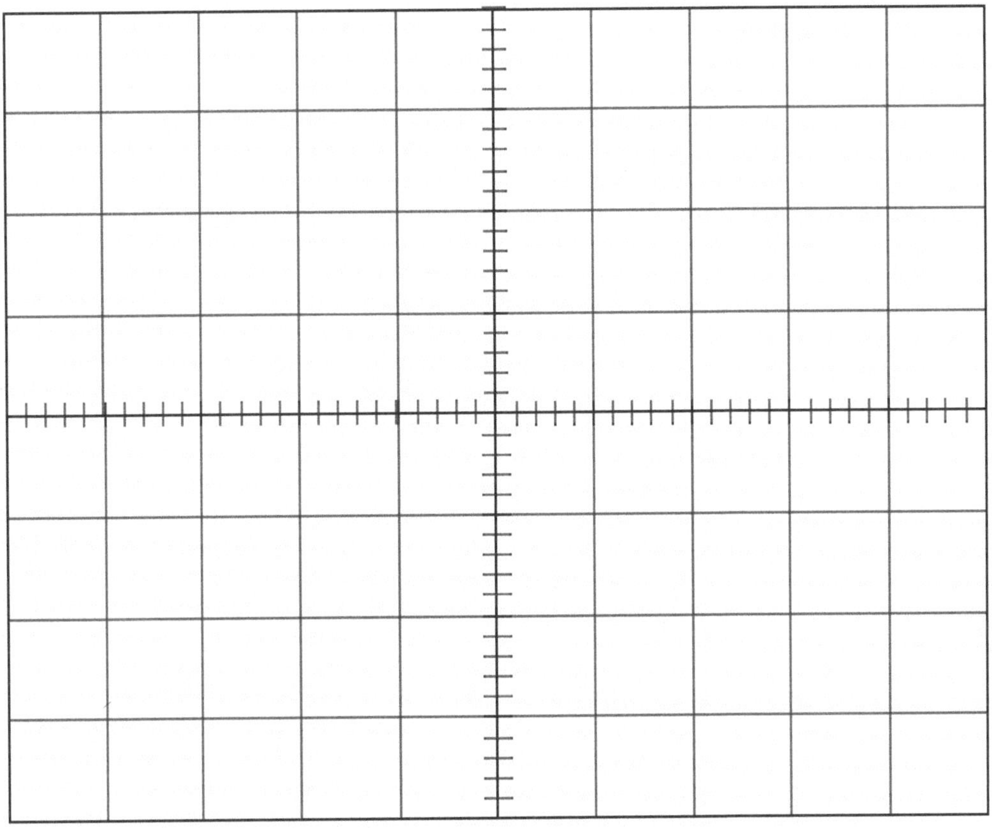

CH1	신호	V/Div.	Time:
CH2	신호	V/Div.	Sec/Div.

[그림 R2] 입력 및 출력 파형

[표 2] 전파정류 평활회로

필터 커패시터C	출력 척두값 V_{po} [V]	평균전압 V_{DC} [V]	리플계수 r
1 [μF]			
4.7 [μF]			

3. 실험 결과 논의

1. [표 1]과 [표 2]의 평균전압과 리플계수를 비교하여 반파정류 평활회로와 전파정류 평활회로의 변환효율과 평활작용을 비교하시오.
2. [표 1]과 [표 2]의 결과로부터 1 [μF]과 4.7 [μF]의 필터 커패시터를 사용했을 때의 차이점을 비교하시오.

실험 10 클리퍼

1. 실험 목적

(1) 다이오드 슬라이서를 예로 클리퍼의 동작을 이해한다.

(2) 바이어스전압의 변화에 따른 클리핑 레벨의 변화를 측정한다.

2. 관련 이론

2.1 클리퍼 회로

클리퍼(clipper)는 **신호의 일정한 레벨 위나 아래를 잘라내어 파형을 정형하는 회로**를 말한다. 클리퍼는 리미터(limiter)라고도 부르며, 클리퍼를 써서 신호의 진폭을 특정 범위 로 제한하는 회로를 특별히 진폭 선택회로(amplitude selector), 또는 **슬라이서(slicer)**라고 부른다 일정한 레벨 위를 자르는 회로를 **양의 클리퍼(positive clipper)**라고 하고 일정한 레벨 아래를 자르는 회로를 **음의 클리퍼(negative clipper)**라고 부른다. 또한, 다이오드가 신호 전송회로와 직렬로 연결되어 있으면 **직렬 클리퍼**라고 부르고, 다이오드가 신호 전송 회로와 병렬로 연결되어 있으면 **병렬 클리퍼**라고 부른다. 일반적으로 클리퍼는 다이오드, 저항 및 직류전원으로 구성된다. 클리퍼는 각 구성소자들의 위치를 상호 교환하거나 직류전원의 전압을 변화시킴으로써 클리핑 레벨을 변화시킬 수 있다.

편의상 이 절의 모든 클리퍼 회로에서 R_L>>R이라고 가정하고 설명하기로 한다. 그림 10.1은 입력 신호의 일정 레벨 위를 잘라 제한하는 양의 클리퍼다. 입력전압의 양의 반주기 동안 다이오드는 순바이어스 된다. 다이오드가 턴온되면 0.7V의 턴온전압으로 다이오드 전압이 제한된다. 따라서 병렬 연결된 부하저항 R_L양단의 출력 전압 v_o도 0.7V로 제한된다.

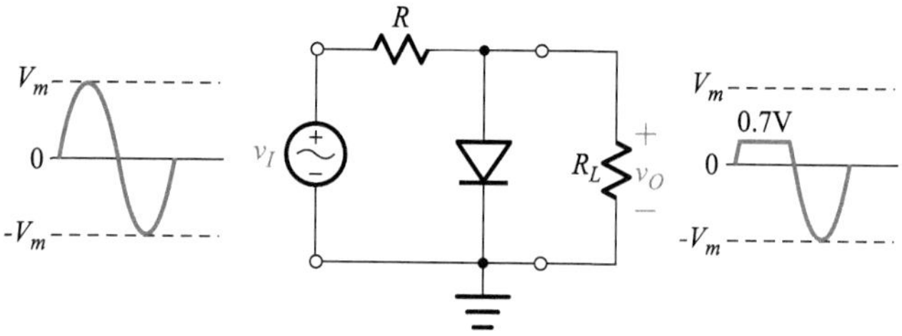

그림 10.1 양의 클리퍼

한편, 입력전압의 음의 반주기 동안 다이오드는 역바이어스 되어 턴오프가 된다. 이 경우 다이오드는 개방회로가 되므로 출력 전압 v_o는 R과 R_L에 의해 전압분배 되어 다음 수식으로 표현된다.

$$v_o = v_i \frac{R_L}{R+R_L} \overset{R_L >> R}{\approx} v_i \tag{10.1}$$

[바이어스된 클리퍼] 그림 10.2와 같이 다이오드에 직렬로 바이어스 전압 V_B를 인가해 줌으로써 제한레벨을 적절히 조정할 수 있다. 이 경우 다이오드가 턴온되기 위해서 $v_i > v_B + 0.7V$의 조건을 만족해야 한다. 따라서 다이오드가 턴온되면 $v_B + 0.7V$의 전압으로 출력 전압v_o가 제한된다.

한편, $v_i < v_B + 0.7V$일 경우 다이오드는 역바이어스 되어 턴오프가 된다. 이 경우 다이오드는 개방회로가 되므로 출력 전압 v_o는 R과 R_L에 의해 전압분배 되어 다음 수식으로 표현된다.

$$v_o = v_i \frac{R_L}{R+R_L} \overset{R_L >> R}{\approx} v_i \tag{10.2}$$

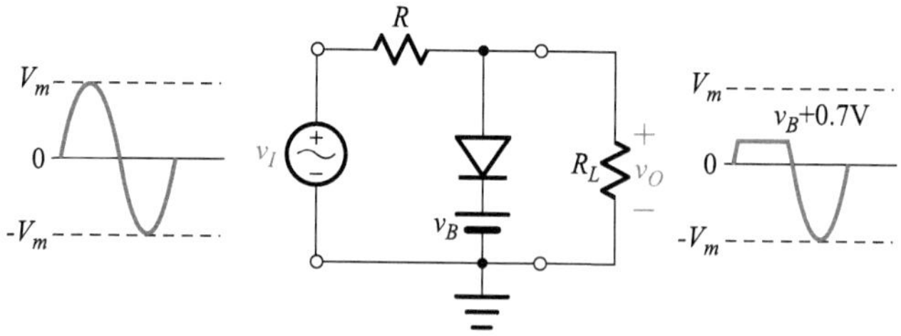

그림 10.2 바이어스된 클리퍼

[음의 클리퍼] 그림 10.1 양의 클리퍼에서 다이오드 방향을 반대로 바꾸면 음의 클리퍼(negative limiter)가 된다. 양의 클리퍼 해석과 마찬가지 방법으로 음의 클리퍼도 해석되며 그 결과를 그림 10.3에 보였다.

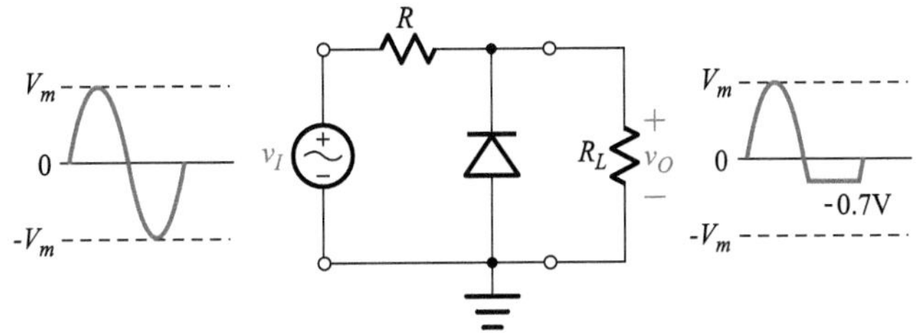

(a)

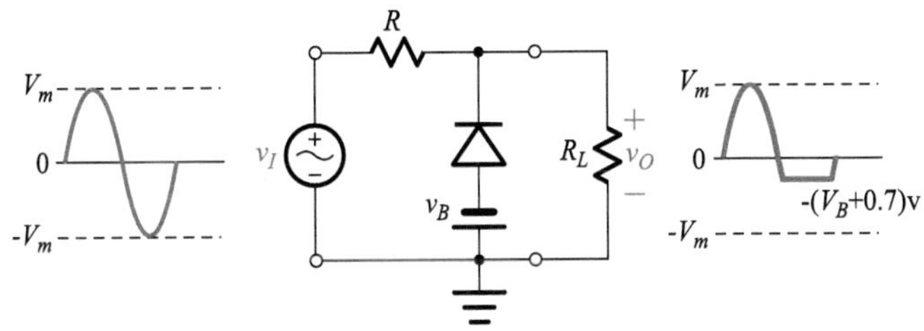

(b)

그림 10.3 음의 클리퍼 특성

(a) 음의 다이오드 클리퍼 특성 (b) 바이어스된 음의 클리퍼 특성

[슬라이서] 양의 리미터와 음의 리미터를 결합하여 교류 신호의 위와 아래 전압레벨을 제한할 수 있다. 이러한 회로를 슬라이서라고 한다.

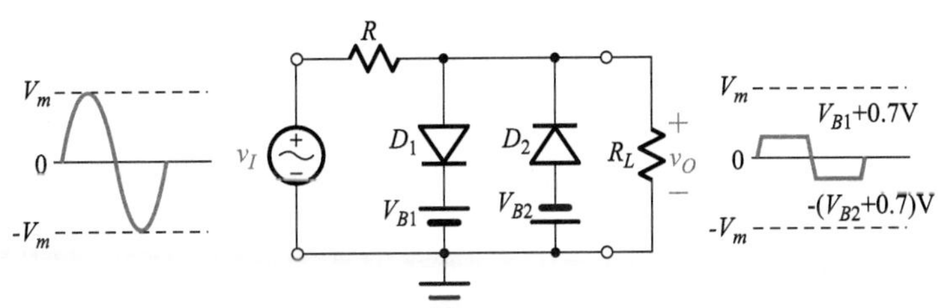

그림 10.4 슬라이서

3. 실험 기기 및 부품

사용 기기	소요 부품
(1) 디지털 멀티미터(DMM): 1대 (2) 파형 발생기: 1대 (3) 오실로스코프: 2채널1대 (4) 직류전원장치: 0~+5[V](50㎃) 1채널 0~-5[V](50㎃) 1채널 (5) 브레드보드: 1대	(1) 다이오드: IN4001 2개 (2) 저항: 10KΩ(0.25W) 1개

4. 실험 내용 및 절차

4.1 양과 음의 클리퍼로 구성된 슬라이서

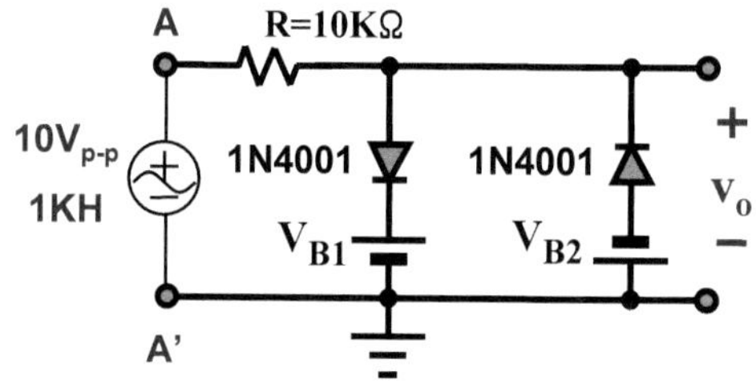

[그림 1] 슬라이서 회로

(1) [그림 1]의 슬라이서 회로를 브레드 보드에 구성한다. (단, $V_{B1}=V_{B2}=0V$로 설정한다.)

(2) 파형 발생기를 $10V_{p\text{-}p}$, 1KHz의 사인파로 설정한다

(3) 오실로스코프의 CH1을 회로의 입력인 A-A'단자에 연결하고 수직설정에서 입력 커플링(coupling)을 접지(GND)로 선택하여 0 [V] 접지레벨이 화면의 수평축 상에 오도록 수직위치를 조절한 다음, 입력 커플링을 다시 직류(DC) 결합으로 변경한다.

(4) 오실로스코프의 화면에 2~3주기의 신호파형이 나타나도록 오실로스코프의 시간 스케일과 화면에 최대 진폭의 신호파형의 나타나도록 오실로스코프의 전압 스케일을 조정한다.

(5) 오실로스코프로 측정하면서 입력신호의 첨두간 전압 V_{ppi}=10[V_{p-p}]가 되고 주파수 f_i=1[KHz]가 되도록 파형 발생기의 진폭 및 주파수를 정확히 조절한다.

(6) [그림 R1]에 입력파형을 그린다.

(7) 오실로스코프의 CH2를 출력단자에 연결하고 수직설정에서 입력 커플링을 접지(GND)로 선택하여 0[V] 접지레벨이 화면의 수평축 상이나 혹은, 원하는 위치에 오도록 수직위치를 조절한 다음, 입력 커플링을 다시 직류(DC) 결합으로 변경한다.

(8) 오실로스코프의 화면에 2~3주기의 신호파형이 나타나도록 오실로스코프의 시간 스케일과 화면에 최대 진폭의 신호파형의 나타나도록 오실로스코프의 전압 스케일을 조정한다.

(9) [그림 R1]에 출력파형을 그리고 신호가 클리핑 되는 양 및 음의 레벨을 측정하여 [표 1]에 기록한다.

(10) V_{B1}=V_{B2}=2V로 설정한 후 [그림 R2]에 출력파형을 그리고 신호가 클리핑 되는 양의 레벨 및 음의 레벨을 측정하여 [표 1]에 기록한다.

(11) V_{B1}=4V, V_{B2}=2V로 설정한 후 [그림 R3]에 출력파형을 그리고 신호가 클리핑 되는 양의 레벨 및 음의 레벨을 측정하여 [표 1]에 기록한다.

(12) V_{B1}=2V, V_{B2}=6V로 설정한 후 [그림 R4]에 출력파형을 그리고 신호가 클리핑 되는 양의 레벨 및 음의 레벨을 측정하여 [표 1]에 기록한다.

실험예비 보고서

실험조: 반 조 학번: 이름:

실험제목:

1. 클리퍼의 기능과 동작원리를 설명하시오.

2. 슬라이서에 대해 설명하시오.

3. 바이어스가 있는 클리퍼에 대해 설명하고 클리핑 레벨과 바이어스 전압과의 관계를 설명하시오.

실험결과 보고서

실험자: 반 조 학번: 이름:

실 험 일 시: 년 월 일 교시

공동 실험자:

실험제목:

1. 실제 실험 회로도

(디지털 멀티미터 등을 사용하여 실제 사용된 소자값을 정확하게 측정하여 회로도에 기재한다.)

2. 실험 결과

[표 1] 슬라이서

조건		양의 클리핑 레벨		음의 클리핑 레벨	
V_{B1}[V]	V_{B2}[V]	측정값 [V]	계산값 [V]	측정값 [V]	계산값 [V]
0	0				
2	2				
4	2				
2	6				

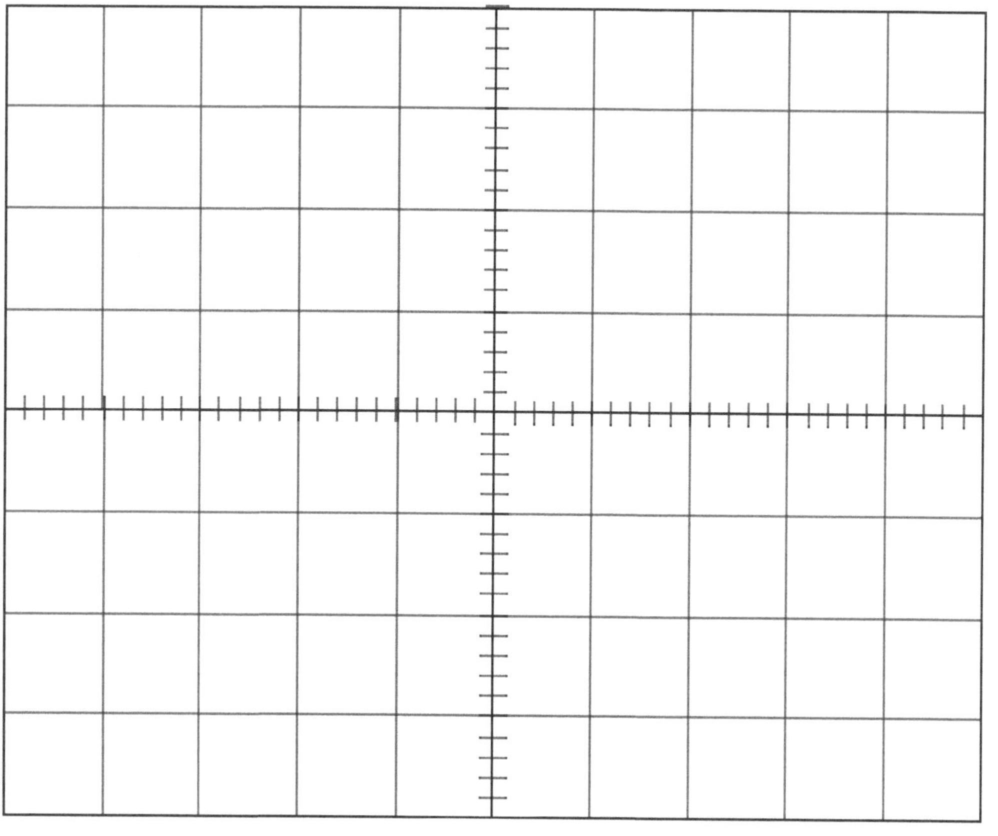

CH1	신호	V/Div.	Time:
CH2	신호	V/Div.	Sec/Div.

[그림 R1] 입력 및 출력 파형

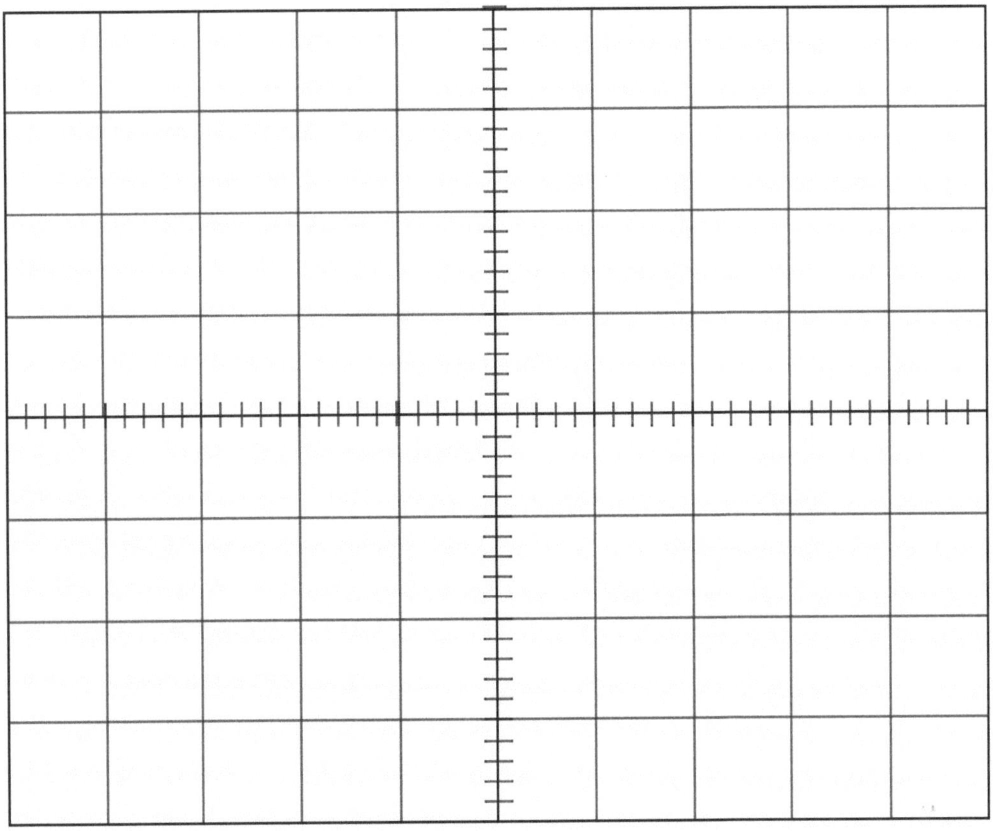

CH1	신호	V/Div.	Time:
CH2	신호	V/Div.	Sec/Div.

[그림 R2] 입력 및 출력 파형

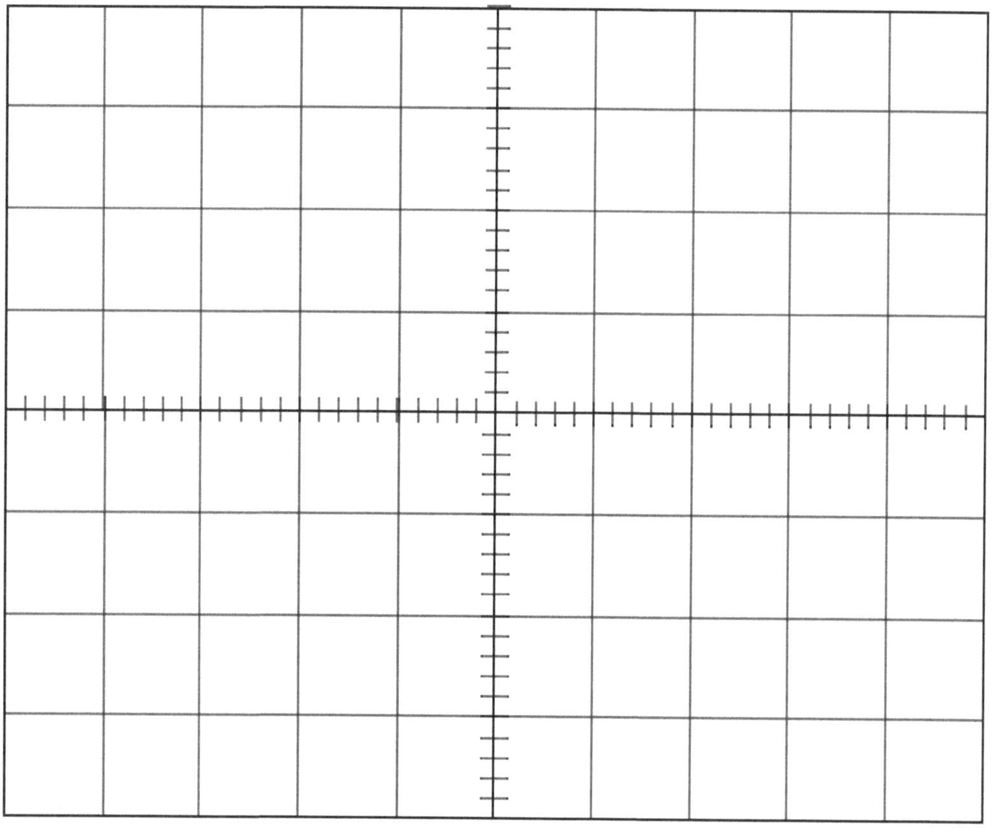

CH1	신호	V/Div.	Time: Sec/Div.
CH2	신호	V/Div.	

[그림 R3] 입력 및 출력 파형

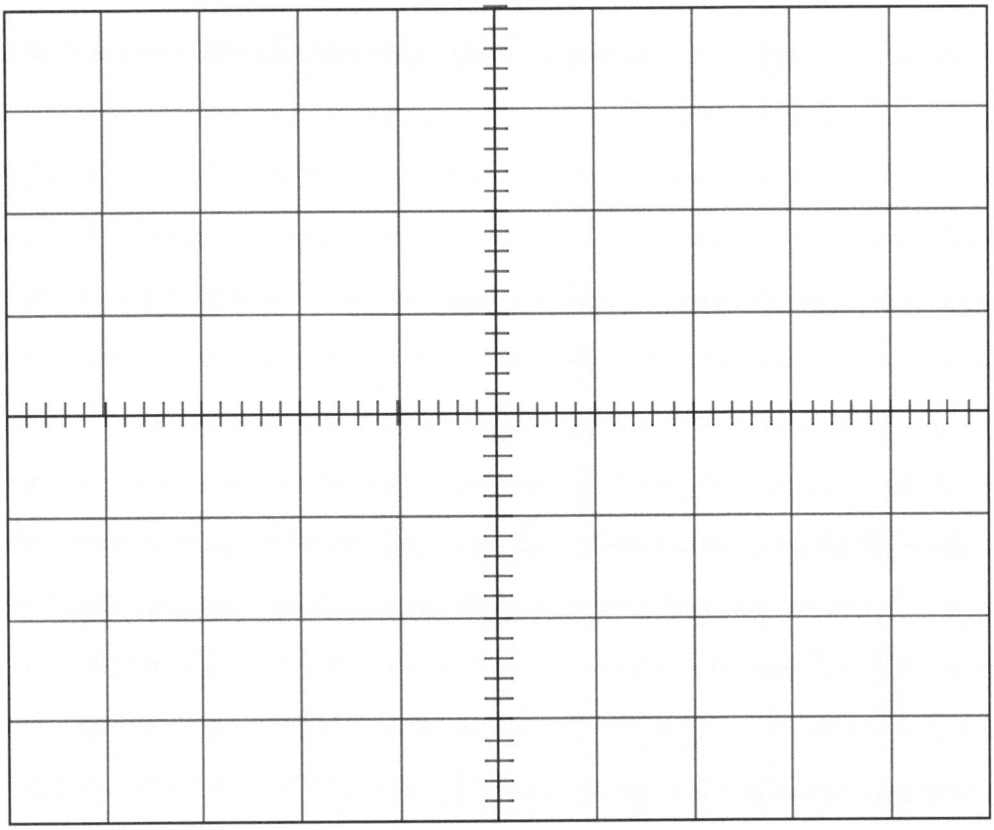

CH1	신호	V/Div.	Time:
CH2	신호	V/Div.	Sec/Div.

[그림 R4] 입력 및 출력 파형

3. 실험 결과 논의

1. [표 1]의 계산값에 해당하는 값들을 고정전압 다이오드 모델을 적용하여 슬라이서회로를 해석함으로써 계산하시오.
2. 음과 양의 클리퍼의 클리핑 레벨이 바이어스 전압에 따라 어떻게 변화하는지를 설명하시오.

실험 11 클램퍼

1. 실험 목적

(1) 다이오드 클램퍼의 동작을 이해한다.

(2) 다이오드 클램퍼의 바이어스전압의 선택에 따른 직류 레벨의 변화를 관찰한다.

2. 관련 이론

2.1 기본 클램퍼

파형의 형태는 변화시키지 않고 직류레벨을 이동시켜 어떤 다른 레벨에 고정(clamp)시키는 역할을 하는 회로를 **클램퍼**(clamper)라고 한다. 클램퍼는 다이오드와 커패시터를 이용하여 교류 신호에서 직류전압 성분을 만들어 더해주는 방법으로 그 역할을 수행한다. 더해주는 직류 성분이 양이면 양의 클램퍼(positive clamper)라고 하고 음이면 음의 클램퍼(negative clamper)라고 한다.

그림 11.1은 양의 클램퍼 회로를 보여 주고있다. 편의 상 이상적인 다이오드로 가정하고 초기에 커패시터 C에 충전 전하가 없이 C양단의 전압이 0V라고 한다.

[C 충전과정] 입력 신호의 음의 1/4주기동안 다이오드는 순바이어스되어 턴온되고 이 동안 커패시터C는 충전된다. 턴온되었을 때 다이오드는 단락 회로이므로 입력전압 V_i는 그대로C에 충전되어 같은 크기를 유지하며 피크치 $-V_m$까지 충전된다. 이 때 충전 방향은 그림 11.1의 커패시터C에 표시된 것과 같다.

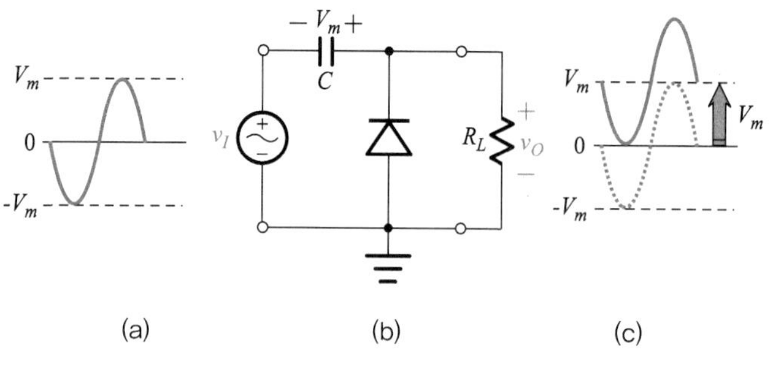

그림 11.1 양의 클램퍼

(a) 입력신호 (b) 클램퍼 (c) 출력신호

[C방전과정] 감소하던 입력 신호 V_i가 피크치를 넘어서면 증가로 돌아서므로 다이오드는 역바이어스가 인가되어 턴오프 된다. 따라서 C에 충전된 전하는 R_L을 통하여 방전을 시작한다.

이와 같은 충·방전 작용은 매 주기 마다 반복되게 된다. 여기서 R_L을 크게 하여 방전 시상수를 충분히 늘려 주면 방전속도가 매우 느려지므로 C를 일종의 직류 전압원으로 간주할 수 있게 된다. 이 경우 키르히호프 전압법칙을 적용하여 출력전압v_O를 구하면 다음과 같이 입력신호에 V_m만큼의 직류 성분이 더해진 파형을 얻게 된다.

$$v_O = v_i + V_m \tag{11.1}$$

이 에 대한 파형은 그림 11.1의 오른 쪽에 보였다.

2.2 바이어스된 클램퍼

그림 11.2는 바이어스된 클램퍼를 보여준다.

[C충전과정] 다이오드는 입력신호의 음의 반주기 중에 턴온될수 있으며 음의 신호의 크기가 바이어스 전압(V_B)과 다이오드 턴온전압(V_r=0.7V)의 합보다 커질 때 비로서 턴온된다. 따라서 콘덴서 C에 충전되는 전압 V_C는 다음의 수식으로 구해진다.

$$\mathbf{V_C = V_m - V_B - V_\gamma} \tag{11.2}$$

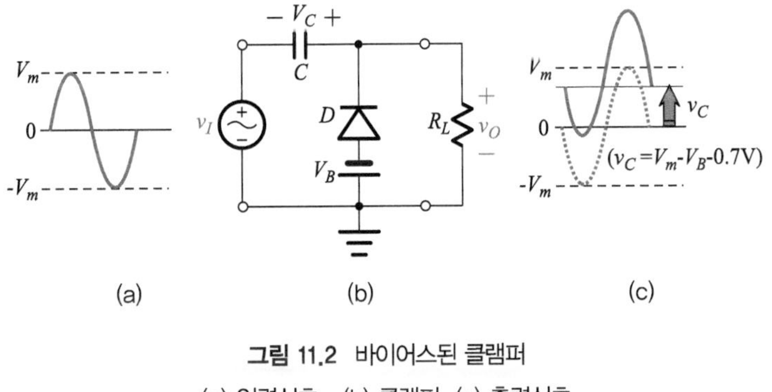

그림 11.2 바이어스된 클램퍼
(a) 입력신호 (b) 클램퍼 (c) 출력신호

[C 방전과정] 감소하던 입력 신호 V_i가 피크치를 넘어서면 증가로 돌아서므로 다이오드는 역바이어스가 인가되어 턴오프 된다. 따라서 C에 충전된 전하는 R_L을 통하여 방전을 시작한다.

이와 같은 충·방전 작용은 매 주기 마다 반복되게 된다. 여기서 R_L을 크게 하여 방전 시상수를 충분히 늘려 주면 방전속도가 매우 느려지므로 C를 일종의 직류 전압원으로 간주할 수 있게 된다. 이 경우 키르히호프 전압법칙을 적용하여 출력전압 v_O를 구하면 다음과 같이 입력신호에 V_C만큼의 직류 성분이 더해진 파형을 얻게 된다.

$$\mathbf{v_O = v_i + V_C = v_i + V_m - V_B - V_\gamma} \tag{11.3}$$

따라서, 그림 11.2의 오른 쪽에 보인 형태의 출력 파형을 얻게 된다.

3. 실험 기기 및 부품

사용 기기	소요 부품
(1) 디지털 멀티미터(DMM): 1대 (2) 파형 발생기: 1대 (3) 오실로스코프: 2채널-1대 (4) 직류전원장치: 0~+5[V](50㎃) 1채널 (5) 브레드보드: 1대	(1) 다이오드: IN4001 1개 (2) 저항: 100KΩ(0.25W) 1개 (3) 전해콘덴서: 10μF 1개

4. 실험 내용 및 절차

4.1 양의 클램퍼

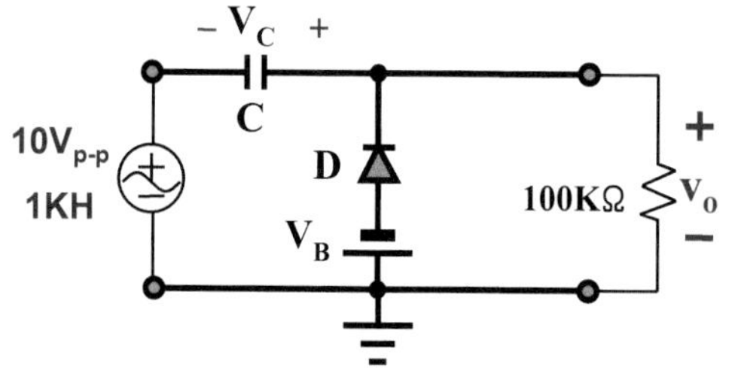

[그림 1] 양의 클램퍼

(1) [그림 1]의 양의 클램퍼 회로를 브레드 보드에 구성한다. (단, V_B=0V로 설정한다.)

(2) 파형 발생기를 10$V_{p\text{-}p}$, 1KHz의 사인파로 설정한다.

(3) 오실로스코프의 CH1을 회로의 입력단자에 연결하고 수직설정에서 입력 커플링(coupling)을 접지(GND)로 선택하여 0[V] 접지레벨이 화면의 수평축 상에 오도

록 수직위치를 조절한 다음, 입력 커플링을 다시 직류(DC) 결합으로 변경한다.

(4) 오실로스코프의 화면에 2~3주기의 신호파형이 나타나도록 오실로스코프의 시간 스케일과 화면에 최대 진폭의 신호파형의 나타나도록 오실로스코프의 전압 스케일을 조정한다.

(5) 오실로스코프로 측정하면서 입력신호의 첨두간 값 V_{ppi}=10[V_{p-p}]가 되고 주파수 f_i=1[KHz]가 되도록 파형 발생기의 진폭 및 주파수를 정확히 조절한다.

(6) [그림 R1]에 입력파형을 그린다.

(7) 오실로스코프의 CH2를 출력단자에 연결하고 수직설정에서 입력 커플링을 접지(GND)로 선택하여 0[V] 접지레벨이 화면의 수평축 상이나 혹은, 원하는 위치에 오도록 수직위치를 조절한 다음, 입력 커플링을 다시 직류(DC) 결합으로 변경한다.

(8) 오실로스코프의 화면에 2~3주기의 신호파형이 나타나도록 오실로스코프의 시간 스케일과 화면에 최대 진폭의 신호파형의 나타나도록 오실로스코프의 전압 스케일을 조정한다.

(9) [그림 R1]에 출력파형을 그리고 신호가 클램핑된 량(직류레벨의 이동량)을 측정하여 [표 1]에 기록한다.

(10) V_B=2V로 설정한 후 [그림 R2]에 출력파형을 그리고 신호가 클리핑 되는 양 및 음의 레벨을 측정하여 [표 1]에 기록한다.

(11) V_B=4V로 설정한 후 [그림 R3]에 출력파형을 그리고 신호가 클리핑 되는 양 및 음의 레벨을 측정하여 [표 1]에 기록한다.

4.2 음의 클램퍼

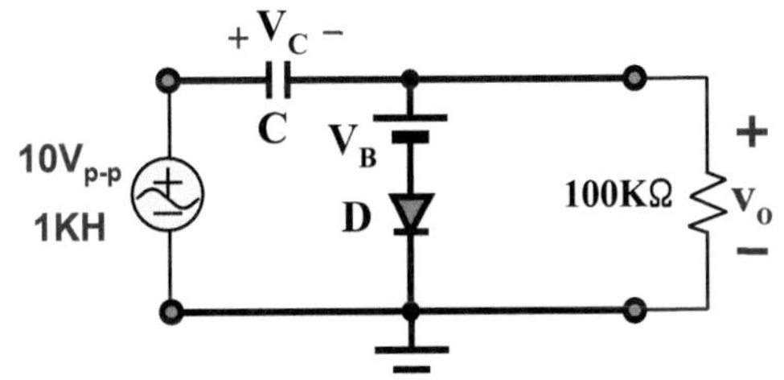

[그림 2] 음의 클램퍼

(1) [그림 2]의 음의 클램퍼 회로를 브레드 보드에 구성한다. (단, V_B=0V로 설정한다.)

(2) [그림 1] 양의 클램퍼를 [그림 2] 음의 클램퍼로 교체한다.

(3) [그림 R4]에 출력파형을 그리고 신호가 클램핑된 량(직류레벨의 이동량)을 측정하여 [표 1]에 기록한다.

(4) V_B=2V로 설정한 후 [그림 R5]에 출력파형을 그리고 신호가 클리핑 되는 양 및 음의 레벨을 측정하여 [표 1]에 기록한다.

(5) V_B=4V로 설정한 후 [그림 R6]에 출력파형을 그리고 신호가 클리핑 되는 양 및 음의 레벨을 측정하여 [표 1]에 기록한다.

실험예비 보고서

실험조: 반 조 학번: 이름:

실험제목:
1. 클램퍼 회로의 동작원리를 설명하시오.   2. 바이어스가 있는 클램퍼의 클램핑 레벨과 바이어스 전압과의 관계를 설명하시오.

실험결과 보고서

실험자: 반 조 학번: 이름:

실 험 일 시: 년 월 일 교시

공동 실험자:

실험제목:

1. 실제 실험 회로도

(디지털 멀티미터 등을 사용하여 실제 사용된 소자값을 정확하게 측정하여 회로도에 기재한다.)

2. 실험 결과

[표 1] 클램퍼

V_m[V] (입력신호 진폭)	V_B[V]	양의 클램퍼 레벨이동량		음의 클램퍼 레벨이동량	
		측정값 [V]	계산값 [V]	측정값 [V]	계산값 [V]
	0				
	2				
	4				

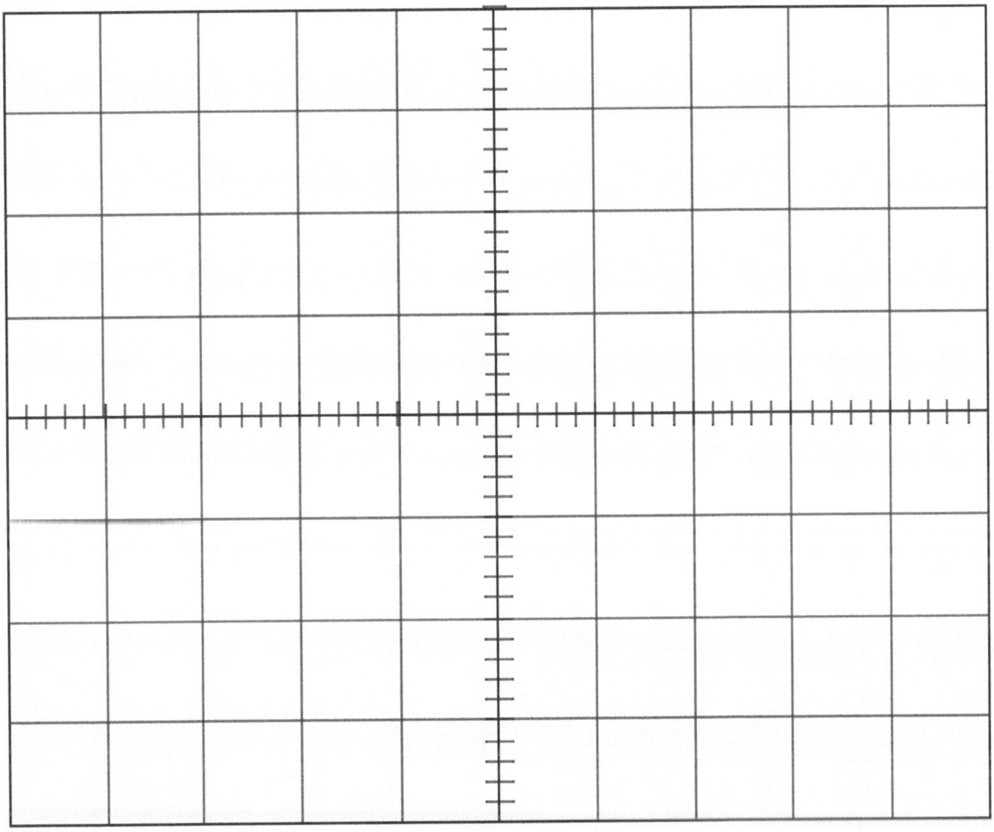

CH1	신호	V/Div.	Time: Sec/Div.
CH2	신호	V/Div.	

[그림 R1] 입력 및 출력 파형

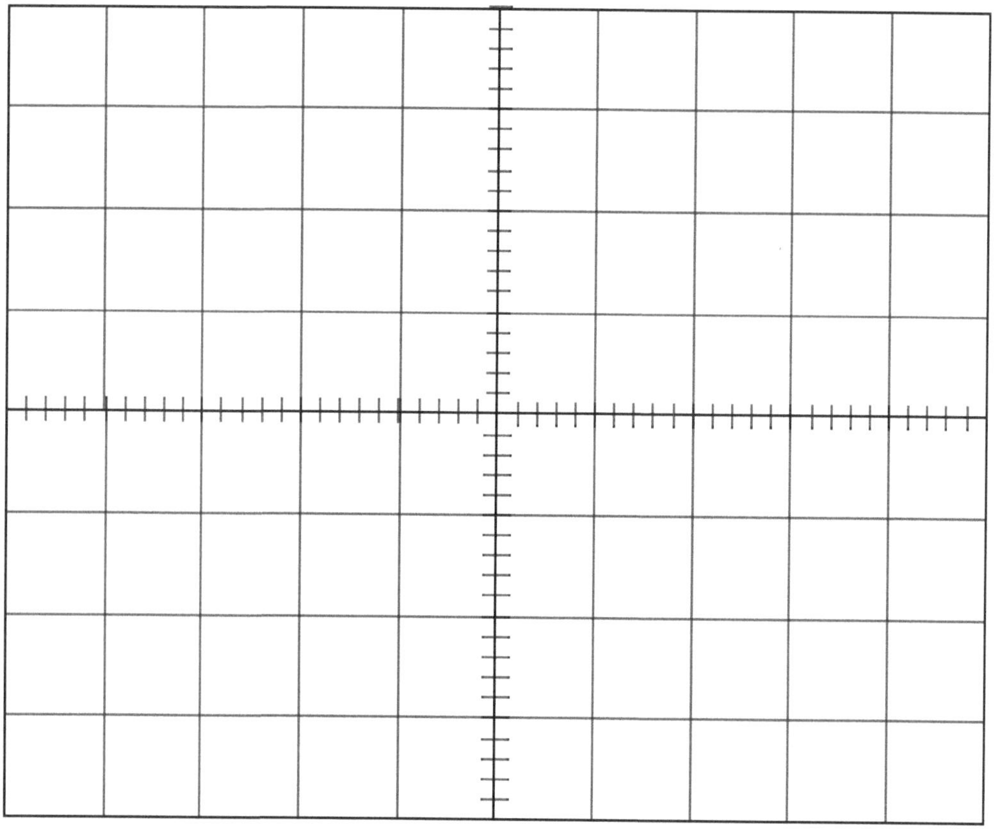

CH1	신호	V/Div.	Time:
CH2	신호	V/Div.	Sec/Div.

[그림 R2] 입력 및 출력 파형

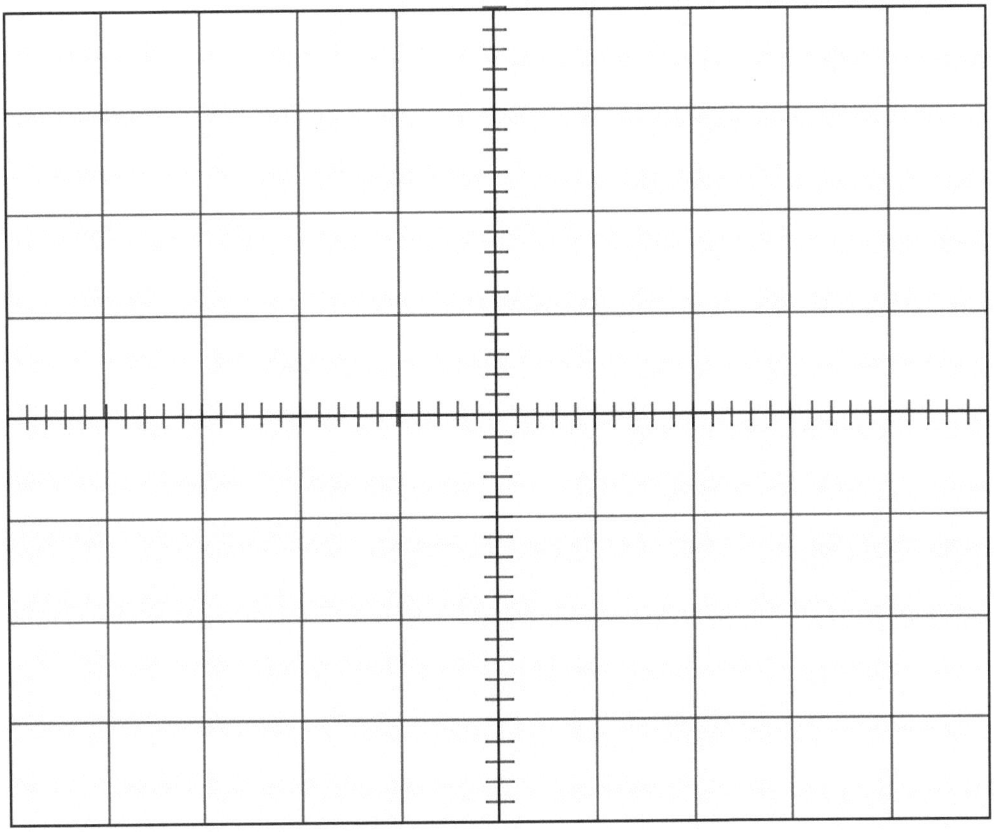

CH1	신호	V/Div.	Time: Sec/Div.
CH2	신호	V/Div.	

[그림 R3] 입력 및 출력 파형

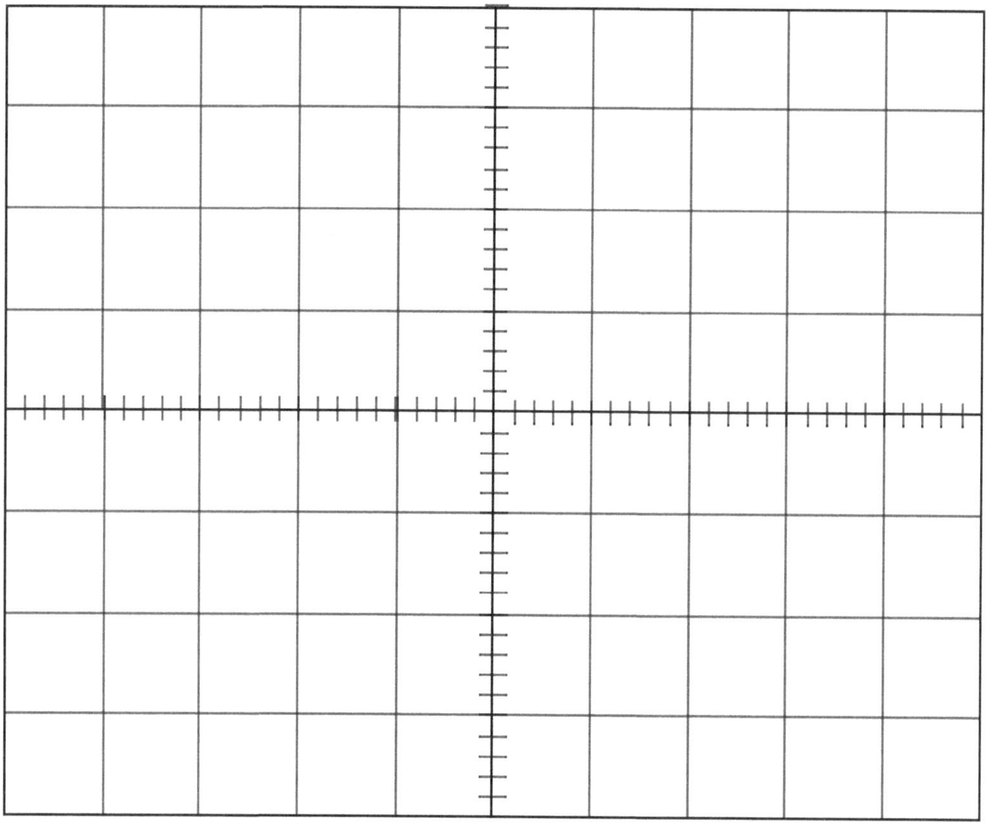

CH1	신호	V/Div.	Time:
CH2	신호	V/Div.	Sec/Div.

[그림 R4] 입력 및 출력 파형

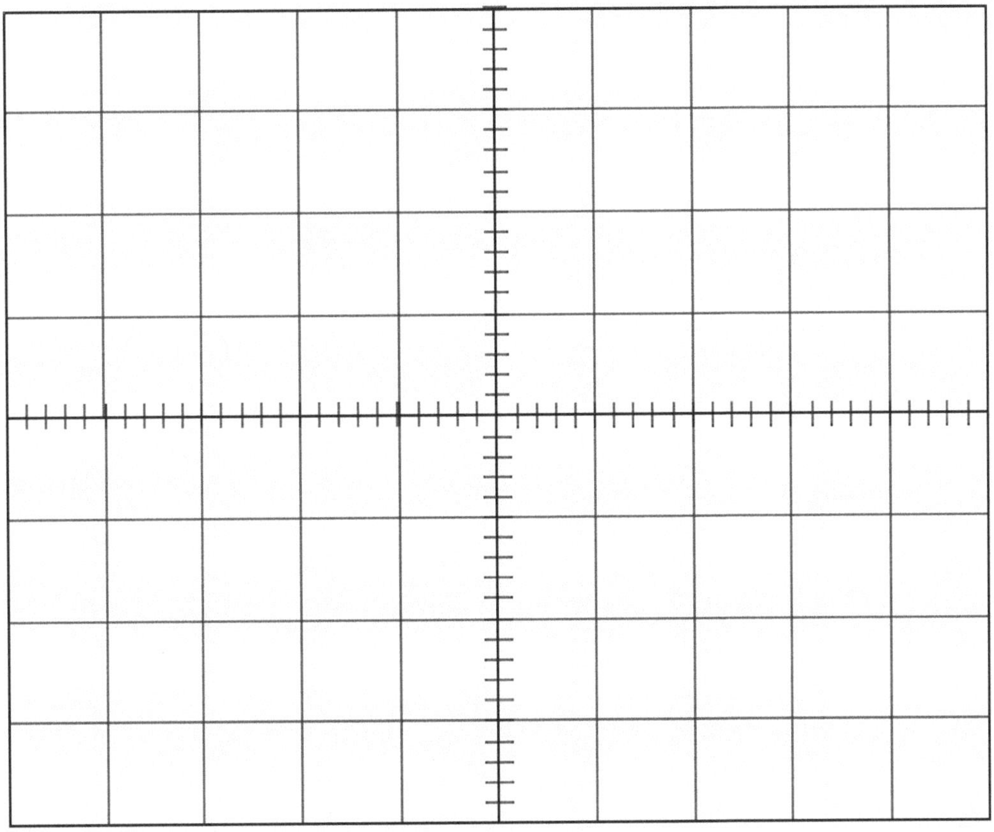

CH1	신호	V/Div.	Time: Sec/Div.
CH2	신호	V/Div.	

[그림 R5] 입력 및 출력 파형

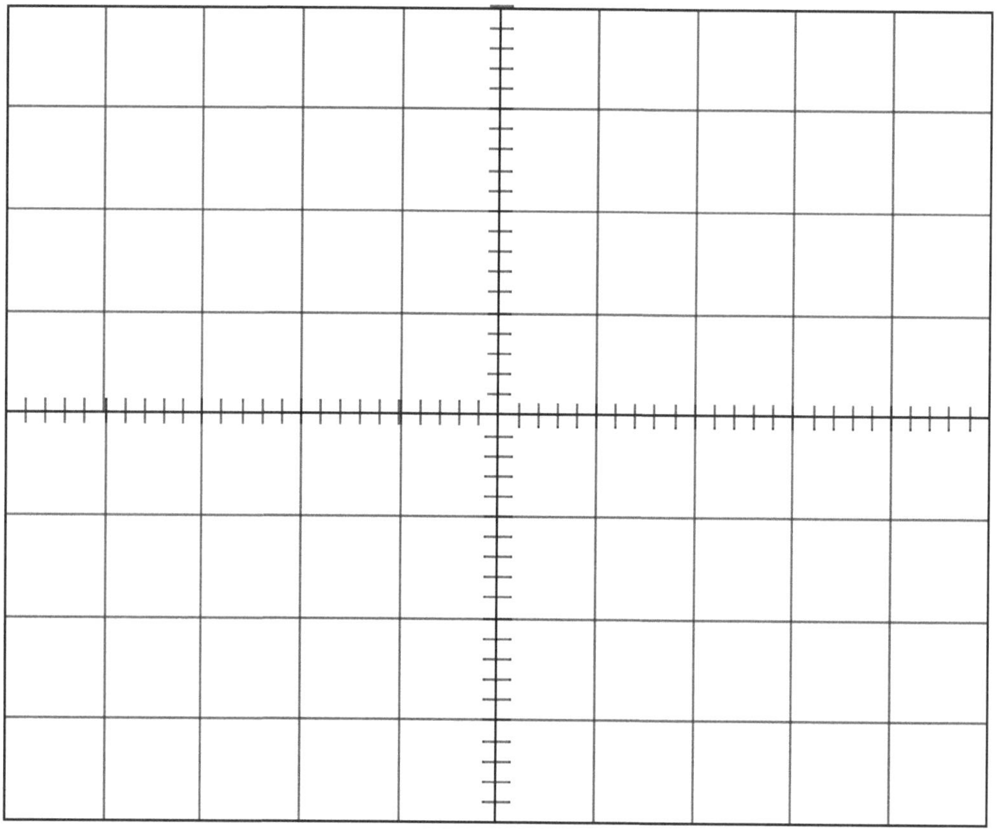

CH1	신호	V/Div.	Time:
CH2	신호	V/Div.	Sec/Div.

[그림 R6] 입력 및 출력 파형

3. 실험 결과 논의

1. [표 1]의 계산값에 해당하는 값들을 고정전압 다이오드 모델을 적용하여 클램퍼 회로를 해석함으로써 계산하시오.
2. 음과 양의 클램퍼의 클램핑 레벨은 바이어스 전압에 따라 어떻게 변화하는지를 설명하시오.

실험 12 배전압 회로

1. 실험 목적

(1) 다이오드 배전압 회로의 동작을 이해한다.

(2) 배전압 회로의 출력전압은 입력전압 값의 2배가 됨을 확인한다.

2. 관련 이론

2.1 배전압 회로

배전압회로는 변압기의 출력전압을 비교적 낮은 최대값을 유지하면서 정류된 출력 전압은 2배 나 그 이상 높일 수 있게 해주는 회로이다.

그림 12.1은 2배의 전압을 얻기 위한 반파 배전압 회로이다 변압기 2차측 전압의 양의 반주기 동안 D_1은 순바이어스되어 도통하고 D_2는 역바이어스되어 차단되므로 C_1이 변압기 2차측 전압의 피크 값 V_m으로 충전된다. 음의 반주기 동안에는 D_1이 역바이어스되어 차단되고 D_2는 순바이어스되어 도통하므로 바깥 루프를 통해 C_2가 $2V_m$으로 충전된다.

C_2의 양단에 부하를 연결하면 C_2는 변압기 2차측 전압의 양의 반주기 동안은 부하를 통해 방전하고 음의 반주기 동안은 $2V_m$으로 충전한다.

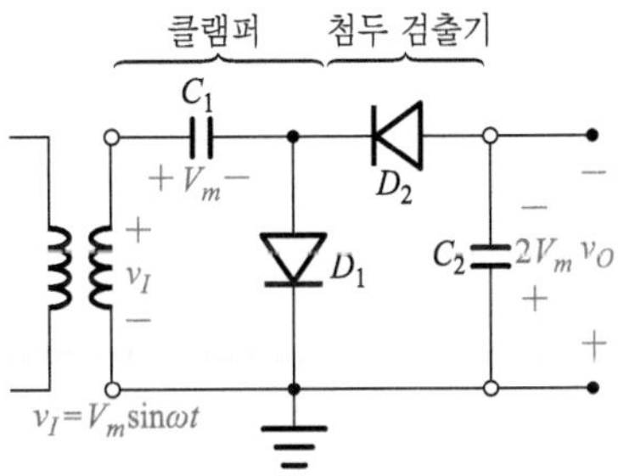

그림 12.1 배전압 회로

2.2 3배전압 회로

그림 12.2는 3배전압 회로를 보여준다. 입력신호의 양의 반주기 동안 D_1을 통해 C_1

은 입력의 첨두값 V_m까지 충전된다. 음의 반주기 동안 D_2을 통해 C_2는 $2V_m$까지 충전된다. 다음 양의 반주기 동안 D_3을 통해 C_3은 $2V_m$까지 충전된다. 따라서, C_1과 C_3의 양단에서 출력 전압을 따내면 출력전압은 다음과 같다.

$$\mathbf{V_O} = \mathbf{V_{C1}} + \mathbf{V_{C3}} = \mathbf{V_m} + 2\mathbf{V_m} = 3\mathbf{V_m} \qquad (12.1)$$

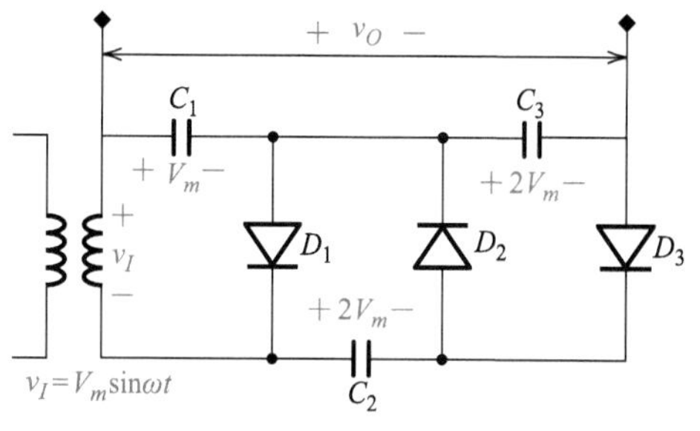

그림 12.2 3배전압 회로

2.3 4배전압 회로

그림 12.3은 4배전압 회로를 보여준다. 입력신호의 양의 반주기 동안 D_1을 통해 C_1은 입력의 첨두값 V_m까지 충전된다. 음의 반주기 동안 D_2을 통해 C_2는 $2V_m$까지 충전된다. 다음 양의 반주기 동안 D_3을 통해 C_3은 $2V_m$까지 충전된다. 그 다음의 음의 반주기 동안 D_4을 통해 C_4는 $2V_m$까지 충전된다 따라서, C_2와 C_4의 양단에서 출력 전압을 따내면 출력전압 는 다음과 같다.

$$\mathbf{V_O} = \mathbf{V_{C2}} + \mathbf{V_{C4}} = 2\mathbf{V_m} + 2\mathbf{V_m} = 4\mathbf{V_m} \qquad (12.2)$$

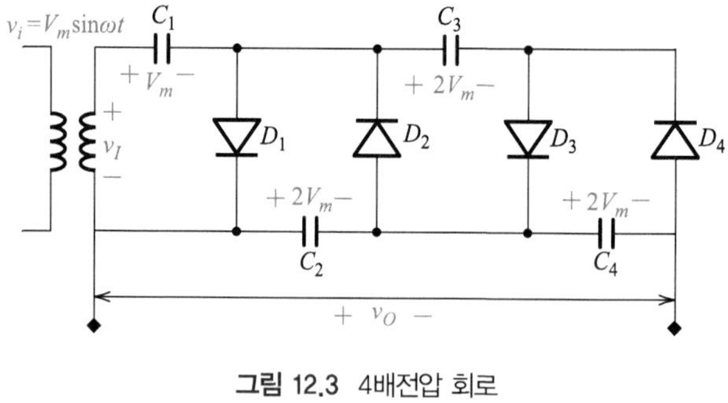

그림 12.3 4배전압 회로

3. 실험 기기 및 부품

사용 기기	소요 부품
(1) 디지털 멀티미터(DMM): 1대 (2) 파형 발생기: 1대 (3) 오실로스코프: 2채널1대 (4) 직류전원장치: 직류전원장치: 0~+5[V] (50㎃) 1채널 (전압가변가능) (5) 브레드보드: 1대	(1) 다이오드: IN4001 2개 (2) 저항: 100KΩ(0.25W) 1개 10KΩ(0.25W) 1개 1KΩ(0.25W) 1개 (3) 전해콘덴서: 100μF 2개

4. 실험 내용 및 절차

4.1 배전압 회로

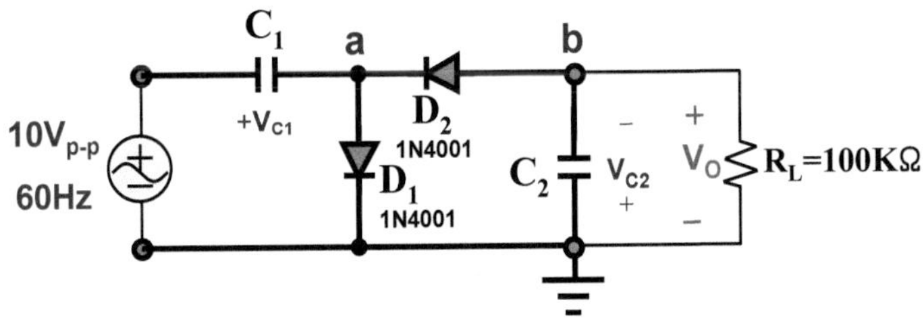

[그림 1] 배전압 회로

(1) [그림 1]의 양의 배전압 회로를 브레드 보드에 구성한다.

(2) 파형 발생기를 $10V_{p\text{-}p}$, 60Hz의 사인파로 설정한다

(3) 오실로스코프의 CH1을 회로의 입력단자에 연결하고 수직설정에서 입력 커플링(coupling)을 접지(GND)로 선택하여 0 [V] 접지레벨이 화면의 수평축 상에 오도록 수직위치를 조절한 다음, 입력 커플링을 다시 교류(AC) 결합으로 변경한다.

(4) 오실로스코프의 화면에 2~3주기의 신호파형이 나타나도록 오실로스코프의 시간 스케일과 화면에 최대 진폭의 신호파형의 나타나도록 오실로스코프의 전압 스케일을 조정한다.

(5) 오실로스코프로 측정하면서 입력신호의 첨두간 값 V_{ppi}=10[V]가 되고 주파수 f_i=60[Hz]가 되도록 파형 발생기의 진폭 및 주파수를 정확히 조절한다.

(6) [그림 R1]에 입력파형을 그린다.

(7) 오실로스코프의 CH2의 수직설정에서 입력 커플링을 접지(GND)로 선택하여 0[V] 접지레벨이 화면의 수평축 상이나 혹은, 원하는 위치에 오도록 수직위치를 조절한 다음, 입력 커플링을 다시 직류(DC) 결합으로 변경한다.

(8) 오실로스코프의 CH2로 a마디의 전압 파형을 측정하고 CH1의 입력 파형과 차를 구함으로써 V_{C1}을 측정하고 [표 1]에 기록한다..

(9) 오실로스코프의 CH2로 b마디의 전압 파형을 측정하여 V_{C2}을 구하여 [표 1]에 기록한다. 또한, 측정된 파형을 [그림 R1]에 그린다.

(10) R_L을 10KΩ으로 바꾸어 (8)-(9)의 실험과정을 반복한다. 단 출력파형은 [그림 R2]에 그린다.

(11) R_L을 1KΩ으로 바꾸어 (8)-(9)의 실험과정을 반복한다. 단 출력파형은 [그림 R3]에 그린다.

실험예비 보고서

실험조:　반　조　　　학번:　　　이름:

실험제목:
1. 배전압 회로의 동작원리를 설명하시오. 2. 3배전압 회로와4배전압 회로의 동작원리를 설명하시오. 3. 부하 R_L값의 변화에 따라 배전압 회로 출력 파형이 어떻게 변화하는지를 예측하시오.

실험결과 보고서

실험자: 반 조 학번: 이름:

실 험 일 시: 년 월 일 교시

공동 실험자:

실험제목:

1. 실제 실험 회로도

(디지털 멀티미터 등을 사용하여 실제 사용된 소자값을 정확하게 측정하여 회로도에 기재한다.)

2. 실험 결과

[표 1] 배전압 회로

항목		측정값 [V]	계산값 [V]
V_m(입력신호 진폭)			-
R_L= 100KΩ	V_{C1}		
	V_{C2}		
	V_O		
R_L= 10KΩ	V_{C1}		
	V_{C2}		
	V_O		
R_L= 1KΩ	V_{C1}		
	V_{C2}		
	V_O		

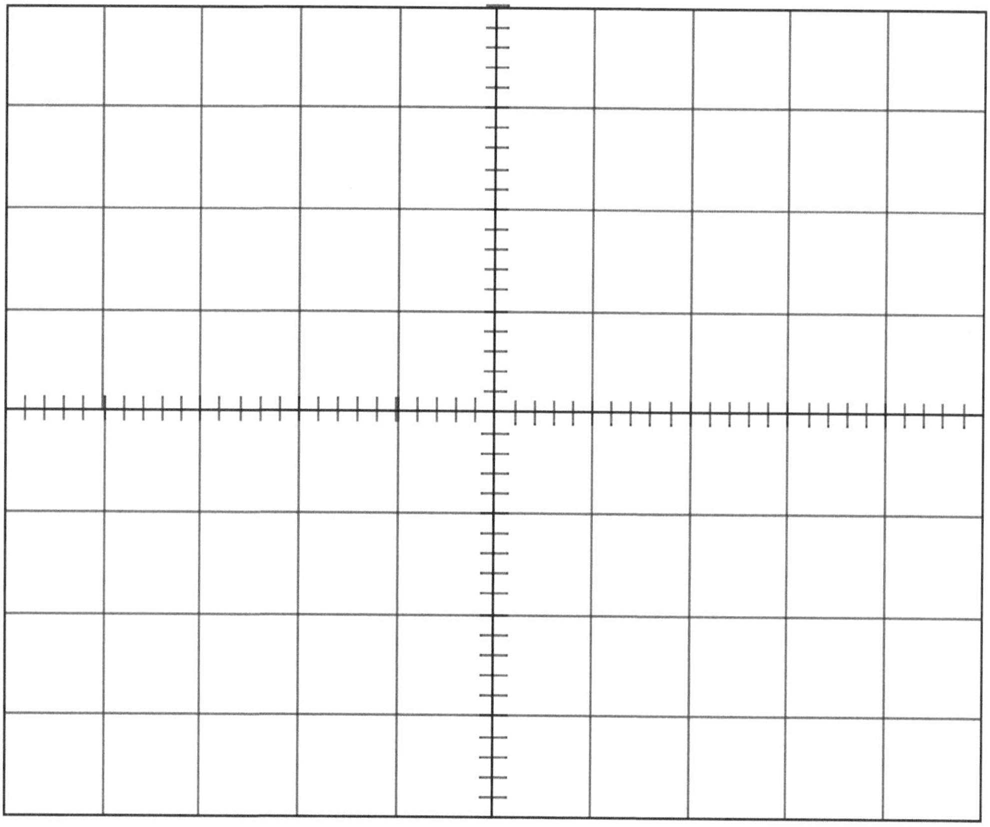

CH1	신호	V/Div.	Time: Sec/Div.
CH2	신호	V/Div.	

[그림 R1] 입력 및 출력 파형

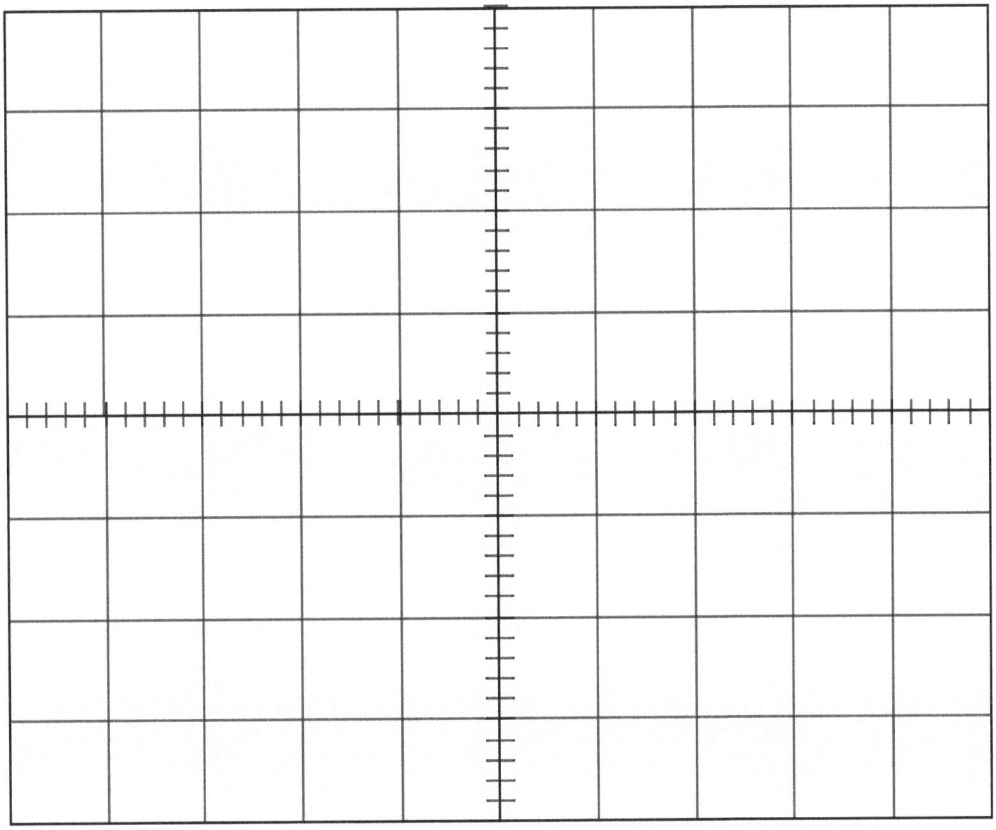

CH1	신호	V/Div.	Time:
CH2	신호	V/Div.	Sec/Div.

[그림 R2] 입력 및 출력 파형

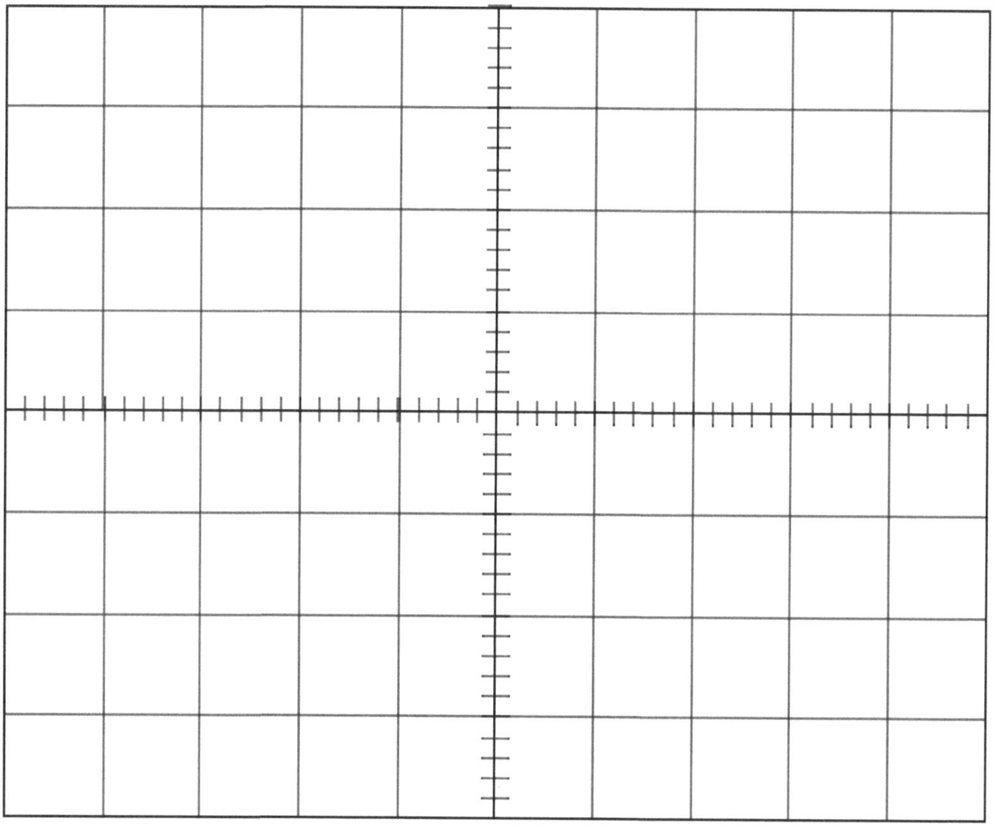

CH1	신호	V/Div.	Time: Sec/Div.
CH2	신호	V/Div.	

[그림 R3] 입력 및 출력 파형

3. 실험 결과 논의

1. [표 1]의 계산값에 해당하는 값들을 고정전압 다이오드 모델을 적용하여 배전압 회로를 해석함으로써 계산하시오. (단, $R_L=\infty$라고 가정함)
2. 부하 R_L값의 변화에 따라 배전압 회로 출력 파형이 어떻게 변화하는지를 설명하시오.

실험 13 제너 레귤레이터

1. 실험 목적

(1) 제너 다이오드의 동작을 이해한다.

(2) 제너 레귤레이터의 동작 원리를 이해한다.

(3) 제너 레귤레이터의 선-레귤레이션과 부하-레귤레이션을 관찰한다.

2. 관련 이론

2.1 제너 다이오드

[항복영역에서 동작하는 다이오드] 일반적으로 다이오드는 항복현상이 발생하지 않는 영역 내에서 사용한다. 항복영역에서의 과전류에 의한 열로 다이오드가 파괴되기 때문이다. 그러나 항복영역에서 사용해도 파괴되지 않도록 다이오드를 특별히 제작할 수 있는데 이를 **제너(Zener) 다이오드**라고 한다.

제너 다이오드는 전원공급장치가 부하의 변화에도 불구하고 일정한 직류전압을 공급할 수 있도록 해주는 정전압 회로에 주로 사용되며, 제작사에서 다양한 항복전압을 갖는 제너다이오드를 생산하므로 용도에 맞는 것을 선택하여 사용하면 된다.

(1) 제너 다이오드의 전류-전압 특성

[회로심볼] 그림 13.1은 제너 다이오드의 회로 심벌을 보여준다. 정상적인 사용에서 제너 다이오드 전류는 캐소드에서 어노드로 흐르고, 캐소드 전압이 어노드 전압보다 높아서 그림 13.1의 I_Z와 V_Z는 양의 값을 나타낸다. 제너 다이오드는 회로 심벌에서 캐소드쪽이 꺾어진 막대모양을 하고있어 일반 다이오드 심벌과 구분되도록 하고 있다.

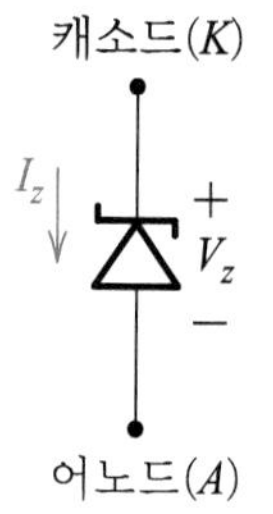

그림 13.1 제너 다이오드의 회로 심벌

[전류-전압 특성] 그림 13.2는 항복영역에서의 제너 다이오드 전류-전압 특성을 보여준다. 역바이어스가 증가하여 항복현상이 발생하기 시작함에 따라 전류가 증가하여 전류-전압 특성 곡선의 기울기가 급격히 커지다가 I_{ZK}로 표시된 **무릎전류**(knee current)보다 큰 전류영역에서는 전류-전압 특성이 거의 직선이 된다.

제작사는 그림 13.2에서 Q점과 같은 특정 테스트 전류 I_{ZT}에서 제너 다이오드 전압 V_Z를 측정하여 특성을 파악한다. 즉, 제너 다이오드를 통해 흐르는 전류를 테스트 전류 I_{ZT}에서 ΔI만큼 변화 시키면 제너 다이오드 전압 V_Z도 다음과 같은 관계를 갖고 ΔV만큼 변화할 것이다.

$$\Delta V = r_z \Delta I$$

여기서, r_Z는 Q점에서 기울기의 역수로서 **제너 동저항**(dynamic resistance of the zener)이 라 부른다. 제너 동저항은 수~수십Ω 정도로 매우 낮으므로 제너 다이오드 전류가 무릎전류 보다 크면 전류가 증가해도 전압은 거의 일정한 값을 유지한다. 그러나 무릎전류 보다 작아지면 제너 동저항 값이 급격히 증가하므로 전류의 증감에 따라 전압도 급격히 변화한다. 따라서 제너 다이오드 회로를 설계할 때에 무릎전류 I_{ZK}보다 작은 영역에서 동작하지 않도록 하는 것이 중요하다.

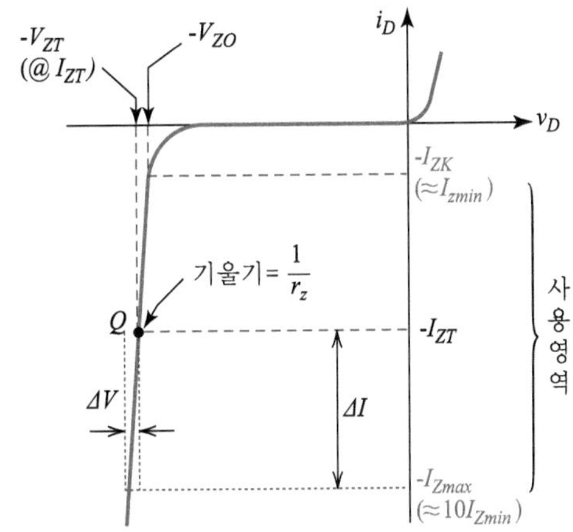

그림 13.2 제너 다이오드의 전류-전압 특성

(2) 제너 다이오드의 모델

[제너 다이오드의 모델] 제너 동저항 r_Z를 이용하여 제너 다이오드의 선형 등가모델을 구하면 그림 13.3과 같다. 여기서 V_{ZO}는 그림 13.2제너 다이오드의 전류-전압 특성에서 볼 수 있듯이 Q점에서의 기울기(=1/r_Z)를 갖는 직선의 연장선이 전압축과 만나는 점에서의 전압이 된다. V_{ZO}는 무릎전류에 상응하는 전압인 무릎전압(knee voltage) V_{ZK}와 거의 같다. 따라서, V_{ZK}=V_{ZO}로 가정하고 제너 다이오드의 등가모델을 구하면 그림 13.3과 같다.

등가 모델로부터 제너 다이오드 전압 V_Z는 다음 수식으로 표현된다.

$$V_Z = V_{ZO} + r_z I_Z \tag{13.1}$$

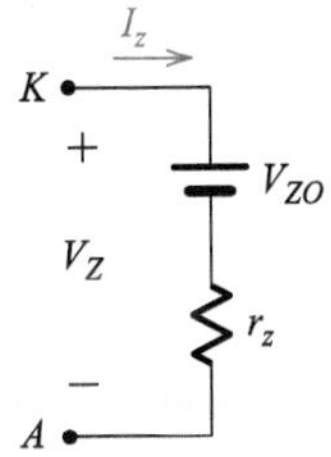

그림 13.3 제너 다이오드의 모델

(3) 제너 레귤레이터의 설계

[제너 다이오드의 모델] 그림 13.4는 제너 다이오드를 이용한 레귤레이터를 보여준다. 레귤레이터의 기능은 부하전류 I_L의 변동과 입력전압 V_s의 변동에도 불구하고 일

정한 출력전압 V_o를 유지하는 것이고 그 성능은 다음과 같이 정의되는 선 레귤레이션(line regulation)과 부하 레귤레이션(load regulation)값으로 평가된다.

$$\text{선-레귤레이션} \equiv \frac{\Delta V_O}{\Delta V_S} \tag{13.2}$$

$$\text{부하-레귤레이션} \equiv \frac{\Delta V_O}{\Delta I_L} \tag{13.3}$$

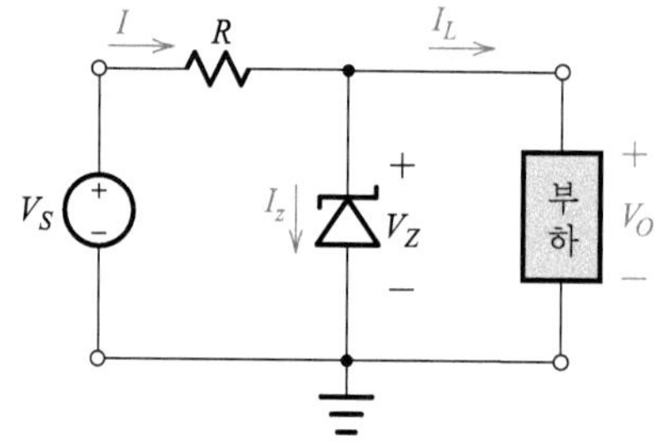

그림 13.4 제너 레귤레이터

그림 13.4의 제너 레귤레이터를 해석하기위해 제너 다이오드를 그림 13.3의 제너 다이오드 모델로 대체하여 등가회로를 구하면 그림 13.5와 같다. 그림 13.5의 등가회로에서 출력전압 v_O를 구하면 다음 수식으로 구해진다.

$$v_O = V_{ZO}\frac{R}{R+r_z} + V_S\frac{r_z}{R+r_z} - I_L(r_z \,//\, R) \tag{13.4}$$

식(13.4)로부터 선-레귤레이션과 부하-레귤레이션은 다음과 같이 구해진다.

$$\text{선-레귤레이션} \equiv \frac{\Delta V_O}{\Delta V_S} = \frac{r_z}{R+r_z} \tag{13.5}$$

$$\text{부하-레귤레이션} \equiv \frac{\Delta V_O}{\Delta I_L} = -(r_z \,//\, R) \tag{13.6}$$

일반적으로 r_Z<<R이므로 식(13.6)로부터 부하-레귤레이션은 r_z에 의해서 결정되며 부하-레귤레이션을 개선하려면 r_z를 최소화 시키면 된다. 그러나 r_z값은 제너 다이오드를 제작할 때에 결정되는 값으로 설계에서 자유롭게 변화시킬 수 있는 값이 아니다. 한편, 선-레귤레이션을 개선하려면 식(13.5)으로부터 R을 크게 하면 된다. 그러나 R이 커지면 I_Z가 무릎전류 I_{ZK}보다 작아질 수 있으므로 제너 다이오드가 일정한 제너 전압을 유지할 수 없게 된다. 따라서 레귤레이터 성능을 극대화하기 위한 R의 최적

값이 존재하며 이를 도출해 내는 것이 제너 레귤레이터의 설계라 할 수 있다.

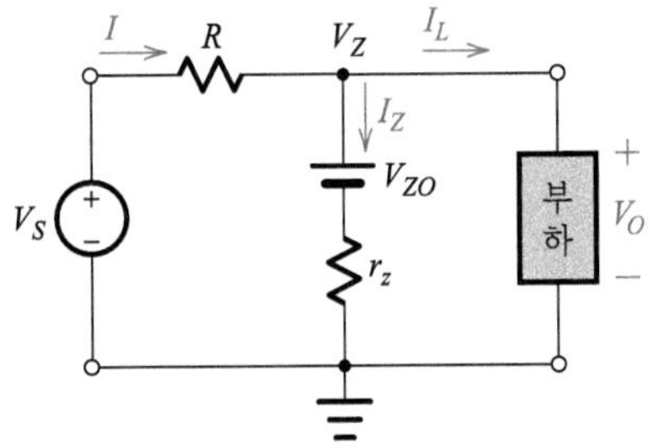

그림 13.5 제너 레귤레이터의 등가회로

출력전압 V_O는 제너 다이오드 양단의 전압이므로 제너 동저항 r_Z에 흐르는 전류량에 따라 변한다.

$$V_O = V_{ZO} + r_z I_Z \tag{13.7}$$

V_Z마디에 키르히호프 전류법칙을 적용하면 I_Z는 다음과 같이 구해진다.

$$I_Z = I - I_L \tag{13.8}$$

그림 13.4의 등가회로에서 저항 R의 수식을 구한 후에 식(13.7)과 식(13.8)를 대입하면 저항 R에 대한 다음 수식을 얻을 수 있다.

$$R = \frac{V_S - V_O}{I} = \frac{V_S - V_{ZO} - r_z I_Z}{I_Z + I_L} \tag{13.9}$$

여기서, I_Z가 최소가 되는 조건을 생각해보면 V_s가 최소가 되고 I_L이 최대일 때 이므로 이 조건을 식(13.9)에 대입함으로써 식(13.10)의 저항 R을 결정하는 수식을 얻는다.

$$R = \frac{V_{S\min} - V_{ZO} - r_z I_{Z\min}}{I_{Z\min} + I_{L\max}} \tag{13.10}$$

3. 실험 기기 및 부품

사용 기기	소요 부품
(1) 디지털 멀티미터(DMM): 1대 (2) 직류전원장치: 0~+10[V](50㎃) 1채널 (3) 직류전압계: 1대 (4) 직류전류계: 2대 (5) 브레드보드: 1대	(1) Zener 다이오드: IN4733A 1개 (2) 저항: 1KΩ(0.25W) 2개 470Ω(0.25W) 1개 (3) 가변저항기: 10KΩ 1개

4. 실험 내용 및 절차

4.1 저항 전압분배기

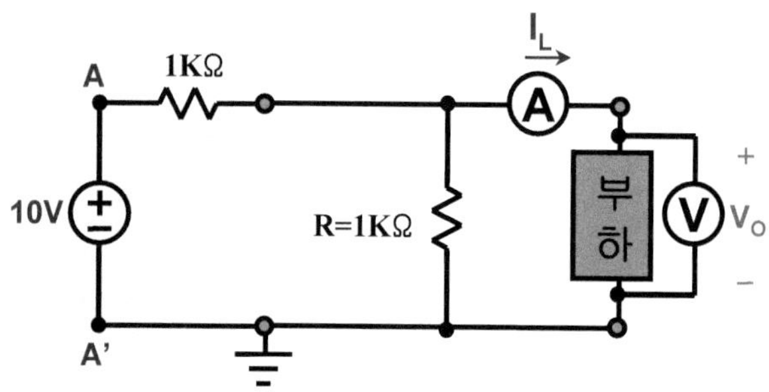

[그림 1] 저항 전압분배기

(1) [그림 1]의 저항 전압분배기 회로를 브레드 보드에 구성한다. (단, 부하는 10KΩ가 변저항이다.)

(2) 부하의 가변저항을 10KΩ → 0KΩ 까지 1KΩ 스텝으로 감소시키면서 부하전류(I_L)와 출력전압(V_O)을 측정하여 [표 1]에 기록한다.

(3) 부하의 가변저항을 10KΩ으로 고정하고 전원전압을 10V → 3V까지 1V스텝으로 감소시키면서 부하전류(I_L)와 출력전압(V_O)을 측정하여 [표 1]에 기록한다.

4.2 제너 래귤레이터

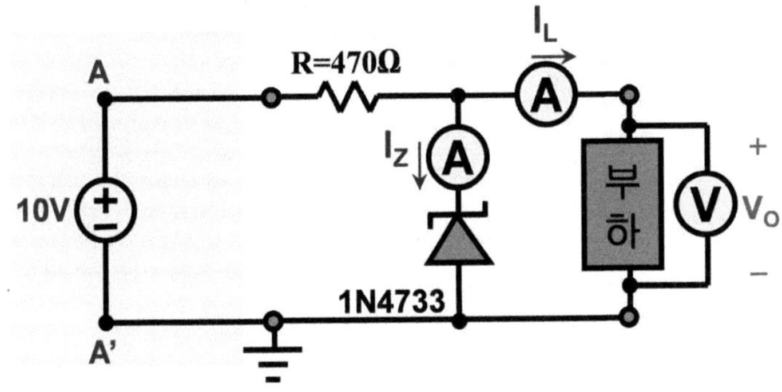

[그림 2] 제너 래귤레이터

(1) [그림 2]의 제너 래귤레이터 회로를 브레드 보드에 구성한다. (단, 부하는 10KΩ가 변저항이다.)

(2) 부하의 가변저항을 10KΩ → 0KΩ까지 1KΩ 스텝으로 감소시키면서 제너 다이오드전류(I_Z), 부하전류(I_L) 및 출력전압(V_O)을 측정하여 [표 2]에 기록한다.

(3) 부하의 가변저항을 10KΩ으로 고정하고 전원전압을 10V → 3V까지 1V스텝으로 감소시키면서 부하전류(I_L)와 출력전압(V_O)을 측정하여 [표 2]에 기록한다.

실험예비 보고서

실험조: 반 조 학번: 이름:

실험제목:
1. 제너 다이오드의 특성을 설명하시오.   2. 제너 래귤레이터의 동작원리를 설명하시오.   3. 부하-래귤레이션과 선-래귤레이션에 대해 설명하시오.

실험결과 보고서

실험자: 반 조 학번: 이름:

실 험 일 시: 년 월 일 교시

공동 실험자:

실험제목:

1. 실제 실험 회로도

(디지털 멀티미터 등을 사용하여 실제 사용된 소자값을 정확하게 측정하여 회로도에 기재한다.)

2. 실험 결과

[표 1] 저항 전압분배기

부하저항 [KΩ]	부하전류(I_L) [mA]	출력전압(V_O) [V]
10		
9		
8		
7		
6		
5		
4		
3		
2		
1		
0		
입력전압 [V]	**부하전류(I_L) [mA]**	**출력전압(V_O) [V]**
10		
9		
8		
7		
6		
5		
4		
3		

[표 2] 제너 래귤레이터

부하저항 [KΩ]	제너전류(I_Z) [mA]	부하전류(I_L) [mA]	출력전압(V_O) [V]
10			
9			
8			
7			
6			
5			
4			
3			
2			
1			
0			
입력진입 [V]	**제너전류(I_Z) [mA]**	**부하전류(I_L) [mA]**	**출력전압(V_O) [V]**
10			
9			
8			
7			
6			
5			
4			
3			

3. 실험 결과 논의

1. [표 1]과 [표 2]의 자료를 바탕으로 저항 전압분배기와 제너 래귤레이터에 대해 부하전류 값 변화에 따른 출력 전압관계 그래프를 [그림 R1]에 그리시오.
2. [표 1]과 [표 2]의 자료를 바탕으로 저항 전압분배기와 제너 래귤레이터에 대해 입력전압 값 변화에 따른 출력 전압관계 그래프를 [그림 R2]에 그리시오.

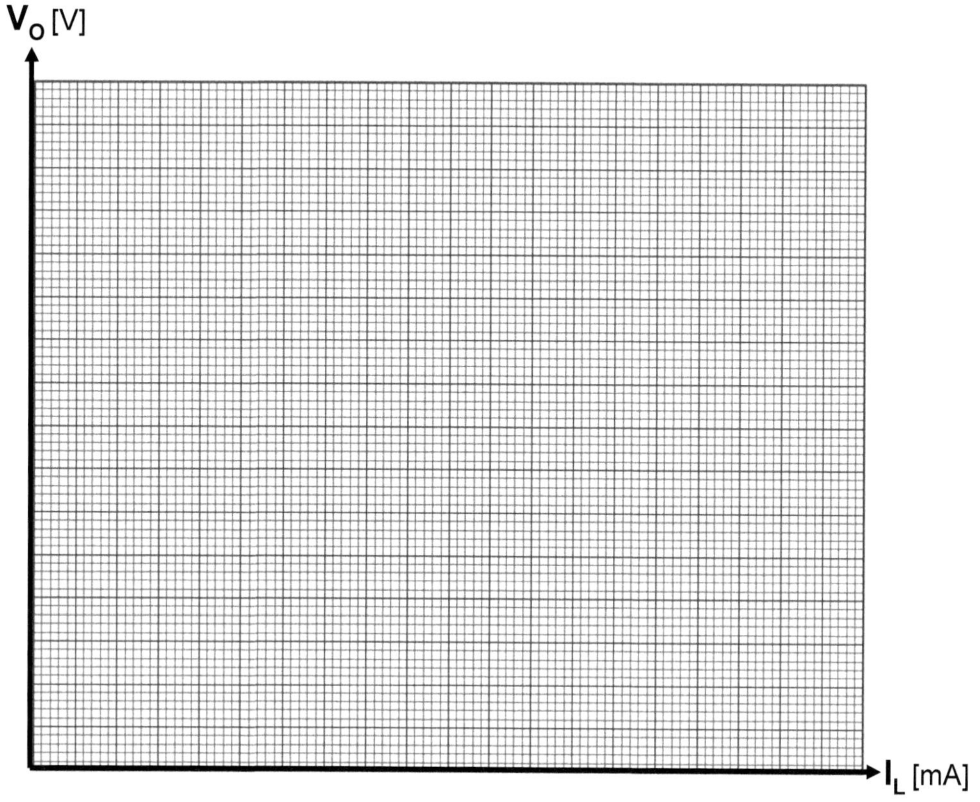

[그림 R1] 부하전류 값 변화에 따른 출력 전압

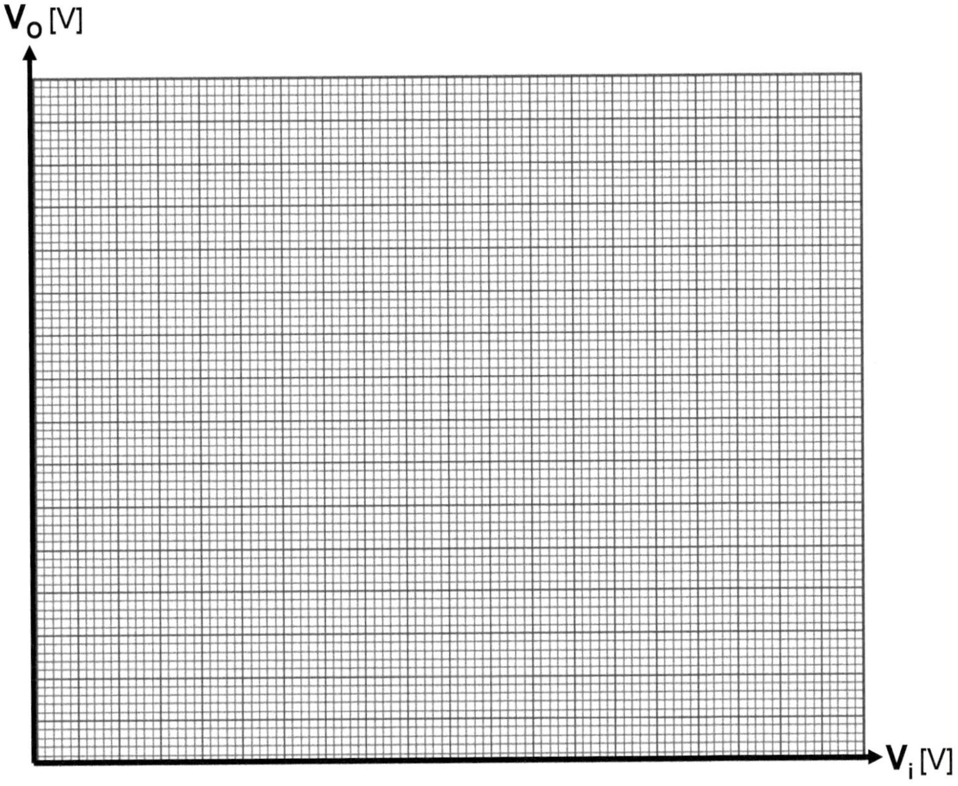

[그림 R2] 입력전압 값 변화에 따른 출력 전압

3. 그래프 특성을 보고 전압분배기와 제너 래귤레이터의 정상동작 영역을 표시하시오.
4. 전압분배기와 제너 래귤레이터에 대해 3항에서 구한 정상동작 영역에서 부하-래귤레이션과 선-래귤레이션과을 구하시오.

$$\text{부하-래귤레이션} \equiv \frac{\Delta V_O}{\Delta I_L}$$

$$\text{선-래귤레이션} \equiv \frac{\Delta V_O}{\Delta V_S}$$

Part 3

트랜지스터 회로

실험 14 공통 이미터 증폭기의 특성곡선과 전류이득

1. 실험 목적

(1) 공통이미터 증폭기의 입력특성(V_{CB}-I_B) 곡선을 측정을 통해 구한다.
(2) 공통이미터 증폭기의 출력특성(V_{CE}-I_C) 곡선을 측정을 통해 구한다.
(3) 공통이미터 증폭기의 전류이득 β를 구한다.

2. 관련 이론

2.1 공통이미터 특성

그림 14.1과 같이 이미터 단자를 공통으로 접지하고 베이스 단자를 입력단자로 콜렉터 단자를 출력 단자로 사용하는 것을 **공통이미터 접속**이라고 한다. 따라서 베이스 단자가 포함된 루프를 **입력루프**라고 하고 콜렉터 단자가 포함된 루프를 **출력루프**라고 한다.

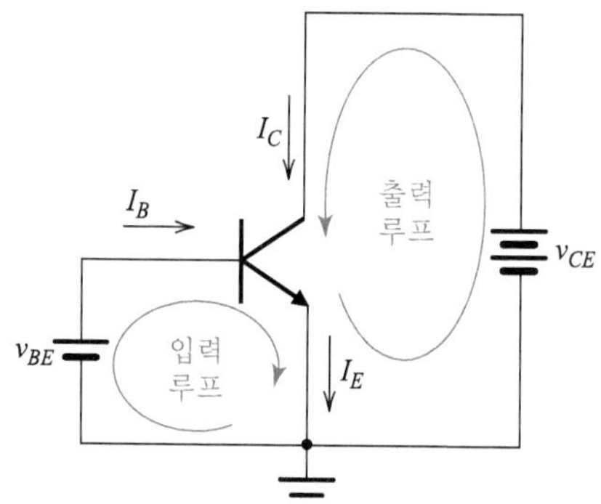

그림 14.1 공통 이미터 회로

[입력특성] 입력전압이 V_{BE}이고 입력전류가 I_B로서 이미터 접합 양단의 전압과 전류가 되므로 공통베이스 접속 때와 같이 다이오드 특성을 보이게 된다. 그러나 중요한 차이점은 이미터 단자대신 베이스 단자를 통해 이미터 접합 다이오드를 보고 있다는 점이다.

트랜지스터 단자전류 관계식 $i_B+i_C=i_E$로부터 $(1+\beta)i_B=i_E$가 되므로 입력전류(i_B)는 다음 수식으로 표현된다.

$$i_B = \frac{i_E}{\beta+1} \overset{\beta>>1}{\approx} \frac{i_E}{\beta} = (\frac{I_{SE}}{\beta})e^{\frac{v_{BE}}{V_t}} \qquad (14.1)$$

입력전류(i_B)의 특성은 공통베이스에서와 같은 다이오드 특성을 보이지만 전류 크기는 1/β배로 작아진다. 식(14.1)로부터 입력 전류-전압 특성은 식(14.1)의 이미터 다이오드 수식에서 역포화전류(I_{SE})를 1/β배로 축척한 형태이므로 그림 14.2의 전류-축척된 지수함수 특성곡선을 보인다.

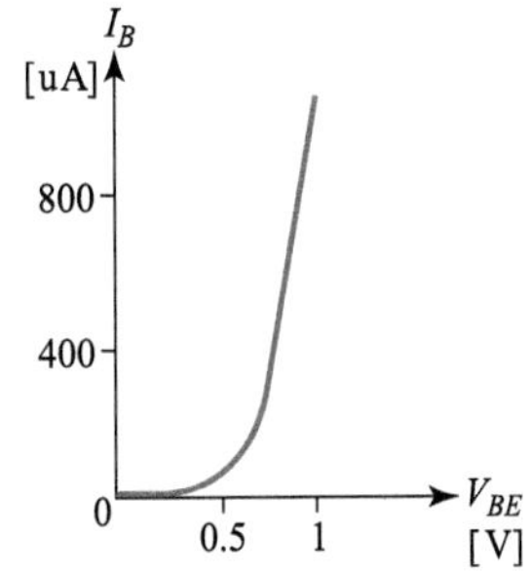

그림 14.2 입력특성

[출력특성] 출력전압이 V_{CE}이고 출력전류가 I_C로서 출력 특성곡선의 형태를 그림 14.3에 보여주고 있다. 출력 특성은 공통베이스에서와 마찬가지로 활성모드 영역, 포화모드 영역 및 차단모드 영역으로 구분된다.

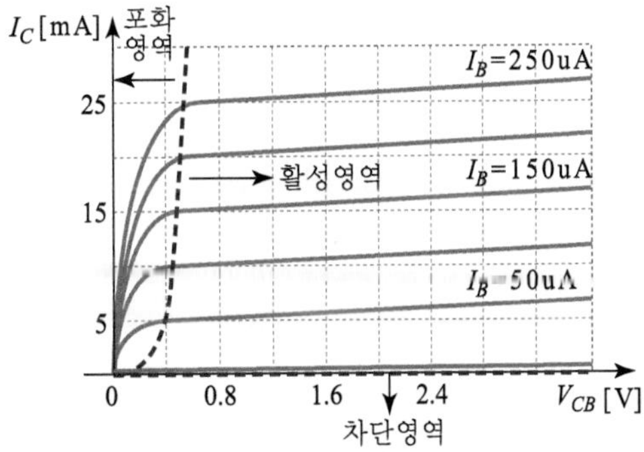

그림 14.3 공통 이미터 출력특성(npn형)

공통이미터의 경우 $V_{CE}=V_{CB}+V_{BE}$이므로 $V_{CE}=0V$일때 $V_{CB}=-V_{BE}\cong-0.7V$가 된다. 이 경우 콜렉터 접합의 built-in전압에 의한 전계가 거의 소멸된다. 따라서 $V_{CE}=0V$일 때 $\alpha=0$가 되므로 콜렉터 전류도 0A가 되어 그림 14.3과 같이 포화영역이 $V_{CE}>0$에 위치하는 특성을 보인다. 또한, 공통이미터 접속은 활성영역에서 V_{CE}증가에 따른 I_C증가가 비율이 공통베이스 접속에 비해 큰 특성을 보인다.

[공통이미터 전류이득] 공통이미터 회로의 전류 이득은 다음 수식으로 표현된다.

$$\text{전류이득} = \frac{\text{출력전류}}{\text{입력전류}} = \frac{I_C}{I_B} = \beta \tag{14.2}$$

따라서 β를 공통이미터 전류이득(common emitter current gain)이라고 부른다. β>>1이므로 공통이미터 전류이득은 매우 크다.

2.2 공통 이미터형 대신호 모델

공통베이스형 대신호 모델은 공통 이미터 접속에 사용하기 편리한 공통 이미터형 대신호 모델로 변환할 수 있다.

[전류 축척] 공통 베이스형 대신호 모델에서 이미터접합 다이오드는 이미터 단자에 연결되었다. 이 이미터접합 다이오드를 식(14.1)에 의해 전류 축척하여 그림 14.4와 같이 베이스 단자에 연결해도 등가적으로 같다. 이 경우 베이스 전류(i_B)는 축척된 다이오드 전류(i_{DB})가 되며 다음 수식으로 표현된다.

$$i_B = i_{DB} = (\frac{I_{SE}}{\beta})e^{\frac{v_{BE}}{V_t}} = \frac{i_{DE}}{\beta} \tag{14.3}$$

또한, $\alpha i_E=i_C=\beta i_B$의 관계를 이용하여 종속전류원(αi_E)도 베이스전류(i_B)로 제어되도록 함으로써 그림 14.4와 같은 공통이미터형의 대신호 모델을 얻을 수 있다.

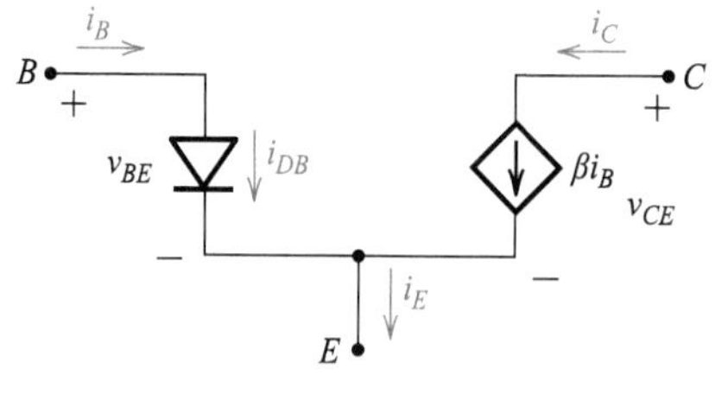

그림 14.4 활성모드에서 동작하는 BJT의 공통이미터형 대신호 모델

3. 실험 기기 및 부품

사용 기기	소요 부품
(1) 디지털 멀티미터(DMM): 1대 (2) 직류전압계: 2대 (3) 직류전류계: 2대 (4) 직류전원장치: +5[V](50㎃) 1채널 (5) 브레드보드: 1대	(1) 트랜지스터: P2N2222A 1개 (2) 저항: 1KΩ(0.25W) 1개 39KΩ(0.25W) 1개 (3) 가변저항: 10KΩ 1개 100KΩ 1개

4. 실험 내용 및 절차

4.1 공통이미터 특성

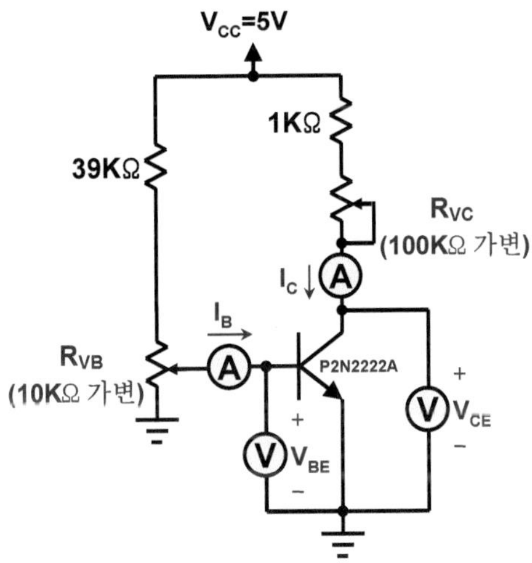

[그림 1] 공통이미터 증폭기 회로도

(1) [그림 1]의 회로를 브레드 보드에 구성한다.

〈입력특성 측정〉

(2) 가변저항 R_{VC}를 3KΩ으로 설정한다.

(3) 가변저항 R_{VB}를 조정하여 V_{BE}=0V가 되도록 하고, 이 때의 베이스 전류 I_B를 측정하여 [표 1]에 기록한다.

(4) [표 1]에 제시된 대로 V_{BE}값을 변화시켜가며 실험(3)의 과정을 반복한다.

(5) [표 1]에 측정된 데이터를 [그림 R1]에 그래프로 그려서 입력특성 곡선을 구한다.

〈출력특성 측정〉

(6) 가변저항 R_{VB}를 조정하여 I_B=10uA가 되도록 한 후, 가변저항 R_{VC}를 조정하여 [표 2]에 제시된 대로 V_{CE}값을 변화시켜가며 콜렉터 전류 I_C를 측정하여 [표 2]에 기록한다.

(7) [표 2]에 제시된 대로 I_B값을 변화시켜가며 실험(6)의 과정을 반복한다.

(8) [표 2]에 측정된 데이터를 [그림 R2]에 그래프로 그려서 출력특성 곡선을 구한다.

〈β 측정〉

(9) [표 2]에 측정된 데이터 중에 V_{CE}=1.2V에서의 I_B와 I_C의 값을 이용하여 다음과 같은 방법으로 전류이득 β와 $I_{B,center}$를 구한다.

$$\beta = \frac{I_{C2} - I_{C1}}{I_{B2} - I_{B1}}, \qquad I_{B,center} = \frac{I_{B1} + I_{B2}}{2}$$

여기서, I_{C1}과 I_{C2} 및 I_{B1}과 I_{B2}는 각각 인접한 두 값을 의미한다.

(10) 위에서 구한 β와 $I_{B,center}$로 [그림 R2]에 그래프로 그린다.

실험예비 보고서

실험조: 반 조 학번: 이름:

실험제목:
(1) 트랜지스터의 입력 특성곡선에 대해 설명하시오. (2) 트랜지스터의 출력 특성곡선에 대해 설명하시오. (3) 트랜지스터의 전류이득 β에 대해 설명하시오.

실험결과 보고서

실험자: 반 조 학번: 이름:

실험일시: 년 월 일 교시

공동 실험자:

실험제목:

1. 실제 실험 회로도

(디지털 멀티미터 등을 사용하여 실제 사용된 소자값을 정확하게 측정하여 회로도에 기재한다.)

2. 실험 결과

[표 1] 입력특성(V_{BE}– I_B) @ R_{VC}=3KΩ

V_{BE} [V]	I_B [uA]
0.0	
0.2	
0.4	
0.5	
0.55	
0.60	
0.64	
0.67	
0.70	
0.73	
0.76	
0.78	
0.80	
0.82	
0.84	
0.86	

[표 2] 출력특성(I_C− I_B)

〈R_{VC}를 가변 시켜 구해지는 V_{CE}범위 까지만 측정하시오. 〉

I_B=10 [uA]	V_{CE}[V]]	0.1	0.2	0.3	0.5	0.7	0.9	1.2	1.5	2.0	2.5	3.0	3.5	4.0	4.5	4.9
	I_C[mA]															
I_B=20 [uA]	V_{CE}[V]	0.1	0.2	0.3	0.5	0.7	0.9	1.2	1.5	2.0	2.5	3.0	3.5	4.0	4.5	4.9
	I_C[mA]															
I_B=30 [uA]	V_{CE}[V]	0.1	0.2	0.3	0.5	0.7	0.9	1.2	1.5	2.0	2.5	3.0	3.5	4.0	4.5	4.9
	I_C[mA]															
I_B=40 [uA]	V_{CE}[V]	0.1	0.2	0.3	0.5	0.7	0.9	1.2	1.5	2.0	2.5	3.0	3.5	4.0	4.5	4.9
	I_C[mA]															
I_B=50 [uA]	V_{CE}[V]	0.1	0.2	0.3	0.5	0.7	0.9	1.2	1.5	2.0	2.5	3.0	3.5	4.0	4.5	4.9
	I_C[mA]															
I_B=60 [uA]	V_{CE}[V]	0.1	0.2	0.3	0.5	0.7	0.9	1.2	1.5	2.0	2.5	3.0	3.5	4.0	4.5	4.9
	I_C[mA]															
I_B=70 [uA]	V_{CE}[V]	0.1	0.2	0.3	0.5	0.7	0.9	1.2	1.5	2.0	2.5	3.0	3.5	4.0	4.5	4.9
	I_C[mA]															

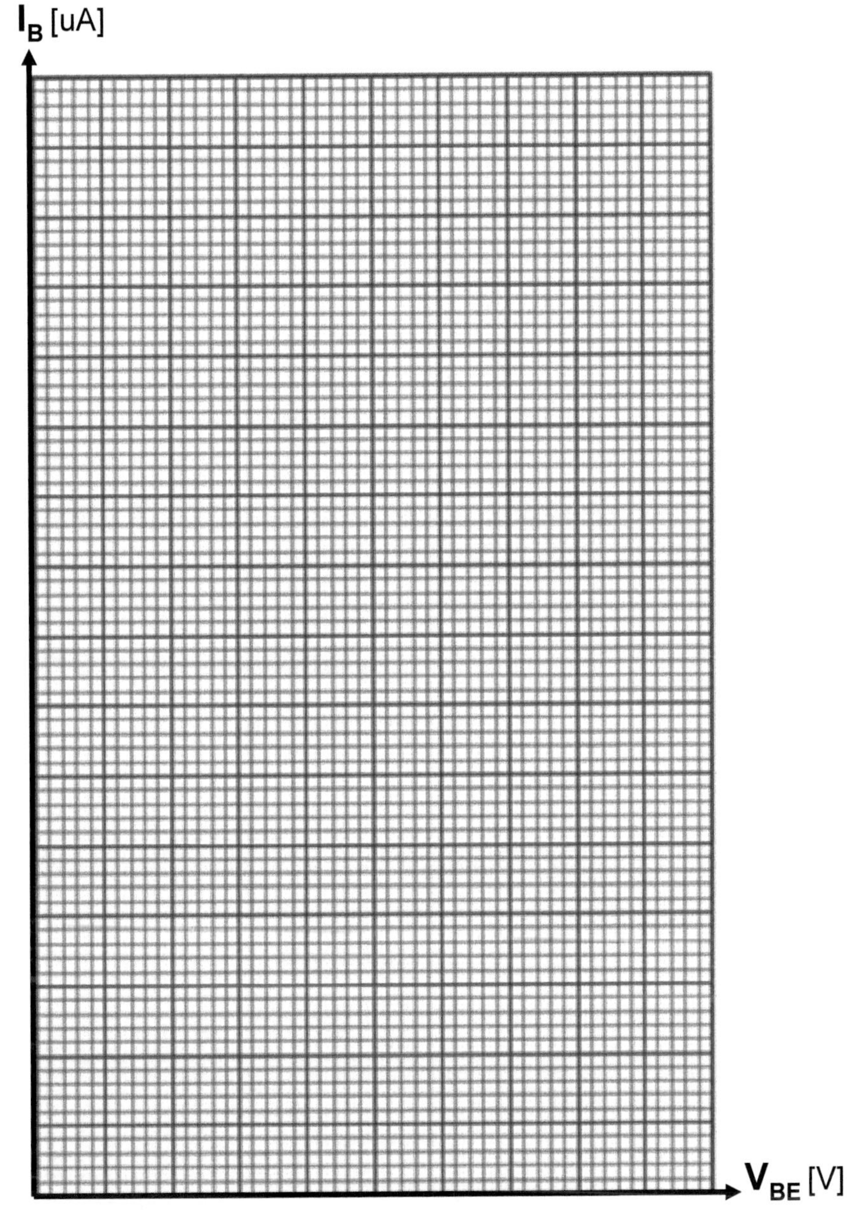

[그림 R1] 입력특성곡선

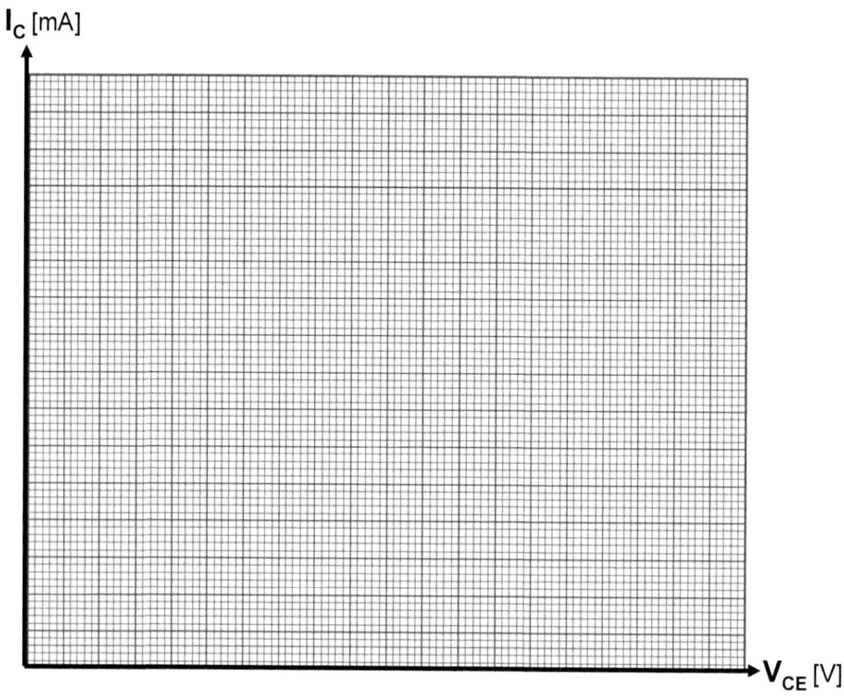

[그림 R2] 출력특성 곡선

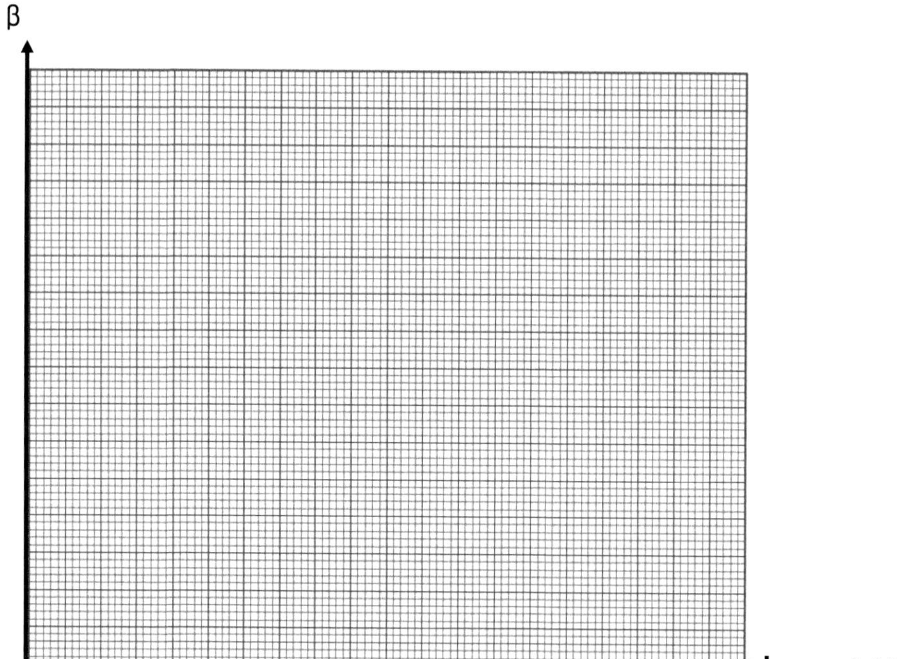

[그림 R3] 트랜지스터의 선형 특성

3. 실험 결과 논의

1. [그림 R1]의 그래프로부터 트랜지스터 입력특성을 설명하시오.
2. [그림 R2]의 그래프로부터 트랜지스터 출력특성을 설명하시오.
3. [그림 R3]의 그래프로부터 트랜지스터 이득의 선형성에 대해 설명하시오.

실험 15 트랜지스터의 스위칭 동작

1. 실험 목적

(1) 트랜지스터의 대신호 동작에 대해 이해한다.

(2) 트랜지스터의 각 동작 모드에 따른 출력 특성을 이해한다.

(3) LED 점멸을 위한 트랜지스터 스위치회로의 동작을 이해한다.

2. 관련 이론

2.1 1 BJT의 대신호 동작

일반적으로 BJT(Bipolar Junction Transistor)는 아날로그회로에서 신호 증폭기로 활용되거나 디지털 회로에서 스위치로 활용된다. 신호 증폭기로 활용되기 위해서는 BJT는 활성모드로 동작하여야 한다. 이 경우 동작점 설계를 위한 DC해석과 증폭신호 해석을 위한 소신호 AC해석이 필요하다. 한편, 스위치로 활용될 경우 BJT는 차단모드와 포화모드를 오가며 동작하게 되므로 대신호 해석이 필요하다.

[BJT의 스위칭 동작] 그림 15.1(a)의 공통이미터 증폭회로의 출력전압 v_O는 다음 식으로 표현된다.

$$v_O = v_{CE} = V_{CC} - R_C i_C \tag{15.1}$$

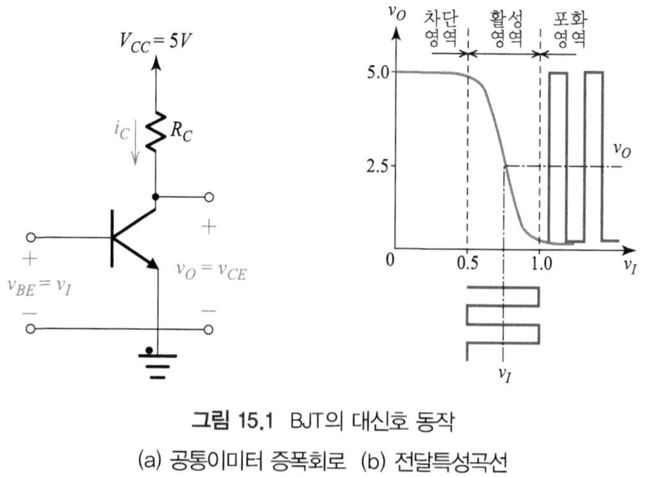

그림 15.1 BJT의 대신호 동작

(a) 공통이미터 증폭회로 (b) 전달특성곡선

한편, 이미터 접합 다이오드 수식으로부터 i_C는 다음 수식으로 표현된다.

$$i_C \approx i_E = I_{ES}e^{\frac{v_{BE}}{V_t}} = I_{ES}e^{\frac{v_I}{V_t}} \tag{15.2}$$

식(15.2)을 식(15.1)에 대입하면 다음과 같은 입력전압 v_I에 대한 출력전압 v_O의 수식을 얻을 수 있다.

$$v_O = V_{CC} - R_C I_{ES}e^{\frac{v_I}{V_t}} \tag{15.3}$$

식(15.3)로부터 v_I<0.5V에서는 트랜지스터가 아직 차단 상태로서 i_C=0이 되므로 v_O=V_{CC}가 된다. v_I가 0.5V보다 커지면서 트랜지스터가 턴온되어 활성모드로 동작하고 i_C가 증가하므로 v_O는 감소한다. 이 때에 i_C는 지수함수적으로 증가하므로 v_O는 그림 15.1(b)에서처럼 급격히 감소한다. v_I가 더욱 증가하면 트랜지스터가 포화영역으로 접어들어서 i_C 증가가 멈추게 되므로 v_O의 감소도 멈추게 되어 일정한 값을 유지하게 된다. 결과적으로 그림 15.1(b)와 같은 전달특성곡선을 얻게 된다.

한편, 입력단자에 그림 15.1(b)에 v_I로 표시된 모양의 펄스열을 인가하면 트랜지스터는 차단과 포화 상태를 반복하며 스위칭 하게 되어 출력단자에 그림 15.1(b)에 v_O로 표시된 모양의 펄스 열을 생성한다.

3. 실험 기기 및 부품

사용 기기	소요 부품
(1) 디지털 멀티미터(DMM) : 1대 (2) 파형 발생기: 1대 (3) 오실로스코프: 2채널-1대 (4) 브레드 보드: 1대 (5) 직류전원장치: +12[V](50㎃) 1채널 0~+5[V](50㎃) 1채널 (6) 직류전류계: 1대	(1) 트랜지스터: P2N2222A 1개 (2) 저항: 22KΩ(0.25W) 1개 470Ω(0.25W) 1개 (3) LED (적색): 1개

4. 실험 내용 및 절차

4.1 트랜지스터의 대신호 동작

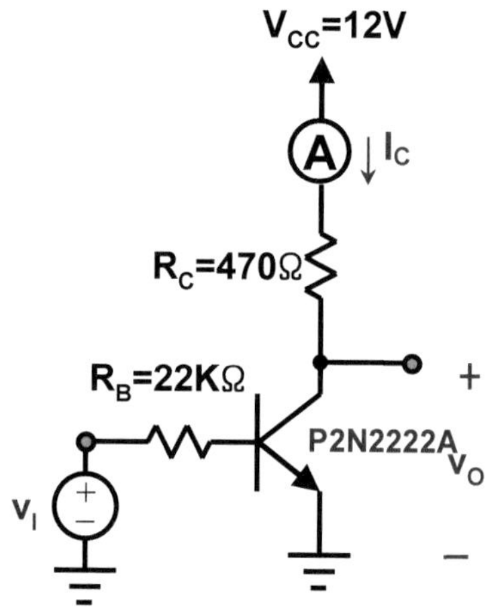

[그림 1] 트랜지스터의 대신호 동작

(1) [그림 1]의 회로를 브레드 보드에 구성한다.

(2) 오실로스코프의 CH1을 회로의 입력단자에 연결하고 수직설정에서 입력 커플링(coupling)을 접지(GND)로 선택하여 0[V] 접지레벨이 화면의 수평축 상에 오도록 수직위치를 조절한 다음, 입력 커플링을 다시 직류(DC) 결합으로 변경한다.

(3) 오실로스코프의 CH2를 출력단자에 연결하고 수직설정에서 입력 커플링을 접지(GND)로 선택하여 0[V] 접지레벨이 화면의 수평축 상이나 혹은, 원하는 위치에 오도록 수직위치를 조절한 다음, 입력 커플링을 다시 직류(DC) 결합으로 변경한다.

(4) 입력전압(v_I)을 0V~5V까지 0.5V 스텝으로 증가 시켜가면서 입력전압(v_I)과 출력전압(v_O)의 값을 오실로 스코프로 측정하고 콜렉터 전류(I_C)는 직류 전류계로 측정하여 [표 1]에 기록한다.

(5) 전달특성곡선(v_O-v_I)을 [그림 R1]에 그린다.

(6) v_I에 따른 I_C의 변화를 [그림 R2]에 그래프로 그린다.

4.2 트랜지스터의 스위칭 동작

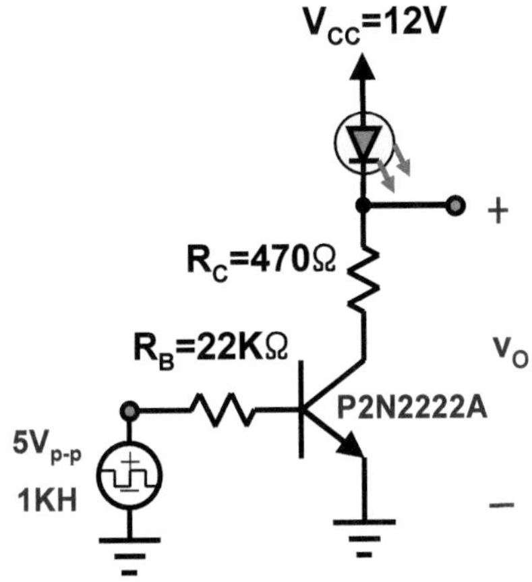

[그림 2] 트랜지스터의 스위칭 동작

(1) [그림 2]의 회로를 브레드 보드에 구성한다.

(2) 파형 발생기의 $5V_{p-p}$, 1KHz의 구형파로 설정한다.

(3) 오실로스코프의 CH1을 회로의 입력단자에 연결하고 수직설정에서 입력 커플링(coupling)을 접지(GND)로 선택하여 0[V] 접지레벨이 화면의 수평축 상에 오도록 수직위치를 조절한 다음, 입력 커플링을 다시 직류(DC) 결합으로 변경한다.

(4) 오실로스코프의 화면에 2~3 주기의 신호파형이 나타나도록 오실로스코프의 시간 스케일과 화면에 최대 진폭의 신호파형의 나타나도록 오실로스코프의 전압 스케일을 조정한다.

(5) [그림 R3]에 입력파형을 그린다.

(6) 오실로스코프의 CH2를 출력단자에 연결하고 수직설정에서 입력 커플링을 접지(GND)로 선택하여 0[V] 접지레벨이 화면의 수평축 상이나 혹은, 원하는 위치에 오도록 수직위치를 조절한 다음, 입력 커플링을 다시 직류(DC) 결합으로 변경한다.

(7) 오실로스코프의 화면에 2~3 주기의 신호파형이 나타나도록 오실로스코프의 시간 스케일과 화면에 최대 진폭의 신호파형의 나타나도록 오실로스코프의 전압 스케일을 조정한다.

(8) [그림 R3]에 출력파형을 그리시오.

(9) 입력 구형파의 주파수를 0.5Hz까지 줄여가면서 LED 출력광의 세기를 관찰하시오.

실험예비 보고서

실험조: 반 조 학번: 이름:

실험제목:
(1) 트랜지스터의 대신호 동작을 트랜지스터의 3가지 동작모드와 연관시켜 설명하시오. (2) 트랜지스터의 전달특성 곡선을 설명하시오. (3) 트랜지스터의 대신호 동작에 의해 LED를 점멸하는 스위치 동작이 이루어지는 과정을 트랜지스터의 3가지 동작모드와 연관시켜 설명하시오.

실험결과 보고서

실험자: 반 조 학번: 이름:

실험일시: 년 월 일 교시

공동 실험자:

실험제목:

1. 실제 실험 회로도

(디지털 멀티미터 등을 사용하여 실제 사용된 소자값을 정확하게 측정하여 회로도에 기재한다.)

2. 실험 결과

[표 1] 트랜지스터의 대신호 동작

입력전압(v_I) [V]	출력전압(v_O) [V]	콜렉터 전류(I_C) [mA]
0		
0.5		
1.0		
1.5		
2.0		
2.5		
3.0		
3.5		
4.0		
4.5		
5.0		

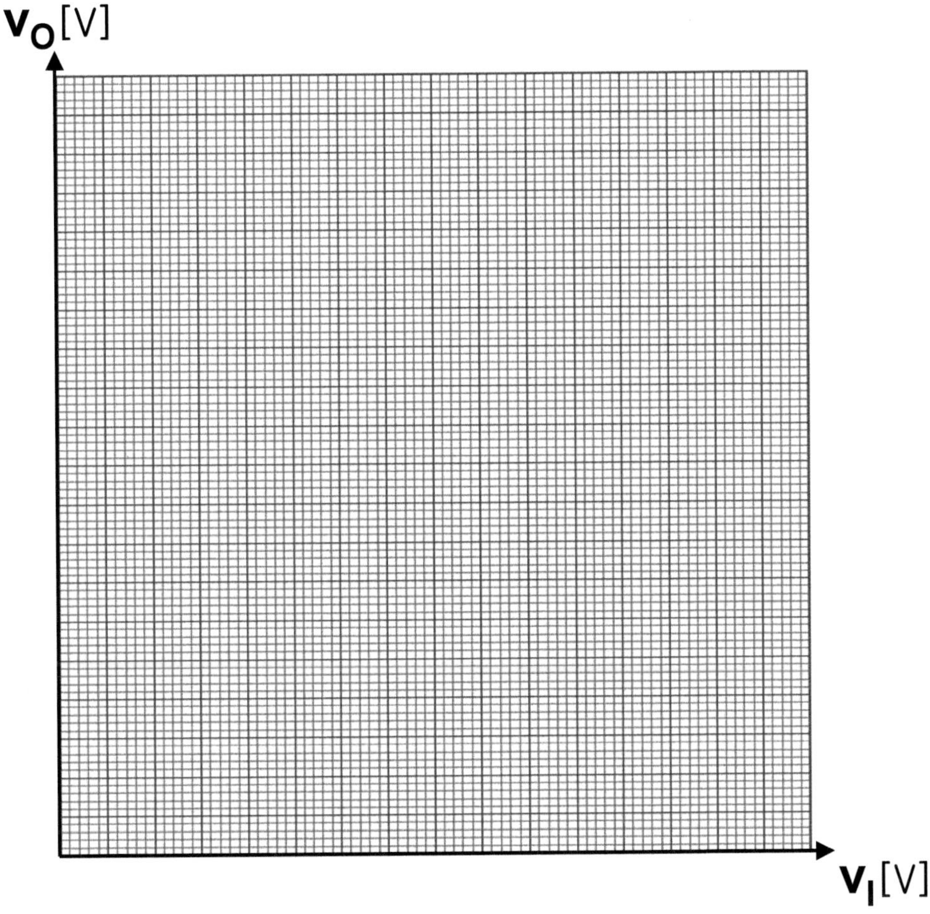

[그림 R1] 전달특성곡선

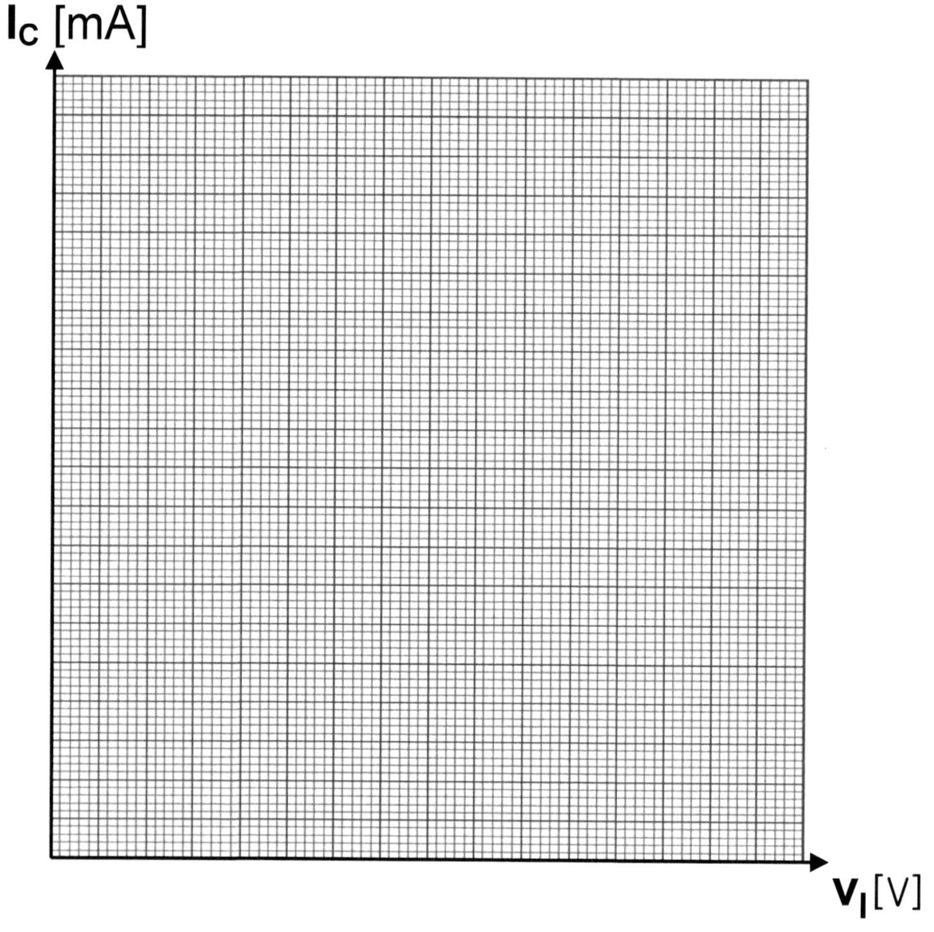

[그림 R2] 전류 스위칭 특성

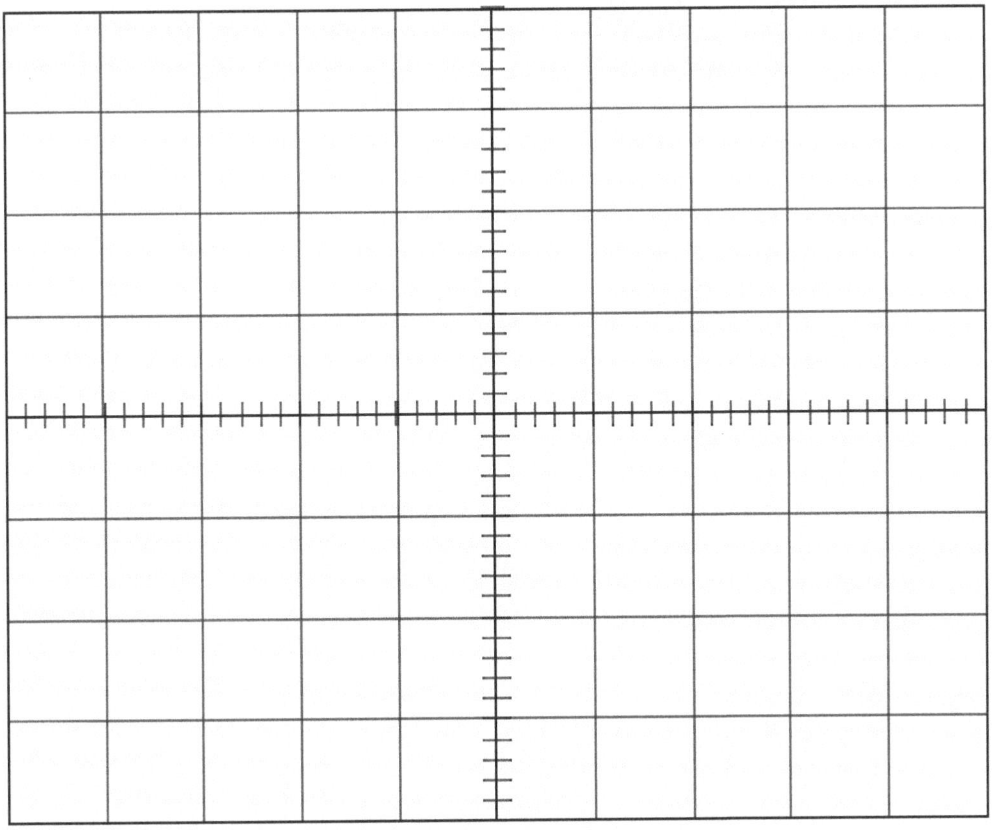

CH1	신호	V/Div.	Time:
CH2	신호	V/Div.	Sec/Div.

[그림 R3] 입력 및 출력 파형

3. 실험 결과 논의

1. [그림 R1]의 전달특성곡선에서 트랜지스터가 포화-모드, 활성-모드 및 차단-모드 상태인 구간을 구분하여 표시하시오.
2. (8)항에서 그린 출력파형으로부터 LED 양단의 전압(=V_{CC}-출력파형)을 턴온 때와 턴오프 때로 구분하여 구하시오.
3. (9)항에서 입력 구형파의 주파수를 0.5Hz까지 줄여가면서 LED 출력광의 세기를 관찰한 결과를 설명하시오.

실험 16 공통 이미터 증폭기

1. 실험 목적

(1) 공통이미터 소신호 증폭회로의 동작을 이해한다.
(2) 공통이미터 소신호 증폭기의 부하저항과 이미터 바이패스 콘덴서의 변화에 따른 출력전압, 즉 전압이득의 변화를 관찰한다.
(3) 출력전압이 입력전압에 대해 반전되어 나타남을 확인한다.

2. 관련 이론

2.1 공통 이미터 증폭기

그림 16.1은 전압분배 바이어스회로로 설계된 BJT 증폭기이다. V_{CC}전원이 R_C를 통해 출력 바이어스로 인가되고 R_1과 R_2를 통해 전압분배 되어 입력 바이어스로 인가되어 트랜지스터가 활성영역에서 동작하도록 하여준다. R_E는 바이어스회로의 온도안정화를 위해 삽입되었으나 이미터 커패시터 C_E를 통해 교류적으로 바이패스 되도록 하여 교류이득 저하를 방지하고 있다. 따라서 이와 같은 기능을 하는 커패시터를 **바이패스 커패시터**라고 부른다. 입력과 출력 단자에 있는 C_{C1}과 C_{C2}는 직류 전압을 차단하여 직류바이어스전압을 보호하여 주는 역할을 하므로 **블록킹 커패시터**라고 부르며, 동시에 교류신호를 통과시켜 교류적으로 입출력 단자를 증폭기와 연결하여 주는 역할을 하므로 **커플링 커패시터**라고도 부른다.

베이스 단자를 입력단자로 콜렉터 단자를 출력단자로 하되 이미터 단자를 공통의 접지로 사용하는 접속을 **공통이미터 접속**이라고 부른다. 그림 16.1의 증폭기는 베이스 단자를 입력단자로 콜렉터 단자를 출력단자로 하고 있으며 이미터가 C_E를 통해 교류적으로 접지되어 있어 입력과 출력의 공통접지 역할을 하고 있으므로 **공통이미터 증폭기**이다.

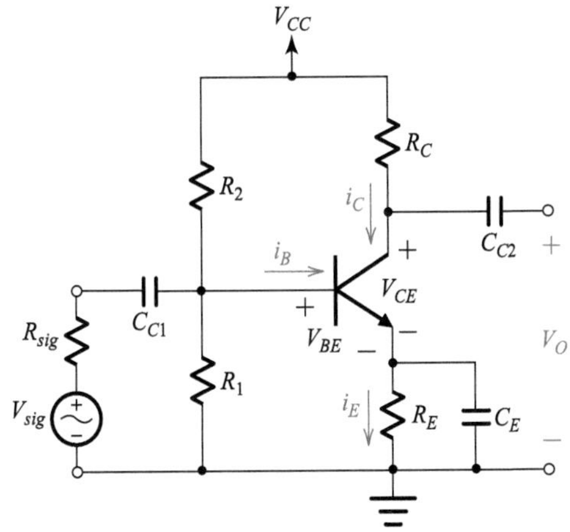

그림 16.1 공통이미터 증폭기

2.2 직류 바이어스회로의 해석

[직류 등가회로] 직류에서 커패시터는 개방회로이므로 그림 16.1공통이미터 증폭기에 대한 직류등가회로는 그림 16.2(a)와 같이 구해진다. R_1과 R_2로 이루어진 전압분배회로를 태브냉 등가회로로 변환하면 그림 16.2(b)와 같이 간략화된 등가회로를 얻을 수 있다. 이 때 태브냉 전압과 등가저항은 식(16.1)과 식(16.2)로부터 구해진다.

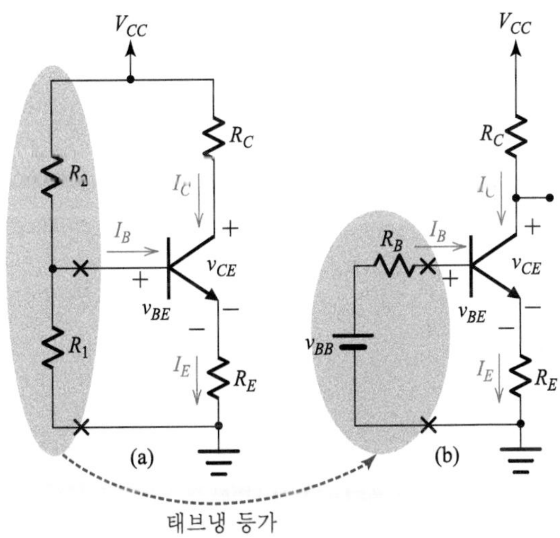

그림 16.2 공통이미터 증폭기의 직류등가회로
(a) 직류등가회로 (b) 태브냉 등가된 직류등가회로

$$V_{BB} = \frac{R_1 V_{CC}}{R_1 + R_2} \tag{16.1}$$

$$R_B = R_1 // R_2 = \frac{R_1 R_2}{R_1 + R_2} \tag{16.2}$$

[직류 해석(동작점)] 입력루프에서 키르히호프의 전압법칙을 적용하면 동작점에서의 베이스 전류 I_{BQ}를 구할 수 있다.

$$I_{BQ} = \frac{V_{BB} - V_{BEQ}}{R_B + \beta R_E} \tag{16.3}$$

동작점에서의 콜렉터 전류 I_{CQ}는 위에서 구한 I_{BQ}로부터 구해진다.

$$I_{CQ} = \beta I_{BQ} = \frac{V_{BB} - V_{BEQ}}{\frac{R_B}{\beta} + R_E} \tag{16.4}$$

2.3 교류 등가회로

그림 16.1의 공통이미터 증폭기에 대한 교류등가회로를 그리면 그림 16.3과 같이 표현된다. 여기서 BJT 트랜지스터도 교류 등가회로로 표현되어야 하므로 BJT에 대한 교류 등가회로가 필요하다. 크기가 대략 10mV이하로 작은 신호를 소신호라고 부른다. 소신호와 같이 극히 좁은 구역 내에서 동작하는 경우 트랜지스터의 특성을 동작점에서의 특성으로 근사할 수 있다. 따라서 앞 절의 직류 바이어스회로의 해석으로 구한 동작점에서 BJT의 특성을 추출하여 교류등가회로를 구성한다. 이를 소신호 모델이라고 부른다.

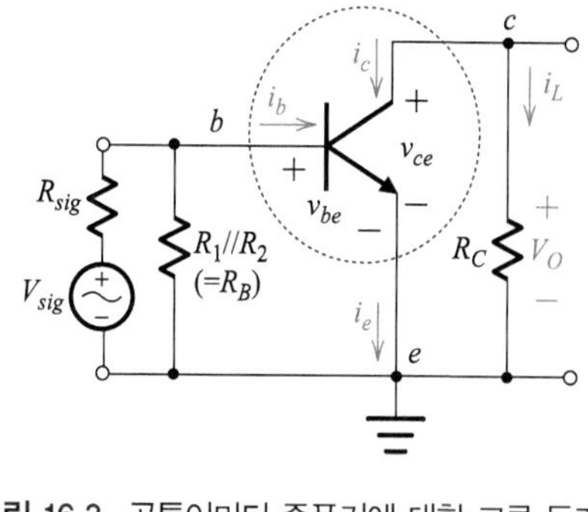

그림 16.3 공통이미터 증폭기에 대한 교류 등가화

2.4 교류 해석

그림 16.3의 회로에서 BJT를 소신호 등가모델로 대체함으로써 그림 6.8에서와 같은 공통이미터 증폭기에 대한 완전한 교류 등가회로를 얻게 된다. 일반적으로, $R_B(=R_1//R_2) >> r$ 가 되므로 회로를 간략히 하기 위해, $R_B//r \approx r$ 로 근사하여 R_B를 무시하기로 한다.

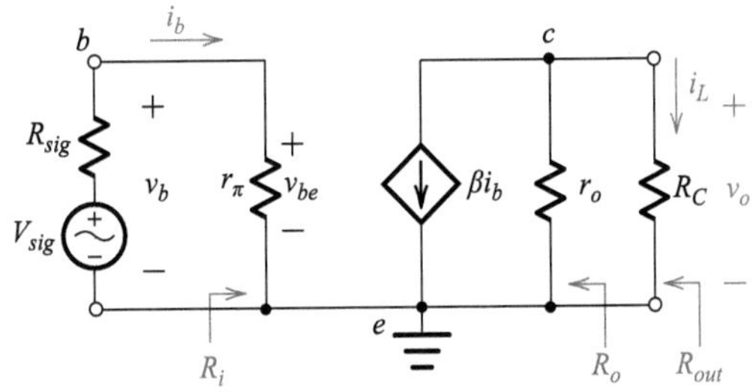

그림 16.3 공통이미터 증폭기에 대한 교류 등가회로

[전압이득] 전압이득 A_v는 아래 식으로 구해진다.

$$A_v \equiv \frac{v_o}{v_{sig}} = \frac{-\beta i_b (r_o // R_C)}{i_b (R_{sig} + r_\pi)} = \frac{-\beta (r_o // R_C)}{R_{sig} + r_\pi} \tag{16.5}$$

Early 효과에 의한 저항인 r_o는 매우 큰 값이므로 $r_o >> R_C$의 조건을 적용하면 위의 전압이득은 다음과 같이 간단한 근사식으로 표현된다.

$$A_v \cong -\beta \frac{R_C}{R_{sig} + r_\pi} \tag{16.6}$$

여기서 전압이득이 음수로 나타난 것은 출력신호가 입력과 180^o의 위상차를 갖는 반전된 신호임을 나타낸다.

[전류이득] 그림 16.4의 교류 등가회로로부터 전류이득 A_i를 구하면 아래 식으로 표현된다.

$$A_i \equiv \frac{i_L}{i_b} = \frac{\frac{r_o}{r_o + R_C}(-\beta i_b)}{i_b} = -\beta \frac{r_o}{r_o + R_C} \tag{16.7}$$

$r_o >> R_C$의 조건을 적용하면 위의 전류이득 수식은 다음과 같이 간단한 근사식으로 표

현된다.

$$A_i \approx -\beta = -g_m r_\pi \tag{16.8}$$

전압이득과 마찬가지로 전류이득도 음수로 나타난 것은 반전 증폭이 이루어짐을 나타난다.

[입력저항] 증폭기의 입력단자에서 들여다본 입력저항 R_i는 정의식에 의해 다음과 같이 간단히 구해진다.

$$R_i \equiv \frac{v_b}{i_b} = r_\pi \tag{16.9}$$

증폭기 내의 종속전류원은 v_{be}에 의해서만 제어되므로 출력단자에서 보면 독립전류원으로 보인다. 따라서 개방회로로 간주되어 입력저항 계산이 단순해 질 수 있었다.

[출력저항] 출력단자에서 들여다본 출력저항 R_o는 다음과 같이 간단히 구해진다.

$$R_o = r_o \,//\, R_C \overset{r_o >> R_C}{\approx} R_C \tag{16.10}$$

2.5 이미터 저항의 영향

그림 16.1의 공통이미터 증폭기에서 바이패스 커패시터 C_E를 제거하면 교류 등가회로에서 이미터 저항 R_E가 제거되지 않고 남게 되어 그림 16.4와 같은 교류 등가회로를 얻게 된다. 여기서, R_B와 r_o는 회로를 간략히 하기 위해 ∞로 가정하여 무시하였다. 이 등가회로로부터 이미터 저항이 증폭기에 미치는 영향을 알아보자.

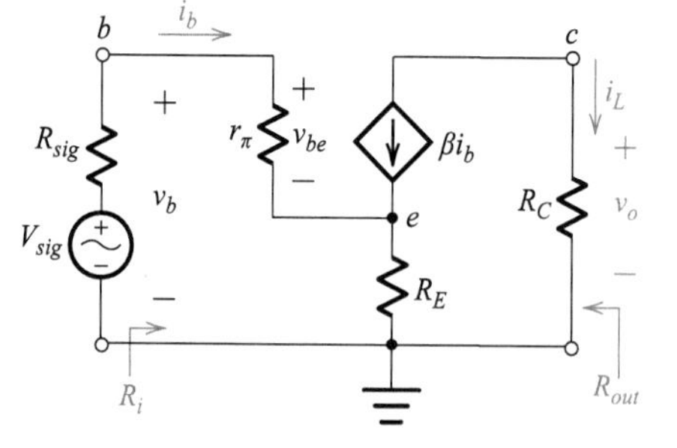

그림 16.4 공통이미터 증폭기의 이미터 저항이 있는 교류 등가회로

[입력저항] 그림 16.4의 등가회로로부터 입력저항을 구하면 다음과 같다.

$$R_i \equiv \frac{v_b}{i_b} = \frac{i_b r_\pi + R_E(i_b + \beta i_b)}{i_b} = r_\pi + R_E(1+\beta) \tag{16.11}$$

위의 결과를 이미터 저항이 없을 때의 수식인 식(16.9)과 비교하면 이미터 저항 R_E가 입력저항을 $R_E(1+\beta)$ 만큼 증가시키고 있음을 알 수 있다. 즉, 적은 이미터 저항의 증가라도 매우 큰 입력저항의 증가를 초래한다.

[저항반사 법칙] 식(16.11)에서 재미있는 현상은 이미터 단자에 있는 저항을 베이스에서 들여다보면 $(1+\beta)$ 배 만큼 커져 보인다는 것이다. 역으로 베이스에 있는 저항을 이미터에서 들여다보면 $1/(1+\beta)$ 배 만큼 작게 보인다. 이 것을 **저항반사 법칙** (resistance-reflection rule)이라고 부른다.

[전압이득] 한편, 전압이득은 다음과 같이 구해진다.

$$A_v \equiv \frac{v_o}{v_{sig}} = \frac{-\beta i_b R_C}{i_b(R_{sig} + r_\pi + \beta R_E)} = -\frac{\beta R_C}{(R_{sig} + r_\pi) + \beta R_E} \tag{16.12}$$

위의 결과식을 이미터 저항이 없을 때의 수식인 식(16.6)과 비교하면 이미터 저항 R_E가 증폭기의 전압이득을 현저하게 저하시키게 됨을 알 수 있다. 따라서 바이패스 커패시터 C_E는 증폭기의 교류 전압이득을 저하시키지 않기 위해서 반드시 필요하다.

전류이득과 출력저항은 이미디 저항의 영향을 받지않으므로 이미터 저항이 없을 때의 공통이미터 증폭기의 결과와 동일하다.

3. 실험 기기 및 부품

사용 기기	소요 부품
(1) 디지털 멀티미터(DMM): 1대 (2) 파형 발생기: 1대 (3) 오실로스코프: 2채널-1대 (4) 직류전원장치: +15[V](50㎃) 1채널 (5) 브레드보드: 1대	(1) 트랜지스터: P2N2222A 1개 (2) 저항: 10KΩ(0.25W) 1개 4.7KΩ(0.25W) 1개 3.9KΩ(0.25W) 2개 2.7KΩ(0.25W) 1개 (3) 콘덴서: 10μF 1개 2.2μF 2개

4. 실험 내용 및 절차

4.1 공통이미터 증폭기

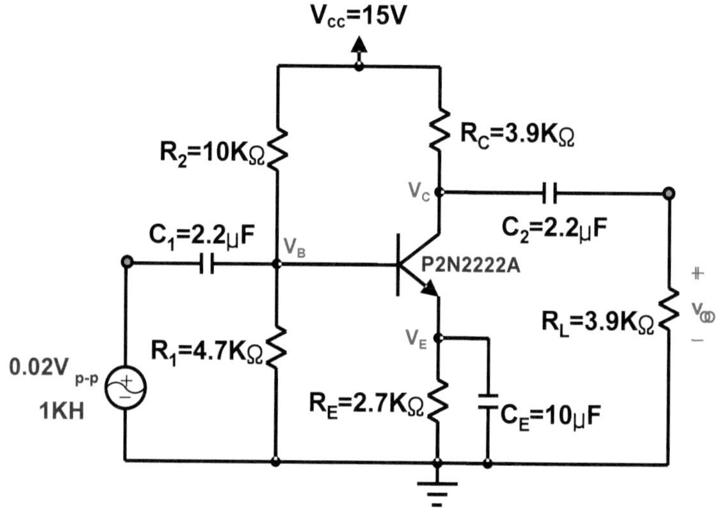

[그림 1] 공통이미터 증폭기

(1) [그림 1]의 회로를 브레드 보드에 구성한다.

(2) 오실로스코프의 CH1을 회로의 입력단자에 연결하고 수직설정에서 입력 커플링(coupling)을 접지(GND)로 선택하여 0[V] 접지레벨이 화면의 수평축 상에 오도록 수직위치를 조절한 다음, 입력 커플링을 다시 교류(AC) 결합으로 변경한다.

(3) 오실로스코프의 화면에 2~3 주기의 신호파형이 나타나도록 오실로스코프의 시간 스케일과 화면에 최대 진폭의 신호파형이 나타나도록 오실로스코프의 전압 스케일을 조정한다.

(4) 오실로스코프로 측정하면서 입력신호의 진폭 V_m=0.01[V](첨두간 값 V_p=0.02[V_{p-p}])가 되고 주파수 f_i=1[KHz]가 되도록 파형 발생기의 진폭 및 주파수를 정확히 조절한 후 [그림 R1]에 입력파형을 그린다.

(5) 오실로스코프의 CH2를 출력단자에 연결하고 수직설정에서 입력 커플링을 접지(GND)로 선택하여 0[V] 접지레벨이 화면의 수평축 상이나 혹은, 원하는 위치에 오도록 수직위치를 조절한 다음, 입력 커플링을 다시 교류(AC) 결합으로 변경한다.

(6) 출력전압(v_O)의 진폭을 측정하여 [표 1]에 기록하고, [그림 R1]에 출력파형을 그린다.

(7) 부하저항(R_L)을 제거한 후 실험(6)을 반복한다.

(8) 제거한 부하저항(R_L)을 원래대로 되돌리고 이미터 콘덴서(C_E)를 제거한 후 실험(6)을 반복한다.

(9) 제거한 이미터 콘덴서(C_E)를 원래대로 되돌리고 입력신호원을 제거한 후 오실로스코프의 CH2의 입력 커플링을 다시 직류(DC) 결합으로 변경하여 V_B, V_E, V_C의 직류 전압값을 측정하고 [표 2]에 기록한다.

실험예비 보고서

실험조: 반 조 학번: 이름:

실험제목:

1. 공통이미터 증폭기의 직류바이어스 해석 방법을 설명하시오.

2. 공통이미터 증폭기의 소신호 해석 방법을 설명하시오.

3. 공통이미터 증폭기에서 이미터 콘덴서(C_E)의 역할을 설명하시오.

실험결과 보고서

실험자: 반 조 학번: 이름:

실험일시: 년 월 일 교시

공동 실험자:

실험제목:

1. 실제 실험 회로도

(디지털 멀티미터 등을 사용하여 실제 사용된 소자값을 정확하게 측정하여 회로도에 기재한다.)

2. 실험 결과

[표 1] 교류 이득 (vi 진폭: [V])

조건	측정한 v_o 진폭 [V]	$A_v = v_o / v_i$	계산한 v_o 진폭 [V]	$A_v = v_o / v_i$
R_L(O), C_E(O)				
R_L(X), C_E(O)				
R_L(O), C_E(X)				

[표 2] 직류 바이어스

직류 바이어스	측정한 바이어스 전압 값 [V]	계산한 바이어스 전압 값 [V]
베이스 단자: V_B		
이미터 단자: V_E		
콜렉터 단자: V_C		

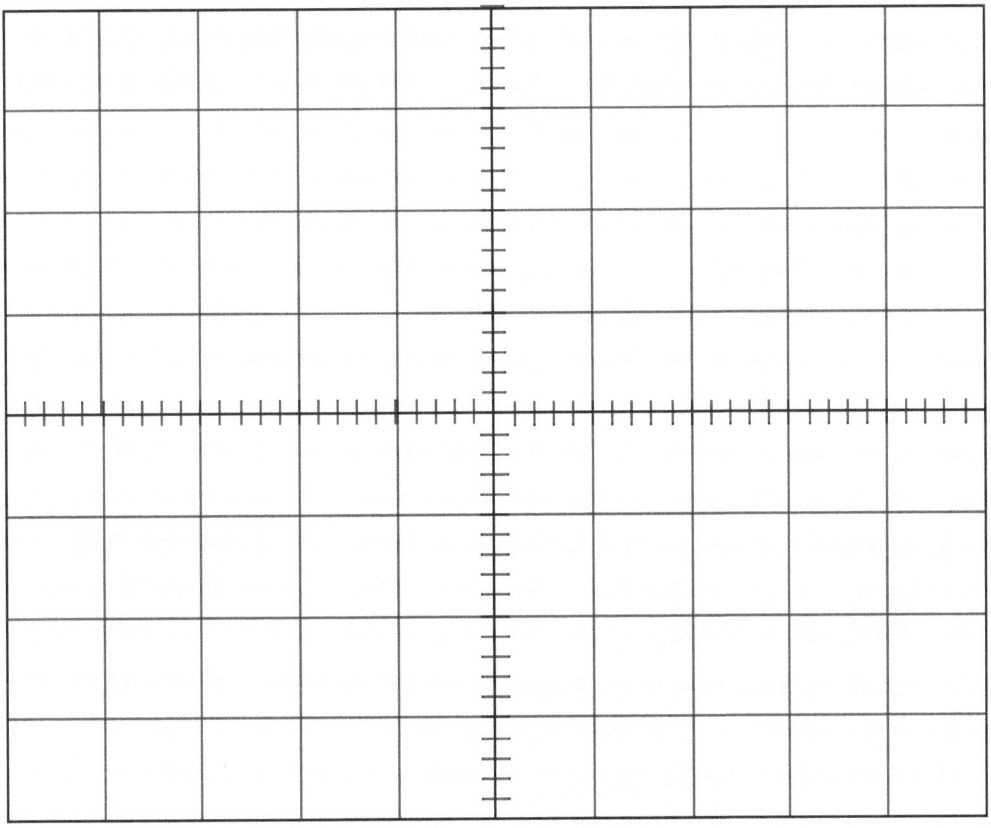

CH1	신호	V/Div.	Time:
CH2	신호	V/Div.	Sec/Div.

[그림 R1] 입력 및 출력 파형

3. 실험 결과 논의

1. [그림 1] 공통이미터 증폭기회로의 직류바이어스 해석을 하여 V_B, V_E, V_C의 직류 전압값을 구하고 [표 2]에 기록하고 비교해 본다.
2. [그림 1] 공통이미터 증폭기회로의 소신호 해석을 하여 [표 1] 3조건에 대한 출력 전압의 진폭을 구하고 [표 1]에 기록한다.
3. [표 1]에서 전압이득을 계산한 후 그 결과를 갖고 부하저항(R_L)과 이미터 콘덴서(C_E)가 이득에 미치는 영향을 설명하시오.

실험 17 공통 베이스 증폭기

1. 실험 목적

(1) 공통베이스 소신호 증폭회로의 동작을 이해한다.

(2) 공통베이스 소신호 증폭기의 부하저항의 변화에 따른 출력전압, 즉 전압이득의 변화를 관찰한다.

2. 관련 이론

2.1 공통 베이스 증폭기

이미터 단자를 입력단자로 콜렉터 단자를 출력단자로 하되 베이스 단자를 공통의 접지로 사용하는 접속을 **공통베이스 접속**이라고 부른다. 그림 17.1(a)는 공통베이스 접속 증폭기로서 베이스는 커패시터 C_B를 통해 교류적으로 접지되어 있어 입력과 출력의 공통접지 역할을 한다.

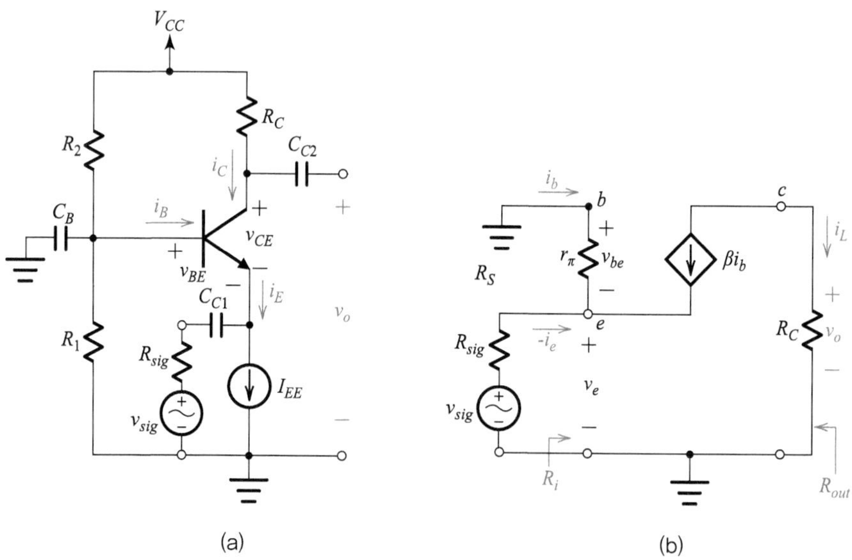

그림 17.1 공통베이스 증폭기

(a) 공통베이스 증폭기의 구조 (b) 공통베이스 증폭기의 교류 등가회로

그림 17.1(b)는 그림 17.1(a)의 공통베이스 증폭기에 대한 교류 등가회로 이다. 출력저항 r_o는 회로의 간략화를 위해 무시하기로 한다.

[전류이득] 그림 17.1(b)의 교류 등가회로로부터 공통베이스 증폭기의 전류이득 A_i를 구하면 다음 수식으로 구해진다.

$$A_i \equiv \frac{i_L}{-i_e} = \frac{-\beta i_b}{-(i_b + \beta i_b)} = \frac{\beta}{1+\beta} = \alpha \tag{17.1}$$

전류이득은 1보다 작으므로 공통베이스 구조에서는 전류가 증폭될 수 없음을 알 수 있다.

[입력저항] 입력저항을 구하면 식(17.2)과 같이 구해진다.

$$R_i \equiv \frac{v_e}{-i_e} = \frac{-v_{be}}{-(1+\beta)i_b} = \frac{r_\pi}{1+\beta} \approx \frac{r_\pi}{\beta} = \frac{1}{g_m} \tag{17.2}$$

공통베이스 증폭기에서 입력저항은 베이스 저항 r_π를 이미터 단자에서 본 값이 되므로 저항 반사법칙에 의해서 $r_\pi\ /(1+\beta)$ 로 쉽게 구할 수도 있다. 또한 공통베이스 구조의 입력저항은 공통이미터 구조에 비해 $1/(1+\beta)$ 배로 작음을 알 수 있다.

[전압이득] 공통베이스 증폭기에서의 전압이득 A_v는 다음 수식으로 표현된다.

$$A_v \equiv \frac{v_o}{v_{sig}} = \frac{i_L R_C}{-i_e(R_{sig} + R_i)} - \frac{-\beta i_b R_C}{-(1+\beta)i_b(R_{sig} + \frac{r_\pi}{\beta})} \approx \frac{R_C}{R_{sig}} \tag{17.3}$$

여기서, R_{sig}는 전압원의 내부저항으로서 일반적으로 매우 작은 값이므로 $R_{sig} \ll R_C$이다. 따라서 공통베이스 증폭기의 전압이득은 매우 크다.

또한, 전압이득과 전류이득이 양수이므로 입력신호와 출력신호는 위상차가 없는 동상이 된다. 따라서 공통베이스 증폭기는 비반전 증폭기이다.

[출력저항] 트랜지스터 출력저항 $r_o = \infty$로 가정하여 무시하였으므로 그림 17.1(b)로부터 출력저항 R_O를 구하면 R_C가 된다.

$$R_o = R_C \tag{17.4}$$

공통베이스 증폭기는 전류는 증폭할 수 없으나 전압 증폭률은 매우 크다. 입력저항이 매우 작고 출력 저항이 매우 크므로 작은 임피던스 회로의 신호를 큰 임피던스 회로로 정합해주는 정합회로로 사용될 수 있다.

3. 실험 기기 및 부품

사용 기기	소요 부품
(1) 디지털 멀티미터(DMM): 1대 (2) 파형 발생기: 1대 (3) 오실로스코프: 2채널-1대 (4) 직류전원장치: +15[V](50㎃) 1채널 (5) 브레드보드: 1대	(1) 트랜지스터: P2N2222A 1개 (2) 저항: 47KΩ(0.25W) 1개 10KΩ(0.25W) 1개 1KΩ(0.25W) 3개 470Ω(0.25W) 1개 (3) 콘덴서: 2.2μF 2개 100μF 1개

4. 실험 내용 및 절차

4.1 공통베이스 증폭기

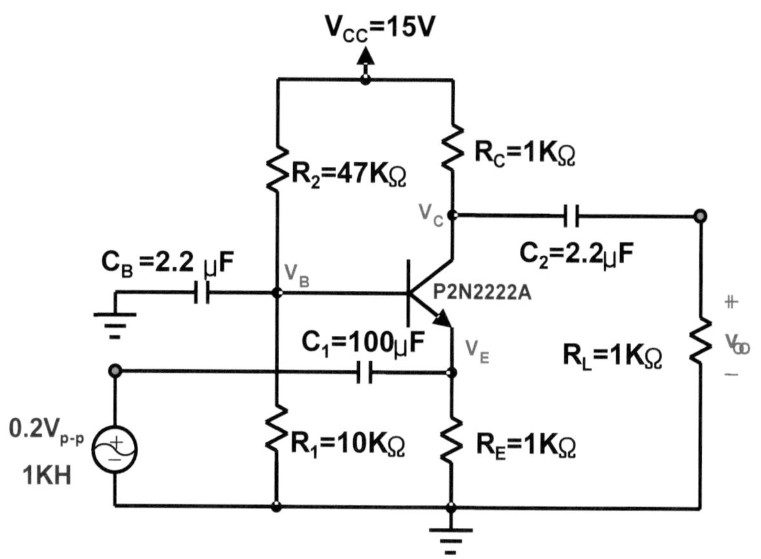

[그림 1] 공통베이스 증폭기

(1) [그림 1]의 회로를 브레드 보드에 구성한다.

(2) 오실로스코프의 CH1을 회로의 입력단자에 연결하고 수직설정에서 입력 커플링(coupling)을 접지(GND)로 선택하여 0 [V] 접지레벨이 화면의 수평축 상에 오도록 수직위치를 조절한 다음, 입력 커플링을 다시 교류(AC) 결합으로 변경한다.

(3) 오실로스코프의 화면에 2~3 주기의 신호파형이 나타나도록 오실로스코프의 시간 스케일과 화면에 최대 진폭의 신호파형의 나타나도록 오실로스코프의 전압 스케일을 조정한다.

(4) 오실로스코프로 측정하면서 입력신호의 진폭 V_m=0.1[V](첨두간 값 $V_{p\text{-}p}$=0.2[V])가 되고 주파수 f_i=1[KHz]가 되도록 파형 발생기의 진폭 및 주파수를 정확히 조절한 후 [그림 R1]에 입력파형을 그린다.

(5) 오실로스코프의 CH2를 출력단자에 연결하고 수직설정에서 입력 커플링을 접지(GND)로 선택하여 0[V] 접지레벨이 화면의 수평축 상이나 혹은, 원하는 위치에 오도록 수직위치를 조절한 다음, 입력 커플링을 다시 교류(AC) 결합으로 변경한다.

(6) 출력전압(v_O)의 진폭을 측정하여 [표 1]에 기록하고, [그림 R1]에 출력파형을 그린다.

(7) 부하저항 R_L을 470Ω으로 바꾸어 실험(6)을 반복한다.

(8) 부하저항을 제거(R_L=∞)한 후 실험(6)을 반복한다.

(9) 제거한 부하저항(R_L)을 원래대로 되돌리고 입력신호원을 제거한 후 오실로스코프의 CH2의 입력 커플링을 다시 직류(DC) 결합으로 변경하여 V_B, V_E, V_C의 직류 전압값을 측정하고 [표 2]에 기록한다.

실험예비 보고서

실험조: 반 조 학번: 이름:

실험제목:
1. 공통베이스 증폭기의 직류바이어스 해석 방법을 설명하시오. 2. 공통 베이스 증폭기의 소신호 해석 방법을 설명하시오. 3. 공통 베이스 증폭기에서 부하저항(R_L)이 이득에 미치는 영향을 설명하시오.

실험결과 보고서

실험자: 반 조 학번: 이름:

실험일시: 년 월 일 교시

공동 실험자:

실험제목:

1. 실제 실험 회로도

(디지털 멀티미터 등을 사용하여 실제 사용된 소자값을 정확하게 측정하여 회로도에 기재한다.)

2. 실험 결과

[표 1] 교류 이득 (vi 진폭: [V])

조건	측정한 v_o 진폭 [V]	$A_v = v_o / v_i$	계산한 v_o 진폭 [V]	$A_v = v_o / v_i$
R_L=1KΩ				
R_L=0.5KΩ				
R_L=∞				

[표 2] 직류 바이어스

직류 바이어스	측정한 바이어스 전압 값 [V]	계산한 바이어스 전압 값 [V]
베이스 단자: V_B		
이미터 단자: V_E		
콜렉터 단자: V_C		

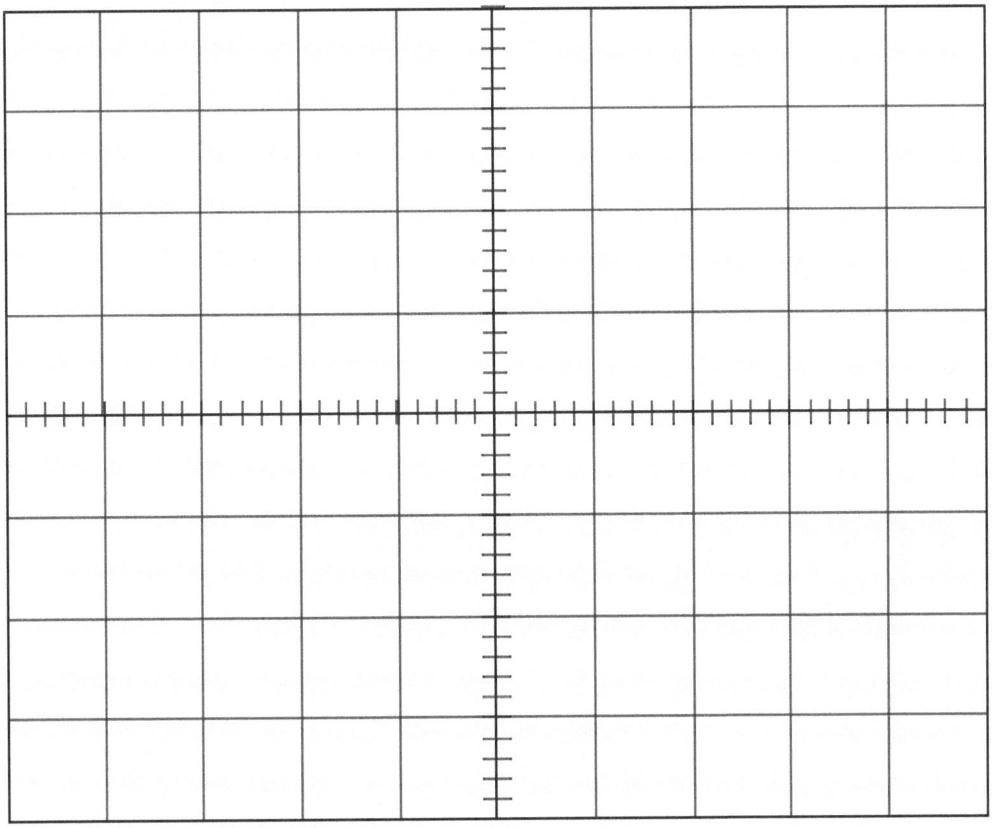

CH1	신호	V/Div.	Time:
CH2	신호	V/Div.	Sec/Div.

[그림 R1] 입력 및 출력 파형

3. 실험 결과 논의

1. [그림 1] 공통베이스 증폭기회로의 직류바이어스 해석을 하여 V_B, V_E, V_C의 직류 전압 값을 구하고 [표 2]에 기록한고 비교해 본다.
2. [그림 1] 공통베이스 증폭기회로의 소신호 해석을 하여 [표 1] 3조건에 대한 출력 전압의 진폭을 구하고 [표 1]에 기록한다.
3. [표 1]에서 전압이득을 계산한 후 그 결과를 갖고 부하저항(R_L)이 이득에 미치는 영향을 설명하시오.

실험 18 공통 콜렉터 증폭기

1. 실험 목적

(1) 공통컬렉터 소신호 증폭회로의 동작을 이해한다.

(2) 공통컬렉터 소신호 증폭기의 전압이득은 거의 1로 출력전압이 입력전압을 그대로 주종함을 관찰한다.

2. 관련 이론

2.1 공통 콜렉터 증폭기

베이스 단자를 입력단자로 이미터 단자를 출력단자로 하되 콜렉터 단자를 공통의 접지로 사용하는 접속을 **공통콜렉터 접속(혹은, 이미터 팔로워)**이라고 부른다. 그림 18.1(a)는 공통콜렉터 접속 증폭기로서 콜렉터는 직류전원 V_{CC}에 연결되어 있으므로 교류적으로 접지되었으며 입력과 출력의 공통접지 역할을 한다.

그림 18.1(b)는 그림 18.1(a)의 공통콜렉터 증폭기에 대한 교류 등가회로 이다. 저항 R_1, R_2 및 출력저항 r_o는 매우 크다고 가정하여 무시하기로 한다.

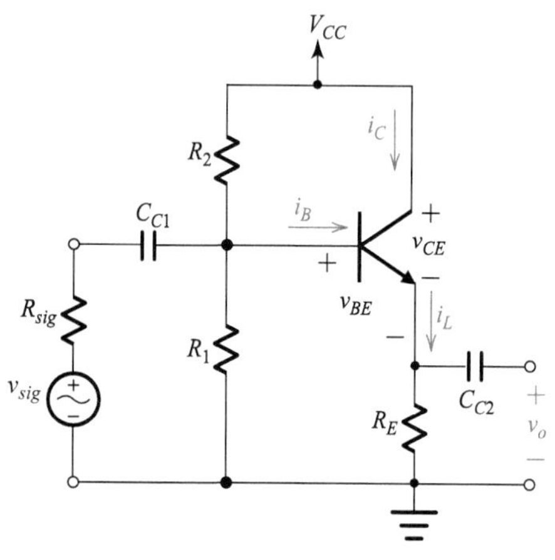

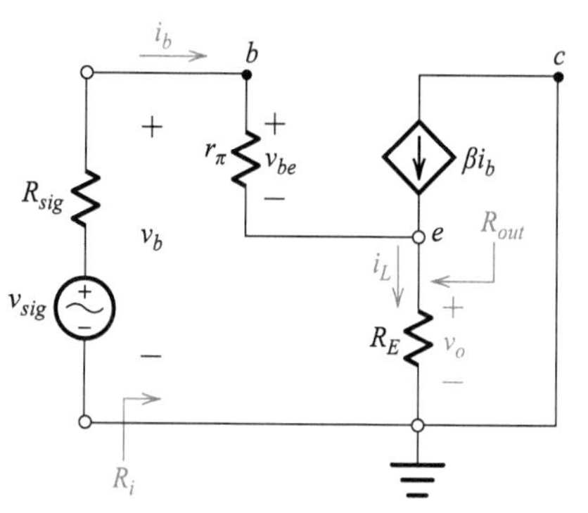

그림 18.1 공통콜렉터 증폭기
(a) 공통콜렉터 증폭기의 구조 (b) 공통콜렉터 증폭기의 교류 등가회로

[전류이득] 그림 18.1(b)의 교류 등가회로로부터 공통콜렉터 증폭기의 전류이득 A_i를 구하면 다음 수식으로 구해진다.

$$A_i \equiv \frac{i_L}{i_b} = \frac{i_b + \beta i_b}{i_b} = (1+\beta) \tag{18.1}$$

공통콜렉터 증폭기는 공통이미터의 경우와 마찬가지로 매우 큰 전류 이득 특성을 보인다.

[입력저항] 입력저항은 정의식에 의해 다음과 같이 구해진다.

$$R_i \equiv \frac{v_b}{i_b} = \frac{i_b r_\pi + R_E i_L}{i_b} = r_\pi + R_E(1+\beta) \approx r_\pi + \beta R_E \tag{18.2}$$

이미터 저항 R_E는 저항반사법칙에 의해 베이스 단자에서 $(1+\beta)R_E$로 보이므로 r_π와 직렬합성 함으로써 암산으로도 입력저항을 구할 수 있다.

[전압이득] 전압이득은 정의식에 의해 다음과 같이 구해진다.

$$A_v \equiv \frac{v_o}{v_{sig}} = \frac{i_b(1+\beta)R_E}{i_b\{R_{sig} + r_\pi + (1+\beta)R_E\}} \overset{(R_{sig}+r_\pi) << \beta R_E}{\approx} 1 \quad \text{(Av<1)} \tag{18.3}$$

위 식으로부터 공통콜렉터 증폭기의 전압이득은 1보다 작으므로 전압 신호는 증폭될 수 없음을 알 수 있다. 일반적으로 $(R_{sig} + r_\pi) << \beta R_E$ 이므로 공통콜렉터 증폭기의 전압이득은 공통베이스 증폭기에서의 전류이득과 같이 1에 가까운 값이 된다.

[출력저항] 그림 18.1(b)의 공통 콜렉터 증폭기에서 부하저항 R_E를 떼어내고 이미터 단자에서 본 저항을 R_X라고 하면 출력저항 R_o는 R_X와 R_E의 병렬 합성으로 표현된다. 이미터 단자에서 본 저항을 R_X는 이미터 단자에서 테브냉의 등가저항을 구함으로써 얻어진다.

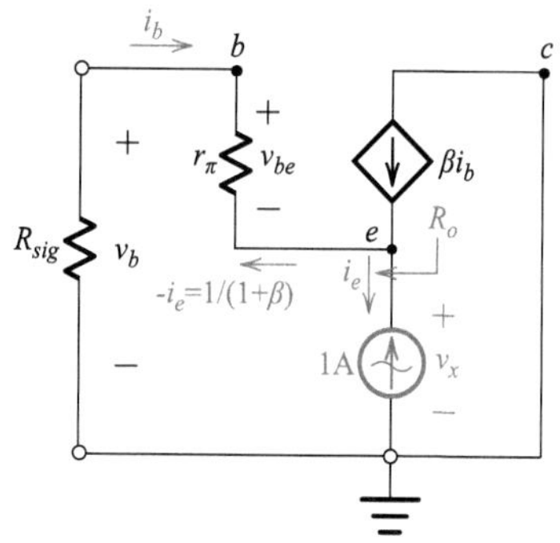

그림 18.2 공통 콜렉터 증폭기의 출력단자인 이미터에서 본 등가저항 구하기

그림 18.2는 이미터 단자에서 테브냉의 등가저항을 구하기 위한 회로를 보여주고 있다. 입력의 신호원을 제거하고(v_{sig}=0) 이미터 단자에 1A의 전류원을 인가할 경우 이미터 전류 i_e=-1A가 된다. 따라서 베이스 전류 i_b는 다음과 같이 구해진다.

$$i_b = \frac{i_e}{1+\beta} = -\frac{1}{1+\beta} \tag{18.4}$$

이 때의 이미터 단자 전압 v_X는 다음과 같이 구해진다.

$$v_x = (R_{sig} + r_\pi)(-i_b) = \frac{R_{sig} + r_\pi}{1+\beta} \tag{18.5}$$

따라서 이미터 단자에서 본 저항을 R_X는 다음과 같이 구해진다.

$$R_X = \frac{v_x}{1A} = \frac{R_{sig} + r_\pi}{1+\beta} \tag{18.6}$$

식(18.6)은 베이스 단자에 있는 저항을 이미터에서 들여다보면 $1/(1+\beta)$ 배 만큼 작게 보이게 됨을 의미한다. 한편, 출력저항 R_o는 R_X와 R_E의 병렬 합성이 되므로 다음 수식으로 구해진다.

$$R_o = R_X // R_E = \frac{R_{sig} + r_\pi}{1+\beta} // R_E \tag{18.7}$$

공통콜렉터 증폭기는 전압은 증폭할 수 없으나 전류 증폭률은 매우 크다. 입력저항이 매우 크고 출력 저항이 매우 작으므로 큰 임피던스 회로의 신호를 작은 임피던스 회로로 정합해주는 정합회로로 사용될 수 있다. 또한, 공통콜렉터 증폭기는 큰 입력

저항, 작은 출력 저항 및 큰 전류이득 등 버퍼회로가 필요로 하는 특성들을 잘 갖추고 있으므로 버퍼회로로도 널리 쓰이고 있다.

3. 실험 기기 및 부품

사용 기기	소요 부품
(1) 디지털 멀티미터(DMM): 1대 (2) 파형 발생기: 1대 (3) 오실로스코프: 2채널-1대 (4) 직류전원장치: +15[V](50㎃) 1채널 (5) 브레드보드: 1대	(1) 트랜지스터: P2N2222A 1개 (2) 저항: 22KΩ(0.25W) 1개 27KΩ(0.25W) 1개 1KΩ(0.25W) 2개 470Ω(0.25W) 1개 (3) 콘덴서: 100μF 1개 2.2μF 1개

4. 실험 내용 및 절차

4.1 공통콜렉터 증폭기

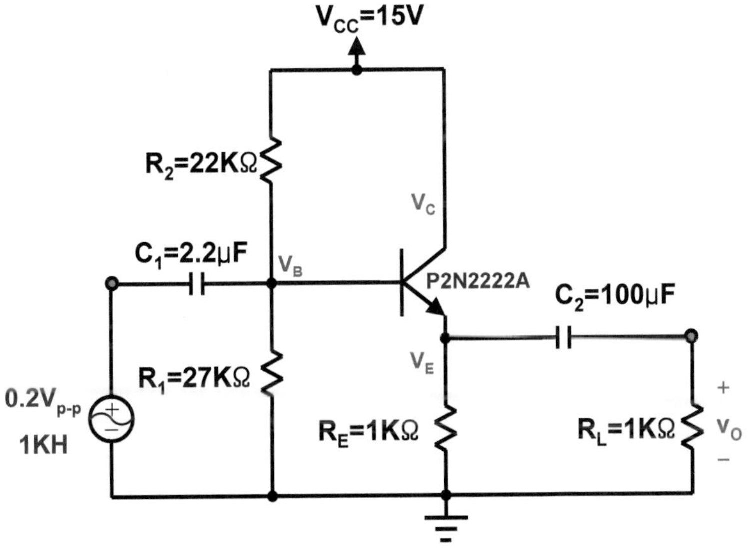

[그림 1] 공통콜렉터 증폭기

(1) [그림 1]의 회로를 브레드 보드에 구성한다.

(2) 오실로스코프의 CHl을 회로의 입력단자에 연결하고 수직설정에서 입력 커플링(coupling)을 접지(GND)로 선택하여 0 [V] 접지레벨이 화면의 수평축 상에 오도록 수직위치를 조절한 다음, 입력 커플링을 다시 교류(AC) 결합으로 변경한다.

(3) 오실로스코프의 화면에 2~3 주기의 신호파형이 나타나도록 오실로스코프의 시간 스케일과 화면에 최대 진폭의 신호파형의 나타나도록 오실로스코프의 전압 스케일을 조정한다.

(4) 오실로스코프로 측정하면서 입력신호의 진폭 V_m=0.1[V](첨두간 값 V_{p-p}=0.2[V])가 되고 주파수 f_i=1[KHz]가 되도록 파형 발생기의 진폭 및 주파수를 정확히 조절한 후 [그림 R1]에 입력파형을 그린다.

(5) 오실로스코프의 CH2를 출력단자에 연결하고 수직설정에서 입력 커플링을 접지(GND)로 선택하여 0[V] 접지레벨이 화면의 수평축 상이나 혹은, 원하는 위치에 오도록 수직위치를 조절한 다음, 입력 커플링을 다시 교류(AC) 결합으로 변경한다.

(6) 출력전압(v_O)의 진폭을 측정하여 [표 1]에 기록하고, [그림 R1]에 출력파형을 그린다.

(7) 부하저항 R_L을 470Ω으로 바꾸어 실험(6)을 반복한다.

(8) 부하저항을 제거($R_L=\infty$)한 후 실험(6)을 반복한다.

(9) 제거한 부하저항(R_L)을 원래대로 되돌리고 입력신호원을 제거한 후 오실로스코프의 CH2의 입력 커플링을 다시 직류(DC) 결합으로 변경하여 V_B, V_E, V_C의 직류 전압값을 측정하고 [표 2]에 기록한다.

실험예비 보고서

실험조:　　반　　조　　　　　　학번:　　　　　　이름:

실험제목:
1. 공통 콜렉터 증폭기의 직류바이어스 해석 방법을 설명하시오.   2. 공통 콜렉터 증폭기의 소신호 해석 방법을 설명하시오.   3. 공통 콜렉터 증폭기에서 부하저항(R_L)이 이득에 미치는 영향을 설명하시오.

실험결과 보고서

실험자: 반 조 학번: 이름:

실 험 일 시: 년 월 일 교시

공동 실험자:

실험제목:

1. 실제 실험 회로도

(디지털 멀티미터 등을 사용하여 실제 사용된 소자값을 정확하게 측정하여 회로도에 기재한다.)

2. 실험 결과

[표 1] 교류 이득 (v_i 진폭: [V])

조건	측정한 v_o 진폭 [V]	$A_v = v_o / v_i$	계산한 v_o 진폭 [V]	$A_v = v_o / v_i$
R_L=1KΩ				
R_L=470Ω				
R_L=∞				

[표 2] 직류 바이어스

직류 바이어스	측정한 바이어스 전압 값 [V]	계산한 바이어스 전압 값 [V]
베이스 단자: V_B		
이미터 단자: V_E		
콜렉터 단자: V_C		

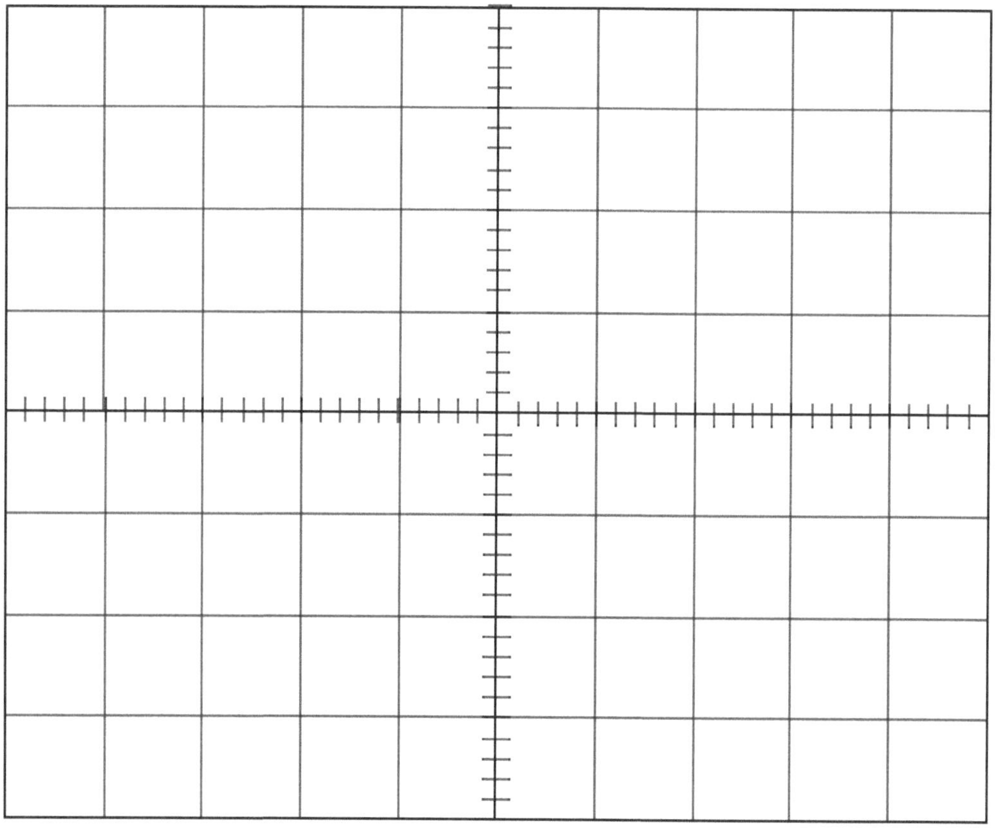

CH1	신호	V/Div.	Time:
CH2	신호	V/Div.	Sec/Div.

[그림 R1] 입력 및 출력 파형

3. 실험 결과 논의

1. [그림 1] 공통콜렉터 증폭기회로의 직류바이어스 해석을 하여 V_B, V_E, V_C의 직류 전압값을 구하고 [표 2]에 기록하고 비교해 본다.
2. [그림 1] 공통콜렉터 증폭기회로의 소신호 해석을 하여 [표 1] 3조건에 대한 출력 전압의 진폭을 구하고 [표 1]에 기록한다.
3. [표 1]에서 전압이득을 계산한 후 그 결과를 갖고 부하저항(R_L)이 이득에 미치는 영향을 설명하시오.

실험 19 차동증폭기

1. 실험 목적

(1) 차동증폭기의 직류바이어스 상태를 측정한다.

(2) 차동증폭기의 전달특성곡선을 측정하여 구한다.

(3) 차동모드 증폭의 이득과 입력신호에 대한 출력 신호의 파형 및 위상 등을 비교 측정한다.

(4) 공통모드 증폭의 이득과 공통성분제거비(CMRR)을 측정한다.

2. 관련 이론

2.1 차동 증폭기 동작의 이해

[차동 증폭기 구조] 그림 19.1은 트랜지스터 차동 증폭기의 기본 구조를 보여 준다. 차동 증폭기는 특성이 동일한 두 개의 트랜지스터 Q_1과 Q_2의 이미터 단자를 함께 묶어 전류원 I_{EE}로 직류 바이어스를 인가해주고 콜렉터를 부하저항 R_C를 통해 전압원 V_{CC}에 연결하여 구성한다.

[출력 전압] 출력전압 v_{O1}과 v_{O2}는 전원전압 V_{CC}가 콜렉터 저항 R_C에 의해 전압 강하된 후 의 전압이므로 다음과 같이 구해진다.

$$v_{O1} = V_{CC} - R_C i_{C1} \tag{19.1a}$$

$$v_{O2} = V_{CC} - R_C i_{C2} \tag{19.1b}$$

[콜렉터 전류] 또한, 마디 v_E에서 키르히호프의 전류법칙을 적용하면 다음과 같은 i_{C1}, i_{C2} 및 I_{EE}와의 관계식을 얻는다.

$$i_{C1} + i_{C2} = I_{EE} \tag{19.2}$$

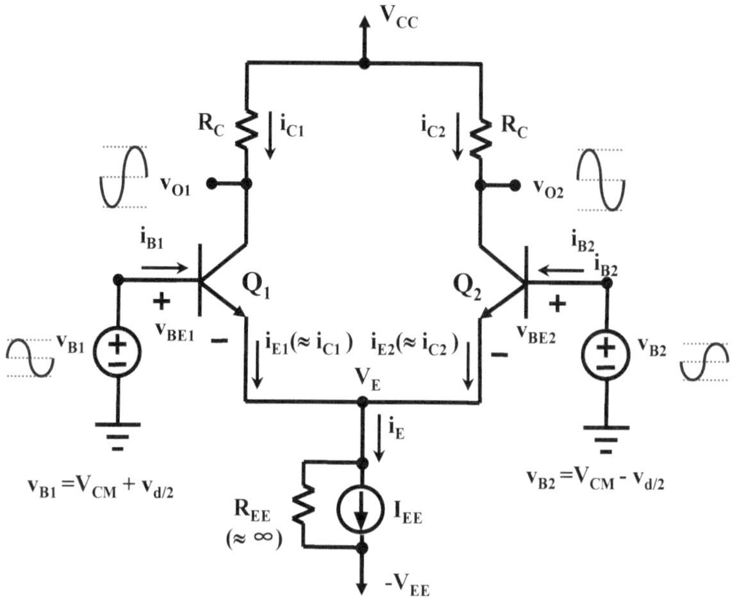

그림 19.1 차동 증폭기의 기본 구조

[차동성분 v_d, 공통성분 v_c] 두 입력신호 v_{G1}과 v_{G2}는 **차동성분** v_d와 **공통성분** v_c로 분류 될 수 있으며 이들은 각각 식(19.3)과 식(19.4)로 정의된다.

$$v_d \equiv v_{B1} - v_{B2} = v_+ - v_- \tag{19.3}$$

$$v_c \equiv \frac{v_{B1} + v_{B2}}{2} = \frac{v_+ + v_-}{2} \tag{19.4}$$

여기서, v_{O1}을 반전 출력, v_{O2}를 비반전출력으로 정의하면 v_{B1}이 비반전 입력 v_+가 되고 v_{B2}가 반전 입력 v_-가 된다.

차동 증폭기란 두 입력신호의 차동성분(v_d)은 증폭하는 반면에 공통성분(v_c)은 제거하는 증폭기를 말한다. 신호의 차동성분에 의한 동작을 **차동모드 동작**이라고 하고 신호의 공통성분에 의한 동작을 **공통모드 동작**이라고 한다.

2.1.1 차동 모드 동작

(1) $v_{B1}=v_{B2}=V_B$ 인 경우($v_d=0$)

이 경우 $v_{BE1}=v_{BE2}$ 가 되어 대칭 구조인 차동 증폭기에서 두 입력이 같아지므로 $i_{C1}=i_{C2}$가 된다. 또한, 식(19.2)로부터 두 콜렉터 전류의 합은 I_{EE}가 되므로 다음의 수식을 얻는다.

$$i_{C1} = i_{C2} = \frac{I_{EE}}{2} \quad (19.5)$$

따라서 식(19.1)과 식(19.5)로부터 출력전압은 다음과 같이 구해진다.

$$v_{O1} = V_{CC} - R_C i_{C1} = V_{CC} - R_C \frac{I_{EE}}{2} = V_O \quad (19.6a)$$

$$v_{O2} = V_{CC} - R_C i_{C2} = V_{CC} - R_C \frac{I_{EE}}{2} = V_O \quad (19.6b)$$

식(19.6)을 요약하면 다음 수식으로 표현된다.

$$v_{O1} = v_{O2} = V_{CC} - R_C \frac{I_{EE}}{2} = V_O \quad (19.7)$$

(2) $v_{B1}=V_B+\Delta V$, $v_{B2}=V_B-\Delta V$ 인 경우($v_d=2\Delta V$)

이 경우 i_{C1}은 ΔI만큼 증가하고, i_{C2}는 ΔI만큼 감소하므로

$$i_{C1} = \frac{I_{EE}}{2} + \Delta I \quad (19.8a)$$

$$i_{C2} = \frac{I_{EE}}{2} - \Delta I \quad (19.8b)$$

따라서 다음과 같은 출력전압을 얻는다.

$$v_{O1} = V_O - R_C \Delta I \quad (19.9a)$$

$$v_{O2} = V_O + R_C \Delta I \quad (19.9b)$$

결과적으로 입력 전압의 차는 증폭되어 출력전압의 차로 나타난다. 또한, 식(19.8)에서와 같이 $\Delta i_{C1}=-\Delta i_{C2}$의 관계를 항상 유지하며 동작하여 $i_{C1}+i_{C2}=I_{EE}$의 조건을 만족시키게 된다.

2.1.2 공통 모드 동작

그림 19.2에서와 같이 두 입력단자를 묶어 입력을 인가하면 두 입력에는 항상 같은 전압이 인가되므로 공통모드로 동작하게 된다. 이 것은 입력이 $v_{B1}= v_{B2}=V_B+\Delta V$인 경우가 된다.

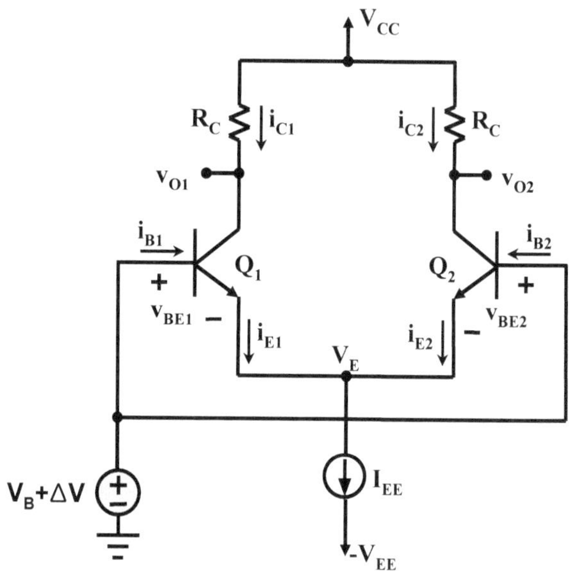

그림 19.2 공통 모드 입력을 인가한 차동 증폭기

이 경우 ΔV의 변화에 관계없이 $v_{BE1} = v_{BE2}$ 가 되므로 $i_{C1} = i_{C2}$가 되어 다음의 관계식을 얻는다.

$$i_{C1} = i_{C2} = \frac{I_{EE}}{2} \tag{19.10}$$

따라서 출력전압은 다음 수식으로 표현된다.

$$v_{O1} = v_{O2} = V_{CC} - R_C \frac{I_{EE}}{2} = V_O \tag{19.11}$$

결국, 두 입력전압이 동시에 ΔV만큼 증가하면 i_{C1}, i_{C2}도 동시에 증가하려 하나 $i_{C1} + i_{C2} = I_{EE}$의 조건에 의해 증가하지 못하고 대신 전류원의 전압 v_E를 ΔV만큼 증가시킨다. 결과적으로 공통 모드 입력에서의 ΔV만큼의 변화는 v_E를 ΔV만큼 변화시킬 뿐 출력 전압에는 전혀 영향을 주지 못하게 되어 공통성분의 입력은 제거되고 있음을 알 수 있다.

2.2 차동 증폭기의 소신호 동작

매우 작은 신호 즉, 소신호에 대해서 차동 증폭기는 거의 선형적 동작을 하므로 선형 증폭기로 간주하여 해석한다. 또한, 증폭동작은 차동모드와 공통모드로 구분된다.

2.2.1 차동성분과 공통성분

[차동성분과 공통성분] 그림 19.3의 차동 증폭기에서 입력을 차동성분(v_d)과 공통성분(V_{CM})으로 구분하여 표시하였으며 따라서 입력단자의 전압은 다음 수식으로 표현된다.

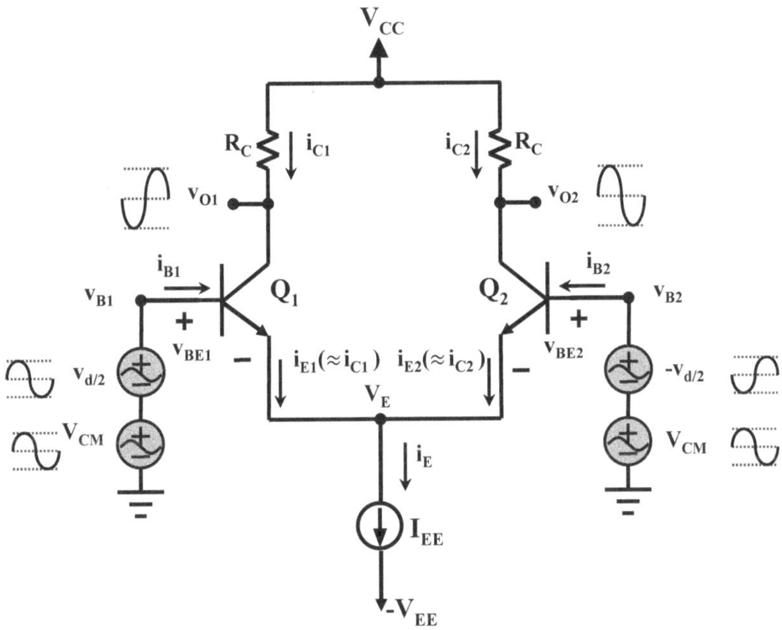

그림 19.3 차동 증폭기(차동성분과 공통성분 동시인가)

$$v_{B1} = V_{CM} + v_d / 2 \quad (19.12a)$$

$$v_{B2} = V_{CM} - v_d / 2 \quad (19.12b)$$

여기서 V_{CM}은 공통성분의 직류전압으로서 트랜지스터의 베이스 바이어스전압을 설정해준다. 일반적으로 트랜지스터의 베이스 바이어스전압은 전원전압의 중간 값으로 설정한다. v_d는 차동성분의 신호로서 $v_d/2$로 나누고 서로 반전시켜 두 입력에 인가함으로써 차동성분 신호임을 표현하였다.

2.2.2 소신호 차동모드 동작

그림 19.4는 그림 19.3의 트랜지스터 차동 증폭기에 대한 교류 등가회로를 구하는 과정을 보여 주고 있다. 그림 19.4(a)는 교류등가를 구하기 위해 직류 전원을 제거한 상태의 회로이다.

v_{B1}에 인가된 $v_d/2$에 의해 i_{C1}이 증가할 경우 v_{B2}에 인가된 $-v_d/2$에 의해 i_{C1} 증가분과 같은 크기의 전류가 i_{C2}에서 감소하게 된다. 따라서 트랜지스터 Q_1과 Q_2의 이미터 단자는 교류적으로 접지된 것과 같다. 따라서 교류 등가회로에서 마디 v_E는 접지된 것으로 등가 된다.

한편, 그림 19.4(a)는 대칭 회로이므로 반쪽만 잘라서 쉽게 해석할 수 있다. 이를 반쪽회로(half circuit) 해석법이라고 한다. 따라서 그림 19.4(b)와 같이 그림 19.4(a)회로의 좌측 반쪽만을 잘라낸 반쪽회로로 해석하기로 한다. 그림 19.4(c)는 구성된 반쪽회로에 트랜지스터FET의 교류 등가 모델을 적용하여 구한 반쪽회로의 교류 등가회로이다.

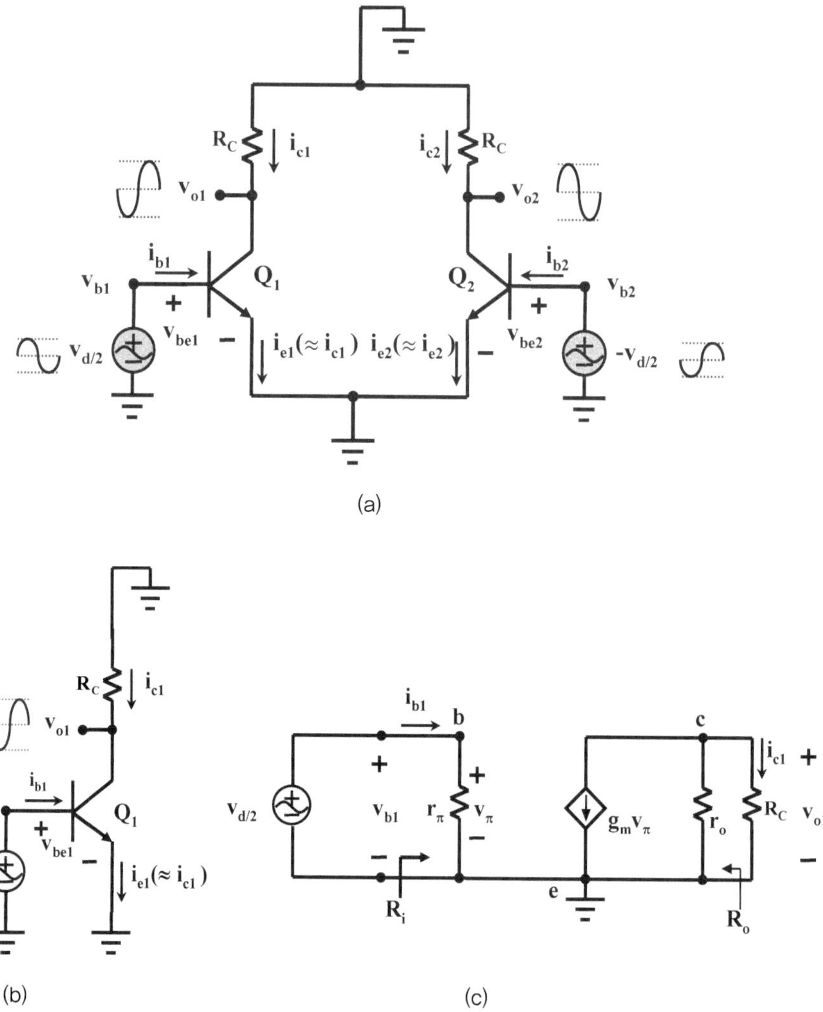

그림 19.4 소신호 차동모드 교류 등가회로

(a) 차동 모드 등가회로 (b) 반쪽회로 (c) 반쪽회로의 교류등가회로

[차동 모드 이득] 그림 19.4(c)의 반쪽회로의 교류 등가 회로에서 전압 이득을 구하면 다음과 같다.

$$A_d = \frac{v_{o1}}{v_d/2} = \frac{-R_C i_{c1}}{v_d/2} = \frac{-R_C g_m (v_d/2)}{v_d/2} = -g_m R_C \tag{19.13}$$

한편, $i_{c2}=-i_{c1}$이므로 $v_{o2}=-v_{o1}$이 된다. 따라서 그림 19.4(a)의 전체회로에서 이득을 정의하면 다음과 같이 구해진다.

$$A_d \equiv \frac{v_{O1}-v_{O2}}{v_{G1}-v_{G2}} = \frac{2v_{o1}}{2(v_d/2)} = \frac{v_{o1}}{(v_d/2)} \tag{19.14}$$

식(19.14)으로부터 전체회로에서 구한 이득이 반쪽회로에서 구한 이득과 같다는 것을 알 수 있다. 따라서 대칭회로의 경우 반쪽회로 해석이 계산을 단순화하는 효율적인 방법임을 알 수 있다.

2.2.3 소신호 공통모드 동작

그림 19.5(a)는 소신호 v_c가 두 차동 입력에 동상으로 인가된 소신호 공통모드 회로이다. 실제로 잡음이나 교란이 발생할 경우 두 차동 입력에 동상으로 인가되므로 공통모드로 동작하게 된다. 그림 19.5(a)회로에서 직류성분을 제거하여 교류 등가회로를 구하면 그림 19.5(b)와 같다. 여기서 R_{EE}는 전류원 I_{EE}의 내부저항이다.

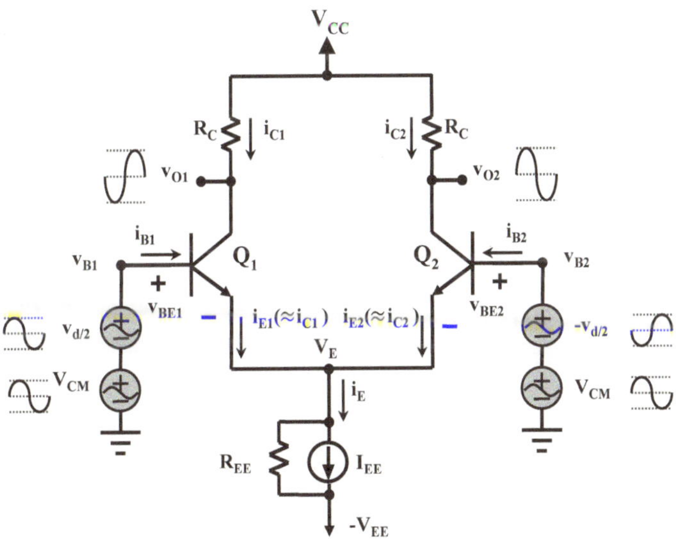

(a)

한편, R_{SS}는 등가적으로 두 개의 $2R_{SS}$의 병렬합성으로 표현될 수 있다. 이 경우 마디 v_S를 두 개로 분리하여도 회로 특성에는 전혀 영향을 주지않는다. 따라서 마디 v_S를 두 개로 분리함으로써 그림 19.5(c)와 같이 완전 대칭인 등가회로로 변환할 수 있다. 그림 19.5(c)에서 반쪽 만을 취하여 그림 19.5(d)와 같은 공통모드 반쪽회로를 얻을 수 있다. 그림 19.5(d)의 반쪽회로에 대한 교류등가회로를 구하면 그림 19.5(e)와 같다.

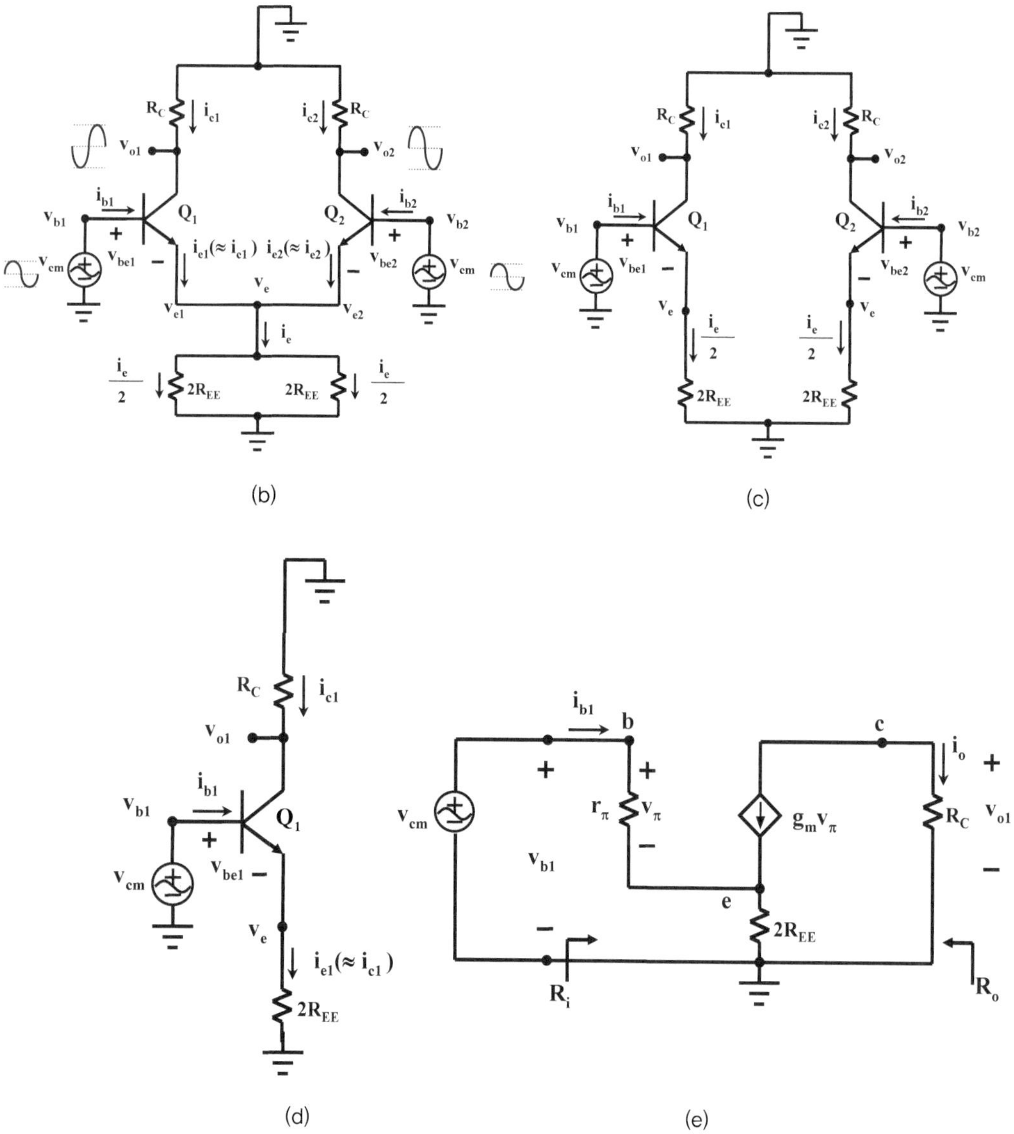

그림 19.5 소신호 공통모드 동작

(a) 소신호 공통모드 회로 (b) 공통 모드 등가회로 (c) 대칭 회로 (d) 반쪽 회로 (e) 교류 등가 회로

그림 19.5(e)의 등가회로로부터 출력전압 v_{o1}은 다음 수식으로 구해진다.

$$v_{o1} = -R_c i_{C1} = -R_c g_m v_\pi \tag{19.15}$$

또한, 입력루프에 키르히호프 전압법칙을 적용하면 다음의 v_c에 대한 수식을 얻는다.

$$v_c = (1 + 2R_{EE} g_m) v_\pi \tag{19.16}$$

따라서 공통모드 이득 A_c은 다음 수식으로 얻어진다.

$$A_c = \frac{v_{o1}}{v_c} = \frac{-R_C g_m}{1 + 2R_{EE} g_m} \overset{R_{EE} >> 1/g_m}{\cong} \frac{-R_C}{2R_{EE}} \tag{19.17}$$

식(19.13)와 식(19.17)로부터 공통성분제거비(CMRR)는 다음과 같이 구해진다.

$$CMRR \equiv \frac{|A_d|}{|A_c|} = 2g_m R_{EE} \tag{19.18}$$

3. 실험 기기 및 부품

사용 기기	소요 부품
(1) 디지털 멀티미터(DMM): 1대 (2) 파형 발생기: 1대 (3) 오실로스코프: 2채널-1대 (4) 직류전원장치: 0~+15[V](50㎃, 가변) 1채널 0~−15[V](50㎃, 가변) 1채널 (5) 브레드보드: 1대	(1) 트랜지스터. Array Tr(CA3046) 2개 (2) 저항: 10kΩ array 2개 4.7KΩ(0.25W) 1개, 3.9KΩ 2개 (3) 가변저항: 2KΩ 1개

4. 실험 내용 및 절차

4.1 차동 증폭기

〈 직류 바이어스 상태 측정 〉

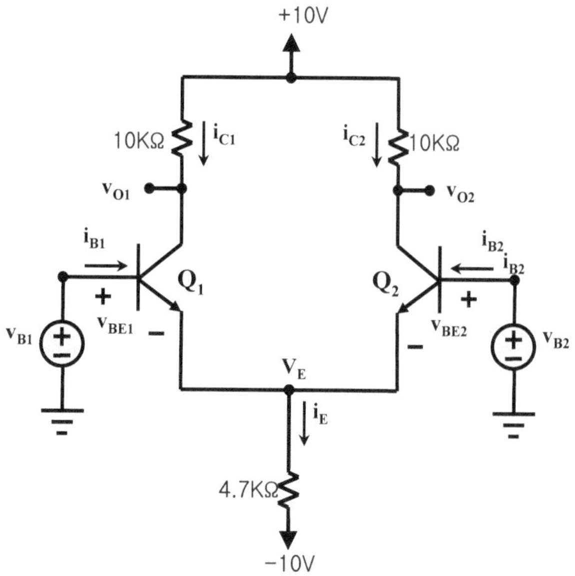

[그림 1] 차동 증폭기 직류바이어스

(1) [그림 1]의 회로를 브레드보드에 구성한다.

[참고사항]

차동 증폭기와 같은 대칭회로는 대칭되는 소자끼리의 정합(match)이 매우 중요하다. 따라서 소자 간의 오차를 최소화 하기 위해 같은 chip 속에 들어있는 소자(transistor 및 resistor)를 사용하기로 한다. 즉, 트랜지스터(BJT)는 transistor Array(CA3046)을 사용하고, collector에 달아주는 bias resistor도 array resistor를 사용한다. 단, 주의 할 것은 CA3046의 13번 핀은 항상 $V_{EE}(-10V)$에 연결할 것.

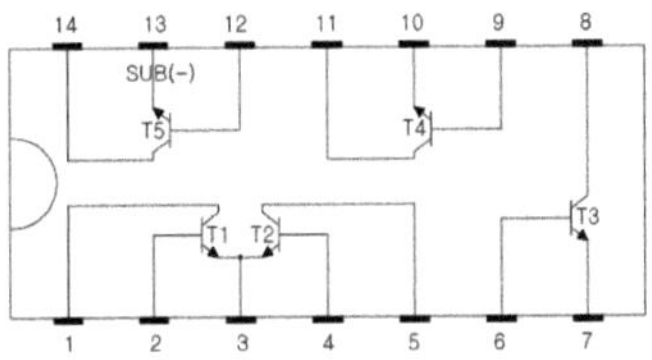

Transistor Array(CA3046)

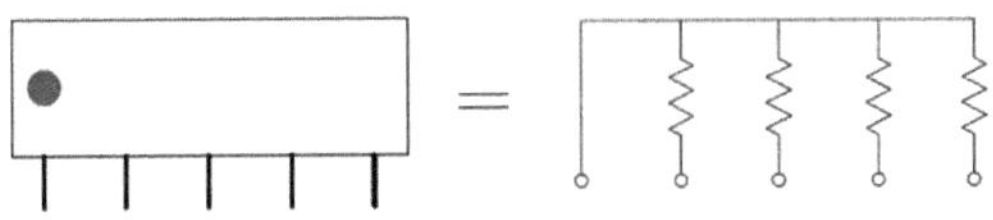

Array resistor

(2) 디지털 멀티미터를 사용하여 설정된 전원전압이 실제로 정확한지 확인하고, V_{B1}, V_{B2}, V_{O1}, V_{O2} 및 V_E 마디의 직류전압을 측정하여 [표 1]에 기입한다.

(3) 측정된 마디전압을 이용하여 I_{C1}, I_{C2} 및 I_E의 값을 계산하여 [표 1]에 기입한다.

〈 전달특성곡선 측정 〉

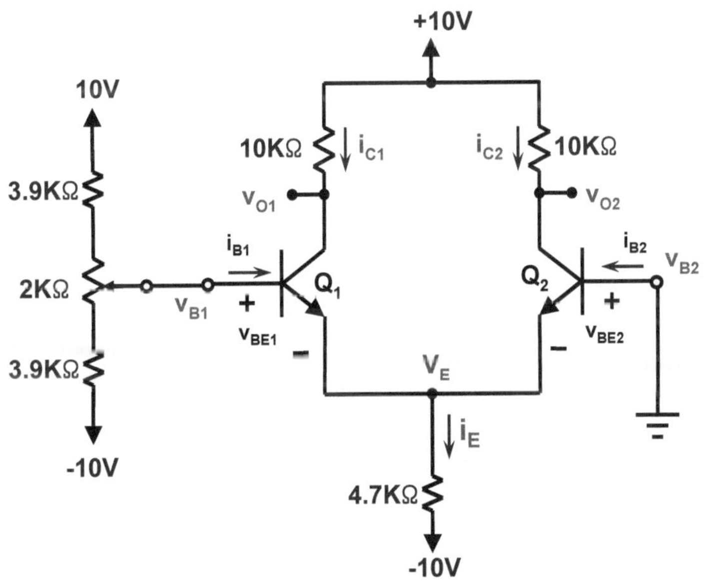

[그림 2] 차동 증폭기 전달특성곡선

(4) [그림 2]의 회로를 브레드보드에 구성한다.

(5) 2KΩ 가변저항을 조절하여 V_{B1}=−2V가 되도록 조정하고, 디지털 멀티미터를 사용하여 V_{B2}, V_{O1}, V_{O2} 및 V_E 마디의 직류전압을 측정하여 [표 2]에 기입한다.

(6) 측정된 마디전압을 이용하여 I_{C1}, I_{C2} 및 I_E의 값을 계산하여 [표 2]에 기입한다.

(7) 2KΩ 가변저항을 조절하여 V_{B1}을 [표 2]에서 제시한 대로 설정해 가며 실험(5)~실험(6) 과정을 반복한다.

(8) [표 2]의 결과를 [그림 R1]에 그래프로 그려서 차동증폭기의 전달특성곡선을 완성한다.

(6) 출력전압(v_O)의 진폭을 측정하여 [표 1]에 기록하고, [그림 R1]에 출력파형을 그린다.

(7) 부하저항(R_L)을 제거한 후 실험(6)을 반복한다.

(8) 제거한 부하저항(R_L)을 원래대로 되돌리고 이미터 콘덴서(C_E)를 제거한 후 실험(6)을 반복한다.

〈 차동모드 증폭동작 측정 〉

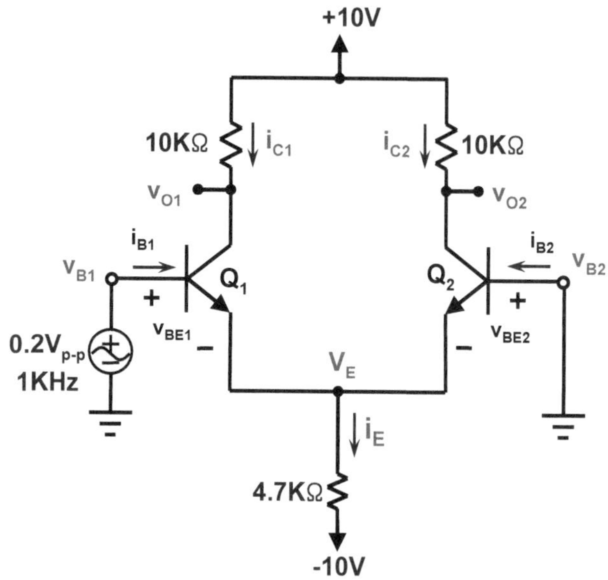

[그림 3] 차동모드 증폭 동작 특성

(9) [그림 3]의 회로를 브레드보드에 구성한다.

(10) 오실로스코프의 CH1을 회로의 V_{B1} 단자에 연결하고 수직설정에서 입력 커플링(coupling)을 접지(GND)로 선택하여 0[V] 접지레벨이 화면의 수평축 상에 오도록 수직위치를 조절한 다음, 입력 커플링을 다시 교류(AC) 결합으로 변경한다.

(11) 오실로스코프 CH1으로 측정하면서 입력신호의 진폭 V_m=0.1[V](첨두간 값 $V_{p\text{-}p}$=0.2[V])가 되고 주파수 f_i=1[KHz] 및 오프셋 전압이 0V가 되도록 파형 발생기의 진폭 및 주파수를 정확히 조절한 후 [그림 R2]에 입력파형을 그린다.

(12) 오실로스코프의 CH2를 회로의 V_{O1} 단자에 연결하고 수직설정에서 입력 커플링(coupling)을 접지(GND)로 선택하여 0[V] 접지레벨이 화면의 수평축 상에 오도록 수직위치를 조절한 다음, 입력 커플링을 다시 교류(AC) 결합으로 변경한다.

(13) 오실로스코프의 CH2에 나타난 출력파형(VO1)을 [그림 R2]에 그리고 진폭을 [표 3]에 기입한다.

(14) 오실로스코프의 CH1을 VB1 단자에서 Vo1 단자로 옮겨 연결하고 Vo1-Vo2 값을 측정하여 [표 3]에 기입한다.

(15) [표 3]의 계산값 항목을 계산하여 기입한다.(두 계산 결과가 같은가?)

〈 공통모드 증폭동작 측정 〉

(16) 실험(14)의 상태에서 접지되어있는 VB2 단자를 에서 VB1 단자에 단락시킨 후 Vo1-Vo2 값을 측정하여 [표 4]에 기입한다.

(17) [표 4]의 계산값 항목을 계산하여 기입한다.

실험예비 보고서

실험조: 반 조 학번: 이름:

실험제목:

1. 차동증폭기의 동작원리를 설명하시오.

2. 차동증폭기의 전달특성곡선을 설명하시오.

3. 차동모드와 공통모드에 대해 설명하시오.

4. 공통성분제거비(CMRR)에 대해 설명하시오

실험결과 보고서

실험자: 반 조 학번: 이름:

실험일시: 년 월 일 교시

공동 실험자:

실험제목:

1. 실제 실험 회로도

(디지털 멀티미터 등을 사용하여 실제 사용된 소자값을 정확하게 측정하여 회로도에 기재한다.)

2. 실험 결과

[표 1] 직류 바이어스 상태

측정 값					계산 값		
V_{B1}[V]	V_{B2}[V]	V_{O1}[V]	V_{O2}[V]	V_E[V]	I_{C1}[mA]	I_{C2}[mA]	I_E[mA]
0	0						

[표 2] 전달 특성곡선

측정 값					계산 값		
V_{B1}[V]	V_{B2}[V]	V_{O1}[V]	V_{O2}[V]	V_E[V]	I_{C1}[mA]	I_{C2}[mA]	I_E[mA]
-2.0	0						
-1.8	0						
-1.6	0						
-1.4	0						
-1.2	0						
-1.0	0						
-0.9	0						
-0.8	0						
-0.7	0						
-0.6	0						
-0.5	0						
-0.4	0						
-0.3	0						
-0.2	0						
-0.1	0						
0.0	0						
0.1	0						

측정 값					계산 값		
V_{B1}[V]	V_{B2}[V]	V_{O1}[V]	V_{O2}[V]	V_E[V]	I_{C1}[mA]	I_{C2}[mA]	I_E[mA]
0.2	0						
0.3	0						
0.4	0						
0.5	0						
0.6	0						
0.7	0						
0.8	0						
0.9	0						
1.0	0						
1.2	0						
1.4	0						
1.6	0						
1.8	0						
2.0	0						

[표 3] 차동 증폭 동작 측정

측정 값(진폭)				계산 값	
V_{B1}[V]	V_{B2}[V]	V_{O1}[V]	V_{O1}-V_{O2}[V]	$A_d = \frac{V_{o1}}{(V_{b1} - V_{b2})/2}$	$A_d = \frac{V_{o1} - V_{o2}}{V_{b1} - V_{b2}}$
0.1	0				

[표 4] 공통모드 증폭동작 특성

측정 값(진폭)		계산 값	
V_{B1}=V_{B2}=V_c[V]	V_{O1}-V_{O2}[V]	$A_c = \frac{V_{o1} - V_{o2}}{V_c}$	$CMRR = \frac{\vert A_d \vert}{\vert A_c \vert}$
0.1			

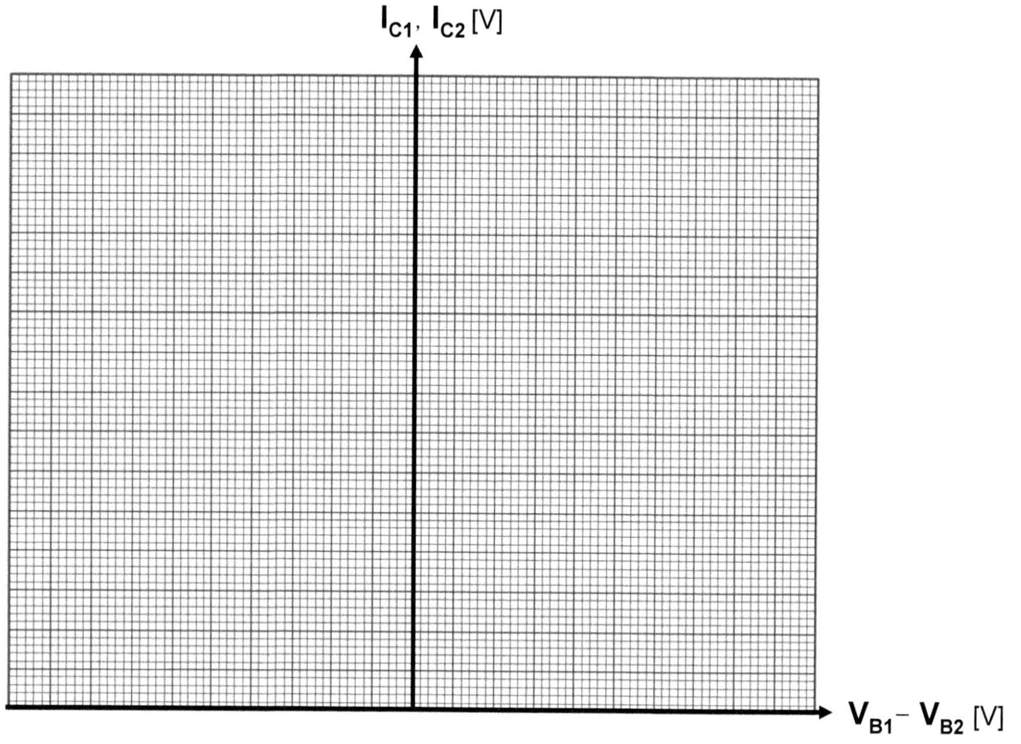

[그림 R1] 차동증폭기의 전달특성곡선

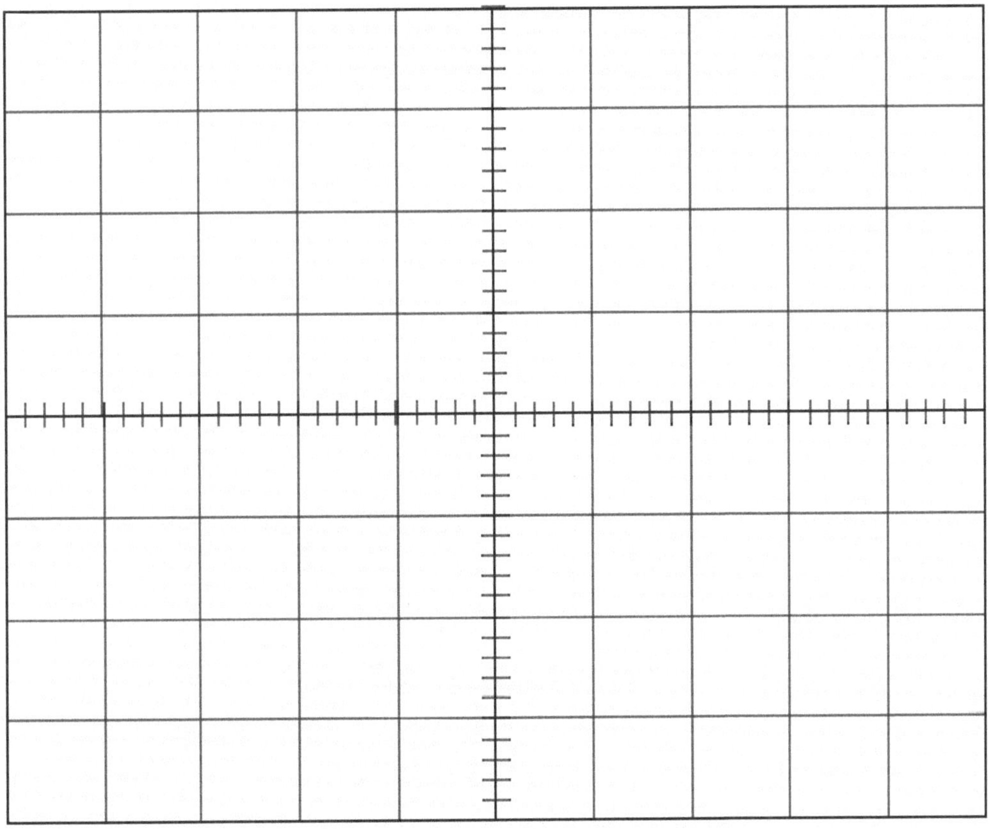

CH1	신호	V/Div.	Time:
CH2	신호	V/Div.	Sec/Div.

[그림 R2] 입력 및 출력 파형

3. 실험 결과 논의

1. [표 2]의 측정결과가 $I_{EE}=I_{C1}+I_{C2}$의 수식과 일치하는가?
2. [표 2]의 측정결과가 차동증폭기의 입력전화 변화기 v_S값에 영향을 주고 있는가?
3. [표 3]에서 계산한 두 차동 이득 값이 같은가? 그렇다면, 두 계산 식이 같다는 것을 수식적으로 입증하시오.
4. [표 4]에서 측정하여 계산한 CMRR값은 저항 R_{EE}값에 따라 달라지는가? 달라지는경우와 달라지지 않는경우를 각각 설정하여 설명하시오.

실험 20 푸쉬풀 증폭기

1. 실험 목적

(1) B급 증폭기의 직류 바이어스 상태와 동작을 관찰한다.

(2) 교차왜곡을 관찰하고 문제점을 이해한다.

(3) AB급 증폭기의 직류 바이어스 상태와 동작을 관찰한다.

2. 관련 이론

2.1 B급 증폭기

B급 증폭기는 신호의 반주기 만을 증폭하므로 신호 전체를 증폭하기 위해서 그림 20.1에서와 같이 npn형과 pnp형을 상보형 쌍으로 접속하여 구현한다. 두 트랜지스터는 각기 서로 다른 반주기를 증폭하여 전체 신호가 증폭되도록 하고 있으며 두 트랜지스터가 동시에 턴온되는 일은 없다. 입력전압 v_I가 0이면 두 트랜지스터는 모두 턴오프되고 출력전압 v_O도 0이 된다.

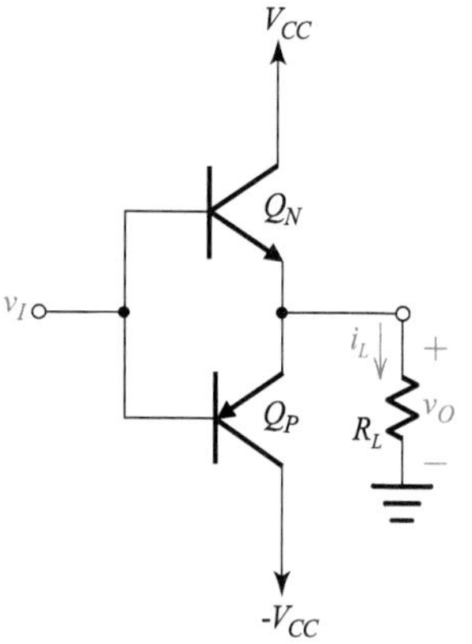

그림 20.1 B급 증폭기.

2.1.1 B급 증폭기의 동작

[양의 반주기 동작] 입력 신호의 양의 반주기 구간에서 v_I가 증가하여 대략 0.6V를

초과하면 Q_N이 턴온되기 시작하여 이미터 팔로워 증폭기로 작용하게 된다. 따라서 그림 20.2에서 보인 바와 같이 입력전압 v_I는 Q_N을 통해 전류가 증폭되어 부하 R_L로 흘러 출력전압 v_O를 생성한다. 이 때 Q_P의 입력단자에는 역바이어스가 인가되어 차단 상태에 있게 된다.

[음의 반주기 동작] 반면에, 입력 신호의 음의 반주기 구간에서 v_I가 감소하여 대략 -0.6V 이하가 되면 Q_P가 턴온되기 시작하여 이미터 팔로워 증폭기로 작용하게 된다. 따라서 그림 20.2에서 보인 바와 같이 입력전압 v_I는 Q_P을 통해 전류가 증폭되어 부하 R_L로 흘러 출력전압 v_O를 생성한다. 이 때 Q_N의 입력단자에는 역바이어스가 인가되므로 차단 상태에 있게 된다.

결과적으로 그림 20.1의 B급 증폭기는 동작전류가 0인 상태로 머물러 있다가 입력 신호가 들어 올 때만 도통하여 증폭 작용을 하고 있음을 알 수 있다. 또한, 입력전압 $v_I>0$이면 Q_N이 전류를 부하(R_L)로 밀어(push)넣고, $v_I<0$이면 Q_P가 전류를 끌어당겨(pull) 부하(R_L)로부터 빼내는 방식으로 동작하므로 **푸시풀(push-pull) 증폭기라고** 부른다.

B급 증폭기는 신호의 양의 반주기와 음의 반주기를 각각 개별 트랜지스터로 증폭하므로 출력 신호의 최대진폭이 A급 증폭기의 2배가 되므로 $I_m=2I_{CQ\_A}$, $V_m= V_{CC}$ 가 된다. 여기서, I_{CQ_A}는 A급 증폭기의 동작점 전류를 의미한다.

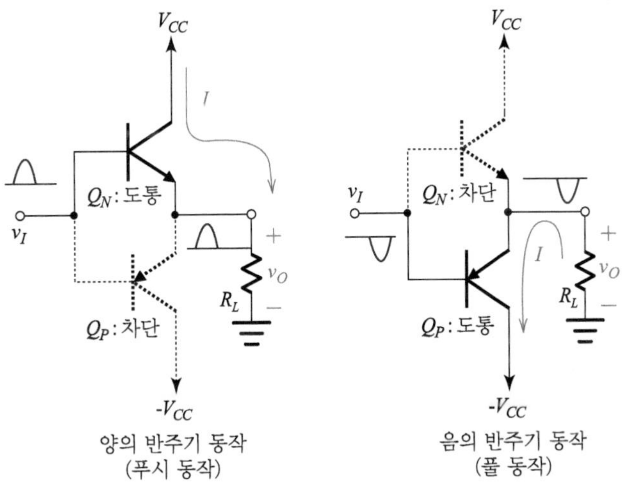

그림 20.2 B급 증폭기의 동작

2.1.2 교차왜곡

B급 증폭기에서 트랜지스터가 도통하려면 입력전압이 트랜지스터의 이미터 접합 다

이오드의 턴온전압(V_γ)보다 커야 한다. 다시 말해서 그림 20.1의 푸시풀 구조에서 Q_N은 v_I>0.6V일 때만 도통되고, Q_P는 v_I<-0.6V일 때만 도통 되므로 -0.6V<v_I<0.6V일 때에는 두 트랜지스터가 모두 차단상태에 있어 v_I에 상관없이 출력전압 v_O=0이 되는 대역이 존재하게 된다. 이 대역을 **데드 대역**(dead band)이라고 한다.

B급 증폭기의 전달 특성 곡선을 그리면 그림 20.3(a)에서와 같이 영점 근처에서 v_I의 변화에도 불구하고 v_O=0이 되는 데드 대역이 나타나게 된다. 따라서 입력신호가 영점을 교차할 때마다 데드 대역에서 왜곡이 발생하는데 이를 **교차왜곡**(crossover distortion)이라고 한다. 그림 20.3(b)는 입력파형과 교차왜곡에 의해서 찌그러진 출력파형을 비교하여 보여주고 있다.

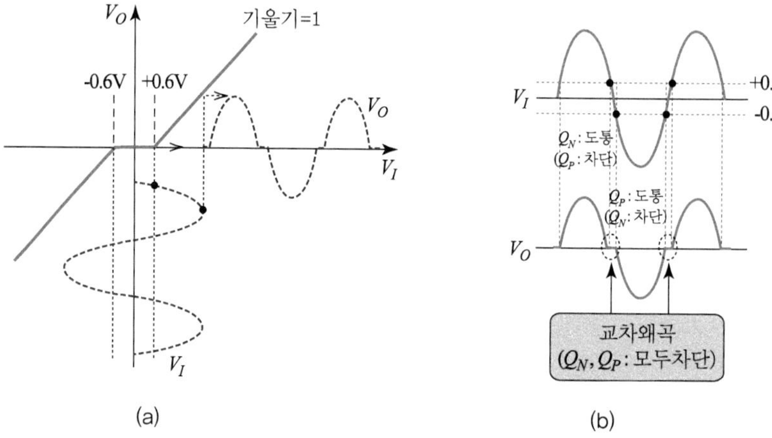

그림 20.3 B급 증폭기의 교차왜곡

(a) B급 증폭기의 전달 특성 곡선 (b) 입력파형과 교차왜곡이 발생한 출력파형

2.2 AB급 증폭기

B급 증폭기에서의 교차왜곡을 제거하기 위해 트랜지스터의 동작전류 I_Q가 0이 아닌 적은 양의 전류가 흐르도록 바이어스 한 것을 **AB급 증폭기**라고 한다. 그림 20.4는 AB급 증폭기의 구조를 보여 준다.

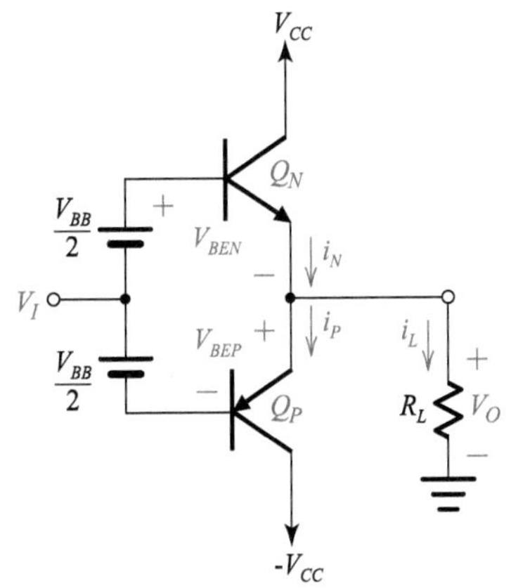

그림 20.4 AB급 증폭기

Q_N과 Q_P의 베이스 단자 사이에 바이어스 전압 V_{BB}를 인가하면 Q_N과 Q_P의 베이스와 이미터 사이에 각각 $V_{BB}/2$ 만큼의 전압이 인가된다. Q_N과 Q_P의 특성이 같다고 가정하면 동작 전류 I_Q는 다음 수식으로 표현된다.

$$i_N = i_P = I_Q = I_s e^{V_{BB}/2V_t} \tag{20.1}$$

따라서 동작전류 I_Q는 바이어스 전압 V_{BB} 값에 의해 결정된다.

2.2.1 AB급 증폭기의 동작

그림 20.4의 DC 바이어스 상태에서 입력전압 v_I가 양의 방향으로 증가하면 Q_N은 턴온되고 Q_P는 턴오프되므로 회로는 Q_N에 의한 이미터 팔로워로 동작한다. 반면에 v_I가 음의 방향으로 증가하면 Q_N은 턴오프되고, Q_P는 턴온되므로 회로는 Q_P에 의한 이미터 팔로워로 동작한다. 따라서 AB급 증폭기는 B급 증폭기와 동일한 방식으로 동작한다.

유일한 차이점은 AB급 증폭기에서는 v_I=0인 상태에서 작지만 0이 아닌 I_Q가 흐르고 있다는 점이다. 즉, v_I=0인 상태에서 Q_N과 Q_P가 이미 턴온 상태에 있으므로 Q_N이나 Q_P를 턴온 시키기 위한 전압이 필요 없고, 데드 대역도 존재하지 않는다. 따라서 교차왜곡이 발생하지 않는다.

소모전력 면에서 AB급 증폭기는 B급 증폭기에 비해 v_I=0인 상태에서 트랜지스터 당 $V_{CC}I_Q$만큼의 전력을 더 소모한다. 그러나 일반적으로 I_Q는 출력의 피크 전류에 비해 매우 작으므로 전체 소모 전력에 미치는 영향은 미미하다. 따라서 AB급 증폭기의 전력변환 효율은 B급 증폭기에 비해 큰 차이가 없다.

2.2.2 AB급 증폭기의 바이어스회로

그림 20.4 AB급 증폭기의 바이어스전압 V_{BB}를 발생시키기 위해서 일반적으로 다이오드를 이용한 바이어스회로나 V_{BE} 곱셈기를 이용한 바이어스회로를 사용한다.

(1) 다이오드를 이용한 바이어스

그림 20.5는 다이오드를 이용한 AB급 증폭기의 바이어스를 보여주고 있다. 두 개의 다이오드 D_1과 D_2의 턴온 전압이 트랜지스터 Q_N과 Q_P의 입력 바이어스로 인가되도록 함으로써 바이어스전압 V_{BB}를 대체할 수 있다.

이 경우, Q_N과 Q_P의 이미터 접합은 다이오드이므로 온도 변화에 의해 이미터 접합 다이오드의 턴온 전압이 변화할 수 있다. 이 경우 다이오드 D_1과 D_2의 턴온 전압도 동일하게 변화하게 되므로 온도 변화의 영향을 상쇄시키게 되어 온도보상효과를 얻게 된다. 예를 들어 온도가 증가할 경우 같은 바이어스 전압에서 Q_N과 Q_P의 이미터 접합 다이오드를 통해 흐르는 전류 I_Q는 증가하게 된다. 반면에 일정한 전류 I_{BIAS}가 흐르고 있는 다이오드 D_1과 D_2의 전압은 온도가 증가함에 따라 감소하게 되어 Q_N과 Q_P의 입력 바이어스 전압을 감소시키게 된다. 따라서 온도 증가에 따른 I_Q의 증가가 억제되므로 온도 증가에 따른 영향을 보상하게 된다.

온도가 감소할 경우에도 마찬가지 원리로 온도 영향을 보상하게 된다.

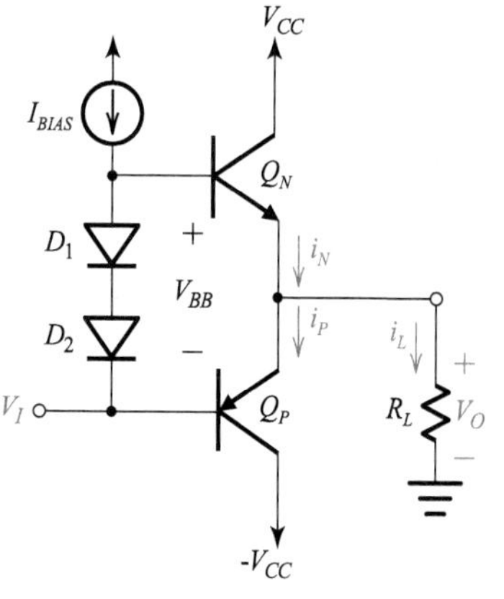

그림 20.5 다이오드를 이용한 AB급 증폭기의 바이어스

3. 실험 기기 및 부품

사용 기기	소요 부품
(1) 디지털 멀티미터(DMM): 1대 (2) 파형 발생기: 1대 (3) 오실로스코프: 2채널-1대 (4) 직류전원장치: +15[V](50㎃, 가변) 1채널 −15[V](50㎃, 가변) 1채널 (5) 브레드보드: 1대	(1) 트랜지스터: 2N3903-D 1개 2N3906-D 1개 (2) 저항: 100Ω(0.25W) 1개 10KΩ(0.25W) 2개 (3) 다이오드: IN4001 2개

4. 실험 내용 및 절차

4.1 B급 증폭기

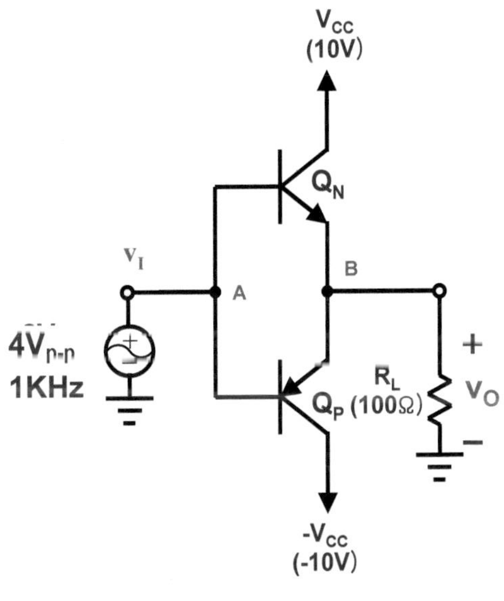

[그림 1] B급 증폭기

(1) [그림 1]의 회로를 브레드 보드에 구성한다.

(2) 파형 발생기의 진폭을 0V로 설정한 후 디지털 멀티미터로 A마디와 B 마디의 직류 전압을 측정하여 [표 1]에 기입한다.

(3) 오실로스코프의 CH1을 회로의 입력단자(A)에 연결하고 수직설정에서 입력 커플링(coupling)을 접지(GND)로 선택하여 0[V] 접지레벨이 화면의 수평축 상에 오도록 수직위치를 조절한 다음, 입력 커플링을 다시 교류(AC) 결합으로 변경한다.

(4) 오실로스코프로 측정하면서 입력신호의 진폭 V_m=1[V](첨두간 값 V_p=2[$V_{p\text{-}p}$])가 되고 주파수 f_i=1[KHz]가 되도록 파형 발생기의 진폭 및 주파수를 정확히 조절한 후 [그림 R1]에 입력파형을 그린다.

(5) 오실로스코프의 CH2를 출력단자(B)에 연결하고 수직설정에서 입력 커플링을 접지(GND)로 선택하여 0[V] 접지레벨이 화면의 수평축 상이나 혹은, 원하는 위치에 오도록 수직위치를 조절한 다음, 입력 커플링을 다시 교류(AC) 결합으로 변경한다.

(6) 오실로스코프의 CH2에 나타난 출력파형(v_O)을 [그림 R1]에 그리고, 출력파형의 크기를측정하여 [표 1]에 기입한다.

(7) 입력신호(v_I)의 크기를 2~6[$V_{p\text{-}p}$]로 변화시켜면서 출력파형의 변화를 관찰한 후, 데드 대역을 [그림 R1]에 그린다.

4.2 AB급 증폭기

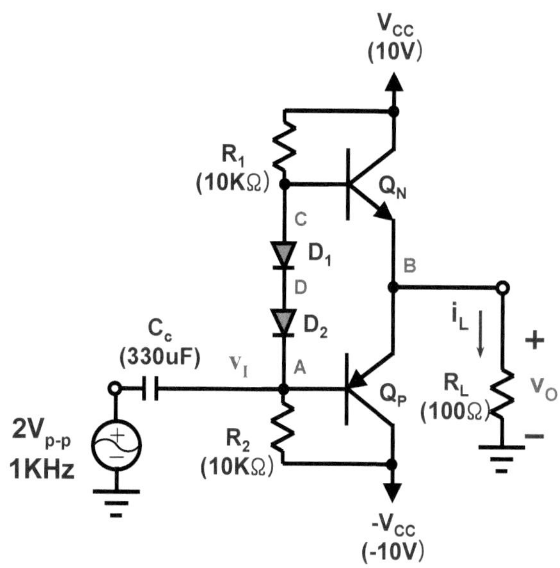

[그림 2] AB급 증폭기

(1) [그림 2]의 회로를 브레드 보드에 구성한다.

(2) 파형 발생기의 진폭을 0V로 설정한 후 디지털 멀티미터로 A ~ D 마디의 직류 전압을 측정하여 [표 2]에 기입한다.

(3) 오실로스코프의 CHl을 회로의 입력단자(A)에 연결하고 수직설정에서 입력 커플링(coupling)을 접지(GND)로 선택하여 0[V] 접지레벨이 화면의 수평축 상에 오도록 수

직위치를 조절한 다음, 입력 커플링을 다시 교류(AC) 결합으로 변경한다.

(4) 오실로스코프로 측정하면서 입력신호의 진폭 V_m=1[V](첨두간 값 V_{p-p}=2[V])가 되고 주파수 f_i=1[KHz]가 되도록 파형 발생기의 진폭 및 주파수를 정확히 조절한 후 [그림 R2]에 입력파형을 그린다.

(5) 오실로스코프의 CH2를 출력단자(B)에 연결하고 수직설정에서 입력 커플링을 접지(GND)로 선택하여 0[V] 접지레벨이 화면의 수평축 상이나 혹은, 원하는 위치에 오도록 수직위치를 조절한 다음, 입력 커플링을 다시 교류(AC) 결합으로 변경한다.

(6) 오실로스코프의 CH2에 나타난 출력파형(v_O)을 [그림 R2]에 그리고, 출력파형의 크기를측정하여 [표 2]에 기입한다.

(7) 오실로스코프의 CH2를 C마디 및 D마디에 연결하여 각 파형의 크기를 측정하고 [표 2]에 기입한다.

(8) 입력신호(v_I)의 크기를 2~6[V_{p-p}]로 변화시켜면서 출력파형의 변화를 관찰한 후, 데드대역이 있는지를 확인하고, 있다면 [그림 R2]에 그린다.

실험예비 보고서

실험조: 반 조 학번: 이름:

실험제목:
1. B급 증폭기에 대해 설명하시오. 2. 교차왜곡에 대해 설명하시오. 3. AB급 증폭기에 대해 설명하시오.

실험결과 보고서

실험자: 반 조 학번: 이름:

실험일시: 년 월 일 교시

공동 실험자:

실험제목:

1. 실제 실험 회로도

(디지털 멀티미터 등을 사용하여 실제 사용된 소자값을 정확하게 측정하여 회로도에 기재한다.)

2. 실험 결과

[표 1] B급 증폭기

측정 마디	v_i =0[V_{p-p}]일 때	v_i =2[V_{p-p}]일 때	
	직류전압 [V]	직류전압 [V]	교류신호전압 [V]
$+V_{CC}$			X
$-V_{CC}$			X
A			1
B			

[표 2] AB급 증폭기

측정 마디	v_i =0[V_{p-p}]일 때	v_i =2[V_{p-p}]일 때	
	직류전압 [V]	직류전압 [V]	교류신호전압 [V]
$+V_{CC}$			X
$-V_{CC}$			X
A			1
B			
C			
D			

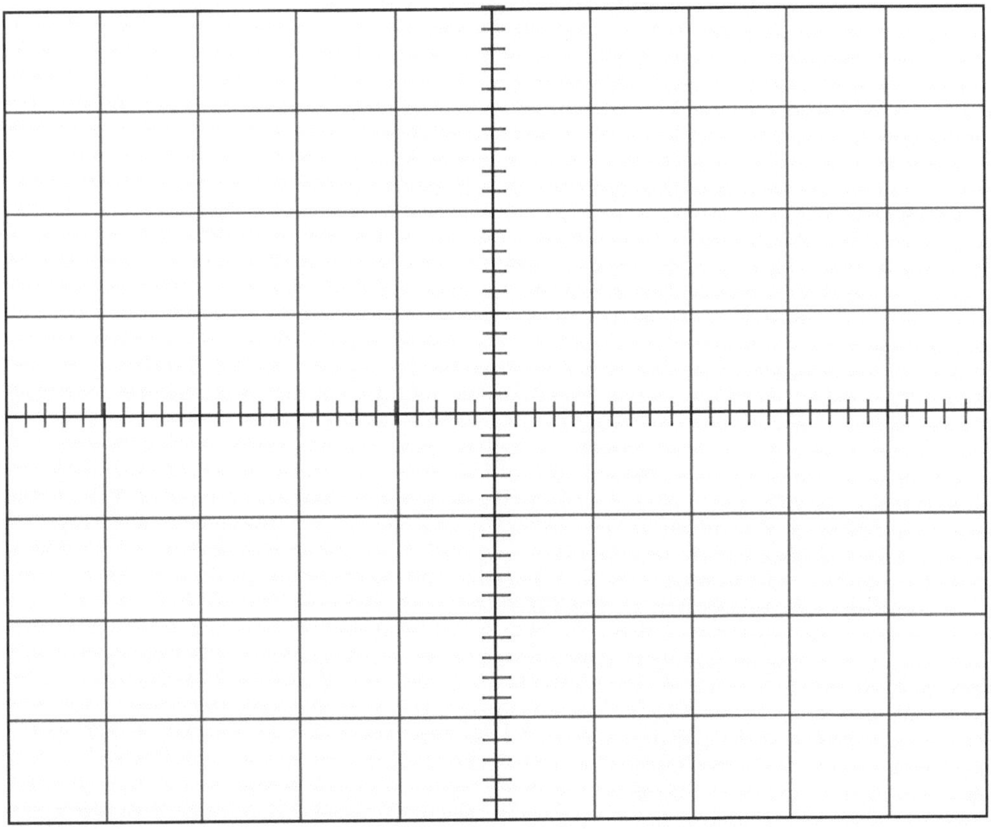

CH1	신호	V/Div.	Time:
CH2	신호	V/Div.	Sec/Div.

[그림 R1] 입력 및 출력 파형

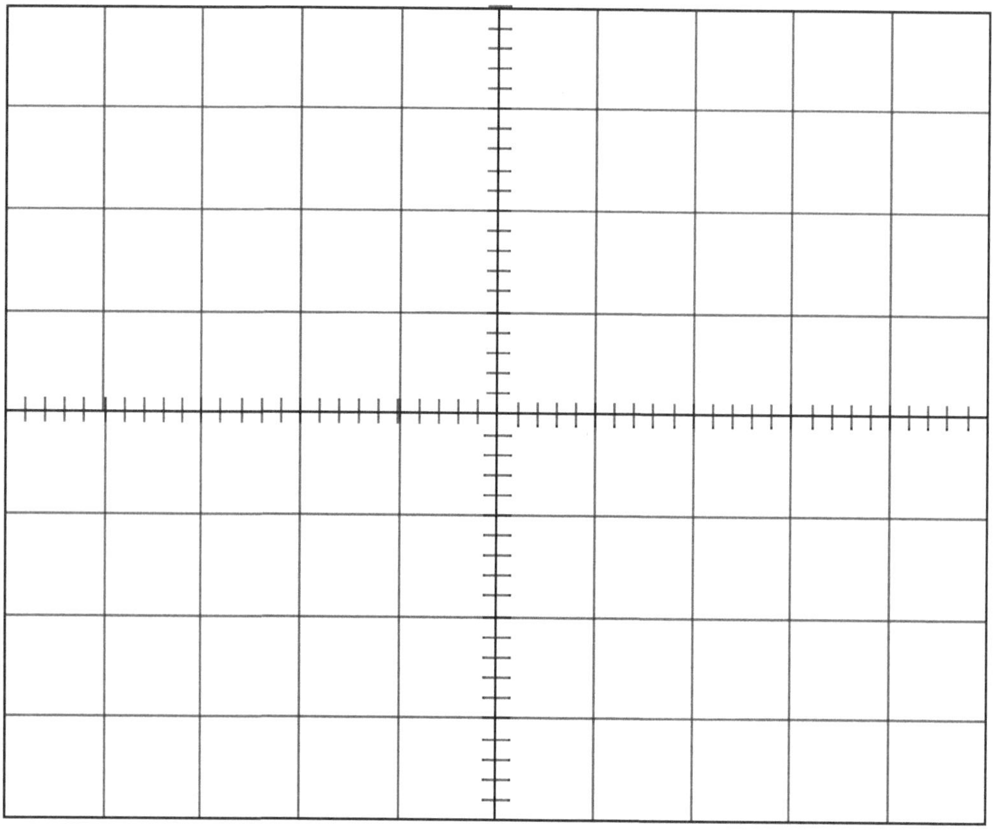

CH1	신호	V/Div.	Time:
CH2	신호	V/Div.	Sec/Div.

[그림 R2] 입력 및 출력 파형

3. 실험 결과 논의

1. B급 증폭기의 A 마디와 B 마디에서의 직류 바이어스 전압은 몇 V인가? 만약 $-V_{CC}$ 전원을 쓰는 대신 $+V_{CC}$ 전원을 20V로 하여 단일 전원을 썼을 경우 A 마디와 B 마디에서의 직류 바이어스 전압은 몇 V이어야 하는가?
2. 교차왜곡이 발생하는 원인에 대해 설명하고 입력신호의 크기를 변화시켜가며 교차왜곡을 관찰했을 때 언제 더 문제가 되었는가?
3. AB급 증폭기에서 교차왜곡이 사라진 이유를 다이오드 D_1, D_2의 역할과 관련시켜 설명하시오.
4. C마디 및 D 마디에서의 파형은 입력파형과 비교할 때 어떠한가?

Part 4

연산 증폭기의 이해와 응용

실험 21 덧셈기

1. 실험 목적

(1) 연산증폭기를 이용한 덧셈기의 연산원리를 이해한다.

(2) 원하는 덧셈식을 구현하는 덧셈기 설계방법을 이해한다.

(3) 각종 파형을 더하여 실제 덧셈동작이 이루어 지는 것을 확인한다.

2. 관련 이론

2.1 덧셈기의 해석

그림 21.1(a)는 반전 증폭기를 이용한 아날로그 덧셈기 구조를 보여주고 있다. v_a, v_b…v_m의 m개의 입력신호가 인가되었으므로 중첩원리를 적용하여 해석하기로 한다. 먼저 그림 21.1(b)에 보인 바와 같이 v_a만이 인가되고 나머지 단자는 모두 접지(즉, v_b=…=v_m=0V)되었을 때의 출력전압을 v_{Oa}라고 하고 구해보자. 이 경우 반전단자는 가상접지 되어있으므로 저항 R_b~R_m은 양단자가 모두 접지되어 회로에 마무런 영향도 미치지 못한다. 따라서 반전 덧셈기는 R_a와 R_F로 이루어진 반전 증폭기가 되므로 v_{Oa}는 다음과 같이 구해진다.

$$v_{Oa} = -\frac{R_F}{R_a} v_a \tag{21.1}$$

마찬가지 방법으로

$$v_{Ob} = -\frac{R_F}{R_b} v_b,$$
$$\cdots,$$
$$v_{Om} = -\frac{R_F}{R_m} v_m$$

출력전압 $v_O = v_{Oa} + v_{Ob} + \cdots + v_{Om}$ 이므로

$$v_O = -\left(\frac{R_F}{R_a}v_a + \frac{R_F}{R_b}v_b + \cdots - \frac{R_F}{R_m}v_m\right) \quad (21.2)$$

식(21.2)은 각 입력 신호마다 가중치를 갖고 더해지고 있으므로 가중치가 있는 덧셈기이다.

만약 $R_a = R_b = \cdots = R_m = R_A$ 라고 하면 출력전압은

$$v_O = -\frac{R_F}{R_A}(v_a + v_b + \cdots + v_m) \quad (21.3)$$

식(21.3)는 모든 입력신호가 가중치 없이 일률적으로 더해지므로 가중치가 없는 덧셈기가 된다.

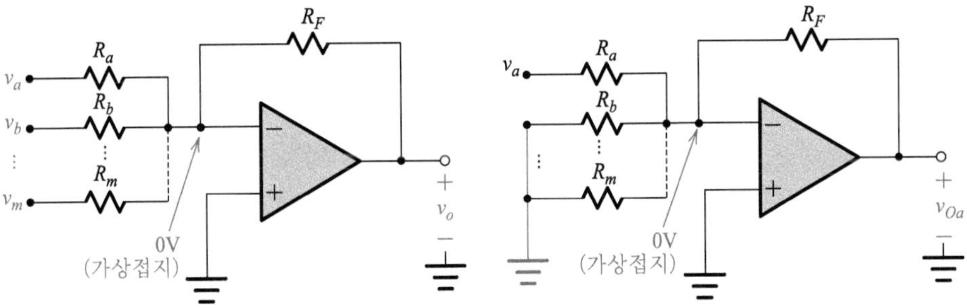

(a) 반전 덧셈기 (b) 입력신호 v_a만 인가했을 경우

그림 21.1 반전 증폭기를 이용한 반전 덧셈기

[예제 21.1] $y=-(x_a+x_b+x_c)$ 의 수식을 계산하는 덧셈기를 설계하시오. 단, 회로에서 사용되는 최소 저항 값은 10KΩ으로 한다.

풀이 식(21.3)으로부터 $R_F/R_A=1$로 하고 R_A를 저항 값은 10KΩ으로 설정하면 다음과 같은 덧셈기가 설계된다.

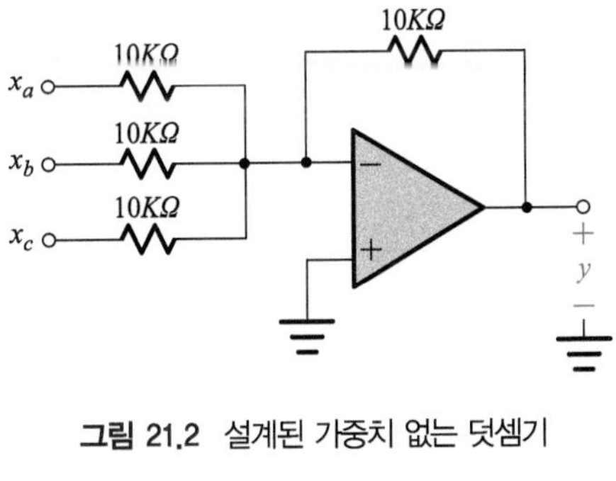

그림 21.2 설계된 가중치 없는 덧셈기

[예제 21.2] $y=-(2x_a+x_b+8x_c)$의 수식을 계산하는 덧셈기를 설계하시오. 단, 회로에서 사용되는 최소 저항 값은 10KΩ으로 한다.

풀이 식(21.2)로부터

$$R_F/R_a=2 \tag{E21.1}$$
$$R_F/R_b=1 \tag{E21.2}$$
$$R_F/R_c=8 \tag{E21.3}$$

의 비율로 하고 R_c를 최소 저항 10KΩ으로 설정하면

$$\frac{R_F}{R_c}=8 \rightarrow R_F=8\times R_c=80K\Omega$$

이 된다. 식(E21.1)과 식(E21.2)로부터 R_a와 R_b를 구하면

$$R_a=R_F/2=40K\Omega$$
$$R_b=R_F/1=80K\Omega$$

이 된다. 따라서 다음과 같은 덧셈기를 얻는다.

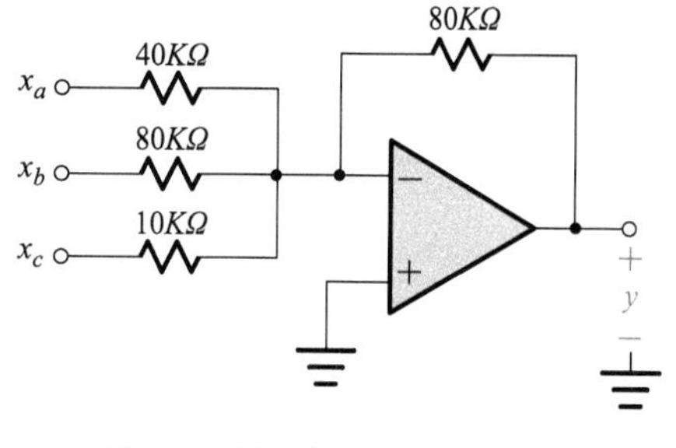

그림 21.3 설계된 가중치가 있는 덧셈기

3. 실험 기기 및 부품

사용 기기	소요 부품
(1) 디지털 멀티미터(DMM): 1대 (2) 듀얼 채널 파형 발생기: 1대 (3) 오실로스코프: 2채널-1대 (4) 직류전원장치: +15[V](50㎃) 1채널, −15[V](50㎃), 1채널 (5) 브레드보드: 1대	(1) μA 741op-amp: 1개 (2) 저항: 10KΩ(0.25W) 3개 2.2KΩ(0.25W) 2개 1KΩ(0.25W) 2개

4. 실험 내용 및 절차

4.1 직류 값의 덧셈

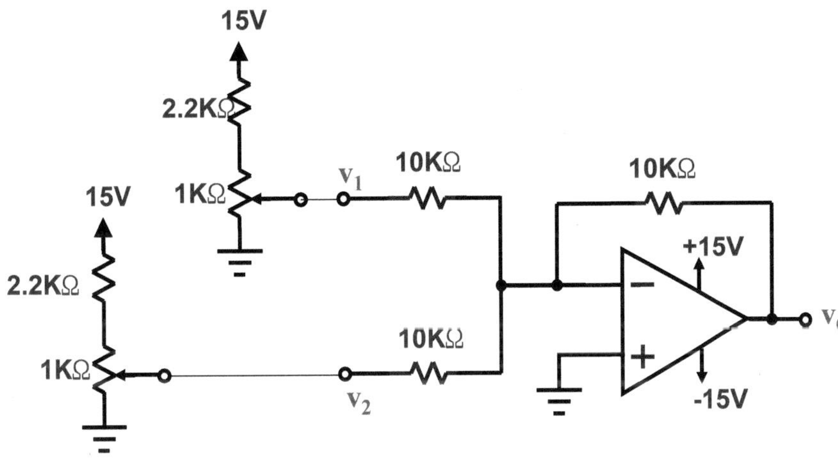

[그림 1] 직류 값의 덧셈

(1) [그림 1]의 회로를 브레드 보드에 구성한다.

(2) 오실로스코프의 CH1을 회로의 입력단자(V_2)에 연결하고 수직설정에서 입력 커플링(coupling)을 접지(GND)로 선택하여 0 [V] 접지레벨이 화면의 수평축 상에 오도록 수직위치를 조절한 다음, 입력 커플링을 다시 직류(DC) 결합으로 변경한다

(3) 오실로스코프의 CH2를 회로의 출력단자(V_o)에 연결하고 수직설정에서 입력 커플링을 접지(GND)로 선택하여 0[V] 접지레벨이 화면의 수평축 상이나 혹은, 원하는 위치에 오도록 수직위치를 조절한 다음, 입력 커플링을 다시 직류(DC) 결합으로 변경한다.

(4) v_1과 v_2의 전압 파형을 오실로스코프로 측정한다.

(5) 가변저항기를 조절하여 v_1과 v_2의 전압이 [표 1]에 제시된 대로 변화시켜 가면서 그 때의출력 v_O의 값을 측정하여 기제한다.

4.2 직류와 신호의 덧셈

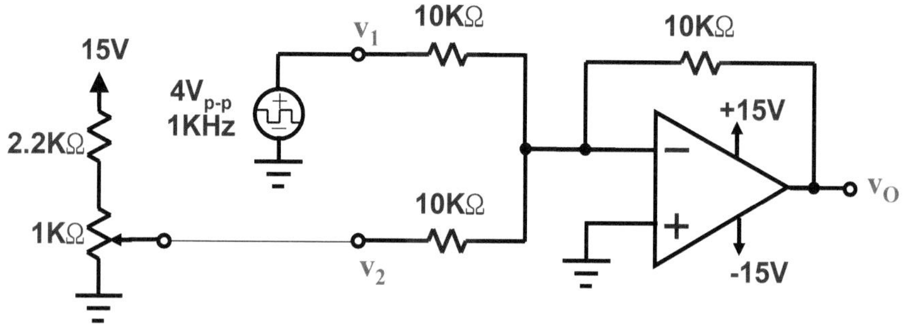

[그림 2] 직류와 신호의 덧셈

(1) [그림 1]의 회로에서 v_1단자에 전압분배기를 파형 발생기로 대체하여 [그림 2]의 회로를 구성한다.

(2) 파형 발생기로 $4V_{p\text{-}p}$, 1KHz의 구형파를 발생시킨다(오프셋 전압=0V).

(3) v_1과 v_2의 전압 파형을 오실로스코프로 측정한다.

(4) 가변저항을 조절하여 v_2의 전압 값이 [표 2]에 제시된 것(0, 1, 2V)과 같이 되도록 하고 각각의 경우에 대한 v_O의 파형을 [그림 R1]에 그려서 비교하고, v_1과 v_O 구형파 신호의 최대 전압레벨을 측정하여 [표 2]에 기록하고 시오.

4.3 신호와 신호의 덧셈

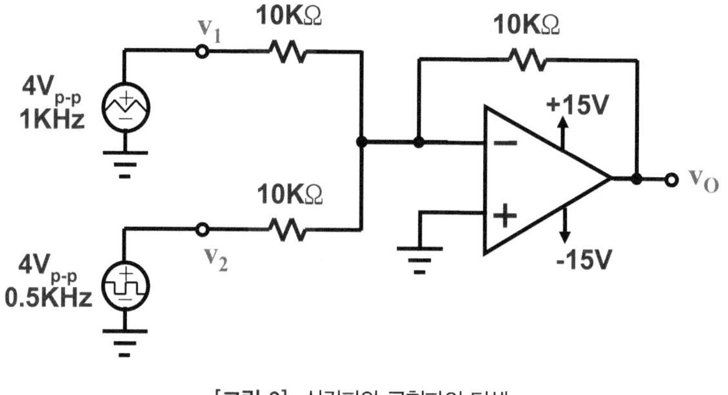

[그림 3] 삼각파와 구형파의 덧셈

(1) 듀얼 채널 파형 발생기를 사용하여 [그림 3]의 회로를 구성한다.
(2) 파형 발생기로 제시된 파형을 발생시키되 각 파형의 오프셋 전압은 0V가 되도록 한다.
(3) v_1, v_2 및 v_O의 전압 파형을 오실로스코프로 측정한다.
(4) [그림 R2]에 측정된 v_1, v_2 및 v_O의 파형을 그려서 비교한다.

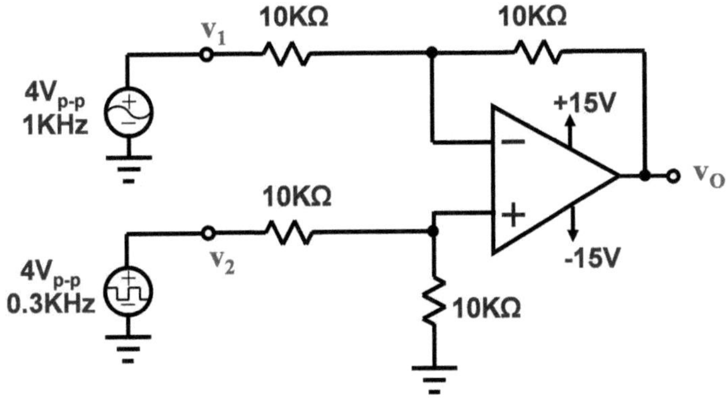

[그림 4] 사인파와 구형파의 덧셈

(1) 듀얼 채널 파형 발생기를 사용하여 [그림 4]의 회로를 구성한다.
(2) 파형 발생기로 제시된 파형을 발생시키되 각 파형의 오프셋 전압은 0V가 되도록 한다.
(3) v_1, v_2 및 v_O의 전압 파형을 오실로스코프로 측정한다.
(4) [그림 R3]에 측정된 v_1, v_2 및 v_O의 파형을 그려서 비교한다.

실험예비 보고서

실험조: 반 조 학번: 이름:

실험제목:

1. 그림 21.1의 덧셈기에 대해 출력 v_O를 구하시오.

2. $\mathbf{v}_O = -(\mathbf{v}_1 + \mathbf{v}_2)$ 를 계산하기 위한 덧셈기를 설계하시오. 단, 사용되는 최소 저항값은 10KΩ으로 설정한다.

실험결과 보고서

실험자: 반 조 학번: 이름:

실 험 일 시: 년 월 일 교시

공동 실험자:

실험제목:

1. 실제 실험 회로도

(디지털 멀티미터 등을 사용하여 실제 사용된 소자값을 정확하게 측정하여 회로도에 기재한다.)

2. 실험 결과

[표 1] 직류 값의 덧셈

v_1 [V]	0	1	1	2	2	3	3	4	4	5
v_2 [V]	0	0	1	1	2	2	3	3	4	4
v_o [V]										
계산값 v_o [V] [$=v_1+v_2$]										

[표 2] 직류와 신호의 덧셈

v_1 [V]			
v_2 [V]	0	1	2
v_o [V]			

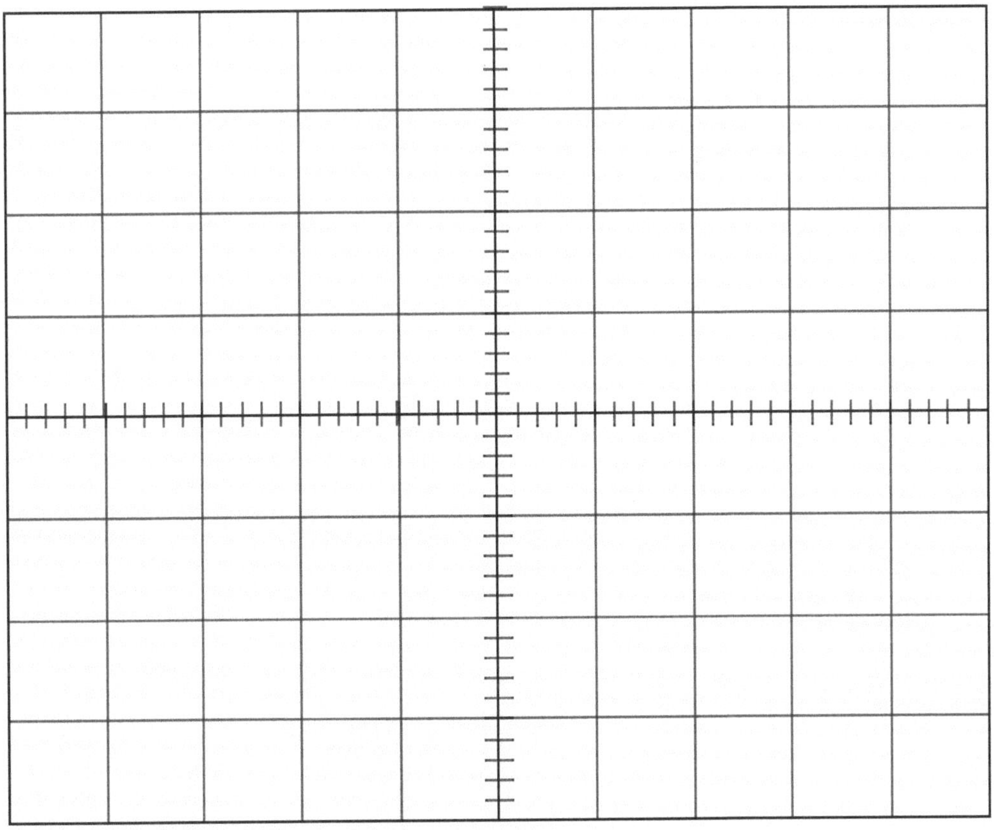

CH1	신호	V/Div.	Time:
CH2	신호	V/Div.	Sec/Div.

[그림 R1] 입력 및 출력 파형

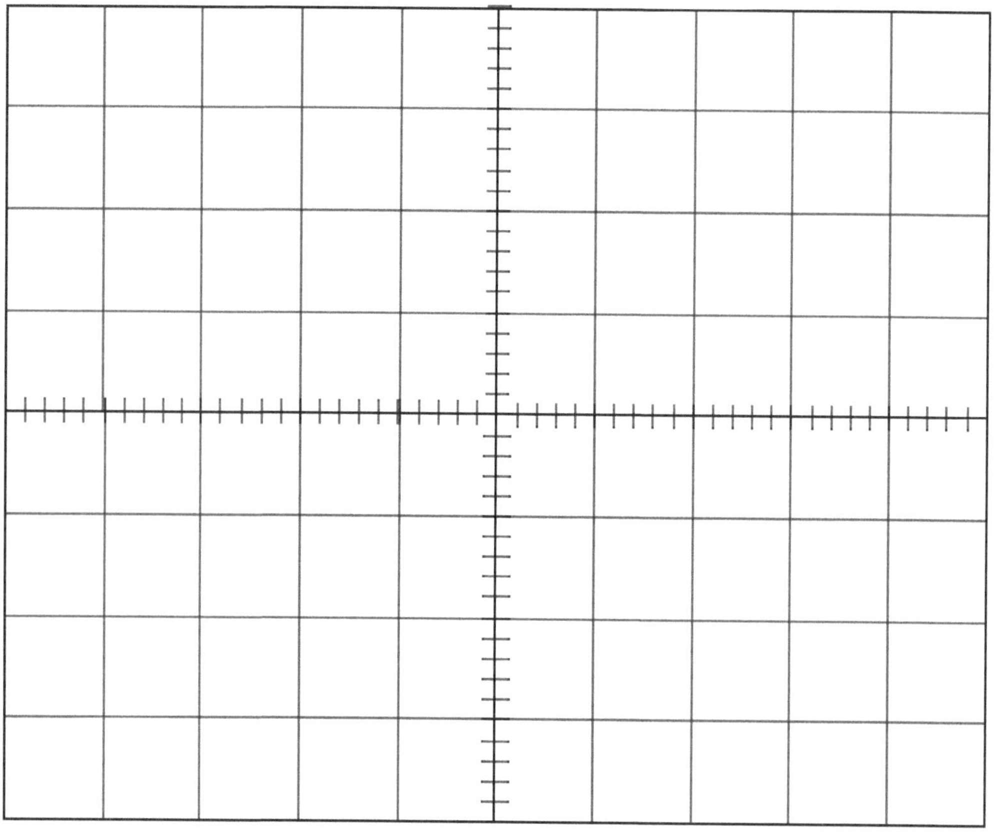

CH1	신호	V/Div.	Time: Sec/Div.
CH2	신호	V/Div.	

[그림 R2] 입력 및 출력 파형

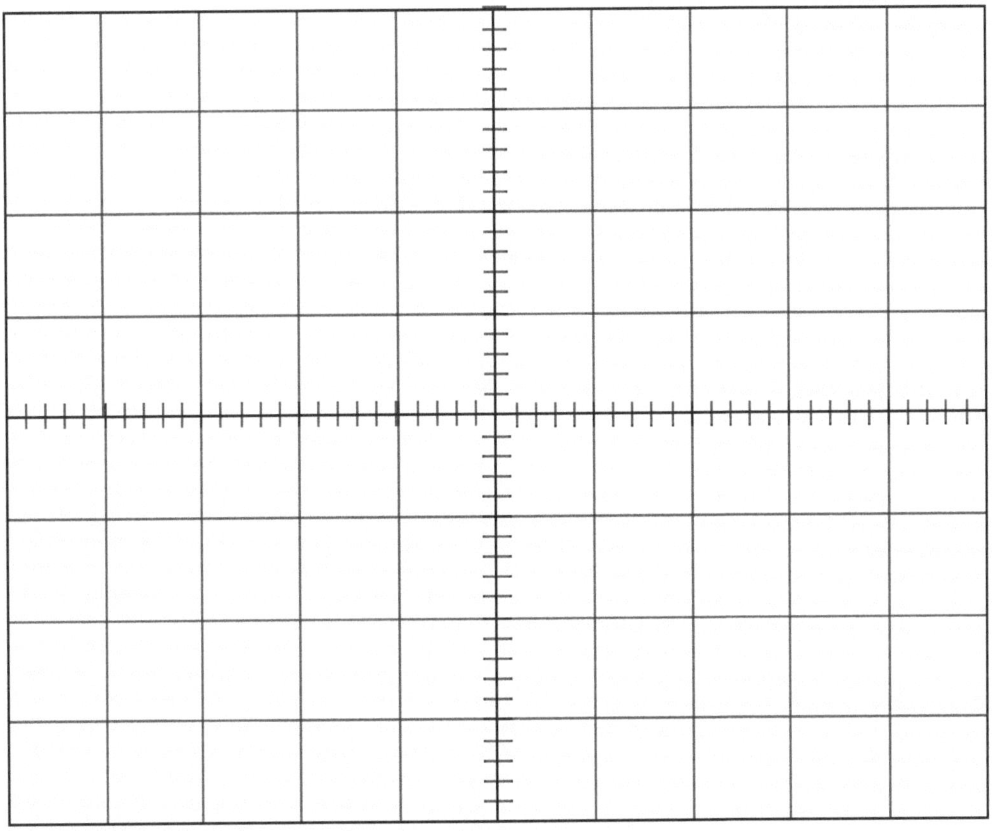

CH1	신호	V/Div.	Time:
CH2	신호	V/Div.	Sec/Div.

[그림 R3] 입력 및 출력 파형

3. 실험 결과 논의

1. [표 1]의 계산 값을 구하여 기입하고 실제 덧셈기가 계산한 값과 비교해 결과를 설명하시오.
2. 신호에 직류가 더해질 때 신호의 파형은 어떻게 변화하는지를 설명하시오.
3. [그림 R2]에 그려진 v_1 및 v_2의 파형으로부터 출력 v_O의 파형을 예측하여 그려보고 측정된 파형과 비교하시오.
4. [그림 R3]에 그려진 v_1 및 v_2의 파형으로부터 출력 v_O의 파형을 예측하여 그려보고 측정된 파형과 비교하시오.

실험 22 뺄셈기

1. 실험 목적

(1) 연산증폭기를 이용한 뺄셈기의 연산원리를 이해한다.

(2) 원하는 뺄셈식을 구현하는 뺄셈기 설계방법을 이해한다.

(3) 각종 파형을 빼주는 실제 뺄셈동작이 이루어 지는 것을 확인한다.

2. 관련 이론

2.1 뺄셈기의 해석

그림 22.1은 단일 연산증폭기로 구성된 뺄셈기 이다. 두 입력신호 v_1, v_2에 대해서 중첩원리(superposition)를 써서 해석하기로 한다.

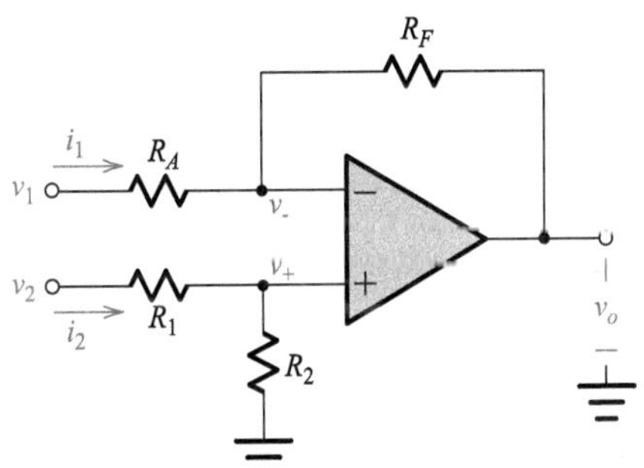

그림 22.1 단일 연산증폭기로 구성된 뺄셈기

[출력전압 v_{O1}] 먼저, 입력신호 v_1만 인가했을 때의 출력을 v_{O1}이라고 하면 그림 22.2(a)와 같은 반전 증폭기가 된다. 따라서 출력 전압 v_{O1}은 다음과 같다.

$$v_{o1} = -\frac{R_F}{R_A} v_1 \tag{22.1}$$

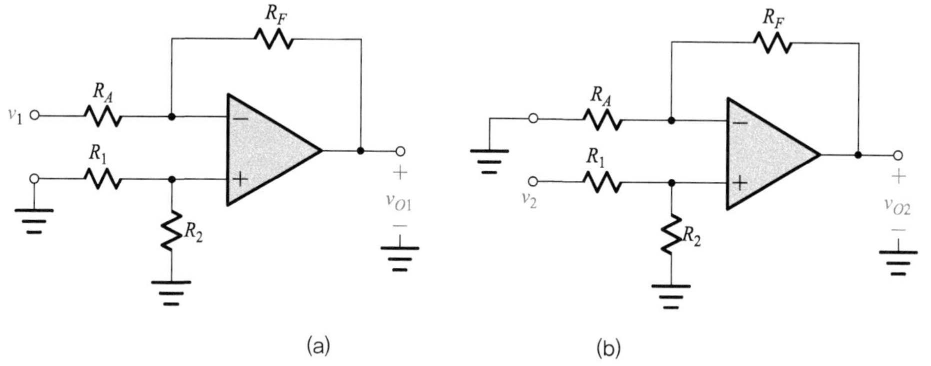

그림 22.2 중첩원리를 이용한 해석
(a) v_2는 제거하고 v_1만 인가된 경우 (b) v_1은 제거하고 v_2만 인가된 경우

이번에는 입력신호 v_2만 인가했을 때의 출력을 v_{O2}라고 하면 그림 22.2(b)와 같은 비반전 증폭기가 된다. 또한 입력신호 v_2는 저항 R_1, R_2에 의해서 전압분배 되어 비반전 입력단자에 인가되므로 출력전압 v_{O2}는 다음과 같이 구해진다.

$$v_{o2} = \left(1 + \frac{R_F}{R_A}\right)\left(\frac{R_2}{R_1 + R_2}\right)v_2 \tag{22.2}$$

따라서 출력전압 v_O는 앞서 구한 두 출력전압 v_{O1}, v_{O2}의 합이 되므로 다음과 같이 구해진다.

$$v_O = v_{O1} + v_{O2} = \left(1 + \frac{R_F}{R_A}\right)\left(\frac{R_2}{R_1 + R_2}\right)v_2 - \frac{R_F}{R_A}v_1 \tag{22.3}$$

[각 단자에서의 입력저항 R_{i1}, R_{i2}] 그림 22.1의 단일 연산증폭기로 구성된 뺄셈기를 등가회로로 표현하면 그림 22.3과 같다. V_2단자에서 본 입력저항 R_{i2}는 가상단락 조건에 의해 연산증폭기 입력단자로 전류가 흐르지 못하므로 R_1과 R_2의 직렬합성이 된다.

$$R_{i2} = R_1 + R_2 \tag{22.4}$$

v_1단자로 흐르는 전류 i_1은 가상단락 조건에 의해 $v_- = v_+$가 되므로 다음 수식으로 구해진다.

$$i_1 = \frac{v_1 - v_+}{R_A} = \frac{1}{R_A}\left(v_1 - \frac{R_2}{R_1 + R_2}v_2\right) \tag{22.5}$$

따라서 v_1단자에서 본 입력저항 R_{i1}은 다음 수식으로 표현된다.

$$R_{i1} \equiv \frac{v_1}{i_1} = R_A + \frac{R_A R_2 v_2}{(R_1 + R_2)v_1 - R_2 v_2} \tag{22.6}$$

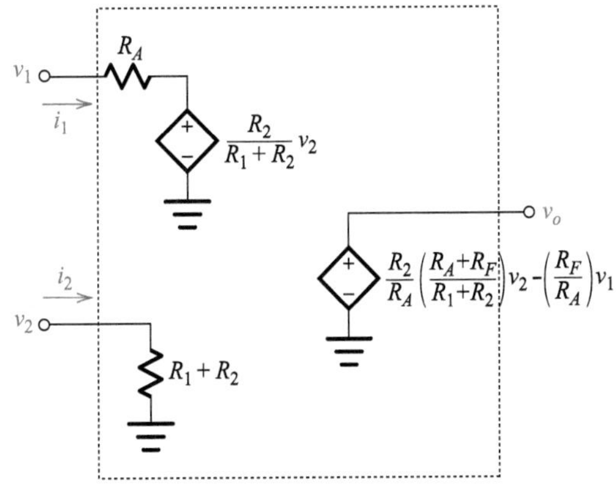

그림 22.3 단일 연산증폭기로 구성된 뺄셈기의 등가회로

[출력저항] 뺄셈기의 출력저항 R_{out}은 이상적인 연산증폭기의 출력저항과 같으므로 0Ω이 된다.

[공통모드이득 A_c] 한편, 공통모드이득 A_c를 구하기 위해 그림 22.4에서 보인 것처럼 $v_1=v_2=v_c$가 되도록 인가한다.

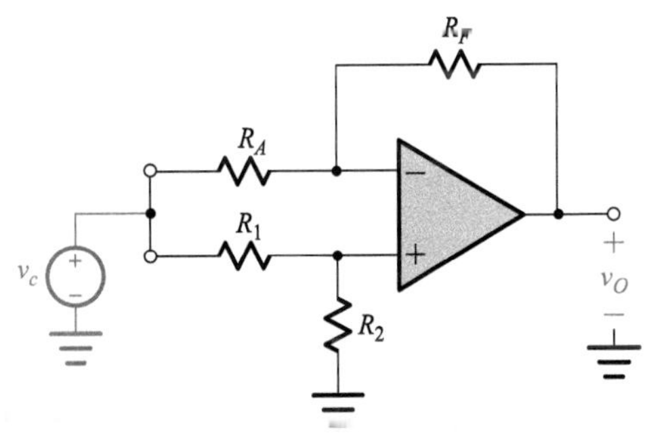

그림 22.4 공통모드이득 해석

이 경우 $v_1=v_2=v_c$가 되므로 식(22.3)으로부터 공통모드 이득 A_c는 다음과 같이 구해진다.

$$A_c \equiv \frac{v_O}{v_c} = \left(1+\frac{R_F}{R_A}\right)\left(\frac{R_2}{R_1+R_2}\right) - \frac{R_F}{R_A}$$
$$= \left(\frac{R_2}{R_1+R_2}\right)\left(1+\frac{R_F}{R_A} - \frac{R_F}{R_A}\frac{R_1+R_2}{R_2}\right) \tag{22.7}$$
$$= \left(\frac{R_2}{R_1+R_2}\right)\left(1-\frac{R_F R_1}{R_A R_2}\right)$$

식(22.7)에서 공통모드이득 A_c가 적지 않은 값으로 뺄셈기의 요구 특성인 공통성분제거가 제대로 이루어지지 못함을 알 수 있다. 그러나 $R_1=R_A$ 및 $R_2=R_F$(혹은 $R_2/R_1=R_F/R_A$)가 되도록 저항 값을 설정하여 주면 다음과 같이 공통모드이득 $A_c=0$인 이상적인 특성을 얻을 수 있다.

$$A_c \equiv \frac{v_O}{v_c} = \left(\frac{R_2}{R_1+R_2}\right)\left(1-\frac{R_F R_1}{R_A R_2}\right)\Bigg|_{\frac{R_2}{R_1}=\frac{R_F}{R_A}} = 0 \tag{22.8}$$

[차동모드이득 A_d] 식(22.3)에 $R_1=R_A$ 및 $R_2=R_F$의 조건을 적용하면 뺄셈기의 출력전압 v_O는 다음과 같이 표현된다.

$$v_O = \frac{R_F}{R_A}(v_2 - v_1) = \frac{R_F}{R_A} v_d \tag{22.9}$$

따라서 차동모드 이득 A_d는 다음과 같다.

$$A_d \equiv \frac{v_O}{v_d} = \frac{R_F}{R_A} \tag{22.10}$$

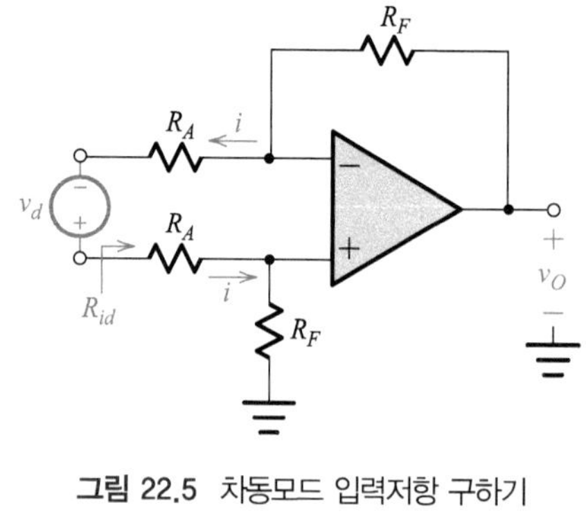

그림 22.5 차동모드 입력저항 구하기

[차동모드 입력저항 R_{id}] 차동모드 입력저항(R_{id})을 구하기 위해 그림 22.5의 회로의 입력루프에 키르히호프 전압법칙을 적용하면 가상단락조건으로부터 다음의 수식을 얻는다.

$$v_d = R_A i + 0 + R_A i \tag{22.11}$$

따라서 차동모드 입력저항 R_{id}는 다능과 같이 구해진다.

$$R_{id} \equiv \frac{v_d}{i} = 2R_A \tag{22.12}$$

이와 같은 구조의 뺄셈기는 큰 값의 차동모드 이득(R_F/R_A)이 필요한 경우 R_A가 필연적으로 작아질 수밖에 없으므로 차동모드 입력저항(R_{id})이 작아지는 단점이 있다. 또한, 이 같은 구조는 차동모드 이득을 변화시키는 것이 용이하지않다. 이와 같은 단점들을 극복하기 위한 차동증폭기 구조로서 여러 개의 연산증폭기로 구성된 인스트루먼트 증폭기가 있다.

[예제 22.1] 다음의 뺄셈기에 대해서 차동모드 이득 A_d, 차동모드 입력저항 R_{id}를 구하시오.

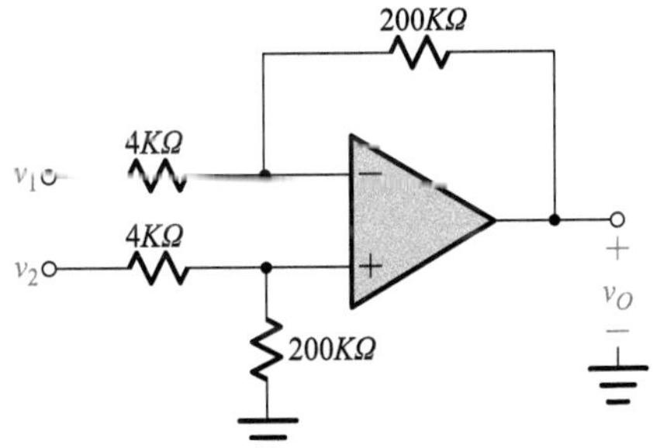

그림 22.6 뺄셈기 구조

풀이

$$A_d \equiv \frac{v_O}{v_d} = \frac{R_F}{R_A} = \frac{200K}{4K} = 50$$

$$R_{id} \equiv \frac{v_A}{i} = 2R_A = 8K\Omega$$

3. 실험 기기 및 부품

사용 기기	소요 부품
(1) 디지털 멀티미터(DMM): 1대 (2) 듀얼 채널 파형 발생기: 1대 (3) 오실로스코프: 2채널-1대 (4) 직류전원장치: +15[V](50㎃) 1채널, −15[V](50㎃) 1채널 (5) 브레드보드: 1대	(1) μA 741op-amp: 1개 (2) 저항: 10KΩ(0.25W) 4개 2.2KΩ(0.25W) 2개 1KΩ(0.25W) 2개

4. 실험 내용 및 절차

4.1 직류 값의 뺄셈

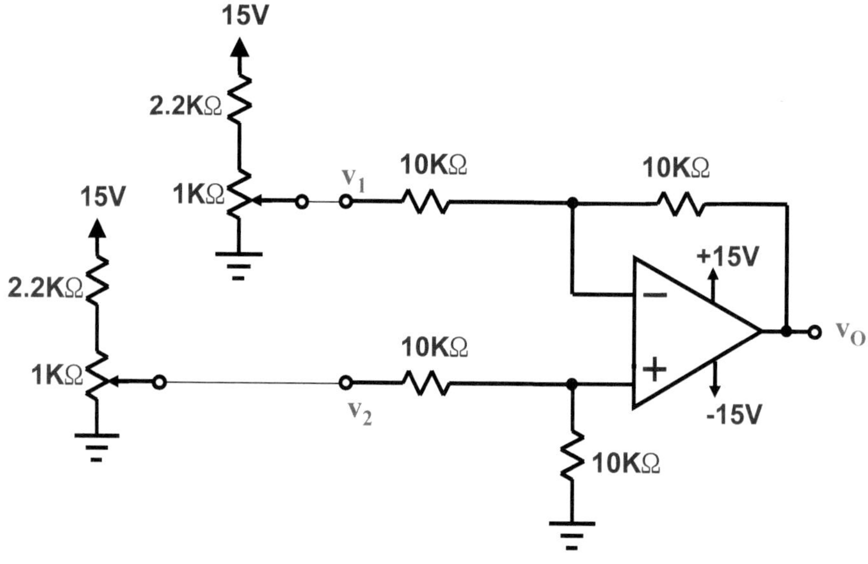

[그림 1] 직류 값의 뺄셈

(1) [그림 1]의 회로를 브레드 보드에 구성한다.

(2) 오실로스코프의 CH1을 회로의 입력단자(V_2)에 연결하고 수직설정에서 입력 커플링(coupling)을 접지(GND)로 선택하여 0 [V] 접지레벨이 화면의 수평축 상에 오도록 수직위치를 조절한 다음, 입력 커플링을 다시 직류(DC) 결합으로 변경한다

(3) 오실로스코프의 CH2를 회로의 출력단자(V_o)에 연결하고 수직설정에서 입력 커플

링을 접지(GND)로 선택하여 0[V] 접지레벨이 화면의 수평축 상이나 혹은, 원하는 위치에 오도록 수직위치를 조절한 다음, 입력 커플링을 다시 직류(DC) 결합으로 변경한다.

(4) v_1과 v_2의 전압 파형을 오실로스코프로 측정한다.

(5) 가변저항기를 조절하여 v_1과 v_2의 전압이 [표 1]에 제시된 대로 변화시켜 가면서 그 때의출력 v_O의 값을 측정하여 기록한다.

4.2 직류와 신호의 뺄셈

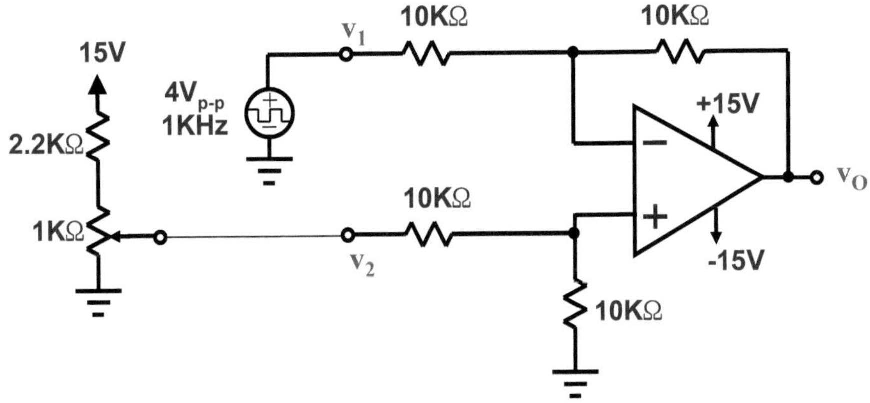

[그림 2] 직류와 신호의 뺄셈

(1) [그림 1]의 회로에서 v_1단자에 전압분배기를 파형 발생기로 대체하여 [그림 2]의 회로를 구성한다.

(2) 파형 발생기로 $4V_{p-p}$, 1KHz의 구형파를 발생시킨다(오프셋 전압=0V).

(3) v_1과 v_2의 전압 파형을 오실로스코프로 측정한다.

(4) 가변저항을 조절하여 v_2의 전압 값이 [표 2]에 제시된 것(0, 1, 2V)과 같이 되도록 하고 각각의 경우에 대한 v_O의 파형을 [그림 R1]에 그려서 비교하고, v_1과 v_O 구형파 신호의 최대 전압레벨을 측정하여 [표 2]에 기록하시오.

4.3 신호와 신호의 뺄셈

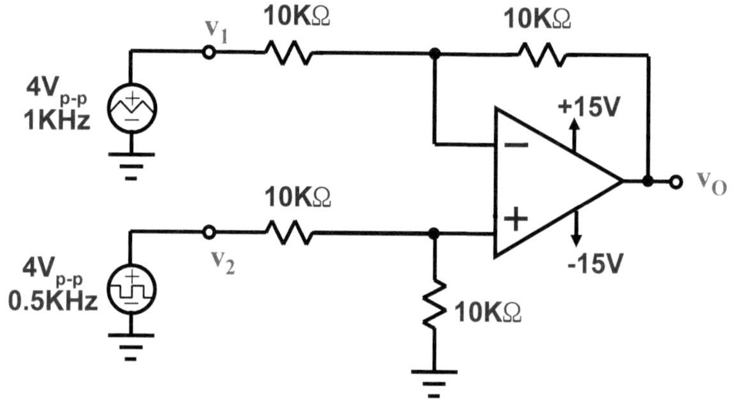

[그림 3] 삼각파와 구형파의 뺄셈

(1) 듀얼 채널 파형 발생기를 사용하여 [그림 3]의 회로를 구성한다.

(2) 파형 발생기로 제시된 파형을 발생시키되 각 파형의 오프셋 전압은 0V가 되도록 한다.

(3) v_1, v_2 및 v_O의 전압 파형을 오실로스코프로 측정한다.

(4) [그림 R2]에 측정된 v_1, v_2 및 v_O의 파형을 그려서 비교한다.

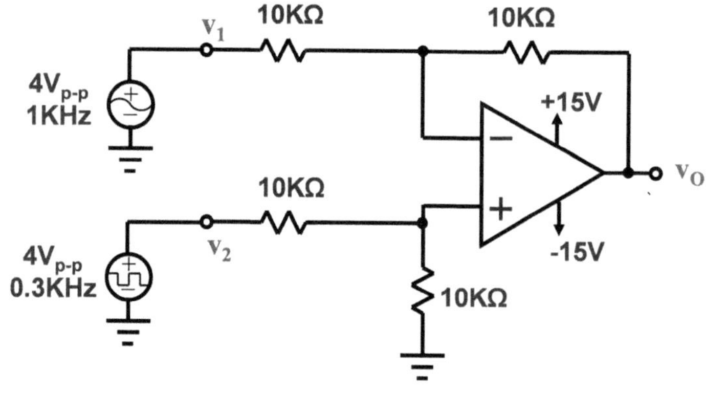

[그림 4] 사인파와 구형파의 뺄셈

(1) 듀얼 채널 파형 발생기를 사용하여 [그림 4]의 회로를 구성한다.

(2) 파형 발생기로 제시된 파형을 발생시키되 각 파형의 오프셋 전압은 0V가 되도록 한다.

(3) v_1, v_2 및 v_O의 전압 파형을 오실로스코프로 측정한다.

(4) [그림 R3]에 측정된 v_1, v_2 및 v_O의 파형을 그려서 비교한다.

실험예비 보고서

실험조: 반 조 학번: 이름:

실험제목:

1. 그림 22.6의 뺄셈기에 대해 출력 v_O를 구하시오.

2. $\mathbf{v}_O = \mathbf{v}_1 - \mathbf{v}_2$ 를 계산하기 위한 뺄셈기를 설계하시오. 단, 사용되는 최소 저항 값은 10KΩ으로 설정한다.

실험결과 보고서

실험자: 반 조 학번: 이름:

실험일시: 년 월 일 교시

공동 실험자:

실험제목:

1. 실제 실험 회로도

(디지털 멀티미터 등을 사용하여 실제 사용된 소자값을 정확하게 측정하여 회로도에 기재한다.)

2. 실험 결과

[표 1] 직류 값의 뺄셈

v_1 [V]	0	1	1	2	2	3	3	4	4	5
v_2 [V]	0	0	1	1	2	2	3	3	4	4
v_o [V]										
계산값 v_o [V] [$=v_1-v_2$]										

[표 2] 직류와 신호의 뺄셈

v_1의 최대 전압레벨 [V]			
v_2 [V]	0	1	2
v_o의 최대 전압레벨 [V]			

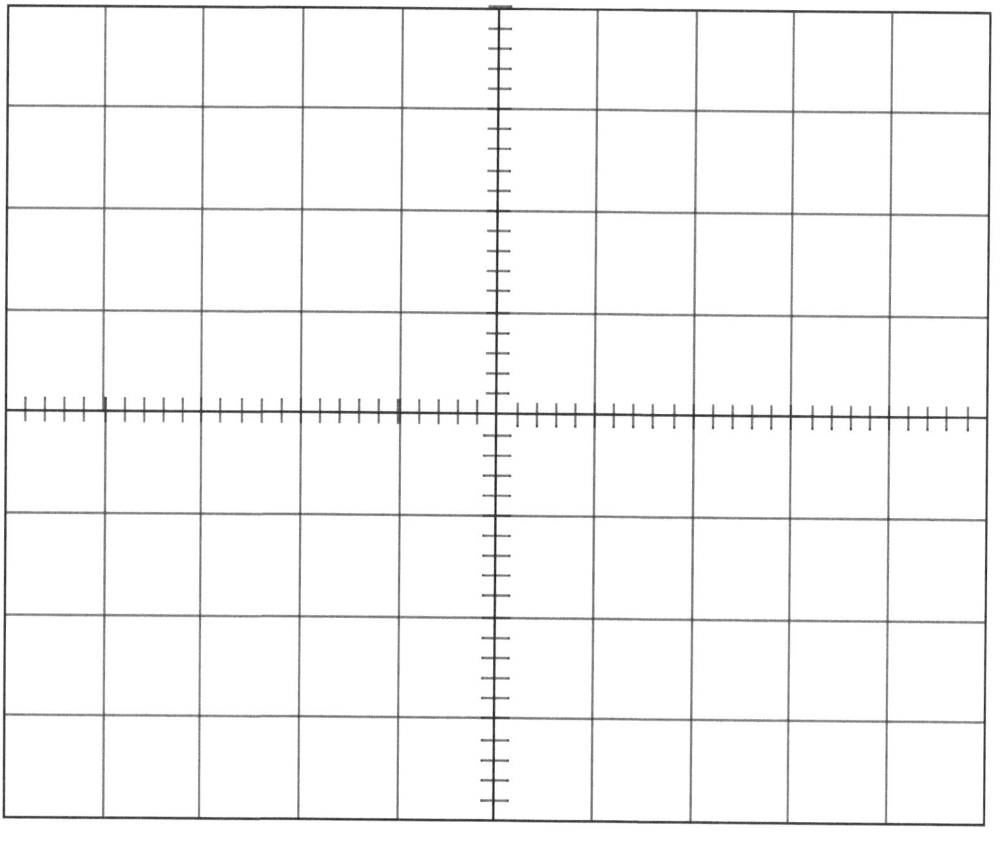

CH1	신호	V/Div.	Time:
CH2	신호	V/Div.	Sec/Div.

[그림 R1] 입력 및 출력 파형

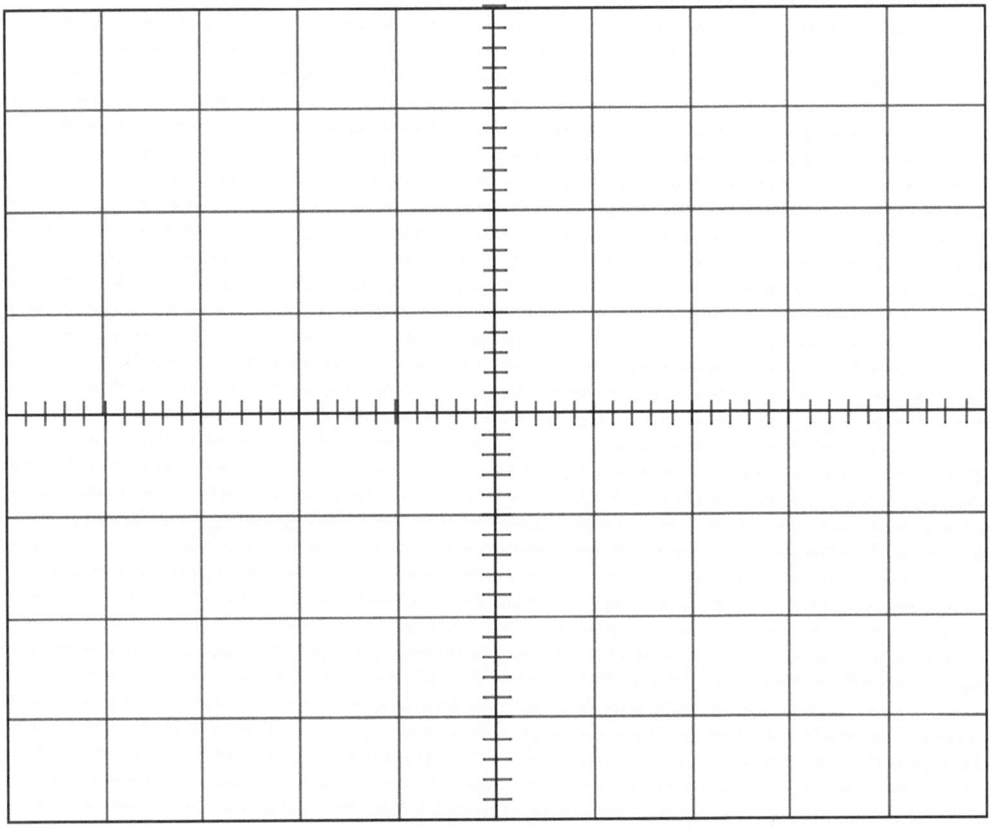

CH1	신호	V/Div.	Time:
CH2	신호	V/Div.	Sec/Div.

[그림 R2] 입력 및 출력 파형

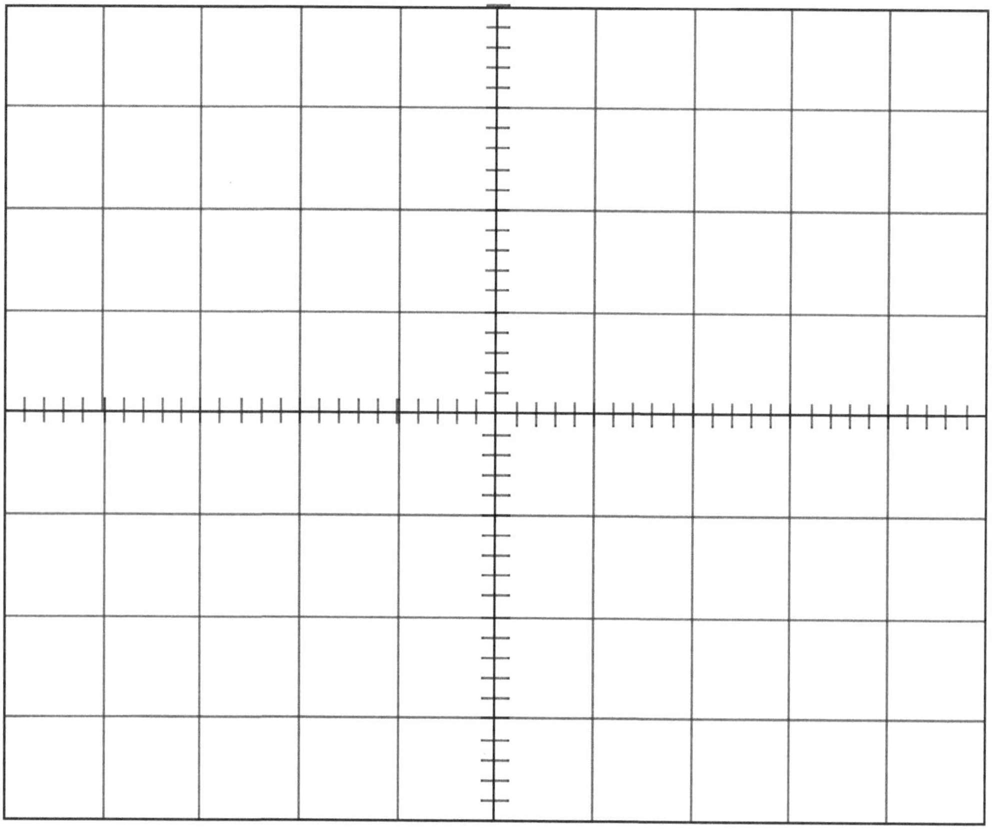

CH1	신호	V/Div.	Time:
CH2	신호	V/Div.	Sec/Div.

[그림 R3] 입력 및 출력 파형

3. 실험 결과 논의

1. [표 1]의 계산 값을 구하여 기입하고 실제 뺄셈기가 계산한 값과 비교해 결과를 설명하시오.
2. 신호에 직류가 빠질 때 신호의 파형은 어떻게 변화하는지를 설명하시오.
3. [그림 R2]에 그려진 v_1 및 v_2의 파형으로부터 출력 v_O의 파형을 예측하여 그려보고 측정된 파형과 비교하시오.
4. [그림 R3]에 그려진 v_1 및 v_2의 파형으로부터 출력 v_O의 파형을 예측하여 그려보고 측정된 파형과 비교하시오.

실험 23 비교기

1. 실험 목적

(1) 비교기의 동작을 이해한다.

(2) 비교기의 전달특성곡선을 구한다.

(3) 비교기의 잡음에 대한 문제점을 확인한다.

2. 관련 이론

2.1 비교기의 이해

[비교기의 동작] 두 전압을 비교하여 어느 쪽이 더 큰가를 판단하는 것은 많은 회로에서 흔히 요구되는 중요한 기능이다. 비교기(comparator)는 입력전압(v_I)을 기준전압 레벨(V_{REF})과 비교하여 어느 쪽이 큰가를 판단해 주는 회로로서 그림 23.1(a)에 회로도를 보였다.

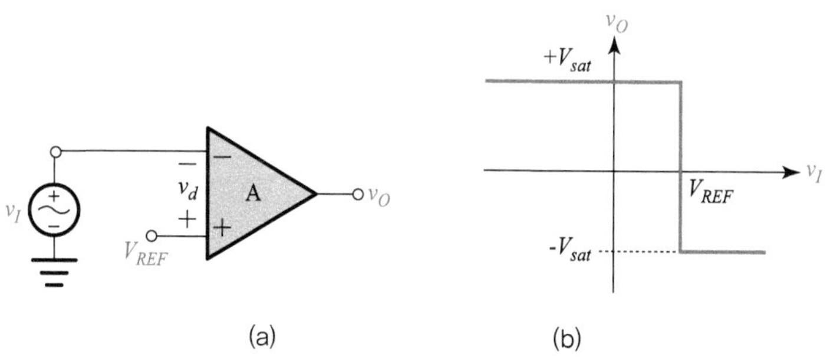

그림 23.1 비교기
(a) 비교기 (b) 비교기의 전달 특성 곡선

그림 23.1(b)는 비교기의 전달특성 곡선을 보여준다. $v_I<V_{REF}$이면 연산 증폭기는 최고 전압인 양의 포화전압($+V_{sat}$)을 출력하고, $v_I>V_{REF}$이면 연산 증폭기는 최저 전압인 음의 포화전압($-V_{sat}$)을 출력함으로써 비교 결과를 알려준다. 실용 **비교기의 정밀도**는 출력이 한 포화상태에서 다른 포화상태로 변화하는 데에 필요한 최소한의 차입력 전

압으로 표현한다.

[예제 23.1] 그림 23.2의 비교기는 입력신호가 0V 레벨을 통과하는 것을 검출하는 0레벨 검출기로 응용되고 있다. 좌측의 입력신호가 인가 되었을 때 출력 파형을 그리시오..

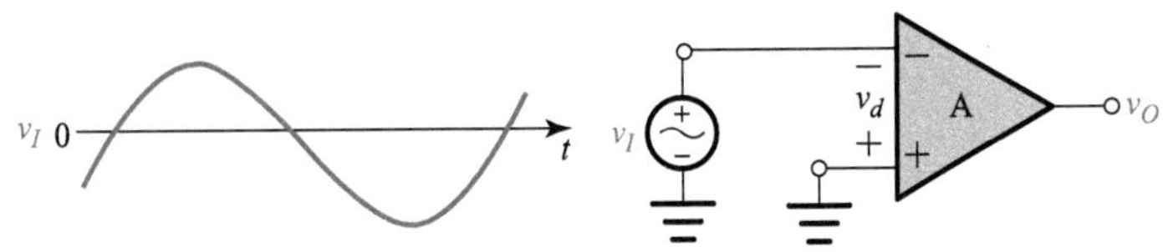

그림 23.2 0레벨 검출기

풀이 비교기의 기준전압 V_{REF}=0V이므로 v_I>0V이면 v_O=-V_{sat}가 되고 v_I<0V이면 v_O=+V_{sat}가 된다. 따라서 그림 23.3에 보인 출력 파형이 얻어진다.

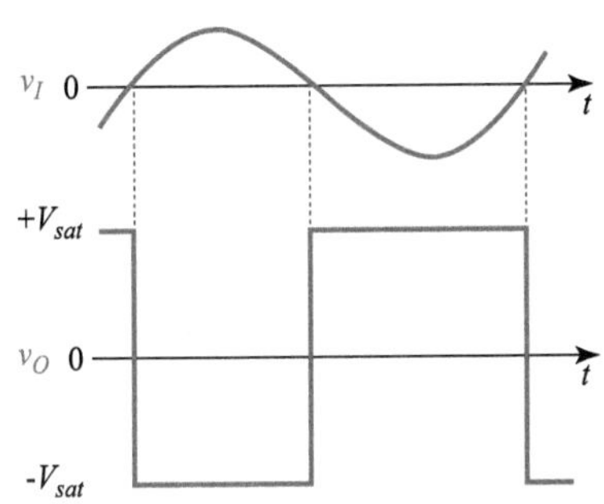

그림 23.3 0레벨 검출기 출력

입력신호가 0V 레벨을 통과할 때마다 출력은 토글함으로써 입력 신호의 0V 레벨을 검출해 내고 있다.

2.2 비교기의 문제점

[비교기의 문제점] [예제 23.1]에서 입력신호에 잡음이 섞일 경우의 0레벨 검출기의 출력 파형은 어떻게 될까? 그림 23.4는 [예제 23.1]의 입력신호에 잡음이 섞여있을 때 비교기 출력을 보여주고 있다.

기준 전압인 0V근처에서 발생하는 잡음은 비교기 출력을 변화시켜 토글시키고 있음을 볼 수 있다. 즉, 입력신호가 0V 레벨을 통과하지 않을 때도 잡음에 의해서 출력이 토글되고 있는 것이다. 이것은 곧바로 0레벨 검출기의 오류로 나타나게 된다. 이러한 문제점은 0레벨 검출기에 국한되는 것이 아니다. 비교기가 기준전압과 유사한 크기의 신호를 비교할 때는 언제나 잡음에 의한 오류의 위험에 노출되는 것이다.

비교기의 이러한 문제점을 해결하기 위해 고안된 것이 쉬미트 트리거(Schmitt trigger)이다. 쉬미트 트리거는 히스테리시스(hysteresis) 특성을 갖는 비교기로서 잡음에 내성을 갖는다. 히스테리시스는 입력 신호가 증가할 때의 기준전압과 감소할 때의 기준전압이 서로 다르게 함으로써 얻어지는 특성으로 정 귀환(positive feedback)을 이용해 구현된다.

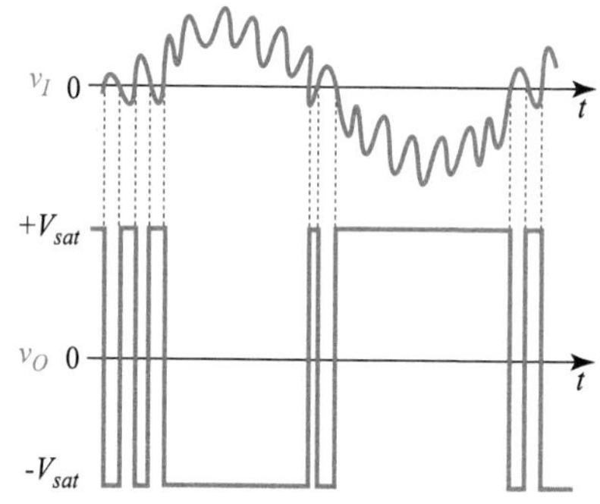

그림 23.4 잡음이 있을 때의 비교기 출력

3. 실험 기기 및 부품

사용 기기	소요 부품
(1) 디지털 멀티미터(DMM): 2대 (2) 듀얼 채널 파형 발생기: 1대 (3) 오실로스코프: 2채널-1대 (4) 직류전원장치: +15[V](50㎃) 1채널, −15[V](50㎃) 1채널 (5) 브레드보드: 1대	(1) μA741 op-amp: 1개 (2) 가변저항: 10KΩ(0.25W) 1개 (3) 커패시터: 10uF 1개

4. 실험 내용 및 절차

4.1 비교기의 전달특성 곡선

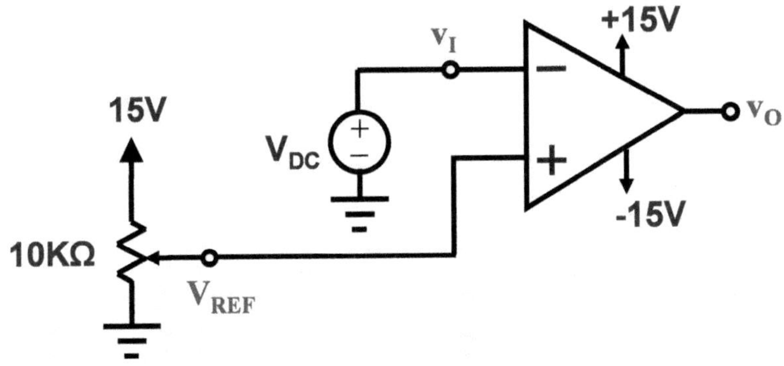

[그림 1] 전달특성 곡선을 구하기 위한 비교기 회로도

(1) [그림 1]의 회로를 브레드 보드에 구성한다.

(2) 오실로스코프의 CH1을 회로의 입력단자(V_I)에 연결하고 수직설정에서 입력 커플링(coupling)을 접지(GND)로 선택하여 0[V] 접지레벨이 화면의 수평축 상에 오도록 수직위치를 조절한 다음, 입력 커플링을 다시 직류(DC) 결합으로 변경한다

(3) 오실로스코프의 CH2를 회로의 기준단자(V_{REF})에 연결하고 수직설정에서 입력 커플링을 접지(GND)로 선택하여 0[V] 접지레벨이 화면의 수평축 상에 오도록 수직위치를 조절한 다음, 입력 커플링을 다시 직류(DC) 결합으로 변경한다.

(4) 가변저항을 조절하면서 오실로스코프의 CH2로 전압을 측정하여 V_{REF}=2[V]가 되도록 한다.

(5) 오실로스코프의 CH2를 회로의 출력 단자(V_O)에 연결한다.

(6) 입력단자(V_I)에 연결된 전원(V_{DC})을 조정하여 [표 1]에 지시된 대로 V_I전압을 0 → 9.8V로 설정해 가면서 출력전압(V_O) 값을 측정하여 [표 1]에 기입한다.

(7) 입력단자(V_I)에 연결된 전원(V_{DC})을 조정하여 [표 2]에 지시된 대로 V_I전압을 9.8 → 0V로 설정해 가면서 출력전압(V_O) 값을 측정하여 [표 2]에 기입한다.

(8) [표 1]과 [표 2]를 [그림 R1]에 그려서 비교기의 전달특성곡선을 구한다.

4.2 비교기 동작

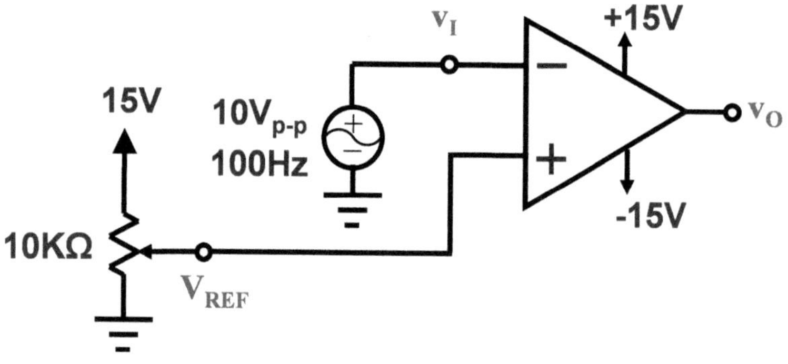

[그림 2] 비교기의 동작

(1) [그림 2]의 회로를 브레드 보드에 구성한다.

(2) 파형 발생기로 진폭 5V(첨두간 전압=$10V_{p-p}$), 주파수=100Hz의 사인파를 발생시켜 입력단자(V_I)에 연결한다.

(3) 오실로스코프의 CH1을 회로의 입력단자(V_I)에 연결하고 수직설정에서 입력 커플링(coupling)을 접지(GND)로 선택하여 0[V] 접지레벨이 화면의 수평축 상에 오도록 수직위치를 조절한 다음, 입력 커플링을 다시 직류(DC) 결합으로 변경한다

(4) 오실로스코프의 CH2를 회로의 기준단자(V_{REF})에 연결하고 수직설정에서 입력 커플링을 접지(GND)로 선택하여 0[V] 접지레벨이 화면의 수평축 상에 오도록 수직위치를 조절한 다음, 입력 커플링을 다시 직류(DC) 결합으로 변경한다.

(5) 가변저항을 조절하면서 오실로스코프의 CH2로 전압을 측정하여 V_{REF}=2[V]가 되도록 한다.

(6) 오실로스코프의 CH2를 회로의 출력 단자(V_O)에 연결한다.

(7) 입력파형 v_I와 입력파형 v_o를 [그림 R2]에 그리시오.

4.3 잡음이 있을 때의 비교기 동작

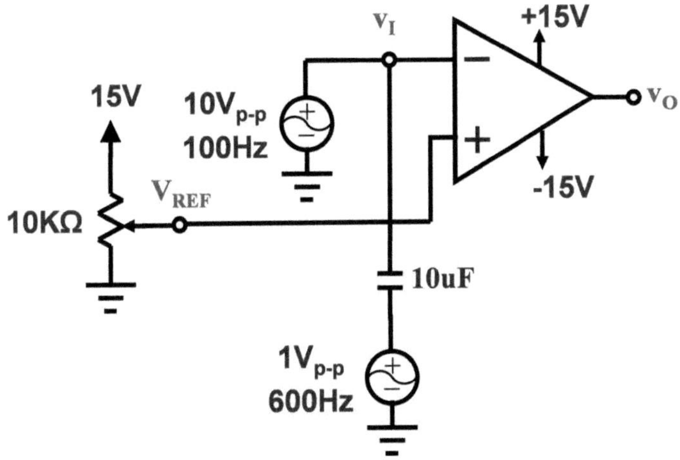

[그림 3] 잡음이 있을 때의 비교기 동작

(1) [그림 3]의 회로를 브레드보드에 구성한다.

(2) 파형 발생기로 진폭 5V(첨두간 전압=10V_{p-p}), 주파수=100Hz의 사인파를 발생시켜 입력단자(V_I)에 연결한다.

(3) 오실로스코프의 CH1을 회로의 입력단자(V_I)에 연결하고 수직설정에서 입력 커플링(coupling)을 접지(GND)로 선택하여 0[V] 접지레벨이 화면의 수평축 상에 오도록 수직위치를 조절한 다음, 입력 커플링을 다시 직류(DC)로 변경한다

(4) 오실로스코프의 CH2를 회로의 기준단자(V_{REF})에 연결하고 수직설정에서 입력 커플링을 접지(GND)로 선택하여 0[V] 접지레벨이 화면의 수평축 상에 오도록 수직위치를 조절한 다음, 입력 커플링을 다시 직류(DC)로 변경한다.

(5) 가변저항을 조절하면서 오실로스코프의 CH2로 전압을 측정하여 V_{REF}=2[V]가 되도록 한다.

(6) 오실로스코프의 CH2를 회로의 출력 단자(V_O)에 연결한다.

(7) 입력파형 v_I와 입력파형 v_o를 [그림 R3]에 그리시오.

실험예비 보고서

실험조: 반 조 학번: 이름:

실험제목:
1. 비교기의 전달특성곡선을 설명하시오. 2. 기준전압 변화에 따른 비교기의 전달특성곡선의 변화를 설명하시오. 3. 잡음이 비교기의 동작에 미치는 영향을 설명하시오.

실험결과 보고서

실험자: 반 조 학번: 이름:

실 험 일 시: 년 월 일 교시

공동 실험자:

실험제목:

1. 실제 실험 회로도

(디지털 멀티미터 등을 사용하여 실제 사용된 소자값을 정확하게 측정하여 회로도에 기재한다.)

2. 실험 결과

[표 1] 비교기의 전달특성곡선(0→9.8V) [V_{REF}=2V]

v_I[V]	v_O[V]	v_I[V]	v_O[V]	v_I[V]	v_O[V]	v_I[V]	v_O[V]	v_I[V]	v_O[V]
0.0		2.0		4.0		6.0		8.0	
0.2		2.2		4.2		6.2		8.2	
0.4		2.4		4.4		6.4		8.4	
0.6		2.6		4.6		6.6		8.6	
0.8		2.8		4.8		6.8		8.8	
1.0		3.0		5.0		7.0		9.0	
1.2		3.2		5.2		7.2		9.2	
1.4		3.4		5.4		7.4		9.4	
1.6		3.6		5.6		7.6		9.6	
1.8		3.8		5.8		7.8		9.8	

[표 2] 비교기의 전달특성곡선(9.8→0V) [V_{REF}=2V]

v_I[V]	v_O[V]	v_I[V]	v_O[V]	v_I[V]	v_O[V]	v_I[V]	v_O[V]	v_I[V]	v_O[V]
9.8		7.8		5.8		3.8		1.8	
9.6		7.6		5.6		3.6		1.6	
9.4		7.4		5.4		3.4		1.4	
9.2		7.2		5.2		3.2		1.2	
9.0		7.0		5.0		3.0		1.0	
8.8		6.8		4.8		2.8		0.8	
8.6		6.6		4.6		2.6		0.6	
8.4		6.4		4.4		2.4		0.4	
8.2		6.2		4.2		2.2		0.2	
8.0		6.0		4.0		2.0		0.0	

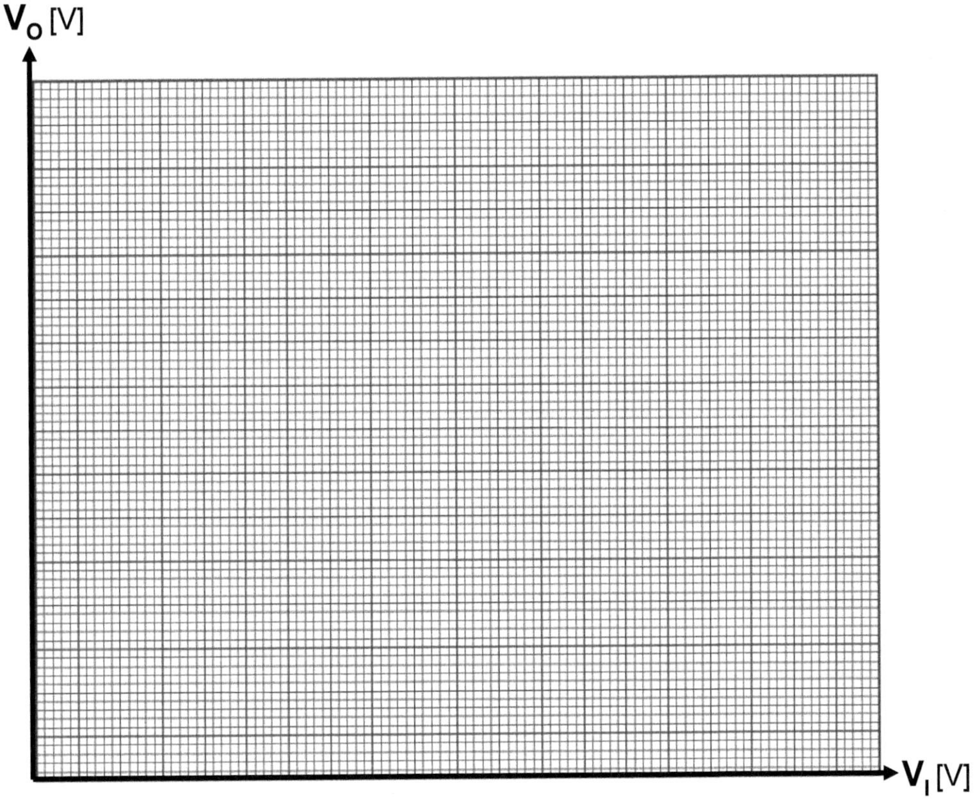

[그림 R1] 비교기의 전달특성곡선

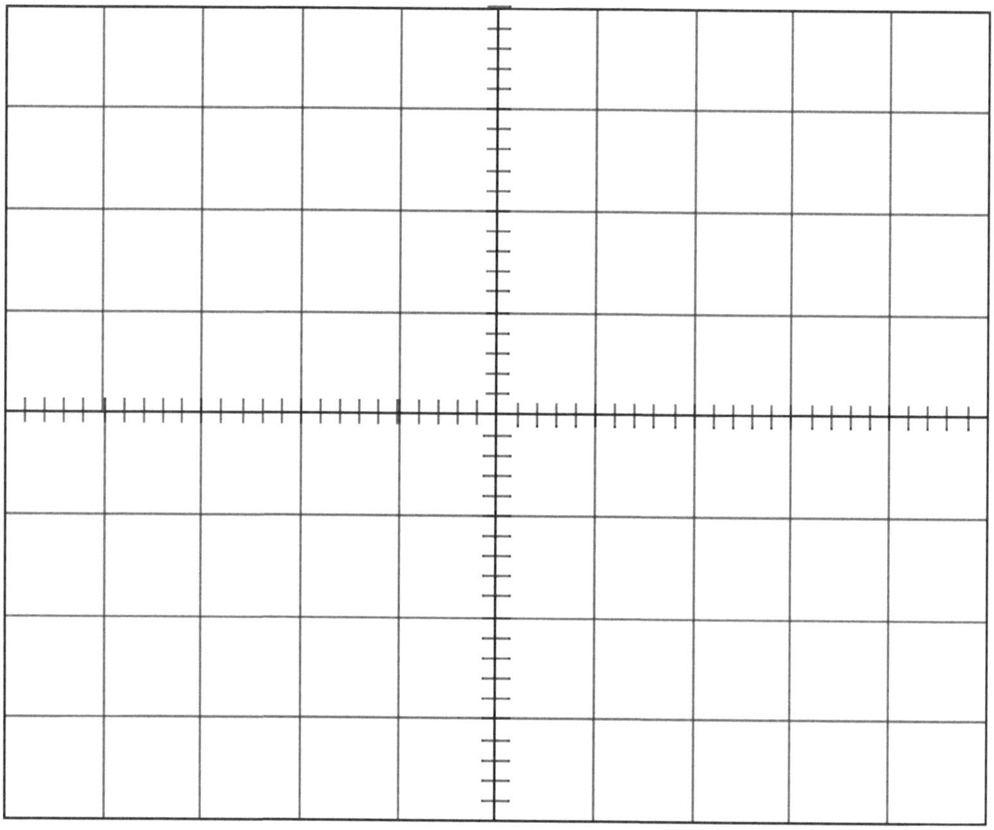

CH1	신호	V/Div.	Time:
CH2	신호	V/Div.	Sec/Div.

[그림 R2] 입력 및 출력 파형

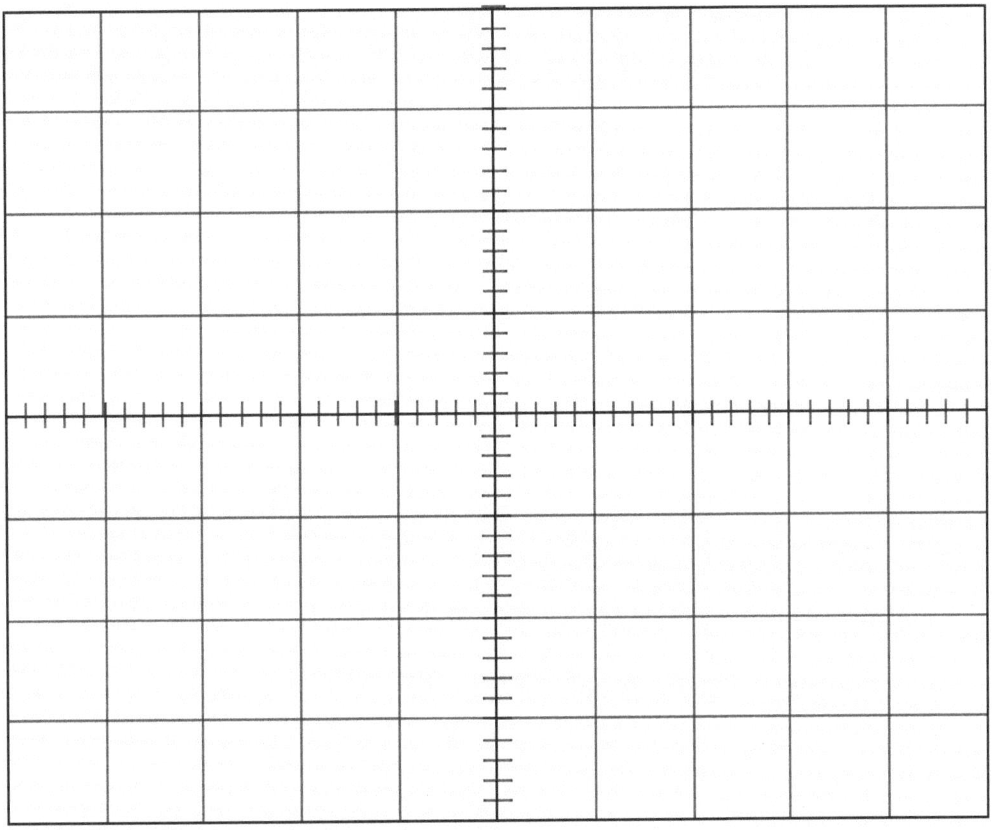

CH1	신호	V/Div.	Time:
CH2	신호	V/Div.	Sec/Div.

[그림 R3] 입력 및 출력 파형

3. 실험 결과 논의

1. [표 1]과 [표 2]의 전달특성 곡선이 일치하였는지 여부를 말하고, 그 의미를 설명하시오.
2. 히스테리시스 현상이 발생하는 원인을 설명하시오.
3. 잡음의 영향이 비교기의 동작에 어떤 영향을 주고 있는가?

실험 24 쉬미트 트리거

1. 실험 목적

(1) 쉬미트 트리거의 동작을 이해한다.

(2) 쉬미트 트리거의 전달특성곡선을 구한다.

(3) 쉬미트 트리거의 잡음에 대한 영향을 확인한다.

2. 관련 이론

2.1 쉬미트 트리거

그림 24.1(a)는 쉬미트 트리거 회로를 보여주고 있다. 반전단자에 입력을 인가하므로 출력이 반전되어 나타나는 반전 쉬미트 트리거이다. 앞서의 비교기와 달라진 점은 출력전압을 R_1과 R_2로 전압 분배하여 비교 기준전압으로 삼는다는 점이다.

쉬미트 트리거의 동작을 해석하기 위해 우선 $v_O=-V_{sat}$의 상태에 있다고 가정하고 이 때의 비교기준전압 V_{LT}를 구하면 전압 분배법칙에 의해 다음 수식으로 구해진다.

$$\mathbf{V_{LT}} = \mathbf{V}_{BB}\frac{\mathbf{R}_2}{\mathbf{R}_1+\mathbf{R}_2} - \mathbf{V_{sat}}\frac{\mathbf{R}_1}{\mathbf{R}_1+\mathbf{R}_2} \tag{24.1}$$

이 때에 입력 v_I를 감소시켜 출력을 토글시키려면 V_{LT}이하로 감소시켜야 한다. 따라서 그림 24.1(b)의 전달특성 곡선 중 아래의 경로를 따르는 특성을 보이게 된다.

이번에는 $v_O=+V_{sat}$의 상태에 있을 때 비교기준전압 V_{UT}를 구하면 전압 분배법칙에 의해 다음 수식으로 구해진다.

$$\mathbf{V_{UT}} = \mathbf{V}_{BB}\frac{\mathbf{R_2}}{\mathbf{R_1}+\mathbf{R_2}} + \mathbf{V_{sat}}\frac{\mathbf{R_1}}{\mathbf{R_1}+\mathbf{R_2}} \tag{24.2}$$

이 때에 입력 v_I를 증가시켜 출력을 토글시키려면 V_{UT}이상으로 증가시켜야 한다. 따라서 그림 24.1(b)의 전달특성 곡선 중 위의 경로를 따르는 특성을 보이게 된다.

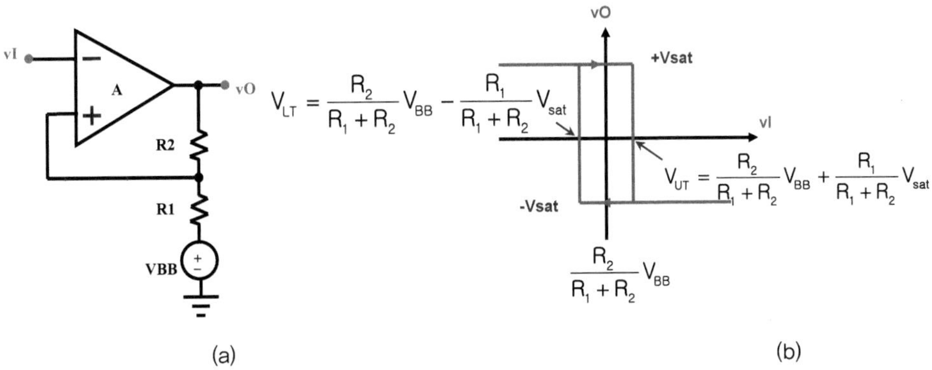

그림 24.1 쉬미트 트리거
(a) 쉬미트 트리거 회로 (b) 쉬미트 트리거의 전달 특성 곡선

결과적으로 입력 v_I가 낮은 전압에서 높은 전압으로 증가하여 출력 v_O를 토글할 때의 비교기준전압이 V_{UT}인 반면에 입력 v_I가 높은 전압에서 낮은 전압으로 감소하여 출력 v_O를 토글할 때의 비교기준전압은 V_{LT}로서 서로 다르게 되어 그림 24.1(b)의 전달특성 곡선에서 보는 바와 같은 히스테리시스 루프(hysteresis loop)를 형성한다. 이때 히스테리시스 V_{hys}는 다음 수식으로 정의 한다.

$$V_{hys} \equiv V_{UT} - V_{LT} = \frac{2R_1}{R_1 + R_2} V_{sat} \tag{24.3}$$

[예제 24.1] [예세 23.1]에시 입력신호에 섞인 잡음이 치대값이 $V_{np}[V_{p\text{-}p}]$라고 할 때 그림 24.1 쉬미트 트리거를 사용하여 잡음의 영향을 받지 않는 0레벨 검출기를 설계하는 방법을 설명하고 그 출력 파형을 그리시오.

풀이 그림 24.2의 입력신호에서 잡음의 최대 피크치 V_{np}가 출력을 토글시키지 못하게 하려면 히스테리시스 $V_{hys} > V_{np}$의 조건을 만족시켜줘야 한다. 따라서 식(24.3)으로부터

$$V_{hys} \equiv V_{UT} - V_{LT} = \frac{2R_1}{R_1 + R_2} V_{sat} > V_{np}$$

의 조건을 만족하도록 쉬미트 트리거를 설계하여야 한다.

또한, 0레벨 검출기가 되기 위해서 V_B=0V로 설정한다.

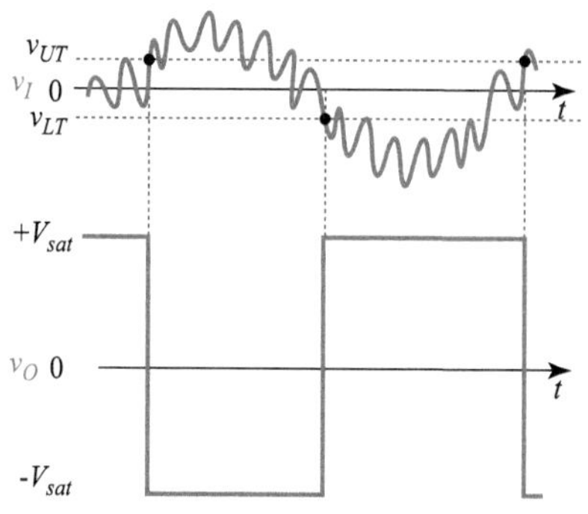

그림 24.2 쉬미트 트리거의 입 · 출력파형

이 경우 한번 결정된 출력은 V_{hys} 보다 큰 입력의 반전이 있지 않는 한 그대로 유지되므로 잡음의 영향을 받지 않고 그림 24.2의 출력 특성에서 볼 수 있듯이 올바른 0 레벨 검출기 기능을 수행할 수 있음을 알 수 있다.

3. 실험 기기 및 부품

사용 기기	소요 부품
(1) 디지털 멀티미터(DMM): 2대 (2) 듀얼 채널 파형 발생기: 1대 (3) 오실로스코프: 2채널-1대 (4) 직류전원장치: +15[V](50㎃) 1채널, −15[V](50㎃) 1채널 (5) 브레드보드: 1대	(1) μA741 op-amp: 1개 (2) 저항: 10KΩ(0.25W) 2개 220KΩ(0.25W) 1개 (3) 가변저항 : 10KΩ(0.25W) 1개 (4) 커패시터 : 10μF 1개

4. 실험 내용 및 절차

4.1 쉬미트 트리거의 전달특성 곡선

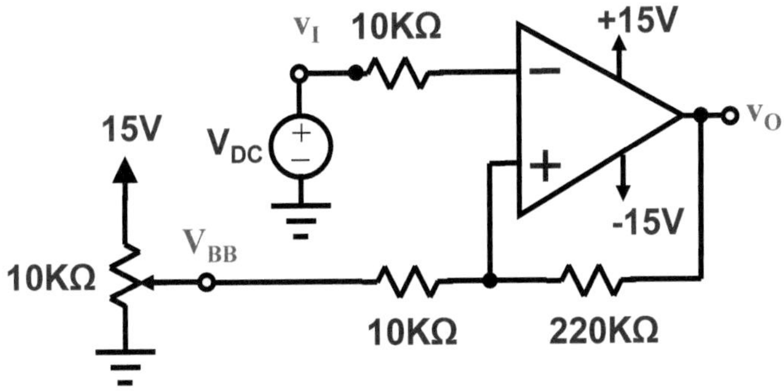

[그림 1] 전달특성 곡선을 구하기 위한 쉬미트 트리거 회로도

(1) [그림 1]의 회로를 브레드 보드에 구성한다.

(2) 오실로스코프의 CH1을 회로의 입력단자(V_I)에 연결하고 수직설정에서 입력 커플링(coupling)을 접지(GND)로 선택하여 0[V] 접지레벨이 화면의 수평축 상에 오도록 수직위치를 조절한 다음, 입력 커플링을 다시 직류(DC) 결합으로 변경한다

(3) 오실로스코프의 CH2를 회로의 V_{BB} 단자에 연결하고 수직설정에서 입력 커플링을 접지(GND)로 선택하여 0[V] 접지레벨이 화면의 수평축 상에 오도록 수직위치를 조절한 다음, 입력 커플링을 다시 직류(DC) 결합으로 변경한다.

(4) 가변저항을 조절하면서 오실로스코프의 CH2로 전압을 측정하여 V_{BB}=2[V]가 되도록 한다.

(5) 오실로스코프의 CH2를 회로의 출력 단자(V_O)에 연결한다.

(6) 입력단자(V_I)에 연결된 전원(V_{DC})을 조정하여 [표 1]에 지시된 대로 V_I전압을 0 → 9.8V로 설정해 가면서 출력전압(V_O) 값을 측정하여 [표 1]에 기입한다.

(7) 입력단자(V_I)에 연결된 전원(V_{DC})을 조정하여 [표 2]에 지시된 대로 V_I전압을 9.8 → 0V로 설정해 가면서 출력전압(V_O) 값을 측정하여 [표 2]에 기입한다.

(8) [표 1]과 [표 2]를 [그림 R1]에 그려서 쉬미트 트리거의 전달특성곡선을 구한다.

4.2 쉬미트 트리거 동작

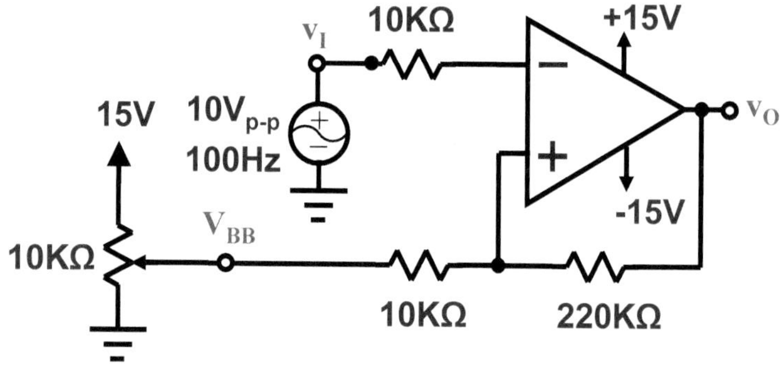

[그림 2] 쉬미트 트리거의 동작

(1) [그림 2]의 회로를 브레드 보드에 구성한다.

(2) 파형 발생기로 진폭 5V(첨두간 전압=$10V_{p-p}$), 주파수=100Hz의 사인파를 발생시켜 입력단자(V_I)에 연결한다.

(3) 오실로스코프의 CH1을 회로의 입력단자(V_I)에 연결하고 수직설정에서 입력 커플링(coupling)을 접지(GND)로 선택하여 0[V] 접지레벨이 화면의 수평축 상에 오도록 수직위치를 조절한 다음, 입력 커플링을 다시 직류(DC) 결합으로 변경한다

(4) 오실로스코프의 CH2를 회로의 V_{BB} 단자에 연결하고 수직설정에서 입력 커플링을 접지(GND)로 선택하여 0[V] 접지레벨이 화면의 수평축 상에 오도록 수직위치를 조절한 다음, 입력 커플링을 다시 직류(DC) 결합으로 변경한다.

(5) 가변저항을 조절하면서 오실로스코프의 CH2로 전압을 측정하여 V_{BB}=2[V]가 되도록 한다.

(6) 오실로스코프의 CH2를 회로의 출력 단자(V_O)에 연결한다.

(7) 입력파형 v_I와 입력파형 v_o를 [그림 R2]에 그리시오.

4.3 잡음이 있을 때의 쉬미트 트리거 동작

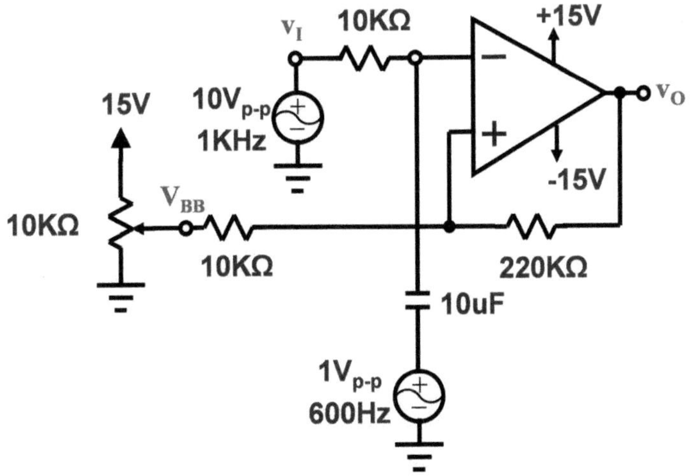

[그림 3] 잡음이 있을 때의 쉬미트 트리거 동작

(1) [그림 3]의 회로를 브레드보드에 구성한다.

(2) 파형 발생기로 진폭 5V(첨두간 전압=10$V_{p\text{-}p}$), 주파수=100Hz의 사인파를 발생시켜 입력단자(V_I)에 연결한다.

(3) 오실로스코프의 CH1을 회로의 입력단자(V_I)에 연결하고 수직설정에서 입력 커플링(coupling)을 접지(GND)로 선택하여 0[V] 접지레벨이 화면의 수평축 상에 오도록 수직위치를 조절한 다음, 입력 커플링을 다시 직류(DC) 결합으로 변경한다

(4) 오실로스코프의 CH2를 회로의 V_{BB} 단자에 연결하고 수직설정에서 입력 커플링을 접지(GND)로 선택하여 0[V] 접지레벨이 화면의 수평축 상에 오도록 수직위치를 조절한 다음, 입력 커플링을 다시 직류(DC) 결합으로 변경한다.

(5) 가변저항을 조절하면서 오실로스코프의 CH2로 전압을 측정하여 V_{BB}=2[V]가 되도록 한다.

(6) 오실로스코프의 CH2를 회로의 출력 단자(V_O)에 연결한다.

(7) 입력파형 v_I와 입력파형 v_o를 [그림 R3]에 그리시오.

실험예비 보고서

실험조: 반 조 학번: 이름:

실험제목:
1. 쉬미트 트리거의 전달특성곡선을 설명하시오. 2. 기준전압 변화에 따른 쉬미트 트리거의 전달특성곡선의 변화를 설명하시오. 3. 잡음이 쉬미트 트리거의 동작에 미치는 영향을 설명하시오.

실험결과 보고서

실험자: 반 조 학번: 이름:

실험일시: 년 월 일 교시

공동 실험자:

실험제목:

1. 실제 실험 회로도

(디지털 멀티미터 등을 사용하여 실제 사용된 소자값을 정확하게 측정하여 회로도에 기재한다.)

2. 실험 결과

[표 1] 쉬미트 트리거의 전달특성곡선(0→9.8V) [V_{BB}=2V]

v_I[V]	v_O[V]	v_I[V]	v_O[V]	v_I[V]	v_O[V]	v_I[V]	v_O[V]	v_I[V]	v_O[V]
0.0		2.0		4.0		6.0		8.0	
0.2		2.2		4.2		6.2		8.2	
0.4		2.4		4.4		6.4		8.4	
0.6		2.6		4.6		6.6		8.6	
0.8		2.8		4.8		6.8		8.8	
1.0		3.0		5.0		7.0		9.0	
1.2		3.2		5.2		7.2		9.2	
1.4		3.4		5.4		7.4		9.4	
1.6		3.6		5.6		7.6		9.6	
1.8		3.8		5.8		7.8		9.8	

[표 2] 쉬미트 트리거의 전달특성곡선(9.8→0V) [V_{BB}=2V]

v_I[V]	v_O[V]	v_I[V]	v_O[V]	v_I[V]	v_O[V]	v_I[V]	v_O[V]	v_I[V]	v_O[V]
9.8		7.8		5.8		3.8		1.8	
9.6		7.6		5.6		3.6		1.6	
9.4		7.4		5.4		3.4		1.4	
9.2		7.2		5.2		3.2		1.2	
9.0		7.0		5.0		3.0		1.0	
8.8		6.8		4.8		2.8		0.8	
8.6		6.6		4.6		2.6		0.6	
8.4		6.4		4.4		2.4		0.4	
8.2		6.2		4.2		2.2		0.2	
8.0		6.0		4.0		2.0		0.0	

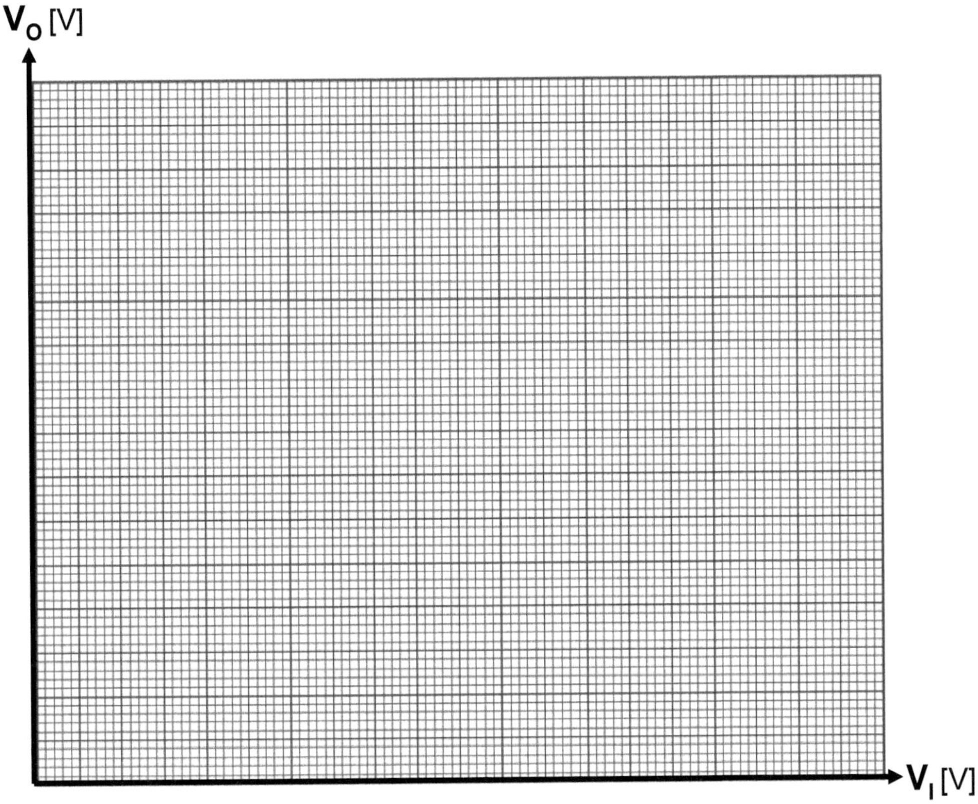

[그림 R1] 쉬미트 트리거의 전달특성곡선

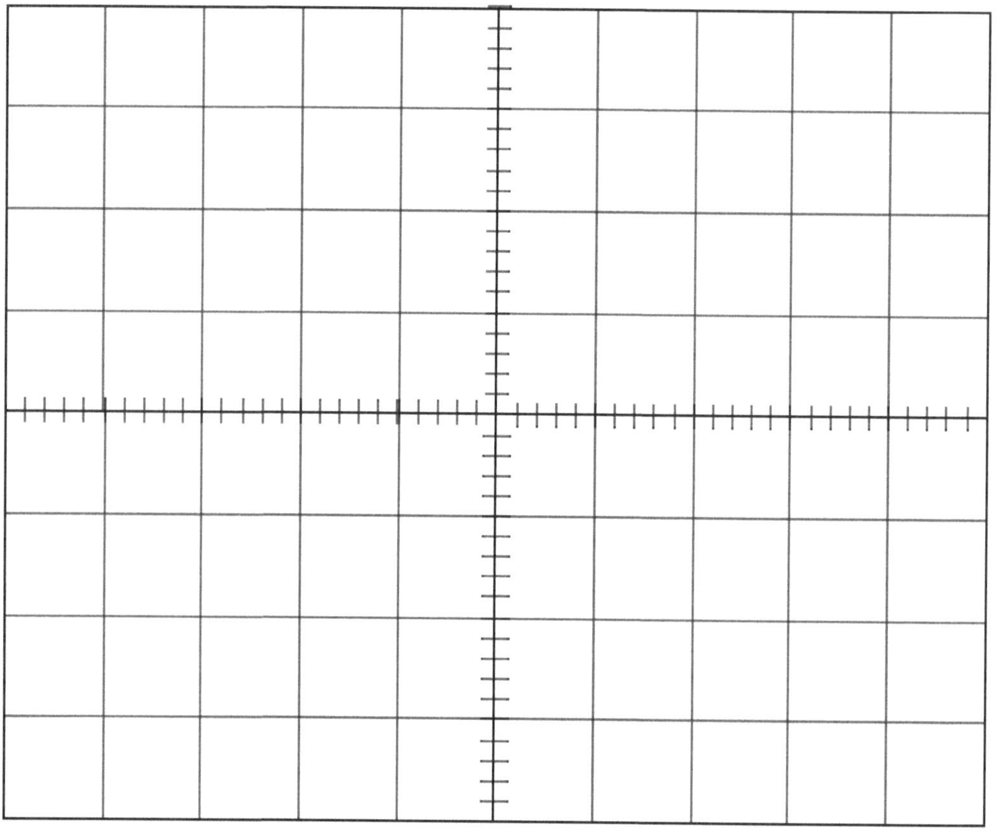

CH1	신호	V/Div.	Time:
CH2	신호	V/Div.	Sec/Div.

[그림 R2] 입력 및 출력 파형

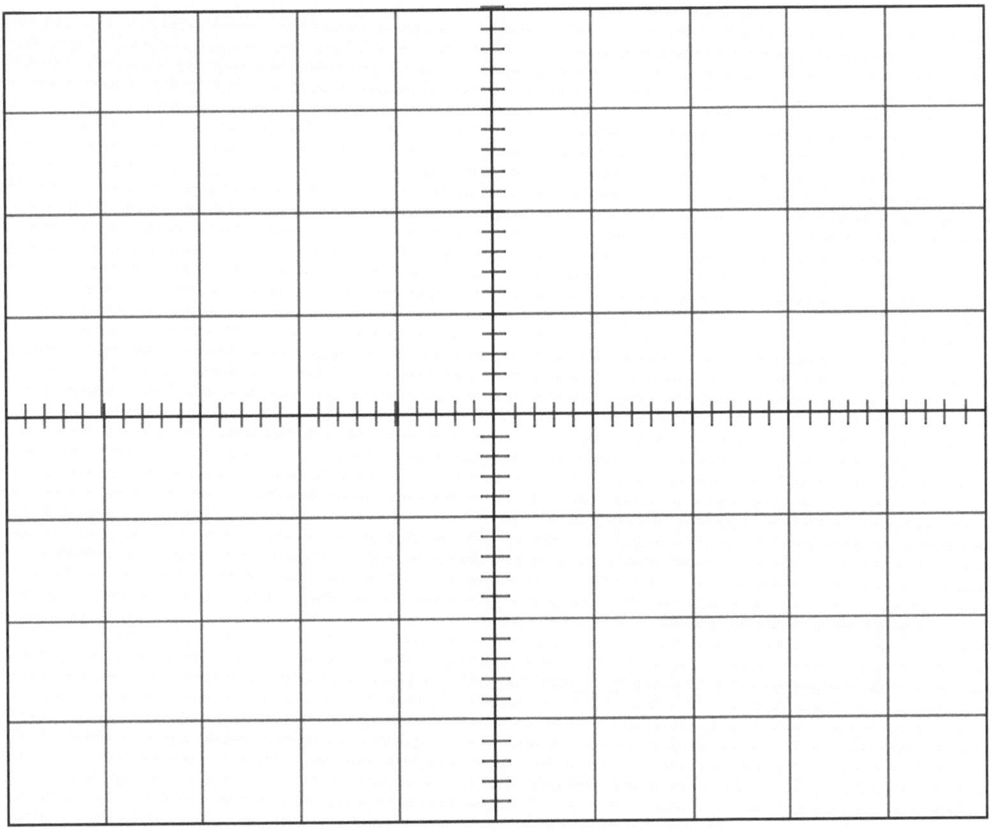

CH1	신호	V/Div.	Time:
CH2	신호	V/Div.	Sec/Div.

[그림 R3] 입력 및 출력 파형

3. 실험 결과 논의

1. [표 1]과 [표 2]의 전달특성 곡선이 일치하였는지 여부를 말하고, 그 의미를 설명하시오.
2. 히스테리시스 현상이 발생하는 원인을 설명하시오.
3. 잡음의 영향이 쉬미트 트리거의 동작에 어떤 영향을 주고 있는가?

실험 25 인스트루먼트 증폭기

1. 실험 목적

(1) 인스트루먼트 증폭기의 동작을 이해한다.

(2) 인스트루먼트 증폭기의 차동모드 동작과 가변이득 특성을 확인한다.

(3) 인스트루먼트 증폭기의 공통모드 동작과 CMRR 특성을 확인한다.

2. 관련 이론

2.1 인스트루먼트 증폭기

인스트루먼트 증폭기(instrumentation amplifier)는 그림 25.1(a)에 보인 것처럼 앞에서의 차동 증폭기 입력에 한 쌍의 비반전 증폭기로써 입력버퍼를 구성하여 큰 이득에서 입력저항이 작아지는 문제를 해결한 것이다.

A_1과 A_2로 표시된 비반전 증폭기는 각각 v_1과 v_2를 증폭하여 A_3로 표시된 차동증폭기 입력에 $(1+R_F/R_A)v_d$의 전압을 야기시킨다. 따라서 차동증폭기의 출력전압 v_O는 다음과 같이 구해진다.

$$v_O = \frac{R_{F1}}{R_{A1}}\left(1+\frac{R_F}{R_A}\right)v_d \tag{25.1}$$

따라서 인스트루먼트 증폭기의 차동모드 이득 A_d는 다음과 같이 표현된다.

$$A_d \equiv \frac{v_O}{v_d} = \frac{R_{F1}}{R_{A1}}\left(1+\frac{R_F}{R_A}\right) \tag{25.2}$$

여기서, 차동모드이득 A_d는 두 저항비 R_{F1}/R_{A1}와 R_F/R_A의 곱으로 표현되므로 큰 이득을 얻기가 용이하다. 또한 비반전 증폭기의 입력저항은 무한대 이므로 인스트루먼트 증폭기의 입력저항도 이득에 관계없이 무한대이다. 따라서 매우 큰 입력저항과 매우 높은 이득을 얻을 수 있는 장점을 갖게 된다. 또한, 차동 증폭기 A_3의 공통모드 이득이 0이므로 인스트루먼트 증폭기의 공통모드이득 A_c=0가 된다.

한편, 이러한 구조의 인스트루먼트 증폭기는 다음과 같은 3가지 단점이 있다.

1. A_1과 A_2의 첫 단 버퍼증폭에서 입력 공통모드신호가 차동모드 신호와 마찬가지로 증폭되므로 차동증폭기 A_3의 입력에 큰 공통모드신호를 야기시킴으로써 차동증폭기가 포화영역에서 동작하게 되어 정상적인 증폭작용이 불가능해 지는 경우가 발생할 수 있다.
2. A_1과 A_2의 두 비반전 증폭기가 완벽하게 서로 대칭적이지 못할 경우 이 두 증폭기의 이득차에 의해 발생된 오차전압이 다음 단의 차동증폭기에서는 차동모드 신호로 간주되어 증폭된다.
3. 인스트루먼트 증폭기의 이득을 가변할 경우 R_A로 표시된 2개의 저항 값을 동시에 똑 같은 양만큼 변화시켜야 하며 이것은 실제 상황에서 매우 어려운 일이 된다.

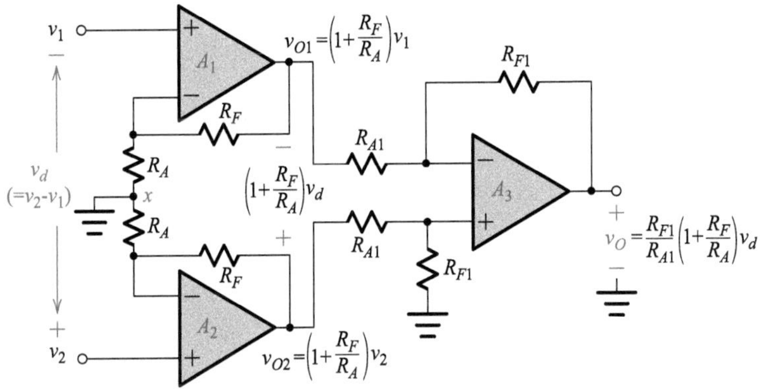

(a)

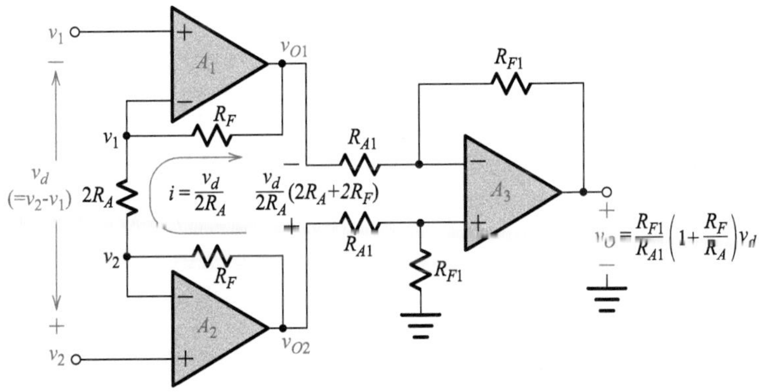

(b)

그림 25.1 인스트루먼트 증폭기

(a) x마디를 접지한 회로 (b) x마디를 플로우팅한 회로

이상의 3가지 문제는 그림 25.1(a)의 x점의 접지와의 연결을 끊어 회로를 그림 25.1(b)와 같이 수정함으로써 해결할 수 있다. 이 경우 직렬 연결된 2개의 R_A 저항은 합성하여 $2R_A$로 표시하였다.

이 회로를 해석하기위해 A_1과 A_2의 두 비반전 증폭기의 입력에 가상단락조건을 적용하면 입력전압 v_1과 v_2가 $2R_A$로 표시된 저항 양단에 나타난다. 따라서 $2R_A$를 통해 흐르는 전류 $i= v_d/2R_A$가 된다. 이 전류 i는 가상단락조건에 의해 연산증폭기의 입력단자로 흐를 수 없으므로 모두 R_F를 통하여 흐르게 되어 A_1과 A_2의 두 출력단자 사이에 다음과 같은 전압을 야기시킨다.

$$v_{O2} - v_{O1} = 2(R_A + R_F)i = \left(1 + \frac{R_F}{R_A}\right)v_d \tag{25.3}$$

따라서 인스트루먼트 증폭기의 출력전압 v_O는 다음과 같이 구해진다.

$$v_O = \frac{R_{F1}}{R_{A1}}(v_{O2} - v_{O1}) = \frac{R_{F1}}{R_{A1}}\left(1 + \frac{R_F}{R_A}\right)v_d \tag{25.4}$$

결과적으로 인스트루먼트 증폭기의 차동모드 이득 A_d는 식(25.2)와 동일해짐을 알 수 있다.

$$A_d \equiv \frac{v_O}{v_d} = \frac{R_{F1}}{R_{A1}}\left(1 + \frac{R_F}{R_A}\right) \tag{25.5}$$

한편, 그림 25.1(b)와 같이 A_1과 A_2의 첫 단 버퍼증폭회로에서 x점이 플로팅(floating) 될 경우 공통모드 신호 v_c가 두 입력단자에 공통으로 인가되어도 가상단락에 의해 A_1과 A_2의 반전 단자에 같은 전압이 나타나게 되므로 공통모드 신호에 의해 $2R_A$양단에 걸리는 전압은 0이고 따라서 흐르는 전류 i=0가 된다. 또한, $2R_A$에 전류가 흐르지 못하므로 두 귀환저항 R_F를 통해 흐르는 전류도 0가 되어 A_1과 A_2의 출력전압은 입력전압 v_c와 같아진다. 다시 말해서 저항 R_F 값에 관계없이 A_1과 A_2의 공통모드 이득(A_c)은 항상 1이 되어 공통모드 신호는 증폭되지 않는다.

한편, A_1과 A_2의 두 증폭기가 완벽하게 서로 대칭적이지 못할 경우 예를 들어 두 R_F 저항 중 한 저항 값이 R_F'으로 다를 경우도 R_F 값에 관계없이 귀환저항을 통해 흐르는 전류도 0가 되므로 A_1과 A_2의 공통모드 이득(A_c)은 항상 1이 되어 공통모드 특성에 영향을 주지 못한다. 단지 차동모드 이득은 다음의 식으로 표현되어 다소 달라지나 차동모드 동작 자체가 영향을 받는 것은 아니다.

$$A_d = \frac{R_{F1}}{R_{A1}}\left(1 + \frac{R_F + R_F^{'}}{2R_A}\right) \tag{25.6}$$

끝으로 식(25.6)로부터 하나의 저항인 $2R_A$값을 변화 시킴으로써 이득이 조절됨을 알 수 있다. 그림 25.1(b) 구조의 인스트루먼트 증폭기는 탁월한 특성을 갖는 차동 증폭기로서 다양한 전자기기의 입력 증폭기로 광범위하게 사용되고 있다.

3. 실험 기기 및 부품

사용 기기	소요 부품
(1) 디지털 멀티미터(DMM) : 1대 (2) 파형 발생기: 1대 (3) 오실로스코프 : 2채널-1대 (4) 직류전원장치 : +15[V](50㎃) 1채널, –15[V](50㎃),1채널 (5) 브레드보드 : 1대	(1) μA 741 op-amp: 3개 (2) 저항: 1KΩ(0.25W) 4개 10KΩ(0.25W) 4개 100KΩ(0.25W) 2개 (3) 가변저항: 10KΩ 1개

4. 실험 내용 및 절차

4.1 인스트루먼트 증폭기의 차동모드 동작

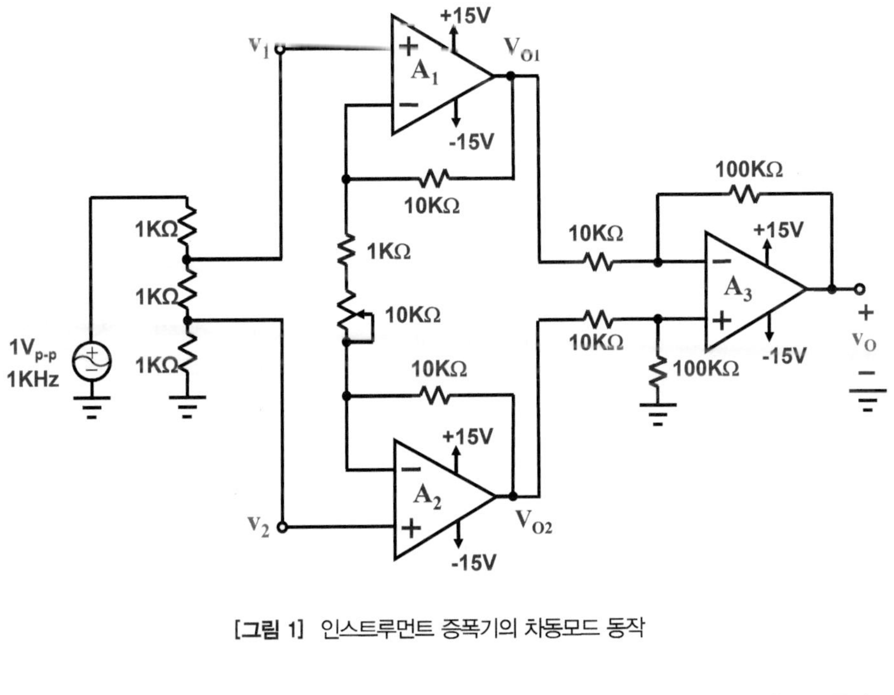

[그림 1] 인스트루먼트 증폭기의 차동모드 동작

(1) [그림 1]의 회로를 브레드 보드에 구성한다. (단, 10KΩ가변저항은 10KΩ으로 셋팅한다)

(2) 파형 발생기로 진폭 0.5V(첨두간 전압=1V_{p-p}), 주파수=1KHz의 사인파를 발생시켜, [그림 1]에 보인 것처럼 저항으로 구성된 전압 분배회로에 인가한다.

(3) 오실로스코프의 CH1을 회로의 입력단자(v_1)에 연결하고 수직설정에서 입력 커플링(coupling)을 접지(GND)로 선택하여 0[V] 접지레벨이 화면의 수평축 상에 오도록 수직위치를 조절한 다음, 입력 커플링을 다시 직류(DC) 결합으로 변경한다.

(4) 오실로스코프의 CH2를 회로의 입력단자(v_2)에 연결하고 수직설정에서 입력 커플링(coupling)을 접지(GND)로 선택하여 0[V] 접지레벨이 화면의 수평축 상에 오도록 수직위치를 조절한 다음, 입력 커플링을 다시 직류(DC) 결합으로 변경한다. v_1-v_2의 전압 파형을 오실로스코프로 측정하여 크기(진폭)를 [표 1]에 기록하고, 파형을 [그림 R1]에 그린다.

(5) 오실로스코프의 CH2를 출력단자 v_o로 옮겨서 전압 파형을 측정하여 크기(진폭)를 [표 1]에 기록하고, 파형을 [그림 R1]에 그린다.

(6) 오실로스코프의 CH2를 출력단자 v_o로 옮겨서 전압 파형을 측정하여 크기(진폭)를 [표 1]에 기록하고, 파형을 [그림 R1]에 그린다.

(7) 10KΩ가변저항 값을 [표 1]에 지시된 대로 변화시켜가며 오실로스코프 CH2에 나타난 출력파형을 측정하여 크기(진폭)를 [표 1]에 기록한다.

(8) [표 1]의 측정결과로부터 차동모드 이득(A_d)를 계산하여 [표 1]에 기록한다.

4.2 인스트루먼트 증폭기의 공통모드 동작

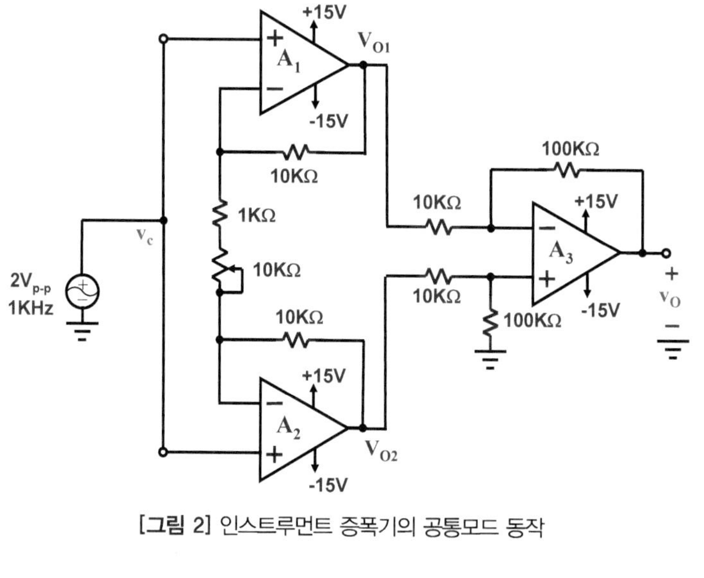

[그림 2] 인스트루먼트 증폭기의 공통모드 동작

(1) [그림 2]의 회로를 브레드 보드에 구성한다. (단, 10KΩ가변저항은 10KΩ으로 셋팅 한다)

(2) 파형 발생기(v_{sig})로 진폭=1V(첨두간 전압=2V_{p-p}), 주파수=1KHz의 사인파를 발생시켜 [그림 2]의 회로도와 같이 인가한다.

(3) 오실로스코프의 CH1을 회로의 입력단자(v_c)에 연결하고 수직설정에서 입력 커플링(coupling)을 접지(GND)로 선택하여 0[V] 접지레벨이 화면의 수평축 상에 오도록 수직위치를 조절한 다음, 입력 커플링을 다시 직류(DC) 결합으로 변경한다. 입력파형의 크기(진폭)를 [표 2]에 기록하고, 파형을 [그림 R2]에 그린다.

(4) 오실로스코프의 CH2를 회로의 출력단자(v_o)에 연결하고 수직설정에서 입력 커플링(coupling)을 접지(GND)로 선택하여 0[V] 접지레벨이 화면의 수평축 상에 오도록 수직위치를 조절한 다음, 입력 커플링을 다시 직류(DC) 결합으로 변경한다. 출력파형의 크기(진폭)를 [표 2]에 기록하고, 파형을 [그림 R2]에 그린다.

(5) 10KΩ가변저항 값을 표 2에 지시된 대로 변화시켜가며 오실로스코프에 나타난 입력 및 출력파형을 측정하여 크기(진폭)를 [표 2]에 기록한다.

(6) [표 2]의 측정결과로부터 공통모드 이득(A_o)를 계산하여 [표 2]에 기록한다.

실험예비 보고서

실험조: 반 조 학번: 이름:

실험제목:
1. 인스트루먼트 증폭기의 차동모드 동작원리를 설명하시오. 2. 인스트루먼트 증폭기의 공통모드 동작원리를 설명하시오. 3. 인스트루먼트 증폭기의 가변이득 원리를 설명하시오.

실험결과 보고서

실험자: 반 조 학번: 이름:

실험일시: 년 월 일 교시

공동 실험자:

실험제목:

1. 실제 실험 회로도

(디지털 멀티미터 등을 사용하여 실제 사용된 소자값을 정확하게 측정하여 회로도에 기재한다.)

2. 실험 결과

[표 1] 인스트루먼트 증폭기의 차동모드 동작

10KΩ가변저항[KΩ]	$v_d(=v_1-v_2)$ [V]	v_o [V]	$A_d = v_o/v_d$
10			
8			
6			
4			
2			
0			

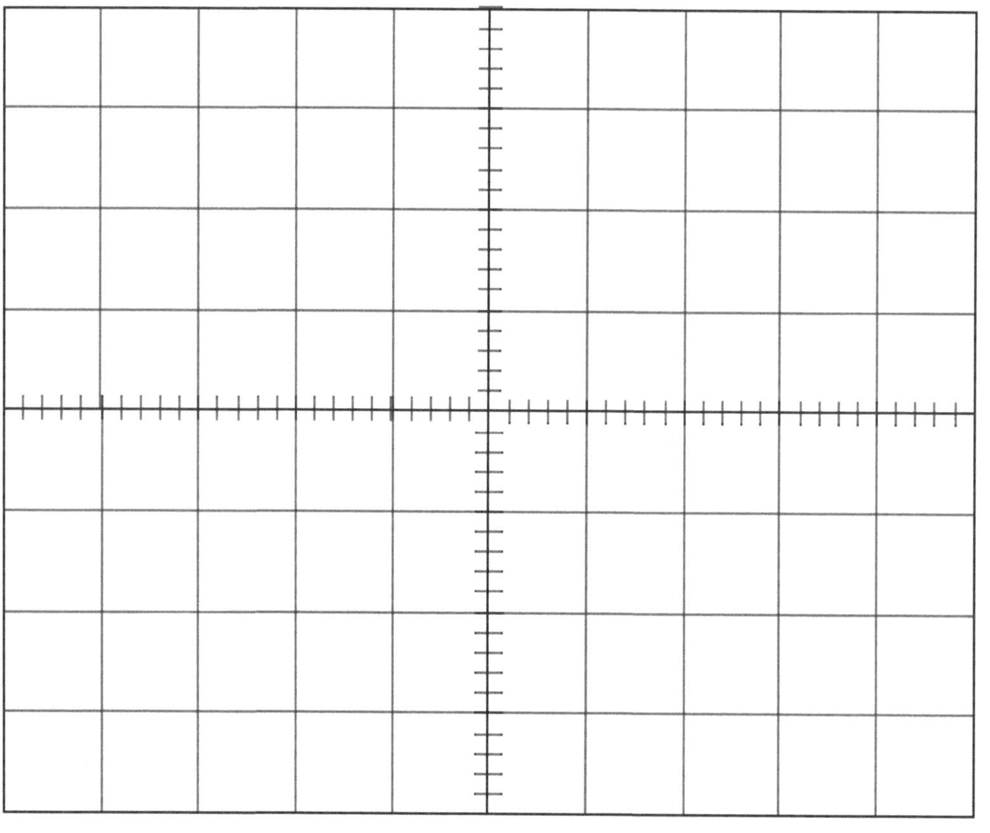

CH1	신호	V/Div.	Time:
CH2	신호	V/Div.	Sec/Div.

[그림 R1] 입력 및 출력 파형

[표 2] 인스투루먼트 증폭기의 공통모드 동작

10KΩ가변저항[KΩ]	$v_c(=v_1=v_2)$ [V]	v_o [V]	$A_c=v_o/v_c$
10			
8			
6			
4			
2			
0			

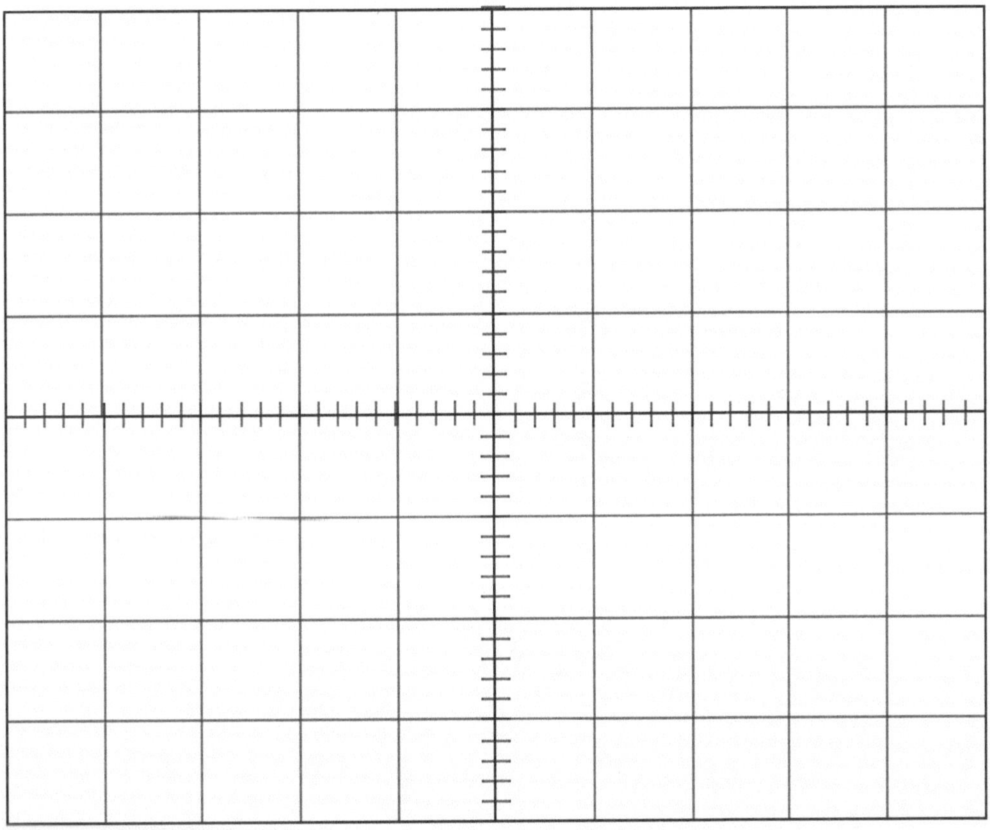

CH1	신호	V/Div.	Time:
CH2	신호	V/Div.	Sec/Div.

[그림 R2] 입력 및 출력 파형

3. 실험 결과 논의

1. 연산 증폭기 1개로 구성된 차동 증폭기에 비해 인스트루먼트 증폭기가 유리한 점은 무엇인가?
2. [표 1]과 [표 2]에서 전압이득을 계산하고 차동모드 동작과 공통모드 동작의 차이를 설명하시오.
3. 실험한 인스트루먼트 증폭기의 공통성분제거비(CMRR)는 몇 dB인가?

실험 26 정밀 정류회로

1. 실험 목적

(1) 정밀 반파 정류회로의 동작을 이해한다.

(2) 덧셈기를 이용한 정밀 전파 정류회로의 동작과 특성을 이해한다.

2. 관련 이론

2.1 다이오드 반파 정류회로

그림 26.1(a)의 반파 정류회로에 대해 다이오드 고정전압 모델을 써서 출력전압의 최대치를 구해보자. 고정전압 모델을 사용할 경우 0.7V의 다이오드 턴온 전압이 고려되어야 하므로 등가회로를 그리면 그림 26.1(b)와 같다.

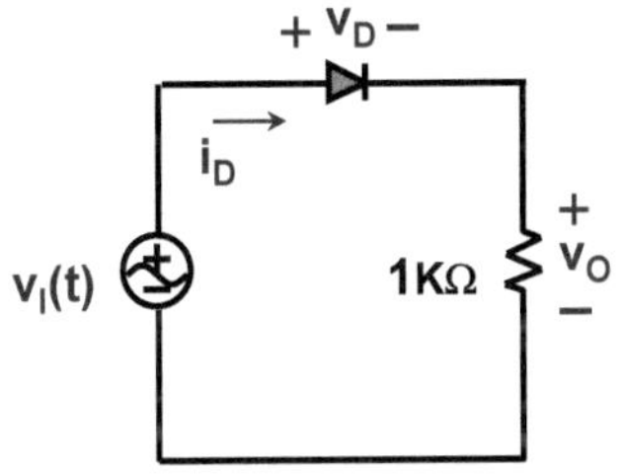

(a)

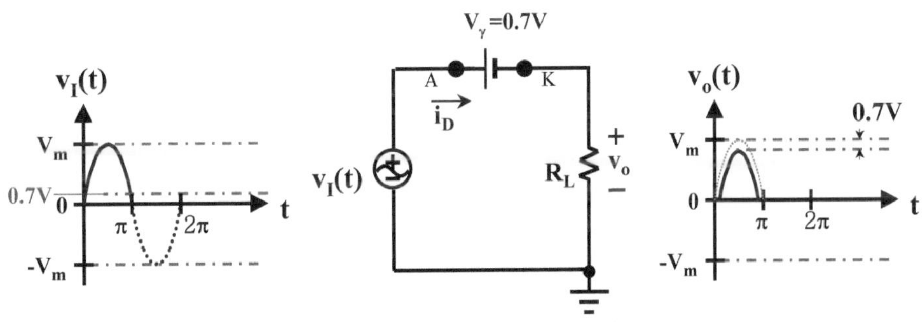

(b)

그림 26.1 고정전압 모델을 사용한 반파 정류회로의 등가회로
(a) 반파 정류회로 (b)고정전압 모델을 사용한 반파 정류회로의 등가회로

따라서 전류 i_D의 최대치는

$$i_{D\_max} = \frac{v_I - V_\gamma}{R_L}\bigg|_{최대치} = \frac{V_m - 0.7V}{R_L} \tag{26.1}$$

이다. 따라서 출력전압의 최대치는

$$v_{O\_max} = R_L i_{D\_max} = V_m - 0.7V \tag{26.2}$$

즉, 다이오드가 턴온되기 위해서는 입력전압이 0.7V보다 커야 하므로 입력의 양의 반주기 중에 0.7V 이상에 대해서만 도통 되어 출력이 나타난다. 따라서 출력전압의 최대치는 이상적인 다이오드를 가정했을 때 보다 0.7V 낮아진다. 입력 신호가 클 경우 0.7V의 오차는 무시될 수 있지만 입력 신호가 작을 경우 고려해 주어야 한다.

2.2 연산증폭기를 이용한 정밀 반파정류회로

앞 절에서 설명하였듯이 다이오드 반파 정류회로는 다이오드 턴온 전압에 의한 오차로 인해 미세 전압 신호를 정류하기에는 부적합하다. 이 문제는 연산증폭기를 이용하여 정밀 반파 정류회로를 구현함으로써 해결할 수 있다.

그림 26.2은 연산증폭기를 이용한 정밀 반파정류회로를 보여준다. 정밀 반파정류회로는 반전증폭기 구조로 이루어졌으므로 입력 전압이 양의 반 주기인 동안 연산증폭기의 출력 전압은 음(−)이 된다. 따라서 D_1은 순바이어스되어 턴온되고, D_2는 역바이어스되어 턴오프된다. D_2가 턴오프되어 끊어졌으므로 출력전압 v_{O1}은 0V가 된다.

한편, 입력 전압이 음의 반 주기인 동안 연산증폭기의 출력 전압은 양(+)이 된다. 따라서 D_1은 역바이어스되어 턴오프되고, D_2는 순바이어스되어 턴온된다. 이 경우 이득이 −1인 반전 증폭기로 동작하여 출력전압 $v_{O1}= -v_I$가 된다. 따라서 출력전압 v_{O1}은 다음수식으로 표현된다.

$$v_{O1} = 0\Big|_{양의\ 반주기} - v_I\Big|_{음의\ 반주기} \tag{26.3}$$

여기서, D_2가 턴온되어 귀환루프를 형성하기 위해서는 연산증폭기의 출력이 다이오드 턴온전압(0.7V) 이상이 되어야 한다. 귀환루프를 형성되기 전까지 연산증폭기는 개방루프로 동작하므로 개방루프 이득을 A_O라고 할 때 입력전압 v_I>(0.7/A_O)의 조건을 만족해야 귀환루프가 형성되어 정류 출력을 낼 수 있다. 따라서, 턴온 전압에 의

한 오차는 $1/A_O$로 감소하게 되므로 정밀 반파정류가 이루어 진다.

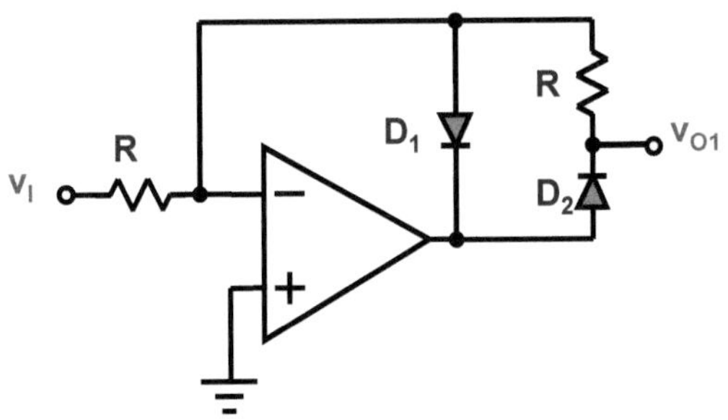

그림 26.2 연산증폭기를 이용한 정밀 반파정류회로

2.3 연산증폭기를 이용한 정밀 전파정류회로

정밀 전파정류회로는 그림 26.3에서 보인 것처럼 앞 절의 반파 정류 회로와 반전형 덧셈기로 구성된다. 이 경우 덧셈기 출력 v_O는 다음 수식으로 구해진다.

$$v_O = -(2v_{O1} + v_I) \tag{26.4}$$

여기서, v_{O1}는 입력 v_I가 반전형 반파정류회로를 거쳐 나온 출력으로서 v_I의 양의 반주기 동안 v_{O1}=0이고, v_I의 음의 반주기 동안 v_{O1}= $-v_I$가 된다. 따라서 v_O는 다음 수식으로 표현된다.

$$\begin{aligned} v_O &= -(2v_{O1} + v_I) = -[2(0|_{\text{양의 반주기}} - v_I|_{\text{음의 반주기}}) + v_I] \\ &= -[(0 + v_I)|_{\text{양의 반주기}} - (2v_I - v_I)|_{\text{음의 반주기}}] \\ &= -v_I|_{\text{양의 반주기}} + v_I|_{\text{음의 반주기}} \end{aligned} \tag{26.5}$$

식(26.5)로부터 구해진 정밀 전파정류회로의 출력 파형을 그림 26.4에 보였다.

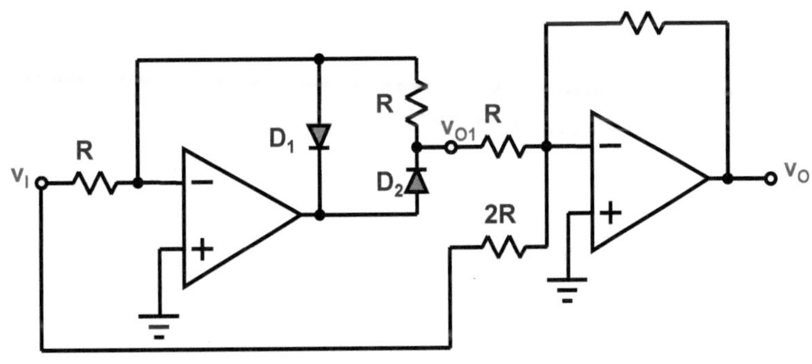

그림 26.3 연산증폭기를 이용한 정밀 전파정류회로

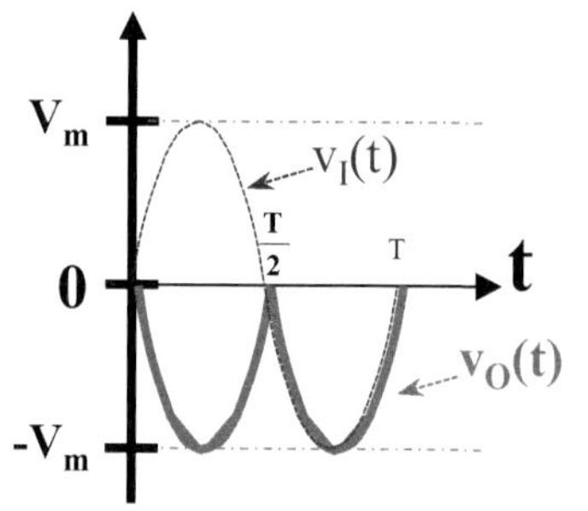

그림 26.4 정밀 전파정류회로의 출력 파형

3. 실험 기기 및 부품

사용 기기	소요 부품
(1) 디지털 멀티미터(DMM): 1대 (2) 파형 발생기: 1대 (3) 오실로스코프: 2채널-1대 (4) 직류전원장치: +15[V](50㎃) 1채널, −15[V](50㎃) 1채널 (5) 브레드보드: 1대	(1) μA 741op-amp: 2개 (2) 다이오드: IN4001 2개 (3) 저항: 10KΩ(0.25W) 7개 (20KΩ은 10KΩ 2개를 직렬 연결하여 사용 함)

4. 실험 내용 및 절차

4.1 연산증폭기를 이용한 정밀 반파정류회로

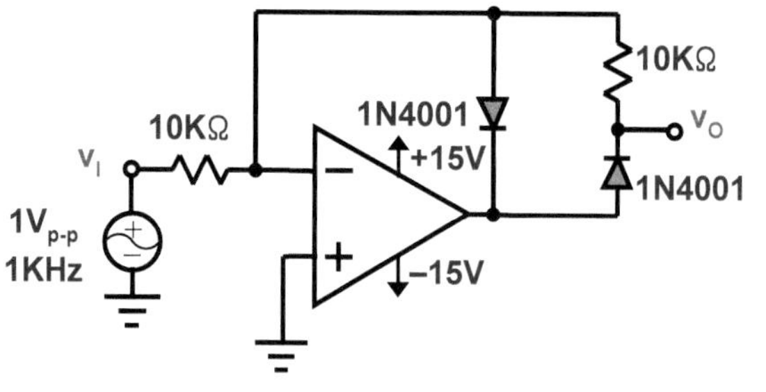

[그림 1] 연산증폭기를 이용한 정밀 반파정류회로

(1) [그림 1]의 회로를 브레드 보드에 구성한다.

(2) 파형 발생기로 진폭 0.5V(첨두간 전압=$1V_{p\text{-}p}$), 주파수=1KHz의 사인파를 발생시켜, [그림 1]에 보인 것처럼 인가한다.

(3) 오실로스코프의 CH1을 회로의 입력단자(v_I)에 연결하고 수직설정에서 입력 커플링(coupling)을 접지(GND)로 선택하여 0[V] 접지레벨이 화면의 수평축 상에 오도록 수직위치를 조절한 다음, 입력 커플링을 다시 직류(DC) 결합으로 변경한다.

(4) 오실로스코프의 CH2를 회로의 출력단자(v_O)에 연결하고 수직설정에서 입력 커플링(coupling)을 접지(GND)로 선택하여 0[V] 접지레벨이 화면의 수평축 상에 오도록 수직위치를 조절한 다음, 입력 커플링을 다시 직류(DC) 결합으로 변경한다.

(5) 오실로스코프의 CH1의 입력 파형을 측정하여 크기(진폭)를 [표 1]에 기록하고, 파형을 [그림 R1]에 점선으로 그린다.

(6) 오실로스코프의 CH2의 출력 파형을 측정하여 크기(진폭)를 [표 1]에 기록하고, 파형을 [그림 R1]에 실선으로 그린다.

(7) [표 1]에 지시된 대로 입력 전압 신호를 변화시켜가며 실험(5)~(6)과정을 반복한다.

4.2 연산증폭기를 이용한 정밀 전파정류회로

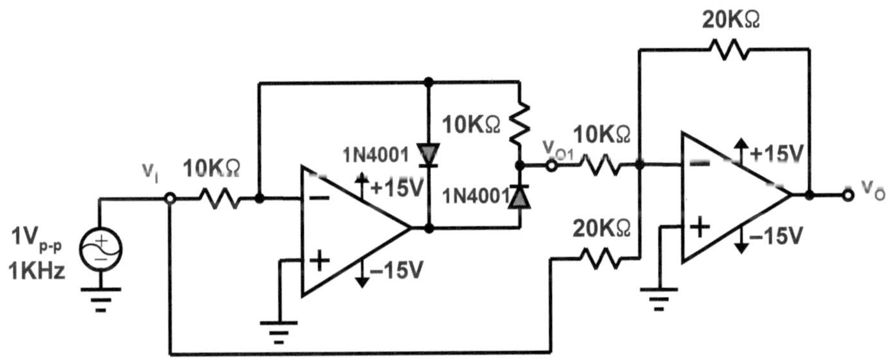

[그림 2] 연산증폭기를 이용한 정밀 전파정류회로

(1) [그림 2]의 회로를 브레드 보드에 구성한다.

(2) 파형 발생기로 진폭 0.5V(첨두간 전압=$1V_{p\text{-}p}$), 주파수=1KHz의 사인파를 발생시켜, [그림 2]에 보인 것처럼 인가한다.

(3) 오실로스코프의 CH1을 회로의 입력단자(v_I)에 연결하고 수직설정에서 입력 커플링(coupling)을 접지(GND)로 선택하여 0[V] 접지레벨이 화면의 수평축 상에 오도록 수직위치를 조절한 다음, 입력 커플링을 다시 직류(DC)로 변경한다.

(4) 오실로스코프의 CH2를 회로의 출력단자(v_O)에 연결하고 수직설정에서 입력 커플링(coupling)을 접지(GND)로 선택하여 0[V] 접지레벨이 화면의 수평축 상에 오도록 수직위치를 조절한 다음, 입력 커플링을 다시 직류(DC)로 변경한다.

(5) 오실로스코프의 CH1의 입력 파형을 측정하여 크기(진폭)를 [표 2]에 기록하고, 파형을 [그림 R2]에 점선으로 그린다.

(6) 오실로스코프의 CH2의 출력 파형을 측정하여 크기(진폭)를 [표 2]에 기록하고, 파형을 [그림 R2]에 실선으로 그린다.

(7) [표 2]에 지시된 대로 입력 전압 신호를 변화시켜가며 실험(5)~(6)과정을 반복한다.

실험예비 보고서

실험조: 반 조 학번: 이름:

실험제목:
1. 연산증폭기를 이용한 정밀 반파정류회로 동작을 설명하시오. 2. 연산증폭기를 이용한 정밀 전파정류회로 동작을 설명하시오. 3. 다이오드 턴온 전압이 연산증폭기를 이용한 정밀 반파정류회로의 출력 파형에 어떤 영향을 미치는지 설명하시오.

실험결과 보고서

실험자: 반 조 학번: 이름:

실 험 일 시: 년 월 일 교시

공동 실험자:

실험제목:

1. 실제 실험 회로도

(디지털 멀티미터 등을 사용하여 실제 사용된 소자값을 정확하게 측정하여 회로도에 기재한다.)

2. 실험 결과

[표 1] 연산증폭기를 이용한 정밀 반파정류회로

파형 발생기 설정	v_I 의 크기(진폭) [V]	v_O 의 크기(진폭) [V]
▪ 진폭 0.5V(첨두간 전압=1$V_{p\text{-}p}$) ▪ 주파수=1KHz		
▪ 진폭 0.1V(첨두간 전압=0.2$V_{p\text{-}p}$) ▪ 주파수=1KHz		
▪ 진폭 3V(첨두간 전압=6$V_{p\text{-}p}$) ▪ 주파수=300Hz		

[표 2] 연산증폭기를 이용한 정밀 전파정류회로

파형 발생기 설정	v_I 의 크기(진폭) [V]	v_O 의 크기(진폭) [V]
▪ 진폭 0.5V(첨두간 전압=1$V_{p\text{-}p}$) ▪ 주파수=1KHz		
▪ 진폭 0.1V(첨두간 전압=0.2$V_{p\text{-}p}$) ▪ 주파수=1KHz		
▪ 진폭 3V(첨두간 전압=6$V_{p\text{-}p}$) ▪ 주파수=300Hz		

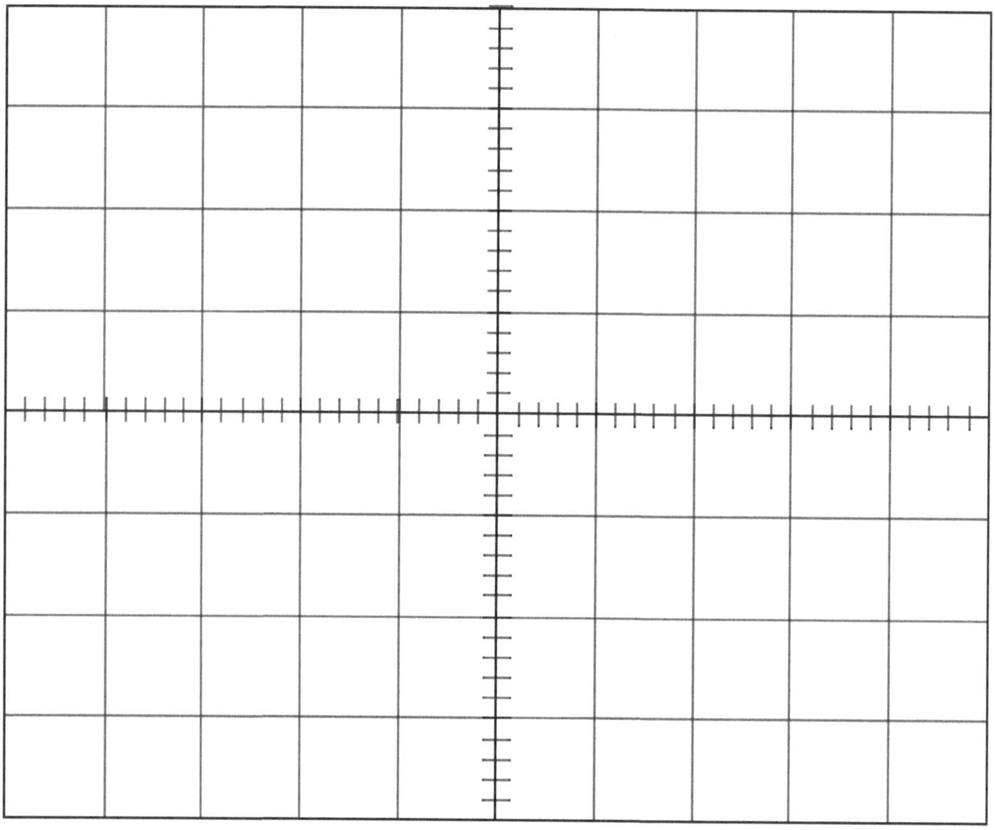

CH1	신호	V/Div.	Time: Sec/Div.
CH2	신호	V/Div.	

[그림 R1] 입력 및 출력 파형

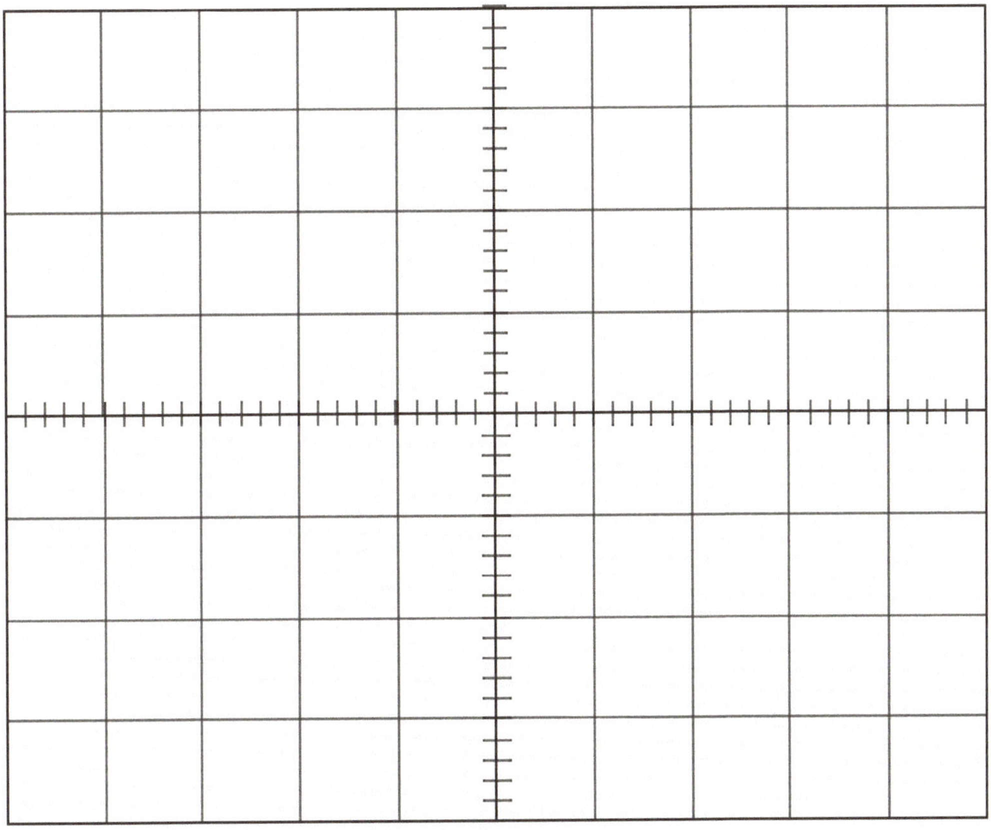

CH1	신호	V/Div.	Time:
CH2	신호	V/Div.	Sec/Div.

[그림 R2] 다이오드 전압 파형

3. 실험 결과 논의

1. 연산증폭기를 이용한 정밀 반파정류회로에서 다이오드의 턴온전압(0.7V)은 출력 파형에 몇 V의 오차를 초래했는가? 측정할 수 있었다면 그 값을 기재하시오.
2. 연산증폭기를 이용한 정밀 정류회로에서 다이오드의 턴온전압에 의한 오차가 어떤 원리로 감소했는지를 토론하고 결론을 요약하여 쓰시오.
3. 덧셈기에서 사용된 저항의 오차는 정밀 전파정류회로 출력에 어떤 영향을 주는가?

Part 5

실제연산 증폭기의 특성

실험 27 연산증폭기의 이상적이지 못한 특성

1. 실험 목적

(1) 연산증폭기의 오프셋 전압을 이해한다.

(2) 연산증폭기의 바이어스밸런스 개념을 이해한다.

(3) 연산증폭기의 유한 대역폭 특성을 확인한다.

2. 관련 이론

2.1 오프셋 전압과 전류

[입력 오프셋 전압; V_{io}] 연산 증폭기 내의 차동 증폭단이 제작상의 오차 등으로 완벽한 정합이 이루어지지 못할 경우 입력 $v_d(=v_+ - v_-)$가 0V 임에도 불구하고 출력에 직류 전압 성분 V_O가 발생한다. 이것을 **출력 오프셋 전압**이라고 한다. 출력 오프셋 전압은 식(27.1)에서와 같이 이득 A로 나누어 줌으로써 입력 전압 값으로 환산될 수 있으며 이를 **입력 오프셋 전압** V_{io}이라고 부른다.

$$V_{io} \equiv \left.\frac{V_O}{A_o}\right|_{v_+=v_-} \tag{27.1}$$

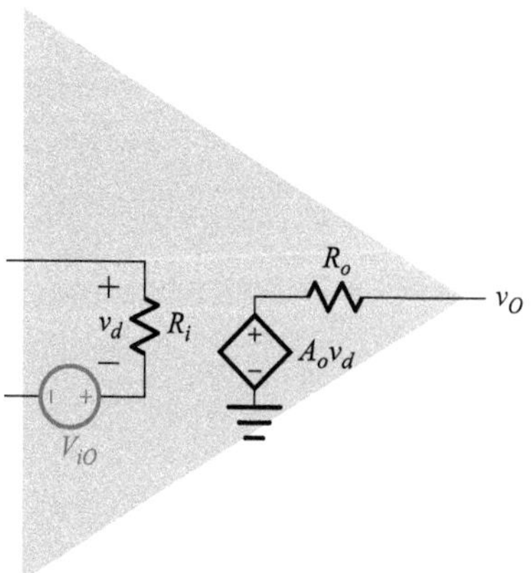

그림 27.1 입력 오프셋 전압을 고려한 연산 증폭기의 등가회로

일반적으로 입력 오프셋 전압으로 오프셋 전압을 표시하며 그림 27.1은 입력 오프셋 전압을 고려한 연산 증폭기의 등가회로를 보여준다. 오프셋 전압은 응용회로에서 오차로 나타나게 되므로 적절한 보상회로로써 제거해 주어야 한다.

[입력 오프셋 전류; I_{io}**]** 연산 증폭기로 회로를 구성할 경우 어떤 형태로든 입력에 직류 바이어스가 인가되게 된다. 이 때 그림 27.2에서 볼 수 있듯이 두 입력 단자를 통해서 바이어스 전류(I_{B1}, I_{B2})가 흐를 수 있다. 여기서 식(27.2)로 입력 바이어스 전류 I_B를 정의한다.

$$I_B \equiv \frac{I_{B1} + I_{B2}}{2} \tag{27.2}$$

완벽한 정합이 이루어지지 못할 경우 입력 I_{B1}과 I_{B2} 값에 차가 발생할 수 있으며 이 차 전류 성분을 **입력 오프셋 전류** $\mathbf{I}_{io}$라고 부른다.

$$\mathbf{I}_{io} = |\mathbf{I}_{B1} - \mathbf{I}_{B2}| \tag{27.3}$$

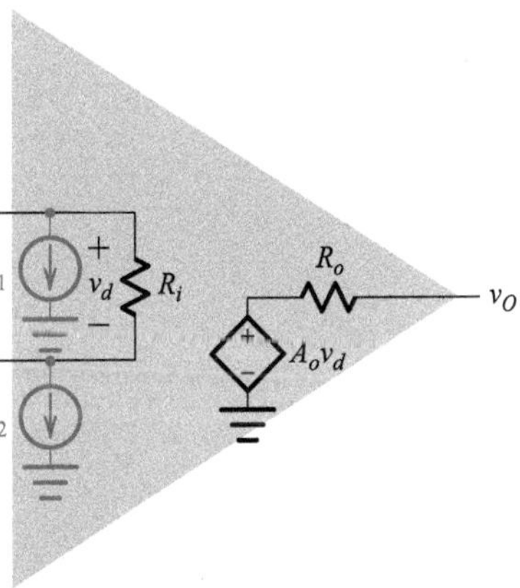

그림 27.2 입력 바이어스 전류를 고려한 연산 증폭기의 등가회로

2.2 바이어스 밸런스

[바이어스 밸런스] 입력 오프셋 전압과 마찬가지로 입력 오프셋 전류도 0A가 되는 것이 바람직하다. 그러나 입력 오프셋 전류가 0A가 되어 $I_{B1}=I_{B2}=I_B$가 되었다고 해서 오차 문제가 해결되는 것은 아니다.

그림 27.3은 연산 증폭기로 증폭회로를 구성했을 때의 등가회로를 보여 준다. 여기서 입력 오프셋 전류가 0A가 되어 $I_{B1}=I_{B2}=I_B$가 되었다고 가정하고 두 입력 단자에서의 전압 v_+와 v_-를 구해 보기로 하자. 각 입력 단자에서의 전압은 각 단자에서의 등

가 저항에 바이어스 전류를 곱해 줌으로써 다음 수식으로 구해진다.

$$v_- = I_B(R_A // R_F)$$
$$v+ = I_B R_1$$

여기서, 각 입력 단자에서의 등가 저항 값이 서로 다를 경우 두 입력 단자의 전압 차를 발생시킬 수 있다. 따라서 $v_+ = v_-$로 바이어스 밸런스를 유지하기 위해 저항 R_1은 다음의 조건을 만족하도록 설계 되어야 한다.

$$R_1 = R_A // R_F \tag{27.4}$$

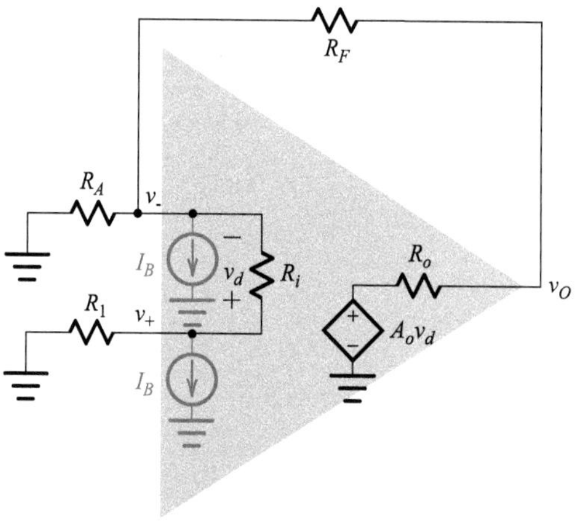

그림 27.3 연산 증폭기의 바이어스 밸런스

2.3 유한한 대역폭의 영향

실용 연산 증폭기의 주파수 특성은 다음의 식(27.5)와 같이 1-폴 시스템으로 간주할 수 있다.

$$A(s) = \frac{A_o}{1 + s/\omega_H} \tag{27.5}$$

여기서, A_o는 개방루프 이득의 평탄 대역에서의 값이고, ω_H는 3-dB대역폭이다. 그림 27.4 는 식(27.5)의 1-폴 시스템을 가정한 실용 연산 증폭기의 주파수 응답 특성을 보여준다.

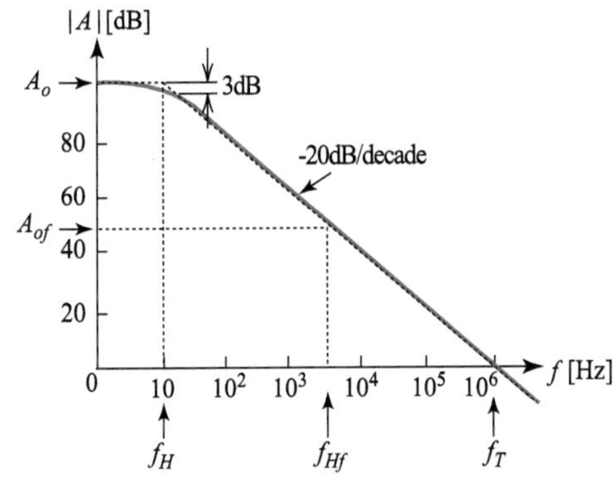

그림 27.4 실용 연산 증폭기의 주파수 응답 특성

그림 27.5와 같이 비반전 증폭기를 구성하여 폐루프 이득 A_F를 구하기로 하자. 일반적인 경우 개방루프 이득 A_o가 충분히 커서 근사적으로 가상접지 조건을 적용할 수 있으므로 여기서도 가상접지 조건을 적용할 수 있을 정도로 개방루프 이득 A_o가 충분히 크다고 가정하기로 한다.

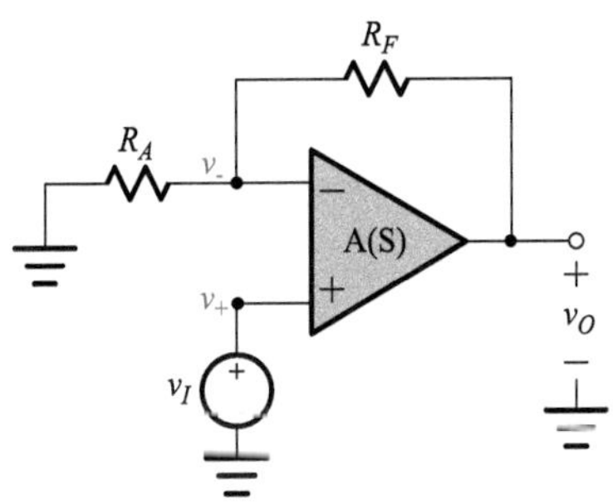

그림 27.5 실용 연산 증폭기로 구성된 비반전 증폭기

그림 27.5의 회로에서 v_-단자에서 키르히호프 전류법칙을 적용함으로써 다음의 관계식을 얻는다.

$$v_- = \frac{R_A}{R_A + R_F} v_O \tag{27.6}$$

한편, $v_+=v_I$이므로 출력 전압 v_O은 다음과 같이 표현된다.

$$v_O = A(s)(v_+ - v_-) = A(s)\left(v_I - \frac{R_A}{R_A + R_F} v_O\right)$$

윗 식을 v_O와 v_I은 대해 정리하면

$$v_O\left(1+\frac{R_A A(s)}{R_A+Z_F}\right)=A(s)v_I$$

따라서 폐루프 이득 A_f는 다음 수식으로 구해진다.

$$A_f(s)\equiv\frac{v_O}{v_I}=\frac{A(s)}{1+\gamma A(s)} \tag{27.7}$$

여기서, $\gamma=\dfrac{R_A}{R_A+R_F}$ 이다.

식(27.5)를 식(27.7)에 대입함으로써 폐루프 이득의 주파수 특성을 구할 수 있다.

$$A_f(s)=\frac{A_o}{1+\gamma A_o+s/\omega_H}\overset{\gamma A_O>>1}{\approx}\frac{1}{\gamma}\frac{1}{1+s/(\gamma A_o\omega_H)} \tag{27.8}$$

식(27.8)로부터 폐루프 이득 A_f의 3-dB 대역폭 ω_{Hf}를 구하면

$$\omega_{Hf}=\gamma A_o\omega_H \tag{27.9}$$

식(27.9)은 다음과 같이 정리된다.

$$\frac{1}{\gamma}\omega_{Hf}=A_o\omega_H \tag{27.10}$$

여기서, $1/\gamma=(1+R_F/R_A)$로서 비반전 증폭기의 이득이다. 따라서 식(27.10)은 좌항의 폐루프 상태의 이득과 대역폭곱이 우항의 개방루프 상태의 이득과 대역폭곱과 같음을 의미한다. 즉, 그림 27.4의 주파수 응답 특성에서 볼 수 있듯이 부귀환으로 대역폭을 증가시키면 이득이 감소하게되므로 이득–대역폭곱(GBP ; Gain–Bandwidth Product)은 항상 일정하게 유지됨을 보여준다.

따라서 증폭기의 성능은 이득-대역폭곱으로 표현된다. 예를 들어 μA741 연산증폭기의 경우 이득-대역폭 곱(GBP)은 10^6[Hz]가 되며 식(27.11)의 관계식이 성립한다.

$$GBP=A_{of}f_{Hf}=\left(1+\frac{R_F}{R_A}\right)f_{Hf}=A_of_H=10^6 \tag{27.11}$$

다시 말해, 식(27.11)의 관계식을 이용하면 귀환을 통해 이득과 대역폭을 조절할 수 있다.

3. 실험 기기 및 부품

사용 기기	소요 부품
(1) 디지털 멀티미터(DMM): 1대 (2) 파형 발생기: 1대 (3) 오실로스코프: 2채널-1대 (4) 직류전원장치: +15[V](50mA) 1채널, -15[V](50mA) 1채널 (5) 브레드보드: 1대	(1) μA 741op-amp: 1개 (2) 저항: 100Ω(0.25W) 1개 10KΩ(0.25W) 1개 100KΩ(0.25W) 1개 1MΩ(0.25W) 1개 9.1MΩ(0.25W) 1개 10MΩ(0.25W) 1개 (3) 가변저항: 10KΩ 1개 1KΩ 1개

4. 실험 내용 및 절차

4.1 오프셋 전압

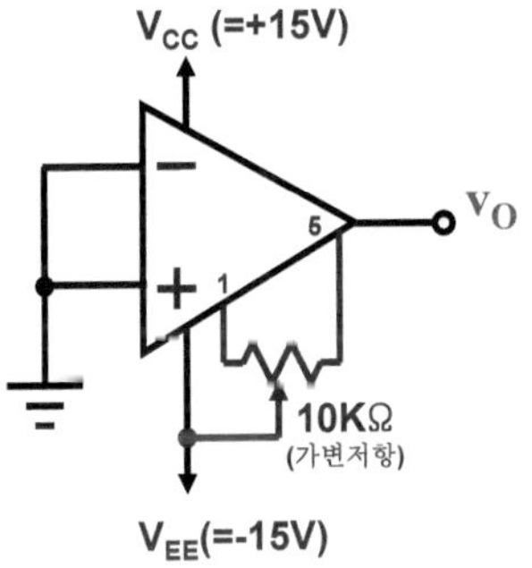

[그림 1] 오프셋 전압 측정

(1) [그림 1]의 회로를 브레드 보드에 구성한다.(10KΩ 가변저항 제외)

(2) 오실로스코프의 CH2을 회로의 출력단자(v_O)에 연결하고 수직설정에서 입력 커플링 (coupling)을 접지(GND)로 선택하여 0[V] 접지레벨이 화면의 수평축 상에 오도록 수직위치를 조절한 다음, 입력 커플링을 다시 직류(DC) 결합으로 변경한다.

(3) 오실로스코프의 CH2로부터 출력 전압(v_O)를 읽어 [표 1]에 기입한다. 연산증폭기의 개방전압 이득 $A_o=10^5$이라고 가정하고 입력 오프셋전압(V_{io})을 구하여 [표 1]에 기입한다.

(4) 10KΩ가변저항을 연결하고 가변저항의 값을 변경하면서 출력 전압(v_O)의 변화 특

성을 보고, v_O=0V가 되도록 가변저항을 조정한 후 가변저항을 빼내어 설정된 저항 값을 측정하여 [표 1]에 기입한다.

4.2 바이어스 밸런스

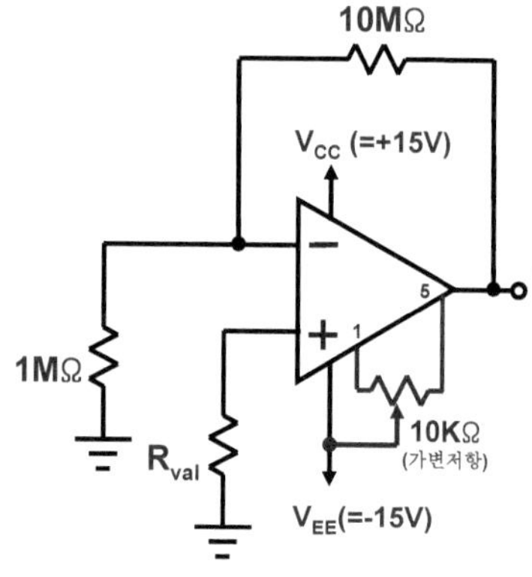

[그림 2] 바이어스 밸런스

(1) [그림 1]의 오프셋전압(V_{io})이 0V로 조정된 회로에 저항을 추가하여 [그림 2]의 회로를 브레드 보드에 구성한다.(단, R_{val}=0Ω으로 한다.)

(2) 오실로스코프의 CH2을 회로의 출력단자(v_O)에 연결하고 수직설정에서 입력 커플링(coupling)을 접지(GND)로 선택하여 0[V] 접지레벨이 화면의 수평축 상에 오도록 수직위치를 조절한 다음, 입력 커플링을 다시 직류(DC) 결합으로 변경한다.

(3) 오실로스코프의 CH2로부터 출력 전압(v_O)를 읽어 [표 2]에 기입한다.

(4) R_{val}=1MΩ//10MΩ=9.1MΩ으로 설정한 후, 오실로스코프의 CH1으로부터 출력 전압(v_O)를 읽어 [표 2]에 기입한다.

4.3 유한한 대역폭의 영향

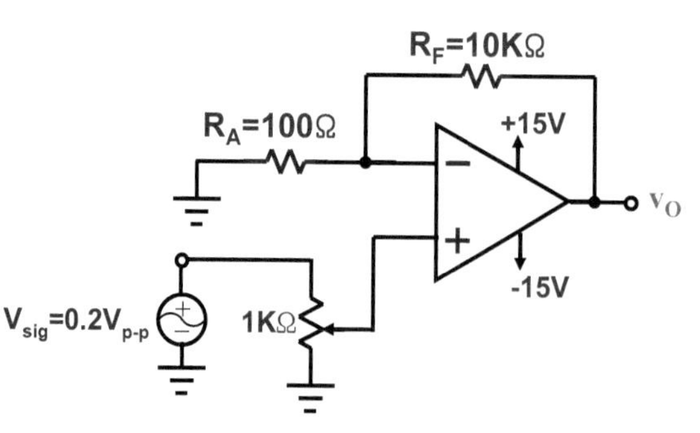

[그림 3] 유한한 대역폭의 영향

(1) [그림 3]의 회로를 브레드보드에 구성한다.(단, R_A=100Ω, R_F=10kΩ으로 설정한다.)

(2) 오실로스코프의 CH1을 파형 발생기(V_{sig})에 연결하고 수직설정에서 입력 커플링(coupling)을 접지(GND)로 선택하여 0[V] 접지레벨이 화면의 수평축 상에 오도록 수직위치를 조절한 다음, 입력 커플링을 다시 직류(DC) 결합으로 변경한다.

(3) 오실로스코프 CH1의 파형을 보면서 파형 발생기(V_{sig})가 진폭 0.1V(첨두간 전압=0.2$V_{p\text{-}p}$), 주파수=5KHz 오프셋=0V의 사인파를 발생시켜도록 설정한다.

(4) 오실로스코프의 CH2을 회로의 출력단자(v_O)에 연결하고 수직설정에서 입력 커플링(coupling)을 접지(GND)로 선택하여 0[V] 접지레벨이 화면의 수평축 상에 오도록 수직위치를 조절한 다음, 입력 커플링을 다시 직류(DC) 결합으로 변경한다.

(5) 1KΩ의 가변저항을 조절하여 출력 전압 v_o가 진폭 10V(첨두간 전압=20$V_{p\text{-}p}$)가 되도록 조절한다.

(6) R_F값을 증가시켜가며 실험(5)과정을 반복하여 가능한 최대 R_F값을 찾아내어 [표 3]에 기록하고, 그것으로 실험을 수행한다.

(7) 실험(5)과정에서 최종 조절된 1KΩ의 가변저항의 설정된 저항값을 측정하고, 이로부터 전압분배 법칙을 이용하여 비반전 단자에 인가되는 전압(v_{in})의 크기(진폭)를 구하여 [표 3]에 기입한다.

(8) 파형 발생기(V_{sig})의 진폭은 고정한 채 주파수만을 [표 3]에 제시된 대로 변화시켜가면서 오실로스코프의 CH2로부터 출력 전압(v_O)를 읽어 크기(진폭)를 [표 3]에 기입한다.

(9) 파형 발생기(V_{sig})의 진폭은 고정한 채 주파수만을 증가시켜 출력 전압(v_O)의 크기가 5Hz일 때 크기의 0.7배 되는 주파수를 찾아내어 [표 3]의 f_{3dB} 칸에 기입한다. (이것이 바로 3dB 주파수 즉, 대역폭이다.)

(10) [표 3]의 측정결과로부터 전압이득 A_V(=v_o/v_{in})을 계산하여 [표 3]에 기입한다.

(11) [표 3]의 결과를 갖고 [그림 R1]에 보드선도를 그린다.

실험예비 보고서

실험조: 반 조 학번: 이름:

실험제목:
1. 연산증폭기의 오프셋 전압이란?   2. 연산증폭기의 바이어스밸런스 개념을 설명하시오.   3. 연산증폭기의 유한 대역폭 특성 때문에 발생하는 문제점을 모두 설명하시오.

실험결과 보고서

실험자: 반 조 학번: 이름:

실 험 일 시: 년 월 일 교시

공동 실험자:

실험제목:

1. 실제 실험 회로도

(디지털 멀티미터 등을 사용하여 실제 사용된 소자값을 정확하게 측정하여 회로도에 기재한다.)

2. 실험 결과

[표 1] 오프셋 전압

v_O	$V_{io}\left(=\frac{v_O}{A_o}\right)$	10KΩ 가변저항	
[V]	[V]	1번단자-V_{EE}= [KΩ]	5번단자-V_{EE}= [KΩ]

[표 2] 바이어스 밸런스

v_O (R_{val}=0Ω일 때)	v_O (R_{val}=9MΩ일 때)
[V]	[V]

[표 3] 유한한 대역폭의 영향

R_F= ( )[KΩ]

v_{in}= ( )[V]

f[Hz]	5	10	10^2	10^3	10^4	10^5	10^6	10^7
v_O[V]								
A_o (= v_o/v_{in})								

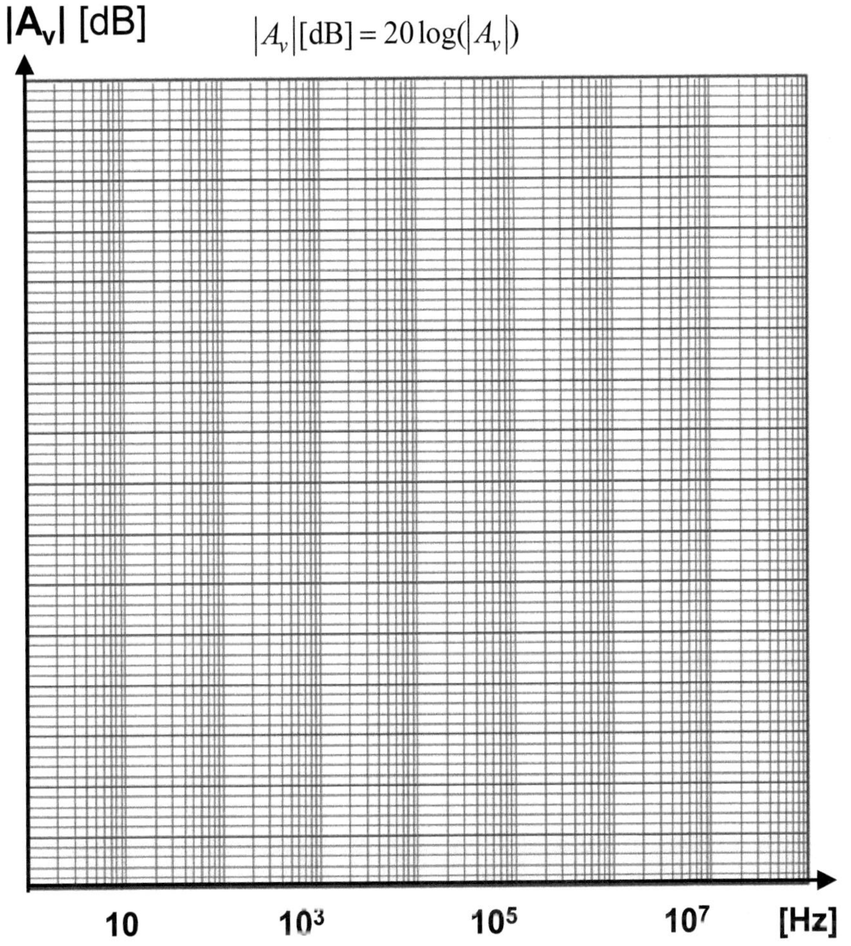

[그림 R1]

3. 실험 결과 논의

1. 연산증폭기의 오프셋 전압이 실제 회로에서 어떤 영향을 미칠 수 있지를 설명하시오.
2. 연산증폭기의 바이어스밸런스가 이루어지지 않았을 때에 발생하는 문제점을 설명하시오.
3. 연산증폭기의 유한 대역폭이 실제 회로 설계 시에 어떤 문제점을 야기하며 그 해결책은 무엇인가?

실험 28 슬루레이트와 최대전력주파수

1. 실험 목적

(1) 슬루 레이트(SR)의 개념을 이해하고 실제회로에서 측정하는 방법을 익힌다.
(2) 슬루 레이트(SR)과 파형의 왜곡의 상관관계를 이해한다.
(3) μA 741 연산증폭기의 슬루 레이트(SR)을 측정한다.
(4) 최대전력 대역폭과 슬루 레이트의 상관관계를 이해한다.

2. 관련 이론

2.1 슬루 레이트(SR)

일반적으로 시스템은 입력의 변화에 대해서 출력이 즉각적으로 반응할 수는 없고 일정 시간의 지연을 갖고 반응하게 된다. 그림 28.1은 실용연산 증폭기로 단위 이득 증폭기를 구성한 후 계단 입력을 인가했을 때의 출력 특성을 보여주고 있다.

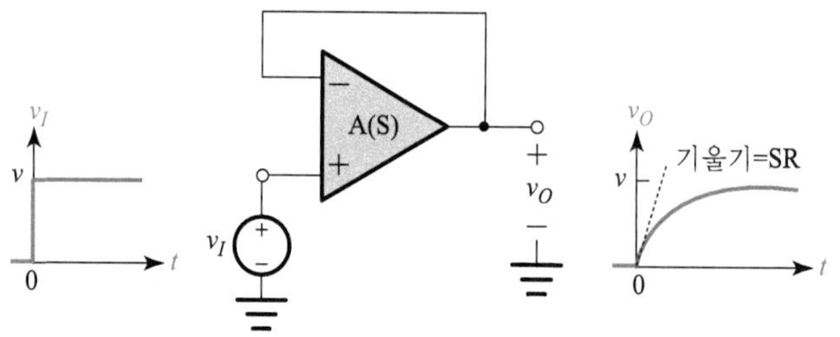

그림 28.1 계단 입력이 인가되었을 때 출력 특성

[슬루 레이트(SR)] **슬루 레이트(SR**; Slew Rate)는 식(28.1)에서와 같이 **계단-입력(step-input)이 인가되었을 때 출력 전압의 최대 변동율**로 정의된다.

$$SR \equiv \frac{dv_O(t)}{dt}\Big|_{\max} \tag{28.1}$$

크기 V의 계단입력($V_I(s)=V/s$)이 인가되었을 때의 출력은 다음과 같이 구해진다.

$$v_O(s) = v_I(s)A_f(s) = \frac{V}{s}\cdot\frac{1}{\gamma}\frac{1}{1+s/\omega_{Hf}} \tag{28.2}$$

여기서, $\omega_{Hf} = \gamma A_o \omega_H$ 이다.

식(28.2)를 라플라스 역변환함으로써 시간 영역에서의 출력 $v_O(t)$를 얻는다.

$$v_O(t) = \frac{V}{\gamma}(1 - e^{-\omega_{Hf}t}) \tag{28.3}$$

따라서 슬루 레이트 SR은 정의에 의해 다음과 같이 구해진다.

$$SR = \frac{dv_O(t)}{dt}\Big|_{\max} = \frac{V\omega_{Hf}}{\gamma}e^{-\omega_{Hf}t}\Big|_{t=0} = \frac{V\omega_{Hf}}{\gamma} = VA_{of}\omega_{Hf} = V\times GBP \tag{28.4}$$

2.2 최대전력 대역폭(f_p)

[최대전력 대역폭 f_p] **최대전력 대역폭**(full-power bandwidth; f_p)은 **출력이 사인파일 때 왜곡이 일어나기 시작하는 주파수**로 정의된다. 진폭이 V_p이고 주파수 $f=f_p$일 때의 출력은 다음 수식으로 표현된다.

$$v_O(t) = V_p \sin(2\pi f_p t) \tag{28.5}$$

위의 출력에 대해 최대 변동율을 구하면 다음과 같다.

$$\frac{dv_O}{dt}\Big|_{\max} = V_p 2\pi f_p \cos(2\pi f_p t)\Big|_{\max} = V_p 2\pi f_p \tag{28.6}$$

한편, $\frac{dv_O}{dt}\Big|_{\max} = V_p 2\pi f_p > SR$ 일 때 왜곡이 발생하므로 식(28.7)의 최대전력 대역폭 f_p와 SR과의 관계식을 얻을 수 있다.

$$f_p = \frac{SR}{2\pi V_p} \tag{28.7}$$

[예제 28.1] SR=1V/μs인 연산 증폭기로 사인파형을 피크 왜곡 없이 증폭하고자 한다. 다음 항목에 답하시오.

(a) 50KHz의 사인파를 증폭할 경우 피크 왜곡 없이 얻을 수 있는 출력의 최대 진폭 V_p는 몇 V인가?

(b) 출력의 최대 진폭 V_p=10V가 되도록 사인파를 증폭할 경우 피크 왜곡 없이 얻을 수 있는 최대 주파수 f_p는 몇 Hz인가?

풀이 (a) 식(28.7)로 부터

$$V_p = \frac{SR}{2\pi f_p} = \frac{10^6 V/s}{2\pi \times 50 \times 10^3 Hz} = 3.18\ V$$

(b) 식(28.7)로 부터

$$f_p = \frac{SR}{2\pi V_p} = \frac{10^6 V/s}{2\pi \times 10V} = 15.9\ KHz$$

3. 실험 기기 및 부품

사용 기기	소요 부품
(1) 디지털 멀티미터(DMM): 1대 (2) 파형 발생기: 1대 (3) 오실로스코프: 2채널 1대 (4) 직류전원장치: +15[V](50mA) 1채널, –15[V](50mA) 1채널 (5) 브레드보드: 1대	(1) μA 741op-amp: 1개 (2) 저항: 10KΩ(0.25W) 2개

4. 실험 내용 및 절차

4.1 슬루 레이트(SR)

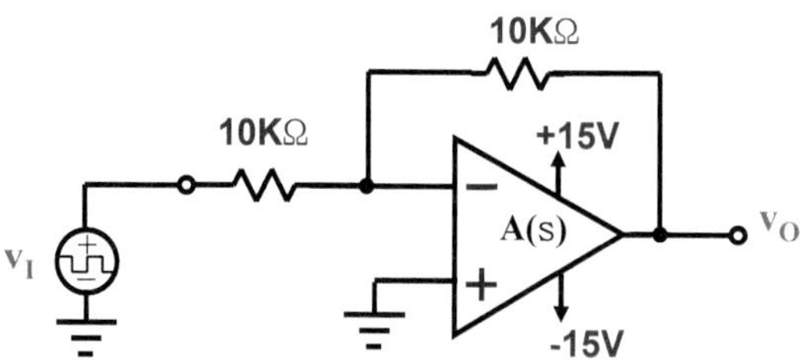

[그림 1] 슬루 레이트(SR) 측정

(1) [그림 1]의 회로를 브레드 보드에 구성한다.

(2) 파형 발생기로 5V_{p-p}의 구형파를 발생시키되 주파수는 [표 1]에 제시된 대로 한다.

(3) 오실로스코프의 CH1을 회로의 입력단자(V_I)에 연결하고 수직설정에서 입력 커플링(coupling)을 접지(GND)로 선택하여 0 [V] 접지레벨이 화면의 수평축 상에 오도록 수직위치를 조절한 다음, 입력 커플링을 다시 직류(DC) 결합으로 변경한다.

(4) 오실로스코프의 CH2를 회로의 출력단자(V_o)에 연결하고 수직설정에서 입력 커플링을 접지(GND)로 선택하여 0[V] 접지레벨이 화면의 수평축 상이나 혹은, 원하는 위치에 오도록 수직위치를 조절한 다음, 입력 커플링을 다시 직류(DC) 결합으로 변경한다.

(5) [표 1]에 주어진 각 주파수에서 v_I와 v_o의 전압 파형을 오실로스코프로 측정하여 각각의 파형을 [그림 R1]~ [그림 R4]에 그리고, 각각의 주파수에서 출력파형 v_o의 최대 변화율을 측정하여 구한 슬루 레이트(SR)을 [표 1]에 기록하시오.

4.2 최대전력 대역폭

(1) [그림 1]의 회로에서 구형파를 5V_{p-p}의 사인파로 바꾸고 주파수를 증가시켜가면서 출력파형이 왜곡되기 시작하는 주파수[=f_p;최대전력 대역폭(full-power bandwidth)]를 찾아내고 [표 2]에 기입하시오.

(2) 사인파의 크기를 1V_{p-p}로 바꾸고 주파수를 증가시켜가면서 출력파형이 왜곡되기 시작하는 주파수(f_p)를 찾아내어 [표 2]에 기입하시오.

실험예비 보고서

실험조: 반 조 학번: 이름:

실험제목:

1. 슬루 레이트(SR)이란?

2. 최대전력 대역폭(f_p)란?

3. 구형파 입력에서 슬루 레이트(SR)이 출력 파형에 어떤 영향을 미치는가?

실험결과 보고서

실험자: 반 조 학번: 이름:

실험일시: 년 월 일 교시

공동 실험자:

실험제목:

1. 실제 실험 회로도

(디지털 멀티미터 등을 사용하여 실제 사용된 소자값을 정확하게 측정하여 회로도에 기재한다.)

2. 실험 결과

[표 1] 슬루 레이트(SR) (v_i=5V_{p-p})

주파수 [KHz]	1	10	100	1000
v_o [$V_{p\text{-}p}$]				
t [us]				
SR [V/us]				

[표 2] 최대전력 대역폭(f_p)

최대전력 대역폭(f_p)	5V_{pp}경우	측정값: [Hz]	계산값: [Hz]
	1V_{pp}경우	측정값: [Hz]	계산값: [Hz]

〈1KHz일 때〉

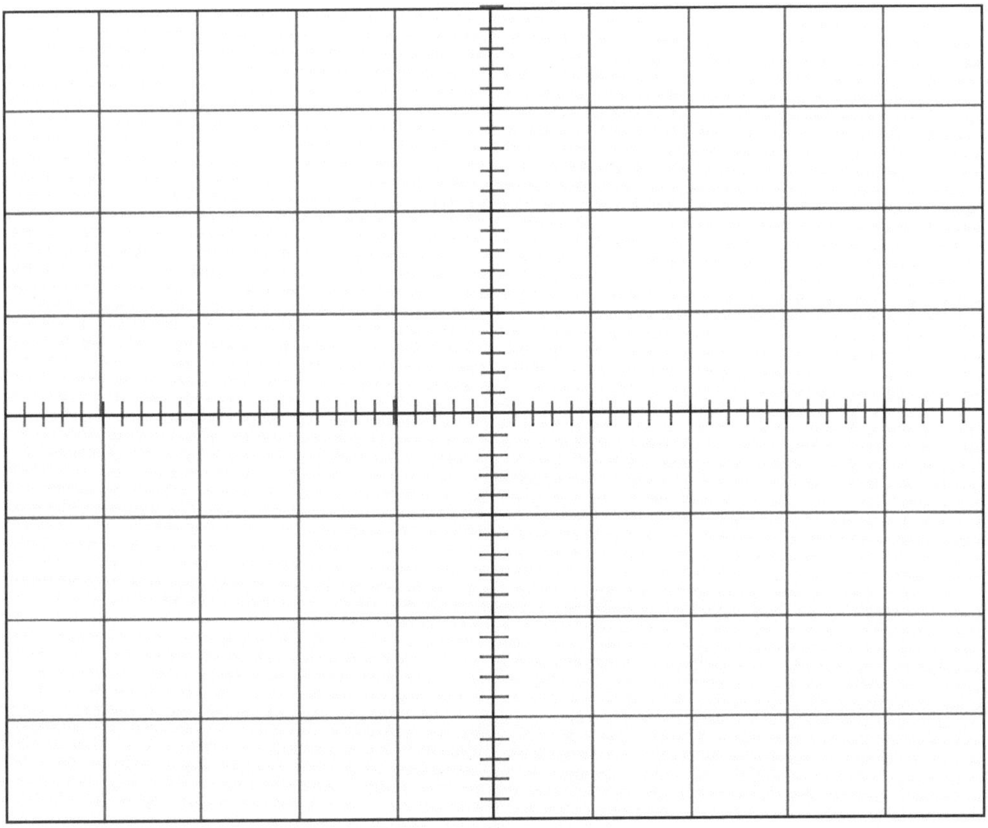

CH1	신호	V/Div.	Time: Sec/Div.
CH2	신호	V/Div.	

[그림 R1] 입력 및 출력 파형

〈10KHz일 때〉

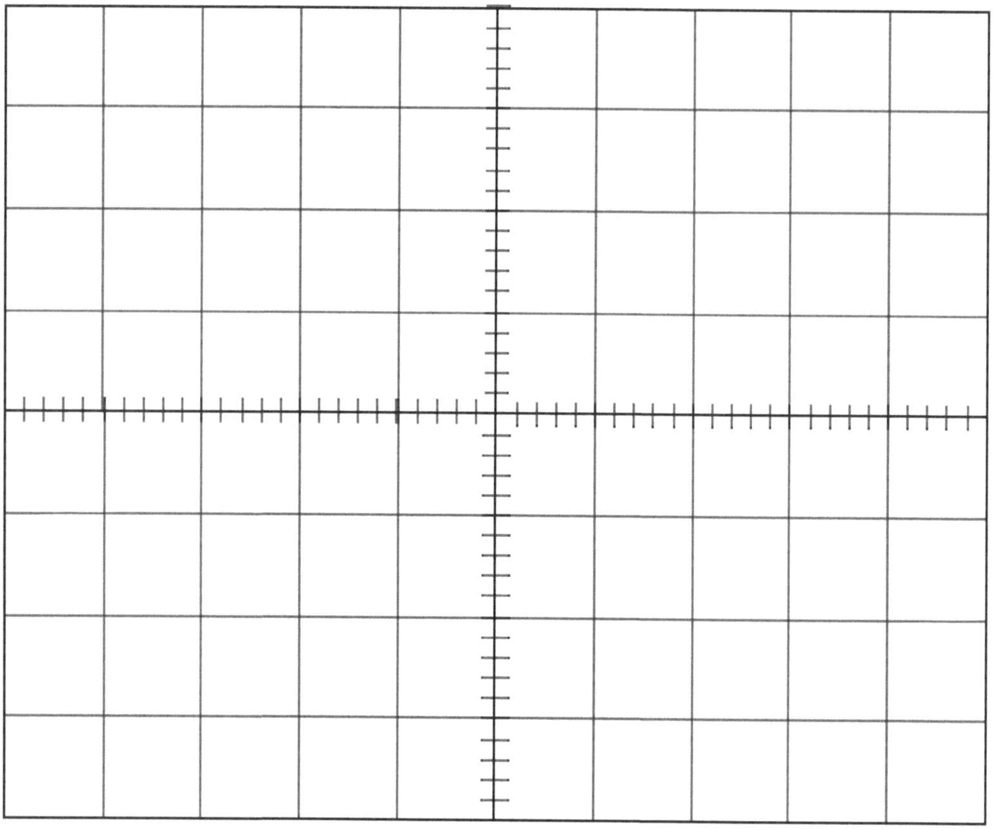

CH1	신호	V/Div.	Time:
CH2	신호	V/Div.	Sec/Div.

[그림 R2] 입력 및 출력 파형

〈100KHz일 때〉

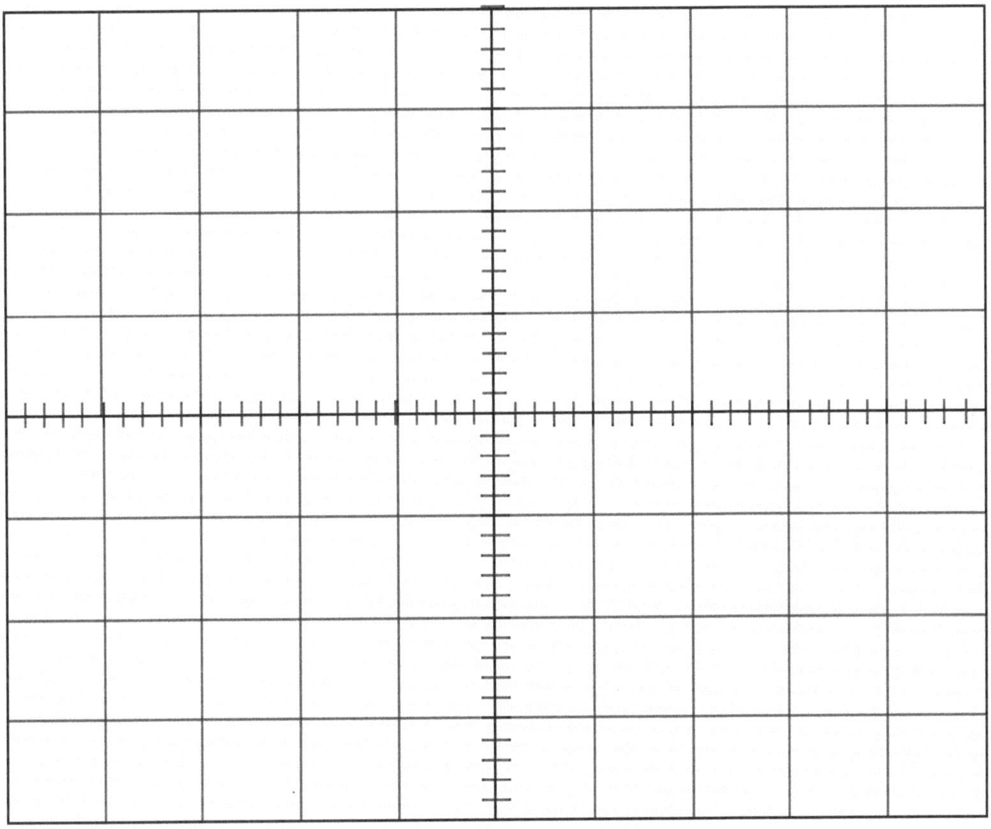

CH1	신호	V/Div.	Time:
CH2	신호	V/Div.	Sec/Div.

[그림 R3] 입력 및 출력 파형

〈1000KHz일 때〉

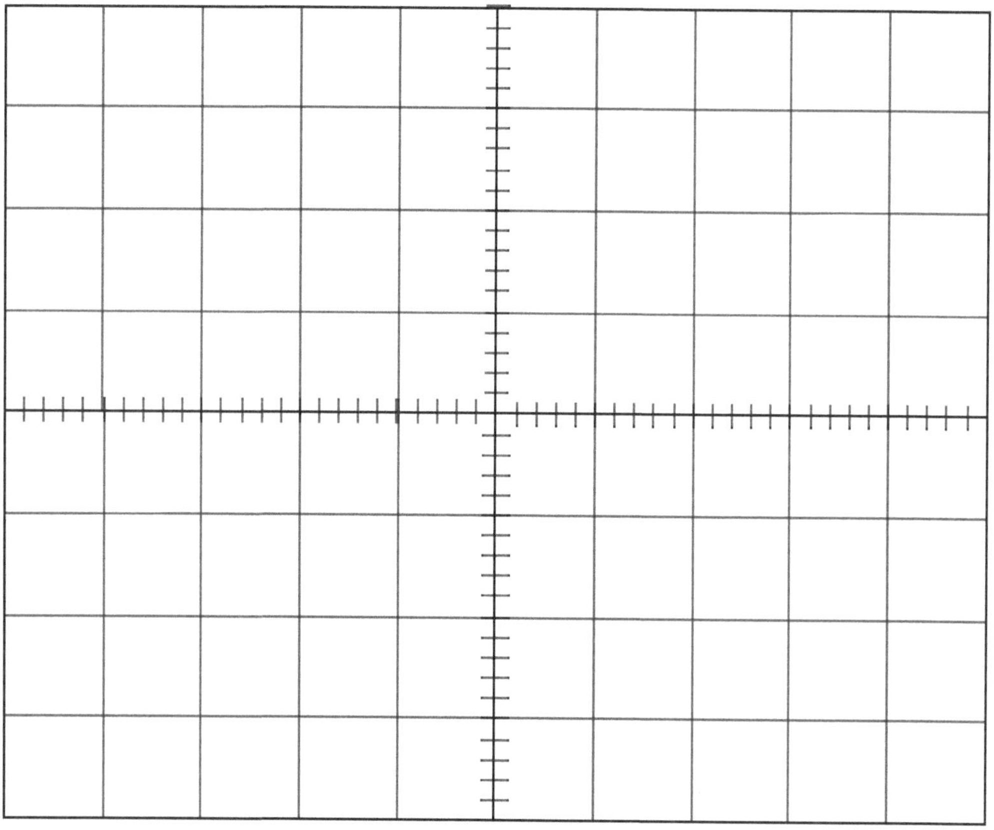

CH1	신호	V/Div.	Time:
CH2	신호	V/Div.	Sec/Div.

[그림 R4] 입력 및 출력 파형

3. 실험 결과 논의

1. [표 1]의 측정된 결과로부터 SR 값을 계산하여 [표 1]에 기입하시오. 연산증폭기의 데이터 시트에 있는 SR의 값과 비교하시오. 또한, 주파수에 따라 측정된 SR값에 차이가 있다면 그 원인을 추론해보시오.
2. 그려진 출력 파형을 보고 주파수가 증가함에 따라 구형파 출력 파형이 어떻게 달라지는지를 설명하고 그 원인을 SR과 관련시켜 설명하시오.
3. 식(28.7)을 이용하여 최대전력 대역폭(f_p)을 구하고 위의 실험 4.2 최대전력 대역폭(f_p)에서 측정한 f_p 값과 비교해보시오.

실험 29 연산증폭기의 주파수특성

1. 실험 목적

(1) 실용 연산증폭기의 주파수 특성을 이해한다.

(2) 유한한 대역폭이 연산증폭기를 이용한 증폭기에 어떤 영향을 미치는지를 이해한다.

(3) 실용 연산증폭기의 유한한 대역폭 특성을 극복하기 위한 설계법을 이해한다.

2. 관련 이론

2.1 유한한 대역폭의 영향

실용 연산 증폭기의 주파수 특성은 다음의 식(29.1)과 같이 1-폴 시스템으로 간주할 수 있다.

$$A(s) = \frac{A_o}{1 + s/\omega_H} \tag{29.1}$$

여기서, A_o는 개방루프 이득의 평탄 대역에서의 값이고, ω_H는 3-dB대역폭이다. 그림 29.1은 식(29.1)의 1-폴 시스템을 가정한 실용 연산 증폭기의 주파수 응답 특성을 보여준다.

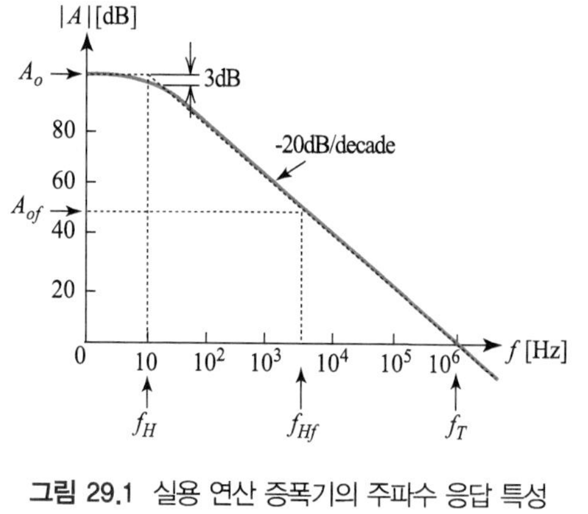

그림 29.1 실용 연산 증폭기의 주파수 응답 특성

그림 29.2와 같이 비반전 증폭기를 구성하여 폐루프 이득 A_f를 구하기로 하자. 일반적인 경우 개방루프 이득 A_o가 충분히 커서 근사적으로 가상접지 조건을 적용할 수 있으므로 여기서도 가상접지 조건을 적용할 수 있을 정도로 개방루프 이득 A_o가 충분히 크다고 가정하기로 한다.

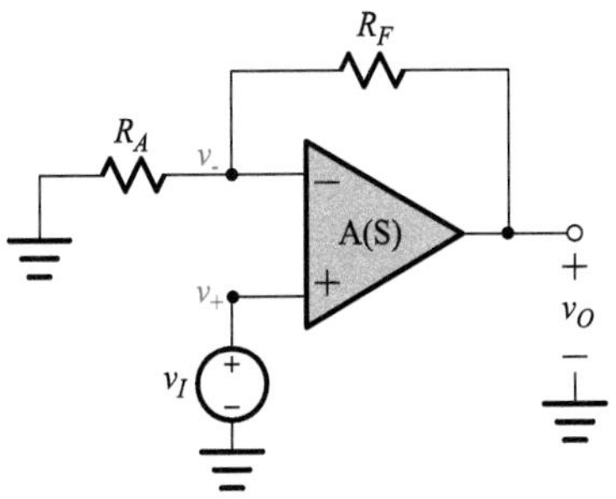

그림 29.2 실용 연산 증폭기로 구성된 비반전 증폭기

그림 29.2의 회로에서 v-단자에서 키르히호프 전류법칙을 적용함으로써 다음의 관계식을 얻는다.

$$v_- = \frac{R_A}{R_A + R_F} v_O \tag{29.2}$$

한편, $v_+ = v_i$이므로 출력 전압 v_O은 다음과 같이 표현된다.

$$v_O = A(s)(v_+ - v_-) = A(s)\left(v_I - \frac{R_A}{R_A + R_F} v_O \right)$$

윗 식을 v_O와 v_I에 대해 정리하면

$$v_O \left(1 + \frac{R_A A(s)}{R_A + Z_F} \right) = A(s) v_I$$

따라서 폐루프 이득 A_f는 다음 수식으로 구해진다.

$$A_f(s) \equiv \frac{v_O}{v_I} = \frac{A(s)}{1 + \gamma A(s)} \tag{29.3}$$

여기서, $\gamma = \dfrac{R_A}{R_A + R_F}$ 이다.

식(29.1)을 식(29.3)에 대입함으로써 폐루프 이득의 주파수 특성을 구할 수 있다.

$$A_f(s) = \frac{A_o}{1+\gamma A_o + s/\omega_H} \overset{\gamma A_O >> 1}{\approx} \frac{1}{\gamma}\frac{1}{1+s/(\gamma A_o \omega_H)} \tag{29.4}$$

식(29.4)로부터 폐루프 이득 A_f의 3-dB 대역폭 ω_{Hf}를 구하면

$$\omega_{Hf} = \gamma A_o \omega_H \tag{29.5}$$

식(29.5)은 다음과 같이 정리된다.

$$\frac{1}{\gamma}\omega_{Hf} = A_o \omega_H \tag{29.6}$$

여기서, $1/\gamma=(1+R_F/R_A)$로서 비반전 증폭기의 이득이다. 따라서 식(29.6)은 좌항 폐루프 이득과 대역폭곱이 우항의 개방루프 이득과 대역폭곱과 같음을 의미한다. 즉, 그림 29.1의 주파수 응답 특성에서 볼 수 있듯이 부귀환으로 대역폭을 증가시키면 이득이 감소하게 되므로 이득-대역폭곱(GBP ; Gain-Bandwidth Product)은 항상 일정하게 유지됨을 보여준다.

따라서 증폭기의 성능은 이득-대역폭곱으로 표현된다. 예를 들어 μA741 연산증폭기의 경우 이득-대역폭 곱(GBP)은 10^6[Hz]가 되며 식(29.7)의 관계식이 성립한다.

$$GBP = A_{of} f_{Hf} = \left(1+\frac{R_F}{R_A}\right) f_{Hf} = A_o f_H = 10^6 \tag{29.7}$$

다시 말해, 식(29.7)의 관계식을 이용하면 귀환을 통해 이득과 대역폭을 조절할 수 있다.

[예제 29.1] 전압이득이 400이고 대역폭이 20KHz이상이 되는 증폭기를 μA741 연산증폭기를 써서 설계하라.

풀이 μA741 연산증폭기의 이득-대역폭 곱(GBP)이 10^6 이므로 20KHz대역폭을 1단 증폭으로 구현할 경우 얻을 수 있는 최대 이득은

$$A_{of} = \frac{GBP}{f_{Hf}} = \frac{10^6}{20\times 10^3} = 50$$

50으로서 필요로 하는 이득 400을 1단으로 구현하는 것은 불가능함을 알 수 있다. 따라서 증폭회로를 2단으로 구성해야 하며 이때 각 단의 이득을 20으로 설정한다면 400의 이득을 구현할 수 있다. 따라서 이득이 20인 증폭 단을 설계하면

$$A_{of} = 1 + \frac{R_F}{R_A} = 20$$

이므로 $R_F/R_A=19$를 만족해야 한다. 만약 $R_A=10K\Omega$으로 설정하면 $R_F=190K\Omega$이 된다. 그림 29.3은 설계된 회로도를 보여 주고 있다. 설계된 회로의 대역폭은

$$f_{Hf} = \frac{GBP}{A_{of}} = \frac{10^6}{20} = 50 \times 10^3\ Hz$$

50KHz가 되어 설계 스펙인 20KHz이상의 조건을 만족한다.

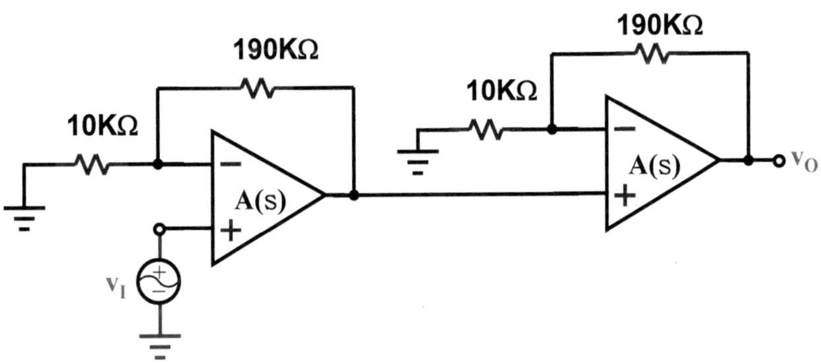

그림 29.3 설계된 회로도

3. 실험 기기 및 부품

사용 기기	소요 부품
(1) 디지털 멀티미터(DMM): 1대 (2) 파형 발생기: 1대 (3) 오실로스코프: 2채널 1대 (4) 직류전원장치: +15[V](50㎃) 1채널, −15[V](50㎃) 1채널 (5) 브레드보드: 1대	(1) µA 741op-amp: 3개 (2) 저항: 10KΩ(0.25W) 3개 7.5KΩ(0.25W) 2개 30KΩ(0.25W) 2개 150KΩ(0.25W) 1개 9.1KΩ(0.25W) 1개

4. 실험 내용 및 절차

4.1 1단 증폭기의 대역폭

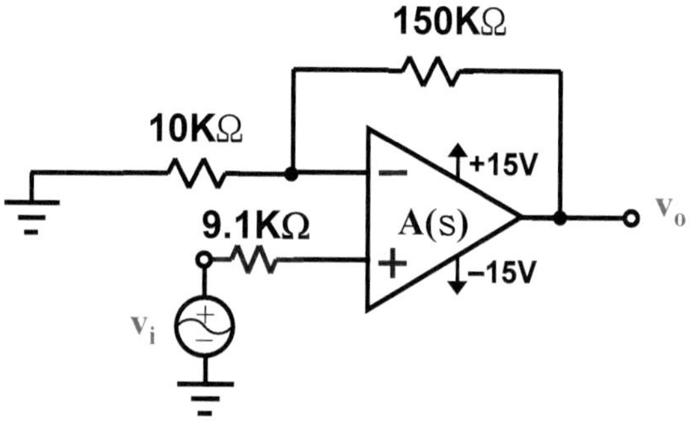

[그림 1] 1단 증폭기

(1) [그림 1]의 회로를 브레드 보드에 구성한다.

(2) 파형 발생기(V_i)로 진폭 0.1V(첨두간 전압=0.2V_{p-p})의 사인파를 발생시키도록 한다. 주파수는 [표 1]에 지시된 대로 변화 시켜가며 실험한다.

(3) 오실로스코프의 CH1을 회로의 입력단자(V_i)에 연결하고 수직설정에서 입력 커플링(coupling)을 접지(GND)로 선택하여 0[V] 접지레벨이 화면의 수평축 상에 오도록 수직위치를 조절한 다음, 입력 커플링을 다시 교류(AC) 결합으로 변경한다.

(4) 오실로스코프의 CH2를 회로의 출력단자(V_o)에 연결하고 수직설정에서 입력 커플링을 접지(GND)로 선택하여 0[V] 접지레벨이 화면의 수평축 상이나 혹은, 원하는 위치에 오도록 수직위치를 조절한 다음, 입력 커플링을 다시 교류(AC) 결합으로 변경한다.

(5) v_i와 v_o 의 전압 파형을 오실로스코프로 측정하여 각각의 진폭을 구하여 [표 1]에 기록한다.

(6) 아래 수식으로 전압이득 $|A_v|$를 계산하여 [표 1]에 기록한다.

$$|A_v| = \left|\frac{v_O}{v_i}\right| \tag{1}$$

4.2 2단 증폭기의 대역폭

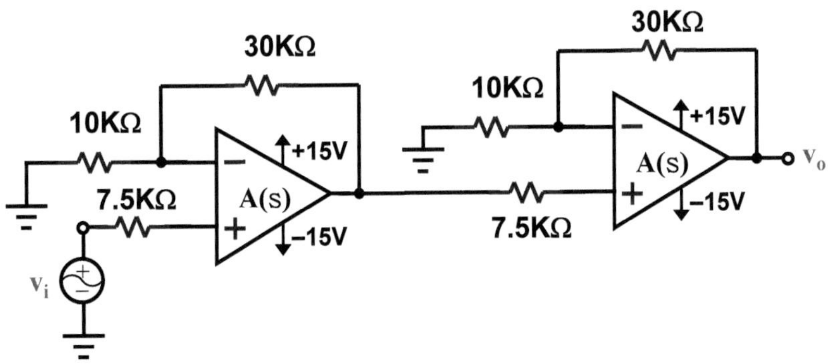

[그림 2] 2단 증폭기

(1) [그림 2]의 회로를 브레드 보드에 구성한 후에 위의 과정을 반복하여 v_i와 v_o 의 전압 파형을 오실로스코프로 측정하고 각각의 진폭을 구하여 [표 2]에 기록한다.

(2) 식(1)로 전압이득 $|A_v|$를 계산하여 [표 2]에 기록한다.

실험예비 보고서

실험조: 반 조 학번: 이름:

실험제목:
1. 실용 연산 증폭기의 주파수 특성을 설명하시오. 2. 전압 이득이 16인 증폭기를 연산 증폭기 1개를 써서 설계하시오. 단, R_A=10KΩ으로 설정한다. 3. 전압 이득이 16인 증폭기를 연산 증폭기 2개를 써서 설계하시오. 단, R_A=10KΩ으로 설정한다.

실험결과 보고서

실험자: 반 조 학번: 이름:

실 험 일 시: 년 월 일 교시

공동 실험자:

실험제목:

1. 실제 실험 회로도

(디지털 멀티미터 등을 사용하여 실제 사용된 소자값을 정확하게 측정하여 회로도에 기재한다.)

2. 실험 결과

[표 1] 1단 증폭기

주파수[Hz]	100	1K	10K	100K	1M	10M	30M	100M
v_i								
v_o								
$\|A_V\|$								

[표 2] 2단 증폭기

주파수[Hz]	100	1K	10K	100K	1M	10M	30M	100M
v_i								
v_o								
$\|A_V\|$								

3. 실험 결과 논의

1. 위에서 구한 [표 1]의 결과를 [그림 R1]의 세미로그 용지에 그래프로 그리시오.

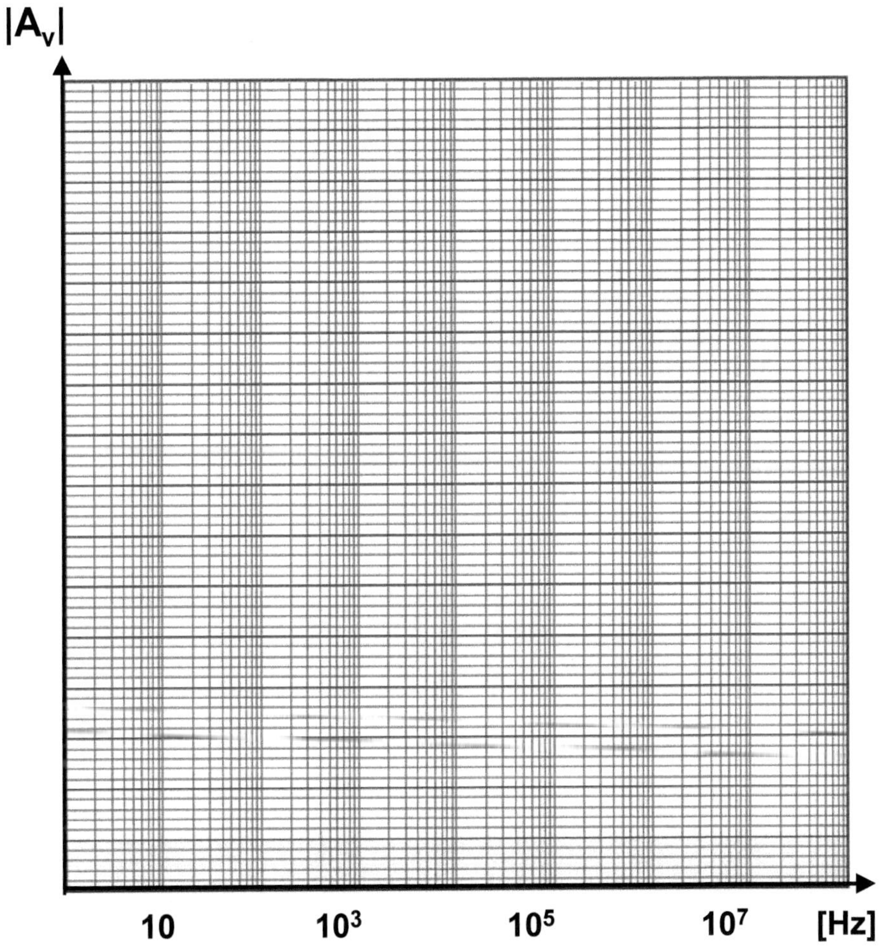

[그림 R1]

2. 위의 그래프를 보고 주파수 응답의 특징을 설명하시오.
3. 위에서 구한 [표 2]의 결과를 [그림 R2]의 세미로그 용지에 그래프로 그리시오.

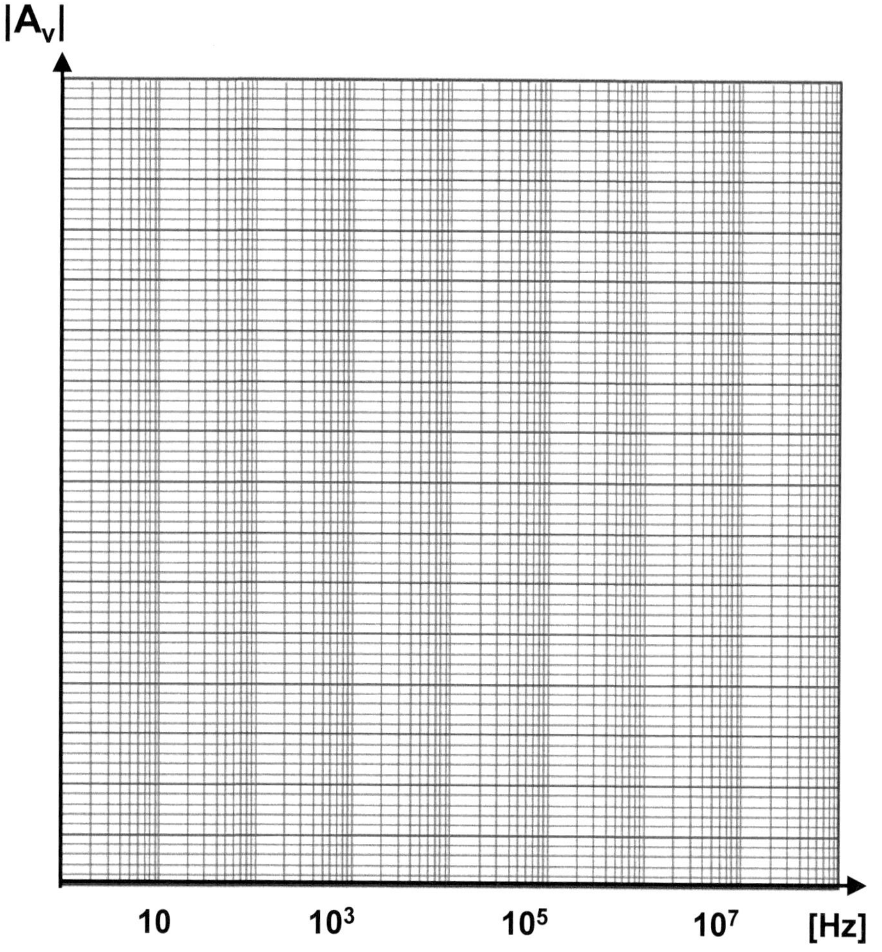

[그림 R2]

4. 위의 그래프를 보고 주파수 응답의 특징을 설명하시오.

4. 실험 결과 논의

1. [그림 R1]의 주파수 특성 곡선으로부터 이득 16인 1단 증폭기의 3dB 대역폭을 구하시오.
2. [그림 R2]의 주파수 특성 곡선으로부터 이득 16인 2단 증폭기의 3dB 대역폭을 구하시오.
3. 위의 1항 및 2항의 결과에서 3dB 대역폭이 차이를 보이는 이유를 설명하시오.

실험 30 미분기

1. 실험 목적

(1) 미분기의 동작원리를 이해한다.

(2) 실용 미분기의 문제점과 보완회로를 이해한다.

(3) 입력신호의 시간에 따른 변화율에 비례하는 출력이 발생함을 확인한다.

2. 관련 이론

2.1 미분기

반전 증폭기에서 입력저항을 커패시터 C로 대체한 회로로서 반전 단자에서 키르히호프 전류법칙을 적용하면 다음의 전류 관계식을 얻는다.

$$i_C = -i_R \tag{30.1}$$

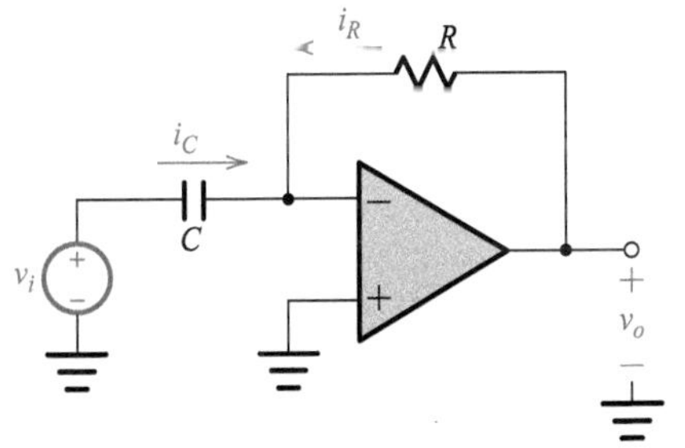

그림 30.1 미분기

그림 30.1 회로에서 가상접지 조건을 적용하여 i_C와 i_R을 구해서 식(30.1)에 대입하면 다음의 수식을 얻는다.

$$C\frac{dv_I}{dt} = -\frac{v_O}{R} \tag{30.2}$$

식(30.2)을 출력전압 v_o에 대해서 다시 정리하면, 식(30.3)의 입·출력 전압 관계식을 얻는다.

$$v_O = -RC\frac{dv_I}{dt} \tag{30.3}$$

식(30.3)으로부터 출력전압 v_o는 미분된 입력전압 v_I에 비례함을 알 수 있다. 따라서 그림 30.1회로를 미분기(differentiator)라 부른다.

그러나 그림 30.1의 미분기는 귀환저항 R을 통해 귀환된 신호가 커패시터 C를 통해 접지되는 구조로서 발진하기 쉽고, 고주파 영역에서 잡음이 심하여 실제로 사용되기에는 곤란한 구조이다. 따라서 커패시터 C에 직렬로 저항을 삽입하고, 귀환저항 R에 병렬로 커패시터를 삽입하여 고주파에서의 이득을 제한하고, 발진을 방지한다.

[예제 30.1] 그림 30.2의 미분기에 주어진 삼각파 신호가 입력으로 인가되었을 때 출력파형을 구하시오.

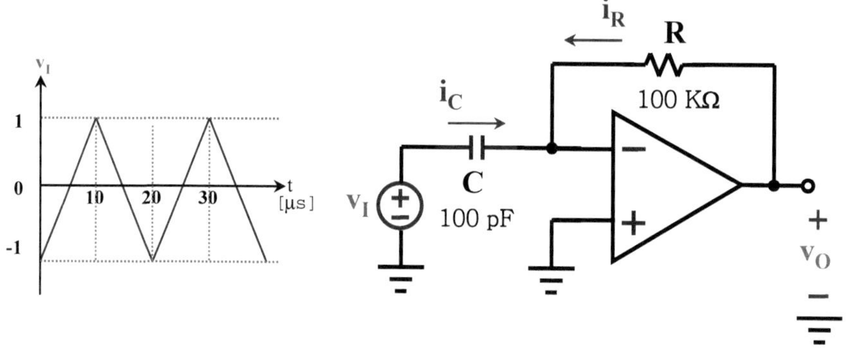

그림 30.2 미분기

풀이 우선 RC값을 계산하면 다음과 같다.

$$RC = 100K\Omega \times 100pF = 10\mu s$$

0<t<10μs 상승 구간에서 출력파형은 식(30.3)로부터 다음과 같이 구해진다.

$$v_O = -RC\frac{dv_I}{dt} = -10\mu s\frac{2V}{10\mu s} = -2V$$

10μs <t<20μs 하강 구간에서 출력파형은 식(30.3)로부터 다음과 같이 구해진다.

$$v_O = -RC\frac{dv_I}{dt} = -10\mu s\frac{-2V}{10\mu s} = 2V$$

따라서 출력파형을 그리면 다음과 같이 그려진다.

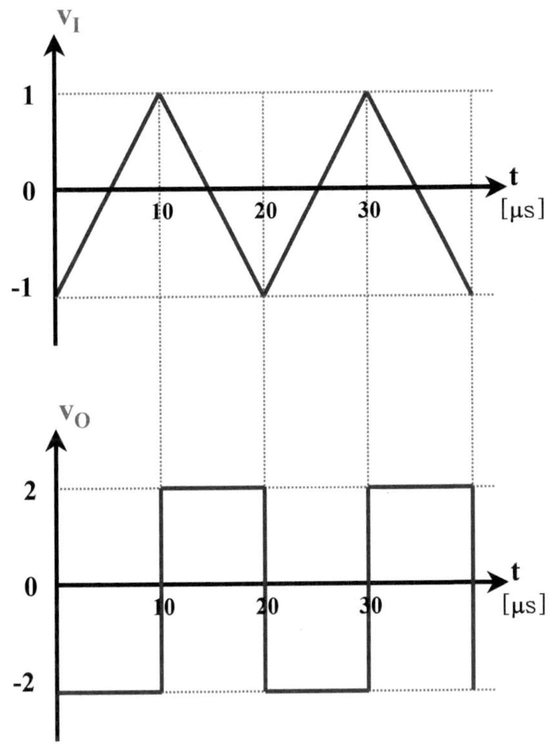

그림 30.3 출력 파형

3. 실험 기기 및 부품

사용 기기	소요 부품
(1) 디지털 멀티미터(DMM): 1대 (2) 파형 발생기: 1대 (3) 오실로스코프: 2채널-1대 (4) 직류전원장치: +15[V](50㎃) 1채널, −15[V](50㎃) 1채널 (5) 브레드보드: 1대	(1) μA 741op-amp: 1개 (2) 저항: 100KΩ(0.25W) 2개 (3) 가변저항: 100KΩ 1개 (2) 커패시터: 0.01uF 1개

4. 실험 내용 및 절차

4.1 미분기

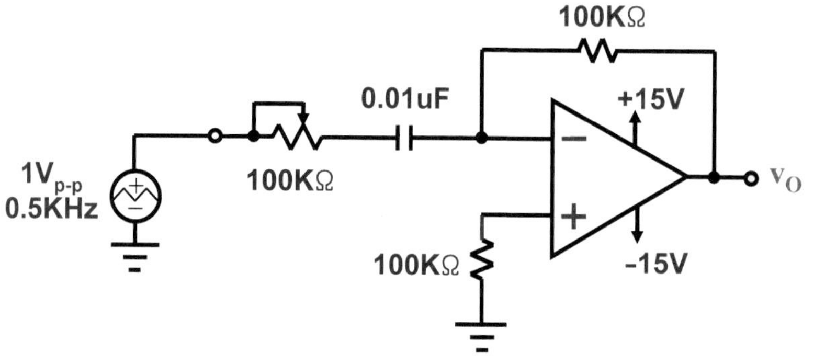

[그림 1] 미분기

(1) [그림 1]의 회로를 브레드보드에 구성한다.

(2) 오실로스코프의 CH1을 회로의 입력단자에 연결하고 수직설정에서 입력 커플링(coupling)을 접지(GND)로 선택하여 0 [V] 접지레벨이 화면의 수평축 상에 오도록 수직위치를 조절한 다음, 입력 커플링을 다시 교류(A)로 변경한다.

(3) 오실로스코프의 CH1을 이용하여 측정한 입력신호가 $2V_{p-p}$, 0.5KHz의 삼각파(오프셋=0V)가 되도록 파형 발생기를 조정한다.

(4) 가변저항을 조정하여 10KΩ이 되도록 설정한다.(멀티미터 사용)

(5) 오실로스코프의 CH2를 회로의 출력단자에 연결하고 수직설정에서 입력 커플링(coupling)을 접지(GND)로 선택하여 0[V] 접지레벨이 화면의 수평축 상에 오도록 수직위치를 조절한 다음, 입력 커플링을 다시 교류(A)로 변경한다.

(6) 오실로스코프의 CH2에 나타난 출력 파형의 양의 첨두값과 음의 첨두값을 측정하여 [표 1]에 기록한다.

(7) 오실로스코프에 나타난 입 출력 파형을 [그림 R1]에 그리시오.

(8) 가변저항을 조정하여 저항값을 가감시키면서 출력 파형의 변화를 관찰한다.

(9) 파형 발생기를 조정하여 입력신호가 $4V_{p-p}$, 0.5KHz의 삼각파가 되도록 한 후 위의 실험과정을 반복한다.

실험예비 보고서

실험조: 반 조 학번: 이름:

실험제목:
1. 미분기의 동작원리를 설명하시오. 2. 미분기 구현에 있어서 실제적인 문제점과 그 해결 방안을 설명하시오. 3. 미분기의 주파수 특성에 대해 설명하시오.

실험결과 보고서

실험자: 반 조 학번: 이름:

실험일시: 년 월 일 교시

공동 실험자:

실험제목:

1. 실제 실험 회로도

(디지털 멀티미터 등을 사용하여 실제 사용된 소자값을 정확하게 측정하여 회로도에 기재한다.)

2. 실험 결과

[표 1] 미분기

입력전압의 크기 [V]	출력전압의 첨두값 [V]		
		측정값 [V]	계산값 [V]
1	양의첨두		
	음의첨두		
2	양의첨두		
	음의첨두		

〈1V〉

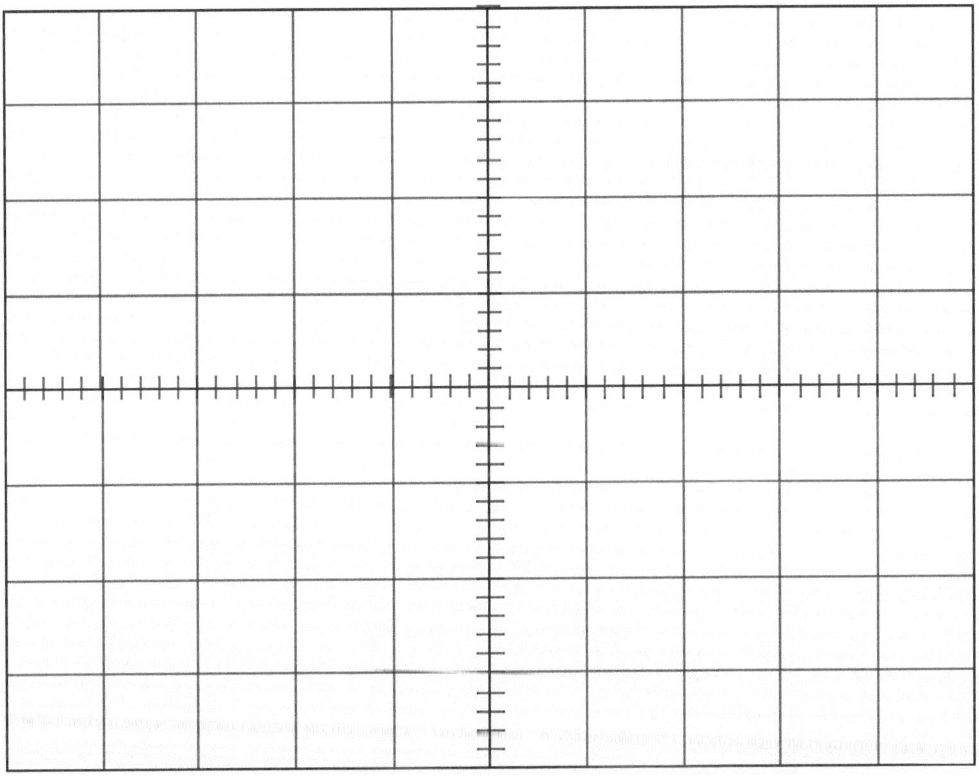

CH1	신호	V/Div.	Time:
CH2	신호	V/Div.	Sec/Div.

[그림 R1] 입력 및 출력 파형

〈2V〉

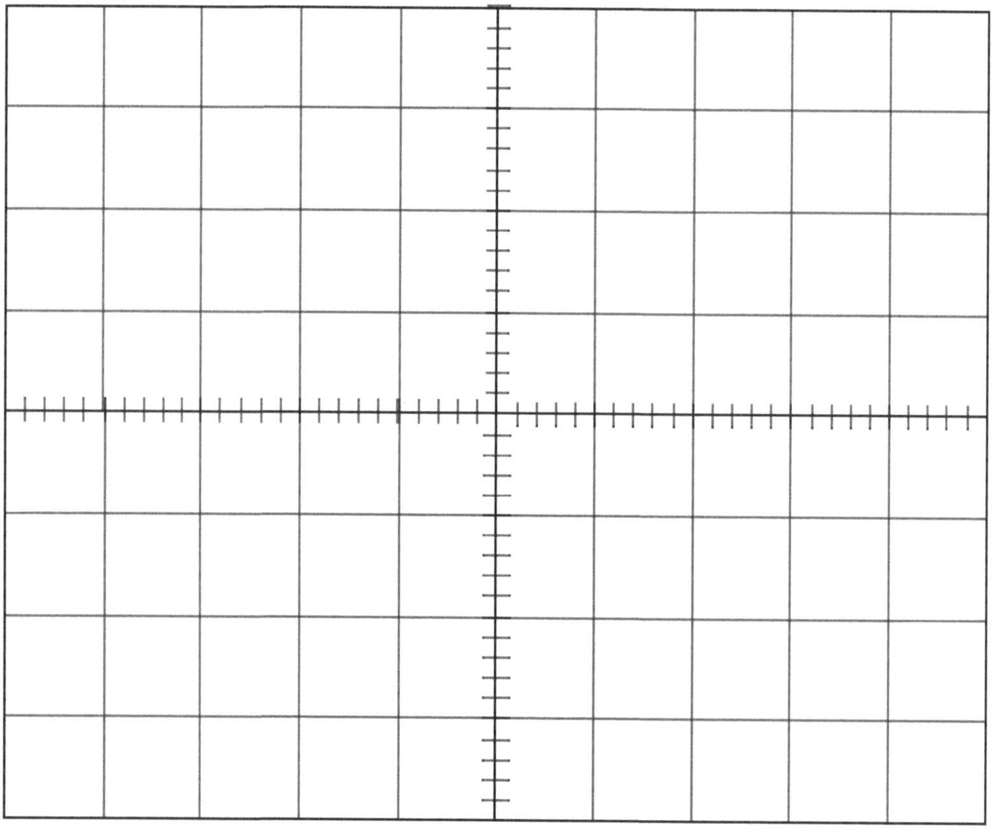

CH1	신호	V/Div.	Time:
CH2	신호	V/Div.	Sec/Div.

[그림 R2] 입력 및 출력 파형

3. 실험 결과 논의

1. 미분기의 출력 파형을 계산을 통해 그려보고 실제 측정 결과와 일치하는지 확인하시오.
2. 가변저항 값을 변화시킴에 따라 출력 파형에 어떤 변화가 측정되었으며 그 이유를 설명하시오.
3. 입력 신호의 크기에 따라서 어떤 특성의 변화가 있었는지 확인하고, 있었다면 그 원인은 무엇인가?

실험 31 적분기

1. 실험 목적

(1) 적분기의 동작원리를 이해한다.

(2) 실용 적분기의 문제점과 보완회로를 이해한다.

(3) 입력신호의 적분 값에 비례하는 출력이 발생함을 확인한다.

2. 관련 이론

2.1 적분기

그림 31.1은 반전 증폭기에서 귀환저항 R_F을 커패시터 C로 대체한 회로로서 반전 단자에서 키르히호프 전류법칙을 적용하면 다음의 전류 관계식을 얻는다.

$$i_R = -i_C \tag{31.1}$$

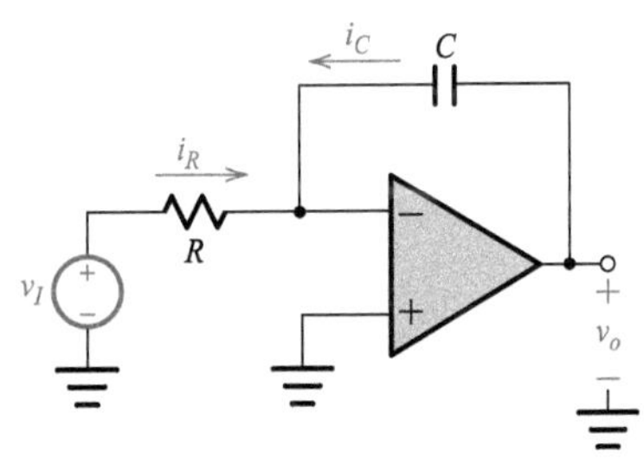

그림 31.1 적분기의 구조

그림 31.1 회로에서 가상접지 조건을 적용하여 i_C와 i_R을 구해서 식(31.1)에 대입하면 다음의 수식을 얻는다.

$$\frac{v_I}{R} = -C\frac{dv_O}{dt} \tag{31.2}$$

식(31.2)을 출력전압 v_o에 대해서 다시 정리하면, 식(31.3)의 입·출력 전압 관계식을 얻는다.

$$v_O = -\frac{1}{RC}\int v_I dt \tag{31.3}$$

식(31.3)로부터 출력전압 v_o는 적분된 입력전압 v_I에 비례함을 알 수 있다. 따라서 그림 31.1 회로를 적분기(integrator)라 부른다.

실제의 적분회로는 낮은 주파수대역에서 커패시터 C에 의해 포화되기 쉽다. 따라서 귀환회로인 커패시터 C와 병렬로 저항을 추가하여 저주파 대역에서의 이득을 제한한다.

[예제 31.1] 그림 31.2의 적분기에 주어진 구형파 신호가 입력으로 인가되었을 때 출력파형을 구하시오. 단, 출력전압의 초기치 $V_o(0) = 0V$ 이다.

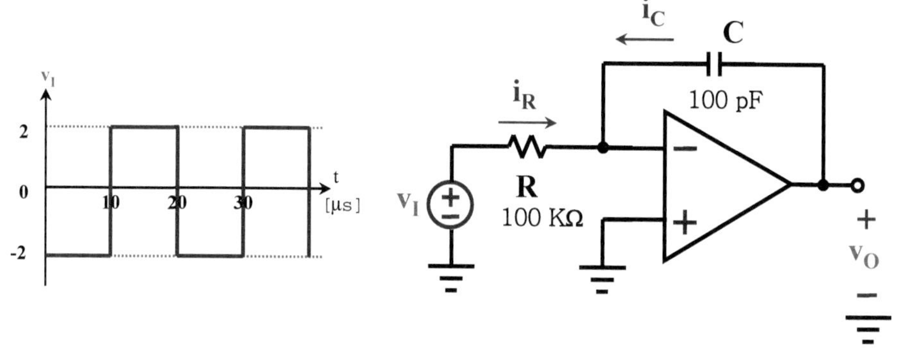

그림 31.2 적분기 회로

풀이 우선 RC값을 계산하면 다음과 같다.

$$RC = 100K\Omega \times 100pF = 10\mu s$$

0<t<10μs의 v_I=−2V 구간에서 출력파형은 식(31.3)로부터 다음과 같이 구해진다.

$$v_O = -\frac{1}{RC}\int_0^t v_I dt + V_o(0\mu s) = -\frac{(-2)}{10\mu s}[t-0] = 2\frac{t}{10\mu s}$$

여기서 출력전압의 초기치 $V_o(0\mu s)$ 는 0V로 가정하였으므로 제거되었다.

10μs <t<20μs의 v_I=2V 구간에서 초기치 V_o(10μs)=2V이므로 출력파형은 식(31.3)로부터 다음과 같이 구해진다.

$$v_O = -\frac{1}{RC}\int_{10\mu s}^{t} v_I dt + V_o(10\mu s) = -\frac{2}{10\mu s}[t-10\mu s]+2 = -2\frac{t}{10\mu s}+4$$

따라서 출력파형을 그리면 다음과 같이 그려진다.

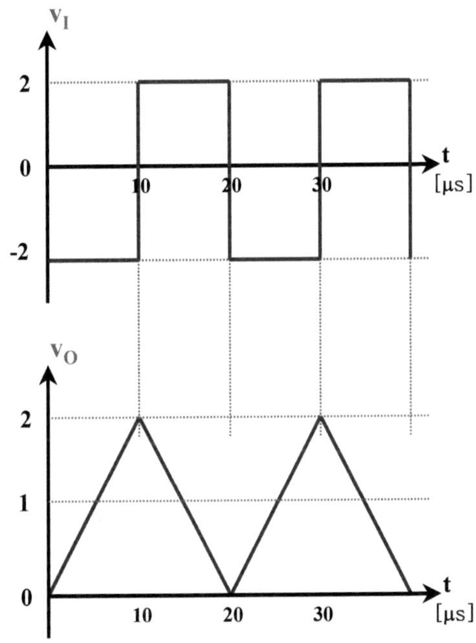

그림 31.3 적분기 출력

3. 실험 기기 및 부품

사용 기기	소요 부품
(1) 디지털 멀티미터(DMM): 1대 (2) 파형 발생기: 1대 (3) 오실로스코프: 2채널 1대 (4) 직류전원장치: +15[V](50mA) 1채널, −15[V](50mA) 1채널 (5) 브레드보드: 1대	(1) μA 741op-amp: 1개 (2) 저항: 100KΩ(0.25W) 1개 10KΩ(0.25W) 1개 (3) 가변저항: 100KΩ 1개 (4) 커패시터: 0.01uF 1개

4. 실험 내용 및 절차

4.1 적분기

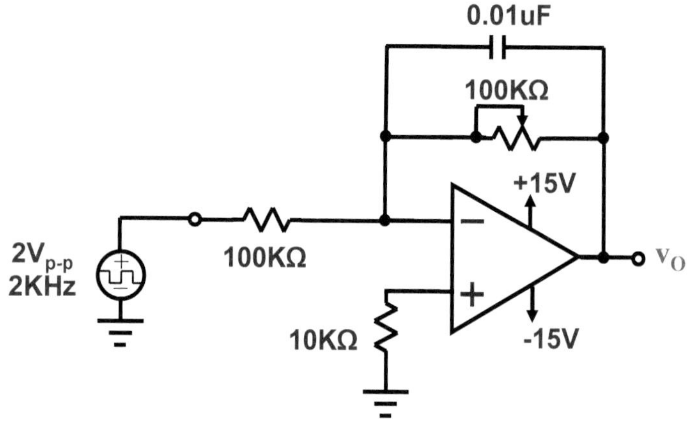

[그림 1] 적분기

(1) [그림 1]의 회로를 브레드 보드에 구성한다.

(2) 오실로스코프의 CH1을 회로의 입력단자에 연결하고 수직설정에서 입력 커플링(coupling)을 접지(GND)로 선택하여 0 [V] 접지레벨이 화면의 수평축 상에 오도록 수직위치를 조절한 다음, 입력 커플링을 다시 교류(A)로 변경한다.

(3) 오실로스코프의 CH1을 이용하여 측정한 입력신호가 $2V_{p-p}$, 2KHz의 구형파(오프셋=0V)가 되도록 파형 발생기를 조정한다.

(4) 가변저항을 조정하여 10KΩ이 되도록 설정한다.(멀티미터 사용)

(5) 오실로스코프의 CH2를 회로의 출력단자에 연결하고 수직설정에서 입력 커플링(coupling)을 접지(GND)로 선택하여 0[V] 접지레벨이 화면의 수평축 상에 오도록 수직위치를 조절한 다음, 입력 커플링을 다시 교류(A)로 변경한다.

(6) 오실로스코프의 CH2에 나타난 출력 파형의 양의 첨두값과 음의 첨두값을 측정하여 [표 1]에 기록한다.

(7) 오실로스코프에 나타난 입·출력 파형을 [그림 R1]에 그린다.

(8) 가변저항을 조정하여 저항값을 가감시키면서 출력 파형의 변화를 관찰한다.

(9) 파형 발생기를 조정하여 입력신호가 $4V_{p-p}$, 2KHz의 구형파가 되도록한 후 위의 실험과정을 반복한다.

실험예비 보고서

실험조: 반 조 학번: 이름:

실험제목:
1. 적분기의 동작원리를 설명하시오. 2. 적분기 구현에 있어서 실제적인 문제점과 그 해결 방안을 설명하시오. 3. 적분기의 주파수 특성에 대해 설명하시오.

실험결과 보고서

실험자: 반 조 학번: 이름:

실 험 일 시: 년 월 일 교시

공동 실험자:

실험제목:

1. 실제 실험 회로도

(디지털 멀티미터 등을 사용하여 실제 사용된 소자값을 정확하게 측정하여 회로도에 기재한다.)

2. 실험 결과

[표 1] 적분기

입력전압의 크기 [V]	출력전압의 첨두값 [V]		
		측정값 [V]	계산값 [V]
1	양의첨두		
	음의첨두		
2	양의첨두		
	음의첨두		

〈1V〉

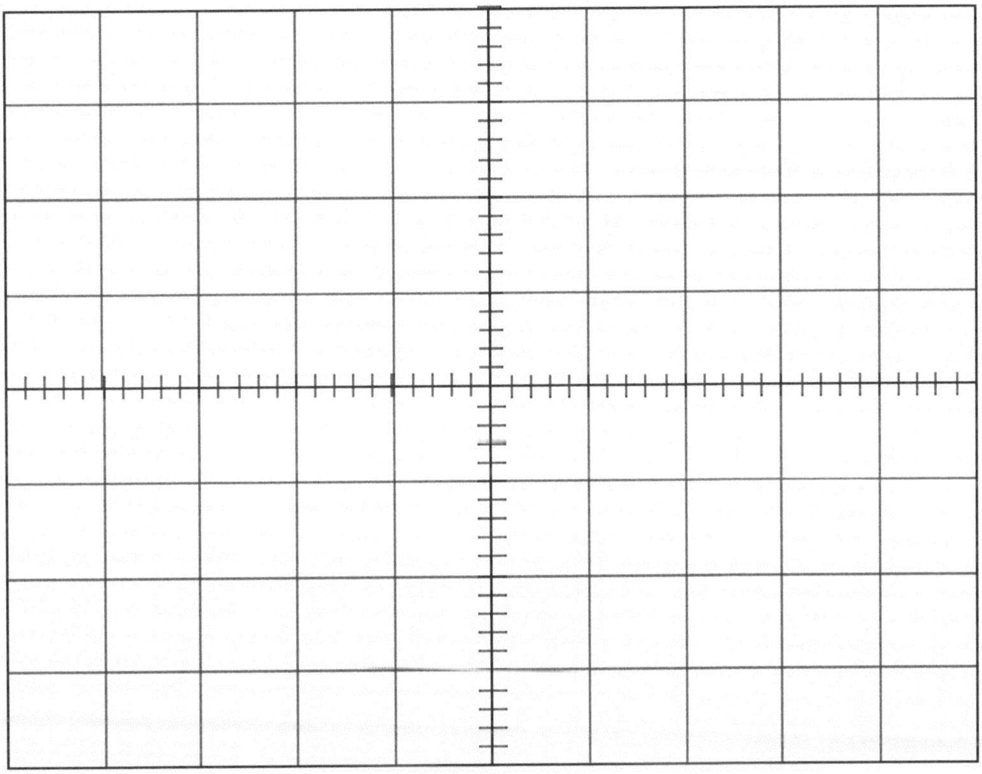

CH1	신호	V/Div.	Time:
CH2	신호	V/Div.	Sec/Div.

[그림 R1] 입력 및 출력 파형

〈2V〉

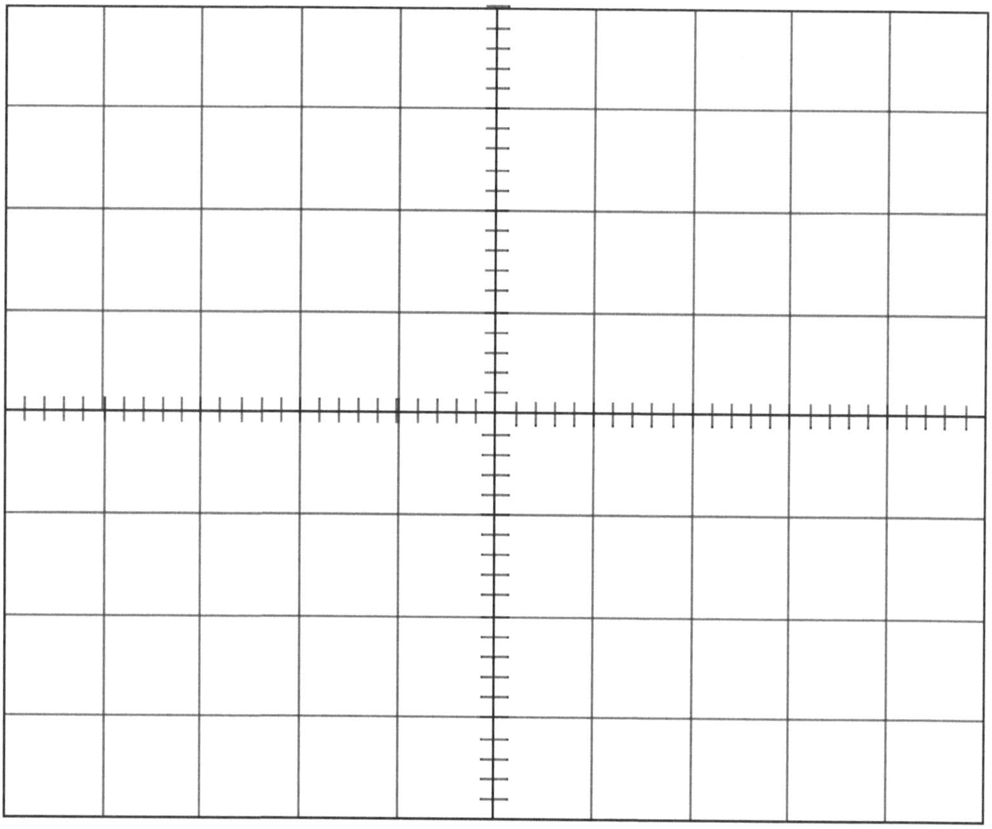

CH1	신호	V/Div.	Time: Sec/Div.
CH2	신호	V/Div.	

[그림 R2] 입력 및 출력 파형

3. 실험 결과 논의

1. 적분기의 출력 파형을 계산을 통해 그려보고 실제 측정 결과와 일치하는지 확인하시오.
2. 가변저항 값을 변화시킴에 따라 출력 파형에 어떤 변화가 측정되었으며 그 이유를 설명하시오.
3. 입력 신호의 크기에 따라서 어떤 특성의 변화가 있었는지 확인하고, 있었다면 그 원인은 무엇인가?

Part 6

필터회로

실험 32 저역통과 필터

1. 실험 목적

(1) 저역통과 필터의 특성을 이해한다.
(2) 능동 저역통과 필터 회로를 이해한다.
(3) 저역통과 필터의 입력신호 주파수변화에 따른 출력 신호의 크기 변화 등의 응답특성을 관찰한다.

2. 관련 이론

2.1 수동 저역통과 필터

그림 32.1은 저항 R과 커패시터 C로 구성된 수동 저역통과 필터를 보여준다.

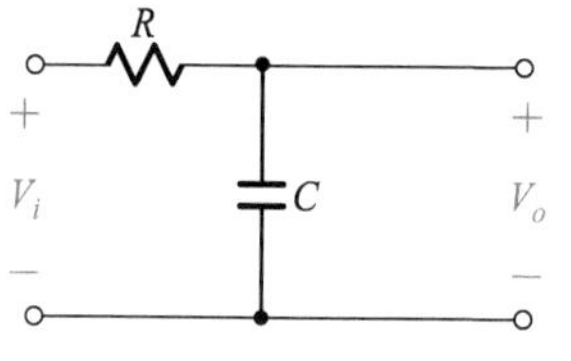

그림 32.1 수동 저역통과 필터

출력전압 v_o는 입력전압 v_i가 저항 R과 커패시터 C의 임피던스에 의해 전압 분배되어 나타나므로 다음 수식으로 표현된다.

$$v_o = \frac{\frac{1}{sC}}{R + \left(\frac{1}{sC}\right)} v_i = \frac{1}{sRC + 1} v_i$$

따라서, 전달함수 T(s)는 다음과 같이 구해진다.

$$T(s) \equiv \frac{v_o}{v_i} = \frac{1}{sRC + 1} \qquad (32.1)$$

식(32.1)은 1개의 폴을 가지므로 위의 수동 저역필터는 1차 필터이다. 입력 v_i가 정상 상태의 정현파라고 가정하면 복소주파수 s가 jω로 대체되므로 전압이득 T(jω)는 다음과 같이 표현된다.

$$T(j\omega) = \frac{1}{j\omega RC + 1} \tag{32.2}$$

3-dB 주파수를 코너주파수 f_c라고 부르며 식(32.2)으로부터 구하면 다음과 같다.

$$f_c = \frac{1}{2\pi RC} \tag{32.3}$$

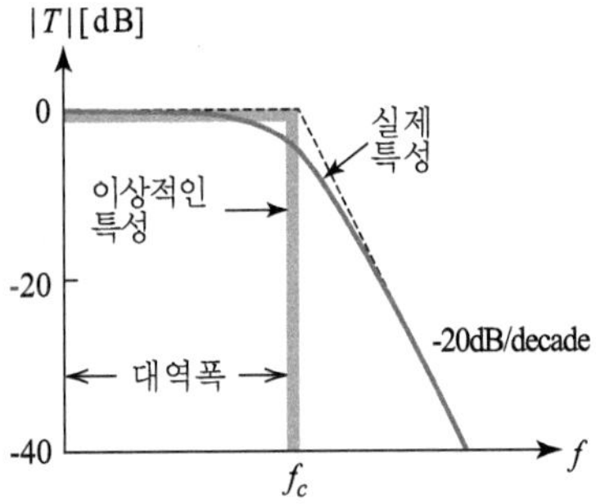

그림 32.2 저역통과 필터의 전달 특성

식(32.2)의 크기를 보드선도로 그리면 그림 32.2의 곡선과 같은 특성을 보인다. 저역통과 필터의 이상적인 특성은 그림 32.2에서 보였듯이 $f=f_c$에서 급격히 떨어지나 실제로 그대로 구현될 수는 없다. 1차 필터인 실제 특성은 기울기가 –20dB/decade이나 필터 차수를 크게 함으로써 이상적인 특성에 근접하도록 할 수 있다. 그러나 이 경우 필터의 차수가 증가함에 따라 회로가 복잡해지게 된다.

2.2 능동 저역통과 필터

그림 32.3은 연산증폭기를 능동소자로 사용한 1차 능동 저역통과 필터이다. 연산증폭기는 전압팔로워로 구성되어 있어 전압이득이 1인 버퍼로 작용하고 있으므로 부하에 의한 신호 감쇄를 막아주는 역할을 하고 있다. 이를 제외하면 그림 32.3의 능동 저역통과 필터의특성은 그림 32.1의 수동 저역통과 필터와 동일하다.

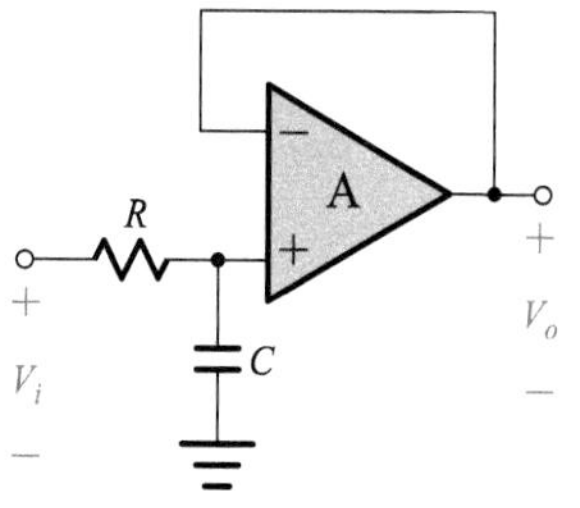

그림 32.3 1차 능동 저역통과 필터.

한편, 필터의 차수를 높이기 위해 그림 32.4에서 보인 것처럼 RC회로 2개를 연산증폭기에 결합하여 2차 능동 저역통과 필터를 구현할 수 있다. 이 경우 코너주파수는 다음 수식으로 구해진다.

$$f_c = \frac{1}{2\pi\sqrt{R_1C_1R_2C_2}} \overset{\substack{R_1=R_2=R \\ C_1=C_2=C}}{=} \frac{1}{2\pi RC} \tag{32.4}$$

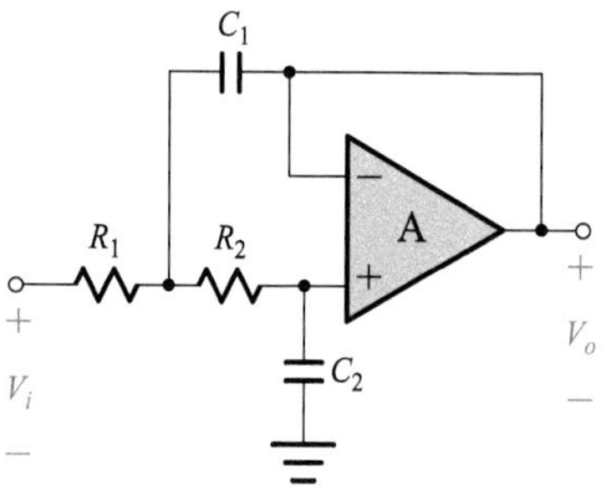

그림 32.4 2차 능동 저역통과 필터

한편, 필터의 차수를 3차 이상으로 설계할 경우 이미 구한 1차와 2차 필터를 종속접속함으로써 쉽게 설계할 수 있다.

[예제 32.1] 그림 32.4에 보인 능동 저역통과 필터에서 $R_1=R_2=R$이고 $C_1=C_2=C$이다. R=30KΩ이라고 할 때 코너주파수를 8KHz로 하기 위한 C값을 구하시오.

풀이 식(32.4)로부터

$$f_c = \frac{1}{2\pi RC} \rightarrow 8\times10^3 = \frac{1}{2\pi\times30\times10^3 C}$$

$$C = \frac{1}{2\pi\times30\times10^3\times8\times10^3} = 0.66\times10^{-9}$$

따라서 C=0.66nF

3. 실험 기기 및 부품

사용 기기	소요 부품
(1) 디지털 멀티미터(DMM): 1대 (2) 파형 발생기: 1대 (3) 오실로스코프: 2채널 1대 (4) 직류전원장치: +15[V](50mA) 1채널, −15[V](50mA) 1채널 (5) 브레드보드: 1대	(1) μA 741op-amp: 1개 (2) 저항: 10KΩ(0.25W) 3개 5.6KΩ(0.25W) 1개 (3) 커패시터: 0.01uF 2개

4. 실험 내용 및 절차

4.1 능동 저역통과 필터

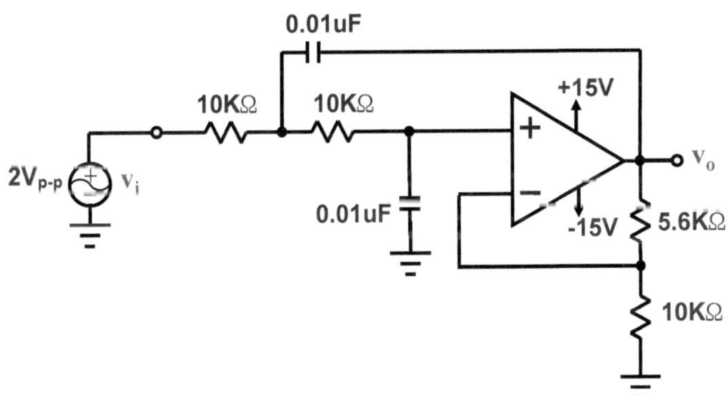

[그림 1] 2차 능동 저역통과 필터

(1) [그림 1]의 회로를 브레드보드에 구성한다.

(2) 오실로스코프의 CHI을 회로의 입력단자에 연결하고 수직설정에서 입력 커플링(coupling)을 접지(GND)로 선택하여 0 [V] 접지레벨이 화면의 수평축 상에 오도록 수직위치를 조절한 다음, 입력 커플링을 다시 교류(AC) 결합으로 변경한다.

(3) 오실로스코프의 CHI을 이용하여 측정한 입력신호가 $2V_{p\text{-}p}$, 100Hz의 사인파(오프셋=0V)가 되도록 파형 발생기를 조정한다.

(4) 오실로스코프의 CH2를 회로의 출력단자에 연결하고 수직설정에서 입력 커플링(coupling)을 접지(GND)로 선택하여 0[V] 접지레벨이 화면의 수평축 상에 오도록 수직위치를 조절한 다음, 입력 커플링을 다시 교류(AC) 결합으로 변경한다.

(5) 오실로스코프의 CH2에 나타난 출력 파형의 크기를 측정하여 [표 1]에 기록한다.

(6) 파형 발생기를 조정하여 [표 1]에 제시된 주파수로 변화시켜가면서 위의 실험 (5) 과정을 반복한다.

(7) 입력 주파수를 조정하여 출력전압이 통과대역전압의 70.7%($=1/\sqrt{2}$)가 되는 코너 주파수 f_c를 찾아내어 [표 1]에 기록한다.

(8) 주파수가 0.1KHz, 1.6KHz, 10KHz일 때에 오실로스코프에 나타난 입력 및 출력 파형을 [그림 R1]~[그림 R3]에 그린다.

실험예비 보고서

실험조: 반 조 학번: 이름:

실험제목:

1. 저역통과 필터의 주파수 응답 특성을 설명하시오.

2. 수동 저역통과 필터와 능동 저역통과 필터의 장단점을 설명하시오.

3. 능동 2차 저역통과 필터의 코너주파수(f_c)의 계산 식을 유도하시오.

실험결과 보고서

실험자: 반 조 학번: 이름:

실 험 일 시: 년 월 일 교시

공동 실험자:

실험제목:

1. 실제 실험 회로도

(디지털 멀티미터 등을 사용하여 실제 사용된 소자값을 정확하게 측정하여 회로도에 기재한다.)

2. 실험 결과

[표 1] 저역통과 필터

	측정값 [V]		계산값 [V]
코너주파수(f_c)	[KHz]		[KHz]
입력 주파수 [KHz]	입력 신호크기 [V]	출력 신호크기 [V]	전압이득
0.1			
0.3			
0.6			
1.0			
1.6			
2.0			
3.0			
6.0			
10			

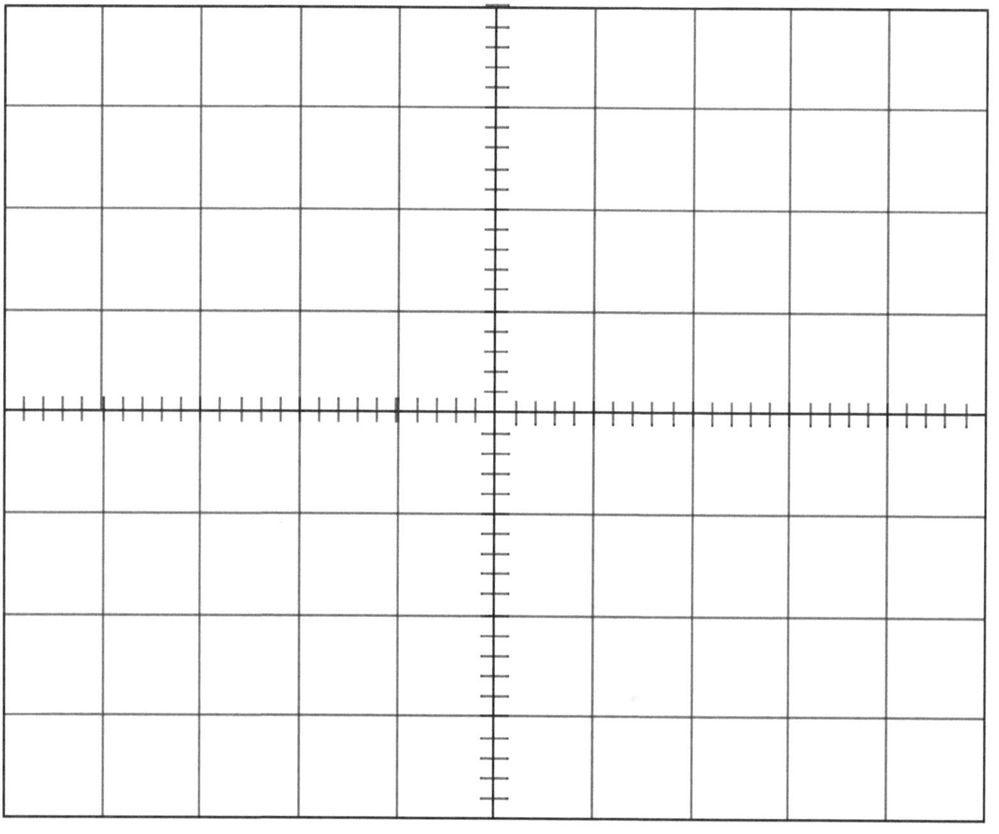

CH1	신호	V/Div.	Time:
CH2	신호	V/Div.	Sec/Div.

[그림 R1] 입력 및 출력 파형

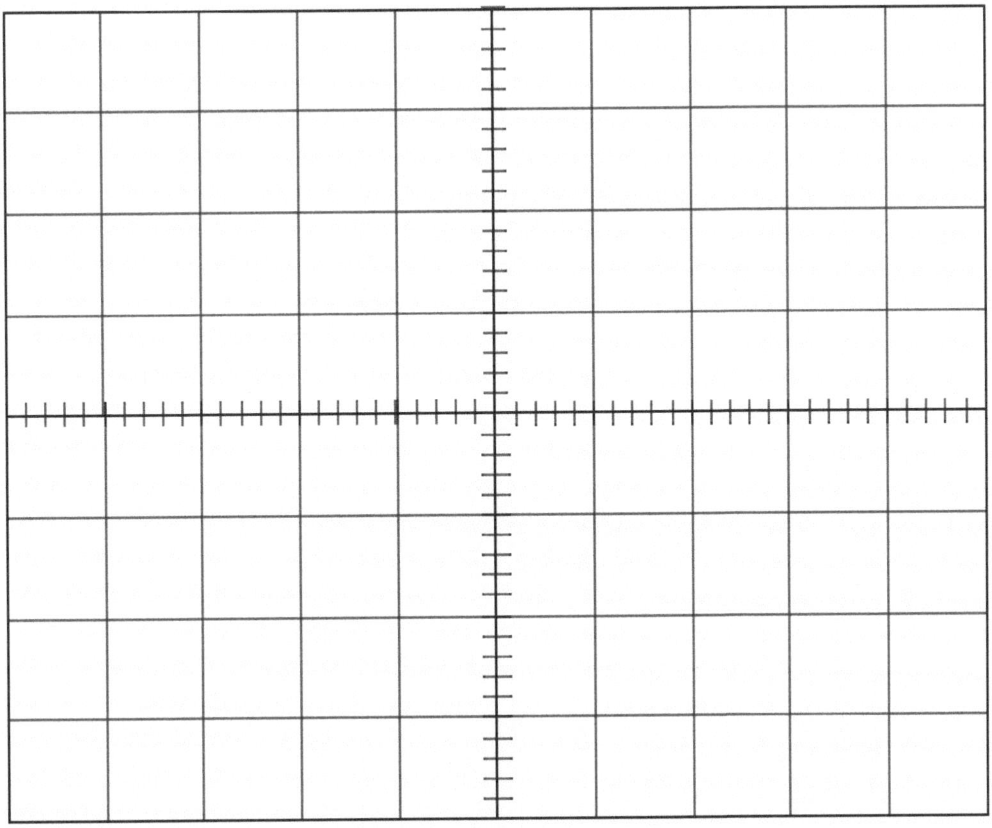

CH1	신호	V/Div.	Time:
CH2	신호	V/Div.	Sec/Div.

[그림 R2] 입력 및 출력 파형

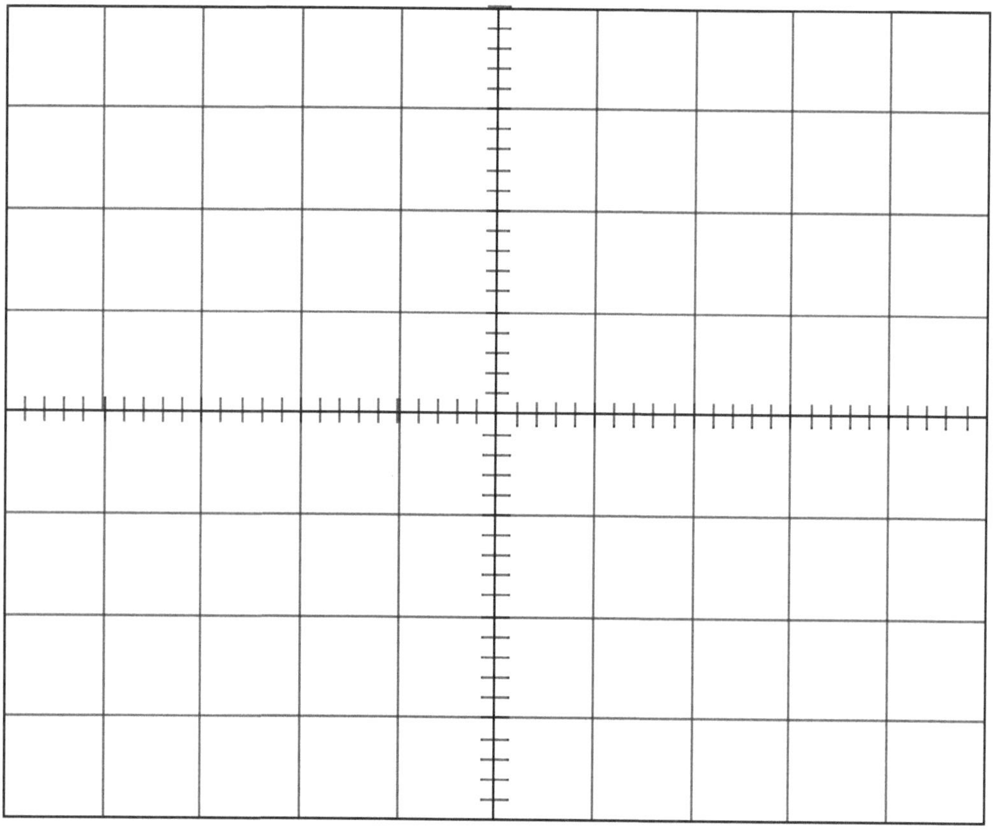

CH1	신호	V/Div.	Time: Sec/Div.
CH2	신호	V/Div.	

[그림 R3] 입력 및 출력 파형

3. 실험 결과 논의

1. 위에서 구한 [표 1]의 결과를 [그림 R4]의 세미 로그 용지에 그래프로 그리시오.

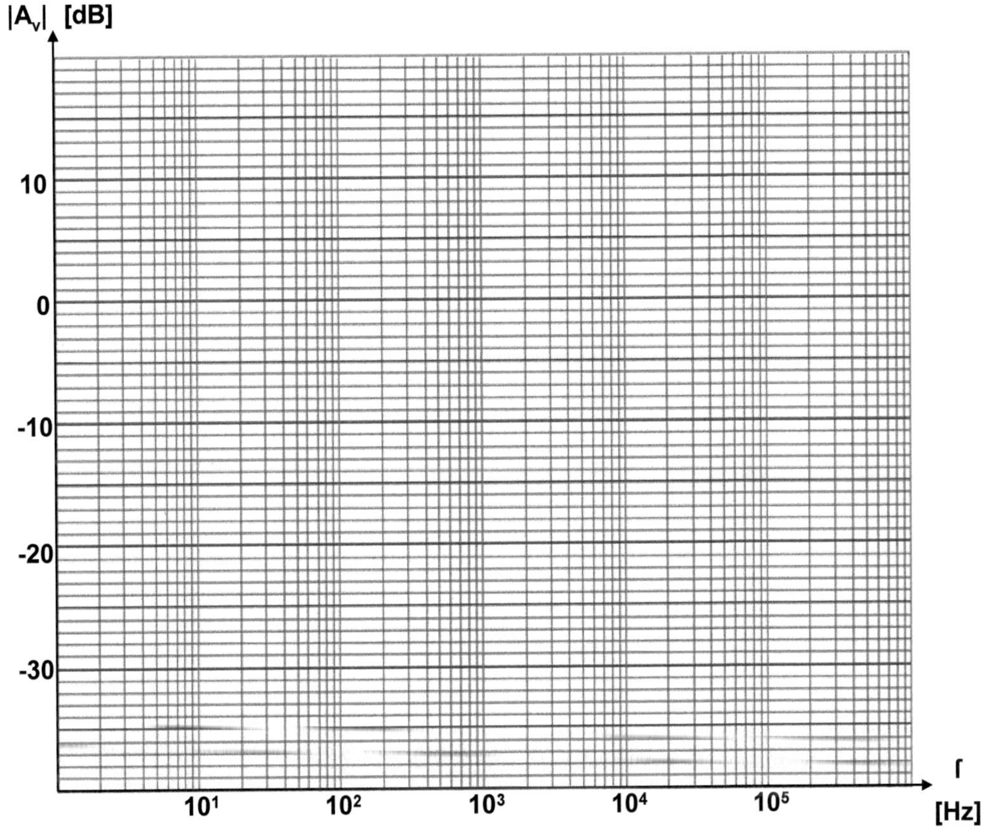

[그림 R4]

2. 그래프 상에서 나타난 코너주파수(f_c)는 몇 Hz인가?
3. 코너주파수(f_c)를 계산하고 위의 그래프 상에서 구한 값과 비교하시오.
4. 위의 그래프를 보고 주파수 응답의 특징을 설명하시오.

실험 33 고역통과 필터

1. 실험 목적

(1) 고역통과 필터의 특성을 이해한다.

(2) 능동 고역통과 필터 회로를 이해한다.

(3) 고역통과 필터의 입력신호 주파수변화에 따른 출력 신호의 크기 변화 등의 응답특성을 관찰한다.

2. 관련 이론

2.1 수동 고역통과 필터

그림 33.1은 저항 R과 커패시터 C로 구성된 수동 고역통과 필터를 보여준다.

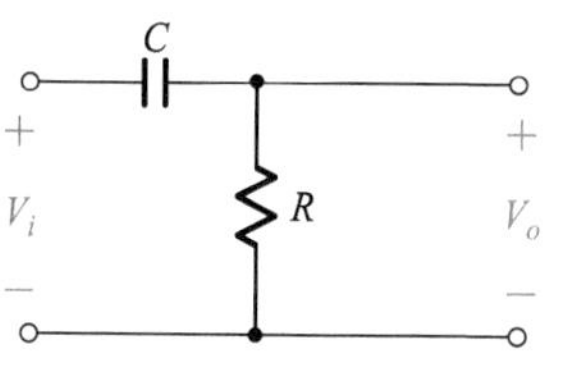

그림 33.1 수동 고역통과 필터

출력전압 v_o는 입력전압 v_i가 저항 R과 커패시터 C의 임피던스에 의해 전압 분배되어 나타나므로 전달함수 T(s)는 다음과 같이 구해진다.

$$T(s) \equiv \frac{v_o}{v_i} = \frac{sRC}{sRC+1} \tag{33.1}$$

식(33.1)은 1개의 폴을 갖는 1차 필터이다. 입력 v_i가 정상상태의 정현파라고 가정하면 복소주파수 s가 jω로 대체되므로 전압이득 T(jω)는 다음과 같이 표현된다.

$$T(j\omega) = \frac{j\omega RC}{j\omega RC+1} \tag{33.2}$$

식(33.2)으로부터 코너 주파수 f_c가 되며 구하면 다음과 같다.

$$f_c = \frac{1}{2\pi RC} \tag{33.3}$$

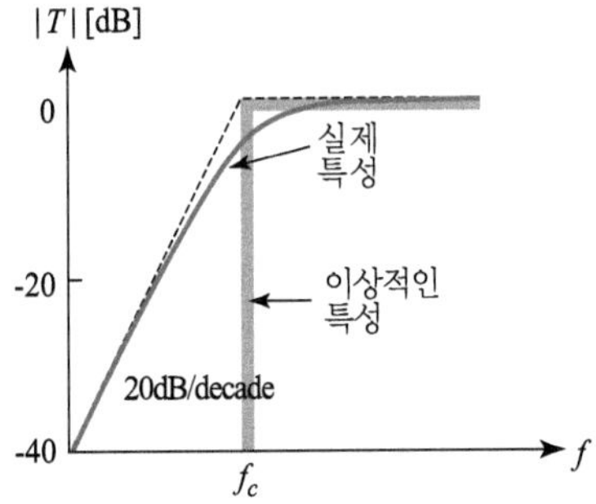

그림 33.2 고역통과 필터의 전달 특성

식(33.2)의 크기를 보드선도로 그리면 그림 33.2의 곡선으로 표현된다. 고역통과 필터의 이상적인 특성은 그림 33.2에서 보였듯이 $f=f_c$에서 급격히 떨어지나 저역통과 필터에서와 마찬가지로 실제로 그대로 구현될 수는 없다. 1차 필터인 실제 특성은 기울기가 20dB/decade이나 필터 차수를 크게 함으로써 이상적인 특성에 근접하도록 할 수 있다. 그러나 이 경우 필터의 차수가 증가함에 따라 회로가 복잡해지게 된다.

2.2 능동 고역통과 필터

그림 33.3은 연산증폭기를 능동소자로 사용한 1차 능동 고역통과 필터이다. 연산증폭기는 전압팔로워로서 전압이득이 1인 버퍼역할을 하여 부하에 따른 신호 감쇄를 막아주고 있다. 그러나 이를 제외하면 능동 고역통과 필터의 특성은 그림 33.2의 수동 고역통과 필터와 동일하다.

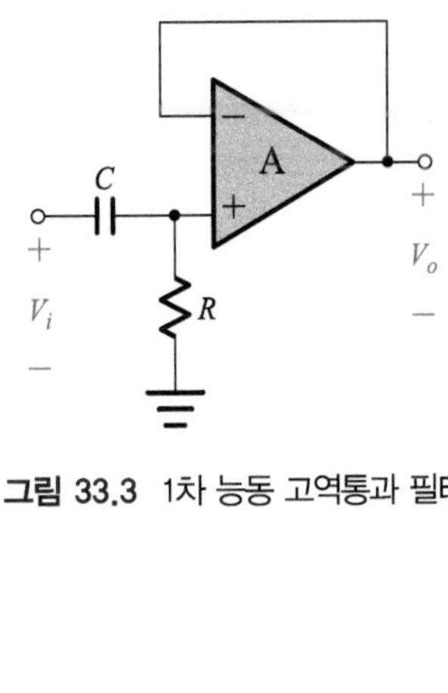

그림 33.3 1차 능동 고역통과 필터

한편, 필터의 차수를 높이기 위해 그림 33.4에서 보인 것처럼 RC회로 2개를 연산 증폭기에 결합하여 2차 능동 저역통과 필터를 구현할 수 있다. 이 경우 필터의 대역폭은 코너주파수로 표현되며 다음 수식으로 표현된다.

$$f_c = \frac{1}{2\pi\sqrt{R_1C_1R_2C_2}} \overset{\substack{R_1=R_2=R \\ C_1=C_2=C}}{=} \frac{1}{2\pi RC} \tag{33.4}$$

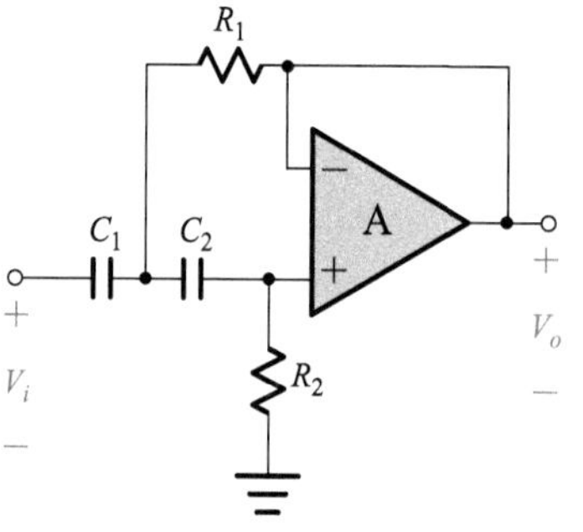

그림 33.4 2차 능동 고역통과 필터

한편, 필터의 차수를 3차 이상으로 설계할 경우 이미 구한 1차와 2차 필터를 종속접속함으로써 쉽게 설계할 수 있다.

[예제 33.1] 그림 33.4에 보인 능동 고역통과 필터에서 $R_1=R_2=20K\Omega$이고, $C_1=2nF$, $C_2=0.8nF$이다. 고역통과 필터의 코너주파수를 구하시오.

풀이 식(33.4)로부터

$$f_c = \frac{1}{2\pi\sqrt{R_1C_1R_2C_2}} = \frac{1}{2\pi \times 20 \times 10^3 \times 10^{-9} \times \sqrt{2 \times 0.8}} = 6.29 \times 10^6$$

따라서, 코너주파수는 6.29MHz 이다.

3. 실험 기기 및 부품

사용 기기	소요 부품
(1) 디지털 멀티미터(DMM): 1대 (2) 파형 발생기: 1대 (3) 오실로스코프: 2채널 1대 (4) 직류전원장치: +15[V](50mA) 1채널, −15[V](50mA) 1채널 (5) 브레드보드: 1대	(1) μA 741op-amp: 1개 (2) 저항: 4.7KΩ(0.25W) 3개 2.7KΩ(0.25W) 1개 (3) 커패시터: 2.2nF 2개

4. 실험 내용 및 절차

4.1 능동 고역통과 필터

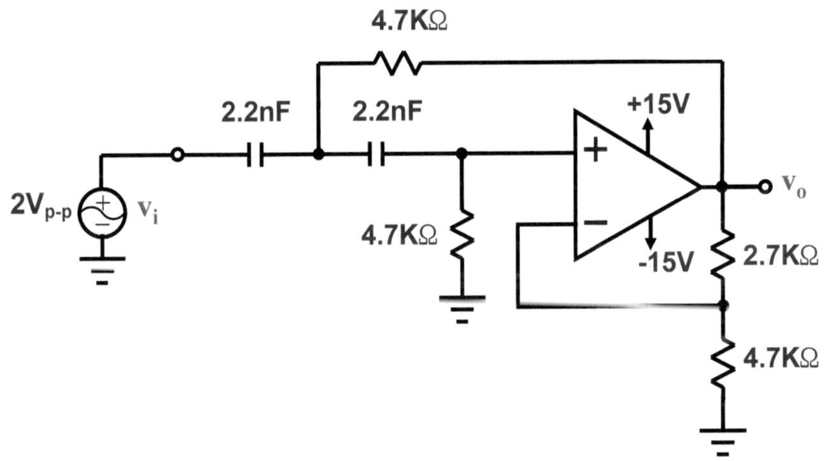

[그림 1] 2차 능동 고역통과 필터

(1) [그림 1]의 회로를 브레드보드에 구성한다.

(2) 오실로스코프의 CH1을 회로의 입력단자에 연결하고 수직설정에서 입력 커플링(coupling)을 접지(GND)로 선택하여 0 [V] 접지레벨이 화면의 수평축 상에 오도록 수직위치를 조절한 다음, 입력 커플링을 다시 교류(AC) 결합으로 변경한다.

(3) 오실로스코프의 CH1을 이용하여 측정한 입력신호가 $2V_{p\text{-}p}$, 100Hz의 사인파(오프셋=0V)가 되도록 파형 발생기를 조정한다.

(4) 오실로스코프의 CH2를 회로의 출력단자에 연결하고 수직설정에서 입력 커플링 (coupling)을 접지(GND)로 선택하여 0[V] 접지레벨이 화면의 수평축 상에 오도록 수직위치를 조절한 다음, 입력 커플링을 다시 교류(AC) 결합으로 변경한다.

(5) 오실로스코프의 CH2에 나타난 출력 파형의 크기를 측정하여 [표 1]에 기록한다.

(6) 파형 발생기를 조정하여 [표 1]에 제시된 주파수로 변화시켜가면서 위의 실험 (5) 과정을 반복한다.

(7) 입력 주파수를 조정하여 출력전압이 통과대역전압의 70.7%(=$1/\sqrt{2}$)가 되는 코너 주파수f_c를 찾아내어 [표 1]에 기록한다.

(8) 주파수가 0.3KHz, 10KHz, 100KHz일 때에 오실로스코프에 나타난 입력 및 출력 파형을 [그림 R1]~[그림 R3]에 그린다.

실험예비 보고서

실험조: 반 조 학번: 이름:

실험제목:
1. 고역통과 필터의 주파수 응답 특성을 설명하시오. 2. 수동 고역통과 필터와 능동 고역통과 필터의 장단점을 설명하시오. 3. 능동 2차 고역통과 필터의 코너주파수(f_c)의 계산 식을 유도하시오.

실험결과 보고서

실험자: 반 조 학번: 이름:

실 험 일 시: 년 월 일 교시

공동 실험자:

실험제목:

1. 실제 실험 회로도

(디지털 멀티미터 등을 사용하여 실제 사용된 소자값을 정확하게 측정하여 회로도에 기재한다.)

2. 실험 결과

[표 1] 고역통과 필터

	측정값 [V]		계산값 [V]
코너주파수(f_c)	[KHz]		[KHz]
입력 주파수 [KHz]	입력 신호크기 [V]	출력 신호크기 [V]	전압이득
0.1			
0.3			
0.6			
1.0			
3.0			
6			
10			
30			
100			

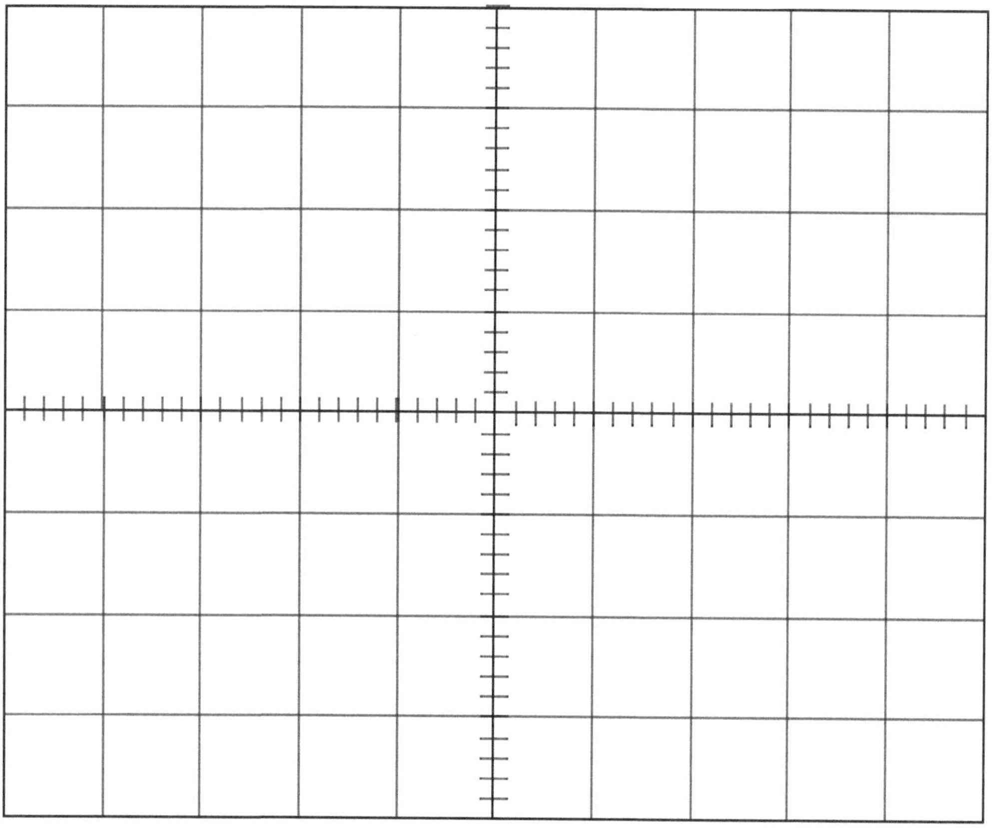

<table>
<tr><td>CH1</td><td>신호</td><td>V/Div.</td><td rowspan="2">Time:
Sec/Div.</td></tr>
<tr><td>CH2</td><td>신호</td><td>V/Div.</td></tr>
</table>

[그림 R1] 입력 및 출력 파형

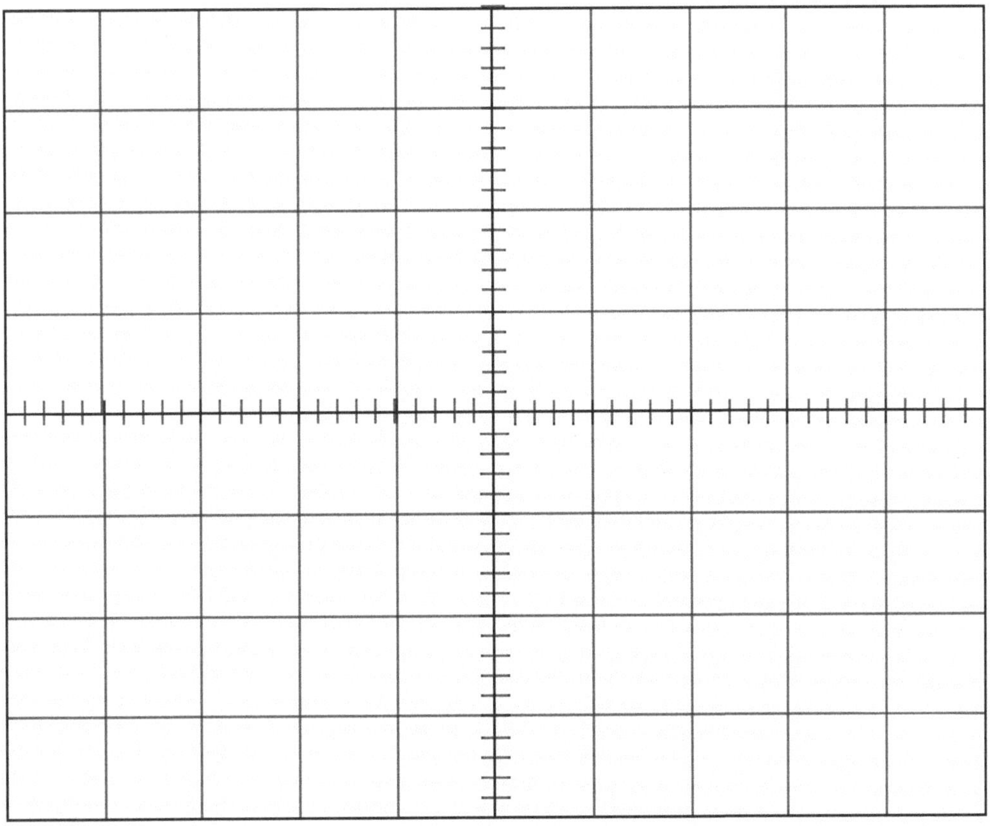

CH1	신호	V/Div.	Time: Sec/Div.
CH2	신호	V/Div.	

[그림 R2] 입력 및 출력 파형

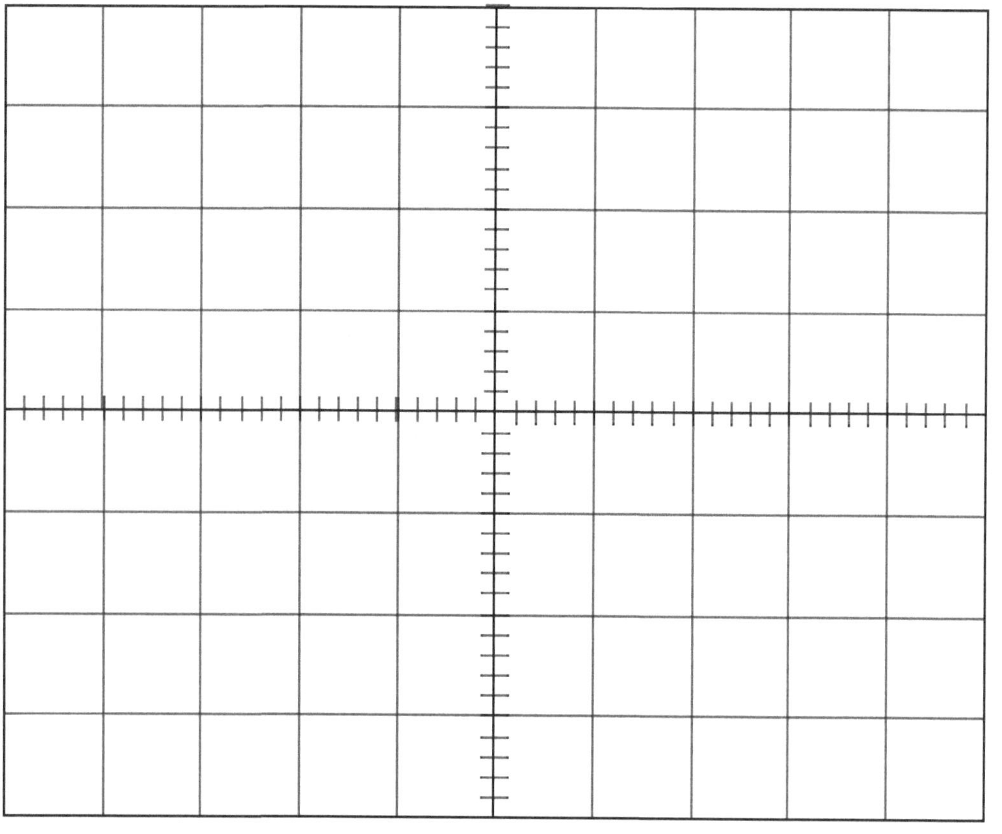

CH1	신호	V/Div.	Time:
CH2	신호	V/Div.	Sec/Div.

[그림 R3] 입력 및 출력 파형

3. 실험 결과 논의

1. 위에서 구한 [표 1]의 결과를 [그림 R4]의 세미 로그 용지에 그래프로 그리시오.

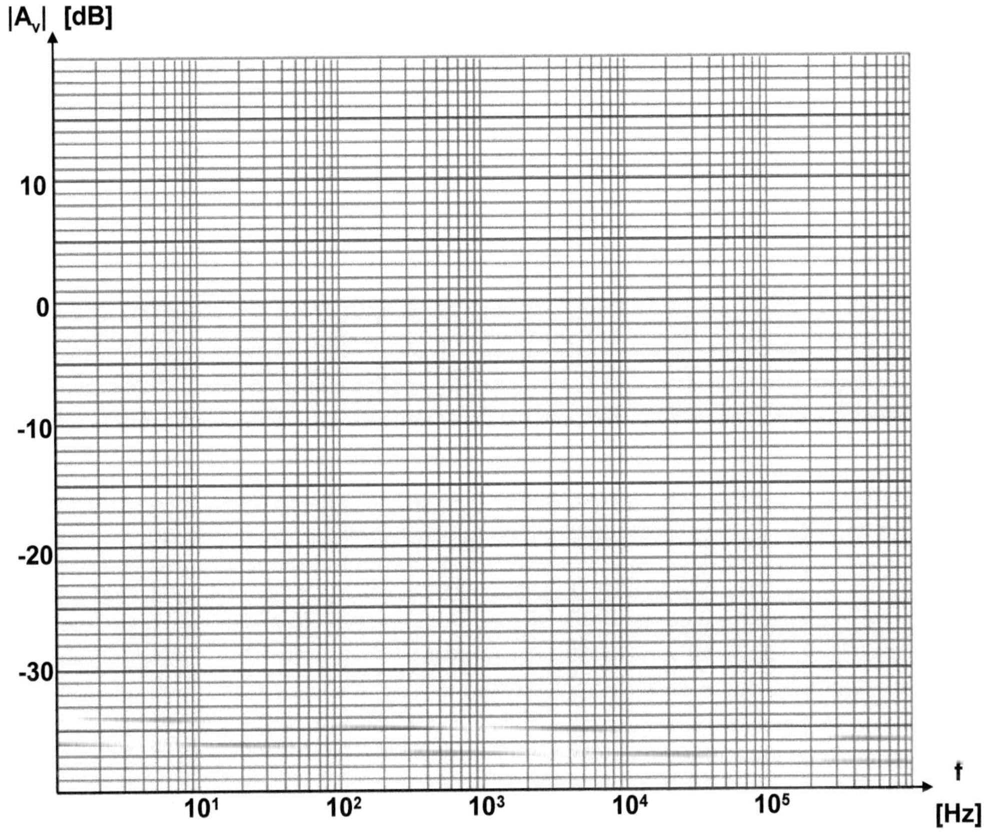

[그림 R4]

2. 그래프 상에서 나타난 코너주파수(f_c)는 몇 Hz인가?
3. 코너주파수(f_c)를 계산하고 위의 그래프 상에서 구한 값과 비교하시오.
4. 위의 그래프를 보고 주파수 응답의 특징을 설명하시오.

실험 34 대역통과 필터

1. 실험 목적

(1) 대역통과 필터의 특성을 이해한다.

(2) 능동 대역통과 필터 회로를 이해한다.

(3) 대역통과 필터의 입력신호 주파수변화에 따른 출력 신호의 크기 변화 등의 응답특성을 관찰한다.

2. 관련 이론

2.1 능동 대역통과 필터

능동 대역통과 필터는 고역통과 필터와 대역통과 필터를 종속접속함으로써 구현될 수 있다. 그림 34.1은 앞에서의 2차 고역통과 필터와 2차 저역통과 필터를 직렬 연결하여 구한 능동 대역통과 필터이다.

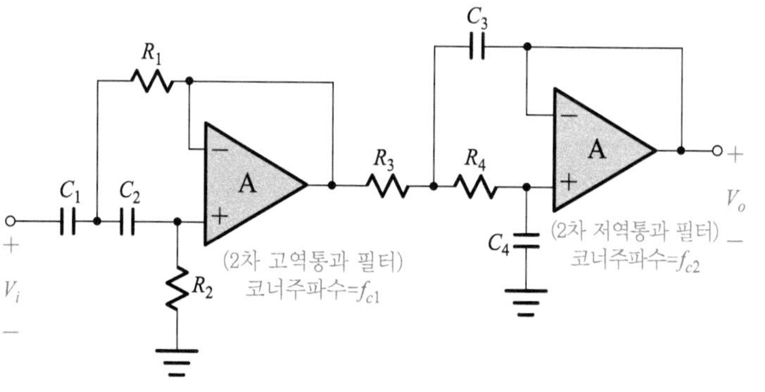

그림 34.1 능동 대역통과 필터

능동 대역통과 필터의 전달특성을 그림 34.2에 보였다. 저역통과 필터의 코너주파수 f_{c2}와 고역통과 필터의 코너주파수 f_{c1}에 의해서 통과 대역폭이 결정되므로 대역통과 필터의 대역폭 BW를 다음과 같이 정의한다.

$$BW \equiv f_{c2} - f_{c1} \tag{34.1}$$

그림 34.2에서 f_r은 중심 주파수(center frequency)로서 다음과 같이 코너주파수 f_{c1}과 f_{c2}의 기하평균으로 정의한다.

$$f_r \equiv \sqrt{f_{c2} f_{c1}} \tag{34.2}$$

또한, 대역통과 필터의 선택도 Q는 대역폭에 대한 중심 주파수의 비로 정의한다.

$$Q \equiv \frac{f_r}{BW} \tag{34.3}$$

Q는 중심 주파수 f_r에 대한 선택도로서 Q값이 클수록 대역폭이 좁아져서 f_r을 집중적으로 선별하게 된다.

일반적으로 Q값이 10이상일 경우를 협대역 필터, 10이하일 경우를 광대역 필터로 분류한다.

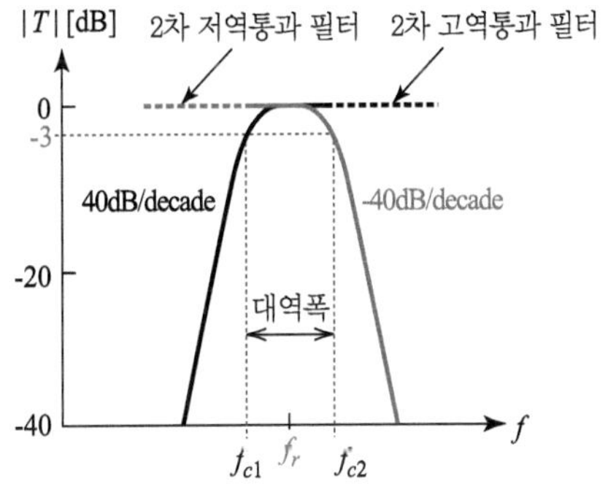

그림 34.2 능동 대역통과 필터의 전달특성

[예제 34.1] 그림 34.1에 보인 능동 대역통과 필터에서 $R_1=R_2=R_3=R_4=3K\Omega$이고, $C_1=C_2=0.2\mu F$이고, $C_3=C_4=5nF$ 이다. 고역통과 필터의 대역폭 BW를 구하시오.

풀이 저역통과 필터의 코너주파수 f_{c2}와 고역통과 필터의 코너주파수 f_{c1} 수식으로부터

$$f_{c1} = \frac{1}{2\pi\sqrt{R_1 R_2 C_1 C_2}} = \frac{1}{2\pi \times 3 \times 10^3 \times 0.2 \times 10^{-6}} = 265Hz$$

$$f_{c2} = \frac{1}{2\pi\sqrt{R_3 R_4 C_3 C_4}} = \frac{1}{2\pi \times 3 \times 10^3 \times 5 \times 10^{-9}} = 10.610KHz$$

따라서, 대역폭(BW)은

$$BW = f_{c2} - f_{c1} = 10.610 - 265 = 10.345Hz$$

즉, BW=10.345KHz

3. 실험 기기 및 부품

사용 기기	소요 부품
(1) 디지털 멀티미터(DMM): 1대 (2) 파형 발생기: 1대 (3) 오실로스코프: 2채널 1대 (4) 직류전원장치: +15[V](50mA) 1채널, –15[V](50mA) 1채널 (5) 브레드보드: 1대	(1) μA 741op-amp: 2개 (2) 저항: 10KΩ(0.25W) 3개 5.6KΩ(0.25W) 1개 4.7KΩ(0.25W) 3개 2.7KΩ(0.25W) 1개 (3) 커패시터: 0.01uF 2개 2.2nF 2개

4. 실험 내용 및 절차

4.1 능동 대역통과 필터

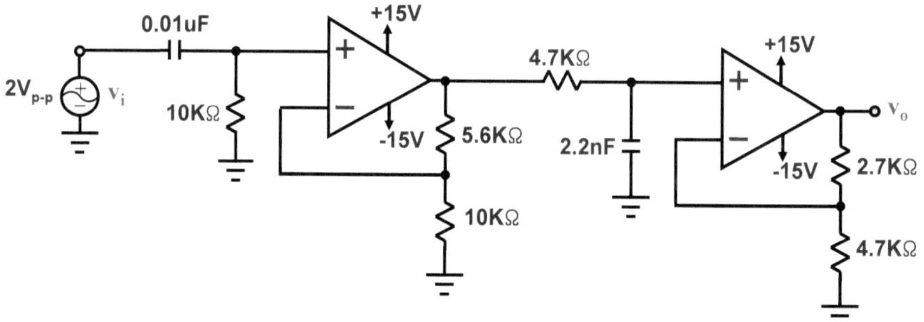

[그림 1] 능동 대역통과 필터

(1) [그림 1]의 회로를 브레드보드에 구성한다.

(2) 오실로스코프의 CH1을 회로의 입력단자에 연결하고 수직설정에서 입력 커플링(coupling)을 접지(GND)로 선택하여 0 [V] 접지레벨이 화면의 수평축 상에 오도록 수직위치를 조절한 다음, 입력 커플링을 다시 교류(AC) 결합으로 변경한다.

(3) 오실로스코프의 CH1을 이용하여 측정한 입력신호가 2V_{p-p}, 100Hz의 사인파(오프셋=0V)가 되도록 파형 발생기를 조정한다.

(4) 오실로스코프의 CH2를 회로의 출력단자에 연결하고 수직설정에서 입력 커플링(coupling)을 접지(GND)로 선택하여 0[V] 접지레벨이 화면의 수평축 상에 오도록 수직위치를 조절한 다음, 입력 커플링을 다시 교류(AC) 결합으로 변경한다.

(5) 오실로스코프의 CH2에 나타난 출력 파형의 크기를 측정하여 [표 1]에 기록한다.

(6) 파형 발생기를 조정하여 [표 1]에 제시된 주파수로 변화시켜가면서 위의 실험 (5) 과정을 반복한다.

(7) 입력 주파수를 조정하여 출력전압이 통과대역전압의 70.7%($=1/\sqrt{2}$)가 되는 코너 주파수 f_{c1} 및 f_{c2}를 찾아내어 [표 1]에 기록한다.

(8) 통과 대역폭의 중심 주파수(center frequency) f_r을 측정하여 [표 1]에 기록한다.

실험예비 보고서

실험조: 반 조 학번: 이름:

실험제목:
1. 대역통과 필터의 주파수 응답 특성을 설명하시오. 2. 대역통과 필터의 대역폭과 중심주파수에 대해 설명하시오. 3. 대역통과 필터의 선택도 Q는 어떤 의미를 갖는지 설명하시오.

실험결과 보고서

실험자: 반 조 학번: 이름:

실험일시: 년 월 일 교시

공동 실험자:

실험제목:

1. 실제 실험 회로도

(디지털 멀티미터 등을 사용하여 실제 사용된 소자값을 정확하게 측정하여 회로도에 기재한다.)

2. 실험 결과

[표 1] 대역통과 필터

	측정값 [V]		계산값 [V]
코너주파수(f_{c1})	[KHz]		[KHz]
코너주파수(f_{c2})	[KHz]		[KHz]
중심주파수(f_r)	[KHz]		[KHz]
입력 주파수 [KHz]	입력 신호크기 [V]	출력 신호크기 [V]	전압이득
0.1			
0.3			
0.6			
1.0			
1.6			
2.0			
3.0			
6.0			
10			
30			
100			

3. 실험 결과 논의

1. 위에서 구한 [표 1]의 결과를 [그림 R1]의 세미 로그 용지에 그래프로 그리시오.

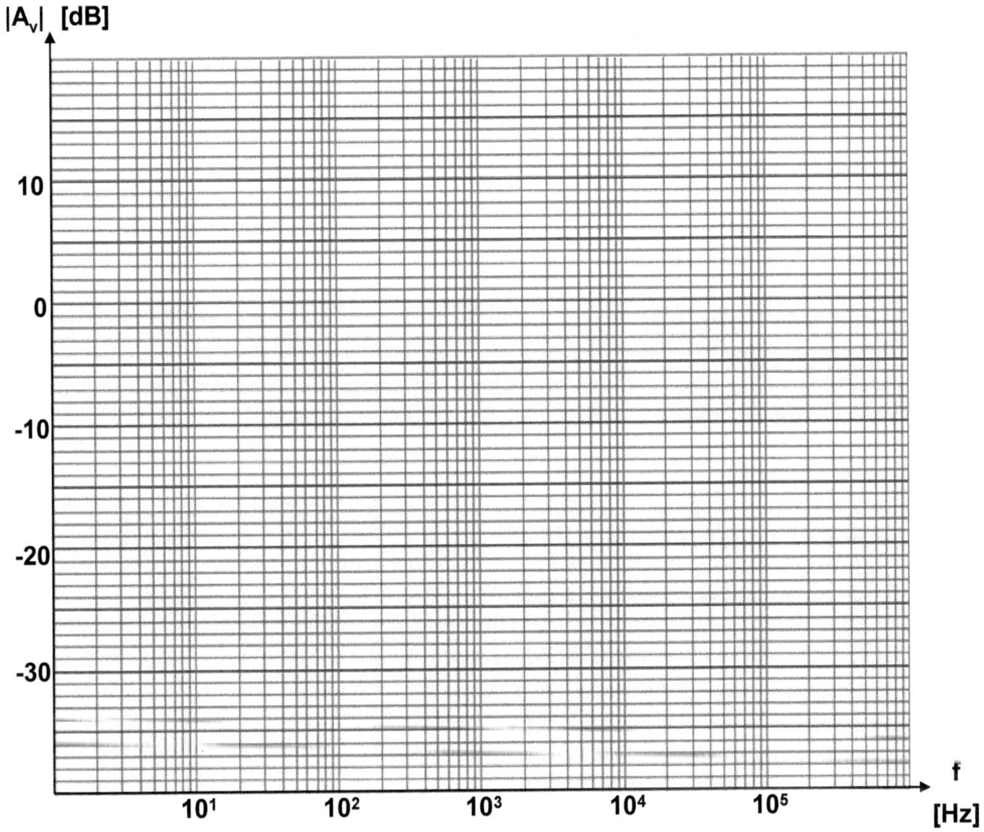

[그림 R1]

2. 위의 그래프 상에서 나타난 코너주파수 f_{c1} 및 f_{c2}를 읽고, 측정된 값과 비교하시오.
3. 위의 그래프 상에서 구한 f_{c1} 및 f_{c2}로 중심주파수(f_r)를 계산하고 측정된 값과 비교하시오.
4. 위의 그래프를 보고 주파수 응답의 특징을 설명하시오.

실험 35 대역저지 필터

1. 실험 목적

(1) 대역저지 필터의 특성을 이해한다.

(2) 대역저지 필터 회로를 이해한다.

(3) 대역저지 필터의 입력신호 주파수변화에 따른 출력 신호의 크기 변화 등의 응답특성을 관찰한다.

2. 관련 이론

2.1 대역저지 필터

고역통과 필터와 저역통과 필터를 그림 35.1에 보인 것처럼 병렬 접속함으로써 능동 대역저지 필터를 구현할 수 있다.

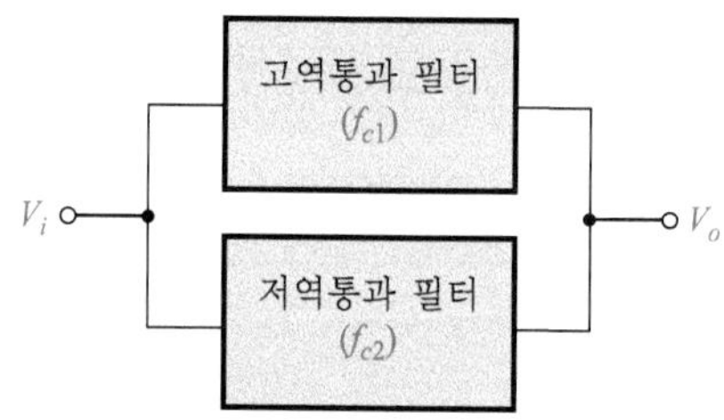

그림 35.1 대역저지 필터

대역저지 필터의 전달특성을 그림 35.2에 보였다. 저역통과 필터의 코너주파수 f_{c2}와 고역통과 필터의 코너주파수 f_{c1}에 의해서 통과 대역폭이 결정되므로 대역저지 필터의 저지 대역폭 BW를 다음과 같이 정의한다.

$$BW \equiv f_{c1} - f_{c2} \tag{35.1}$$

대역저지 필터의 중심 주파수 f_r도 대역통과 필터의 경우와 같이 f_{c1}과 f_{c2}의 기하평균으로 정의한다.

$$f_r \equiv \sqrt{f_{c2} f_{c1}} \tag{35.2}$$

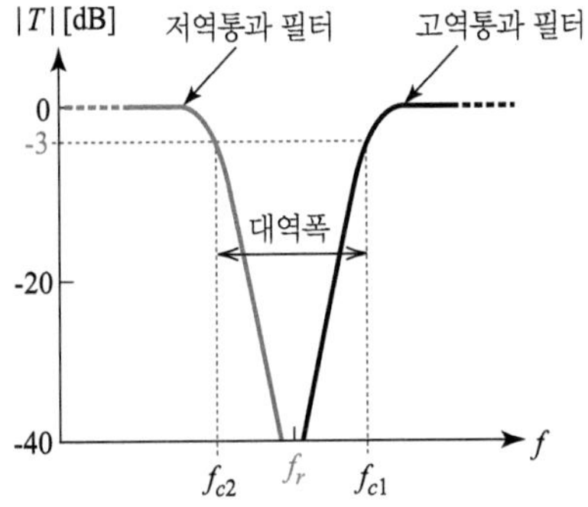

그림 35.2 대역저지 필터의 전달특성

3. 실험 기기 및 부품

사용 기기	소요 부품
(1) 디지털 멀티미터(DMM): 1대 (2) 파형 발생기: 1대 (3) 오실로스코프: 2채널 1대 (4) 직류전원장치: +15[V](50mA) 1채널, −15[V](50mA) 1채널 (5) 브레드보드: 1대	(1) μA 741op-amp: 3개 (2) 저항: 10KΩ(0.25W) 5개 5.6KΩ(0.25W) 1개 4.7KΩ(0.25W) 4개 2.7KΩ(0.25W) 1개 (3) 커패시터: 0.01uF 2개 2.2nF 2개

4. 실험 내용 및 절차

4.1 대역저지 필터

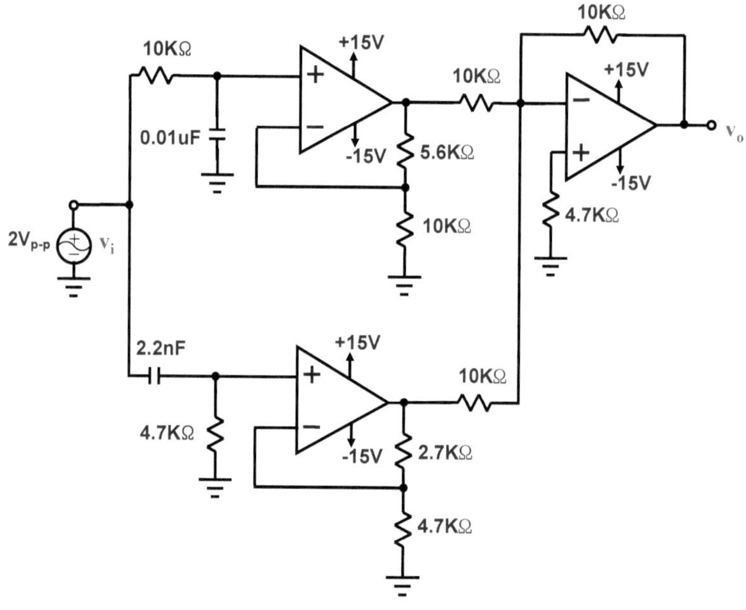

[그림 1] 대역저지 필터

(1) [그림 1]의 회로를 브레드보드에 구성한다.

(2) 오실로스코프의 CH1을 회로의 입력단자에 연결하고 수직설정에서 입력 커플링(coupling)을 접지(GND)로 선택하여 0 [V] 접지레벨이 화면의 수평축 상에 오도록 수직위치를 조절한 다음, 입력 커플링을 다시 교류(AC) 결합으로 변경한다.

(3) 오실로스코프의 CH1을 이용하여 측정한 입력신호가 $2V_{p\text{-}p}$, 100Hz의 사인파(오프셋=0V)가 되도록 파형 발생기를 조정한다.

(4) 오실로스코프의 CH2를 회로의 출력단자에 연결하고 수직설정에서 입력 커플링(coupling)을 접지(GND)로 선택하여 0[V] 접지레벨이 화면의 수평축 상에 오도록 수직위치를 조절한 다음, 입력 커플링을 다시 교류(AC) 결합으로 변경한다.

(5) 오실로스코프의 CH2에 나타난 출력 파형의 크기를 측정하여 [표 1]에 기록한다.

(6) 파형 발생기를 조정하여 [표 1]에 제시된 주파수로 변화시켜가면서 위의 실험 (5) 과정을 반복한다.

(7) 입력 주파수를 조정하여 출력전압이 통과대역전압의 70.7%($=1/\sqrt{2}$)가 되는 코너 주파수 f_{c1} 및 f_{c2}를 찾아내어 [표 1]에 기록한다.

(8) 저지 대역폭의 중심 주파수(center frequency) f_r을 측정하여 [표 1]에 기록한다.

실험예비 보고서

실험조: 반 조 학번: 이름:

실험제목:

1. 대역저지 필터의 주파수 응답 특성을 설명하시오.

2. 대역저지 필터의 대역폭과 중심주파수에 대해 설명하시오.

3. 대역저지 필터의 선택도 Q는 어떤 의미를 갖는지 설명하시오.

실험결과 보고서

실험자: 반 조 학번: 이름:

실험일시: 년 월 일 교시

공동 실험자:

실험제목:

1. 실제 실험 회로도

(디지털 멀티미터 등을 사용하여 실제 사용된 소자값을 정확하게 측정하여 회로도에 기재한다.)

2. 실험 결과

[표 1] 대역저지 필터

	측정값 [V]		계산값 [V]
코너주파수(f_{c1})	[KHz]		[KHz]
코너주파수(f_{c2})	[KHz]		[KHz]
중심주파수(f_r)	[KHz]		[KHz]
입력 주파수 [KHz]	입력 신호크기 [V]	출력 신호크기 [V]	전압이득
0.1			
0.3			
0.6			
1.0			
1.6			
2.0			
3.0			
6.0			
10			
30			
100			

3. 실험 결과 논의

1. 위에서 구한 [표 1]의 결과를 [그림 R1]의 세미 로그 용지에 그래프로 그리시오.

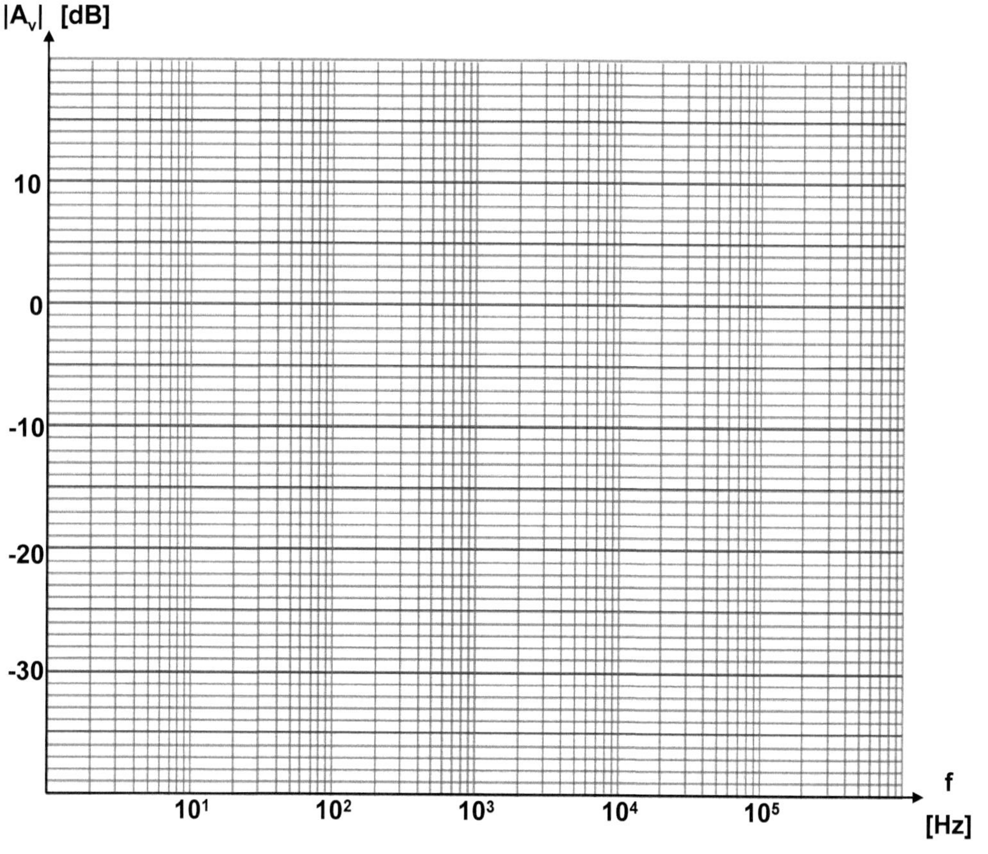

[그림 R1]

2. 위의 그래프 상에서 나타난 코너주파수 f_{c1} 및 f_{c2}를 읽고, 측정된 값과 비교하시오.
3. 위의 그래프 상에서 구한 f_{c1} 및 f_{c2}로 중심주파수(f_r)를 계산하고 측정된 값과 비교하시오.
4. 위의 그래프를 보고 주파수 응답의 특징을 설명하시오.

Part 7

발진회로

실험 36 위상천이 발진기

1. 실험 목적

(1) 위상천이에 의한 발진 원리를 이해한다.

(2) 귀환회로의 변화가 발진 주파수에 미치는 영향을 관찰한다.

(3) 위상천이 발진기의 발진조건과 발진에 필요한 최소 이득을 이해한다.

2. 관련 이론

2.1 위상천이 발진기

그림 36.1은 위상천이(phase-shift) 발진기의 기본 구조를 보여 준다. 이득 A인 이상적인 전압 증폭기의 출력을 RC로 구성된 귀환회로를 통해 위상을 변화시켜 귀환시킴으로써 바르크하우젠의 발진기준을 만족시켜 발진을 하게 된다.

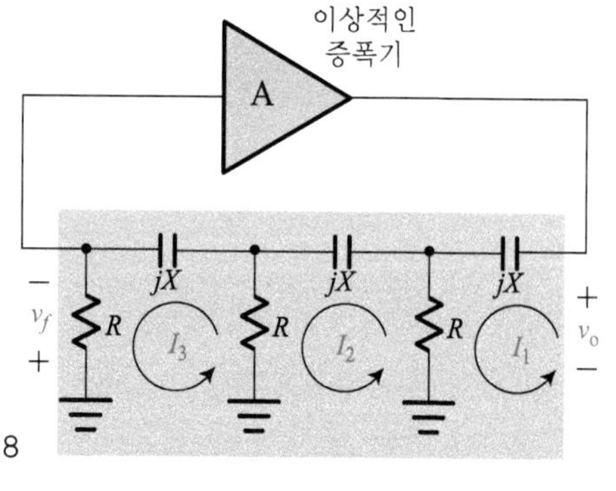

그림 36.1 위상천이 발진기

커패시터 C의 임피던스를 jX라고 놓고 I_1, I_2 및 I_3 루프에 대해 키르히호프 전압법칙을 적용하면 식(36.1)의 방정식을 얻는다.

$$V_o = jXI_1 + R(I_1 - I_2) \tag{36.1a}$$

$$R(I_2 - I_1) + jXI_2 + R(I_2 - I_3) = 0 \tag{36.1b}$$

$$R(I_3 - I_2) + jXI_3 + RI_3 = 0 \tag{36.1c}$$

식(36.1)의 방정식을 연립하여 풀면 귀환율 β는 다음과 같이 구해진다.

$$\beta \equiv \frac{V_f}{V_o} = \frac{-1}{j\left(\frac{X}{R}\right)\left\{6-\left(\frac{X}{R}\right)^2\right\}+1-5\left(\frac{X}{R}\right)^2} \tag{36.2}$$

한편, 이득 A는 실수이므로 βA=−1이 되기 위해서 β도 실수여야 한다. 따라서 식(36.2)의 허수부는 0가 되어야 한다.

$$\left(\frac{X}{R}\right)\left\{6-\left(\frac{X}{R}\right)^2\right\}=0 \tag{36.3}$$

식(36.3)로부터 X/R=0과 $(X/R)^2$=6의 해가 얻어지나 X/R=0는 의미 없는 해가 되므로 $(X/R)^2$=6의 해로부터 발진 주파수 f_o를 구할 수 있다.

$$\left(\frac{X}{R}\right)^2=\left(\frac{-1}{\omega_o RC}\right)^2=\left(\frac{-1}{2\pi f_o RC}\right)^2=6$$

$$f_o=\frac{1}{2\pi\sqrt{6}RC} \tag{36.4}$$

식(36.4)를 식(36.2)에 대입하면 귀환율 β는 다음과 같이 구해진다.

$$\beta=\frac{-1}{1-5\left(\frac{X}{R}\right)^2}=\frac{1}{29} \tag{36.5}$$

따라서 βA=−1의 조건으로부터

$$T=\beta A=\frac{1}{29}\times A=-1 \tag{36.6}$$

이 되므로 발진을 위해 필요한 이득 A=−29가 된다.

즉, RC회로로 구성된 180° 위상-천이기에서 1/29의 감쇄가 발생하므로 증폭기의 이득이 29배 이상이 되어야 이 감쇄 분을 상쇄시키고 루프이득이 1보다 커지게 하여 발진시킬 수 있다.

[예제 36.1] 이상적인 연산증폭기로 구성된 그림 36.2의 위상천이 발진회로에서 R=1KΩ, C=10nF 이다. R_A=10KΩ으로서 R_A>>R이라고 간주하고 다음 항목에 답하시오.

(a) 발진 주파수 f_o는 몇 Hz인가?

(b) 귀환율 β는 얼마인가?

(c) 발진하기 위해 필요한 최소한의 R_F는 몇 Ω인가?

풀이 (a) 식(36.4)로부터

$$f_o = \frac{1}{2\pi\sqrt{6}RC} = \frac{1}{2\pi\sqrt{6}\times1\times10^3\times10\times10^{-9}} = 6.5KHz$$

(b) 식(36.5)로부터

$$\beta = \frac{1}{29}$$

(c) [그림 36.2]의 위상천이 발진회로에서 증폭기는 이득 $A=-R_F/R_A$인 반전 증폭기로서 T=-1의 조건을 구하면 다음과 같다.

$$T = \beta A = \beta\left(-\frac{R_F}{R_A}\right) = \frac{1}{29}\times\left(-\frac{R_F}{10K}\right) = -1$$

위 식으로부터 R_F를 구하면 다음과 같다.

$$R_F = 29R_A = 29\times10K = 290K\Omega$$

따라서, 발진을 위해 필요한 최소한의 R_F는 290KΩ이 된다

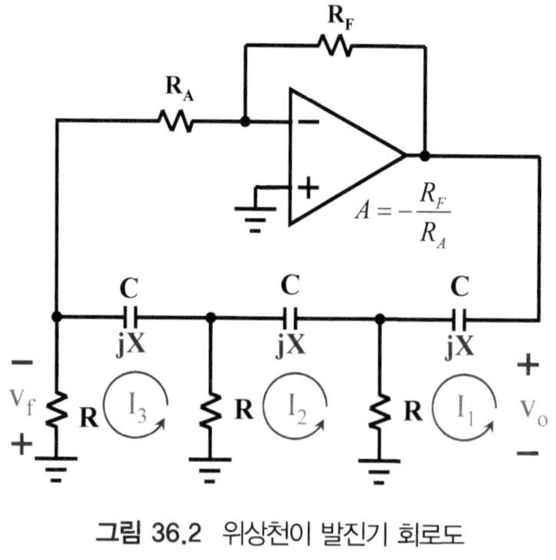

그림 36.2 위상천이 발진기 회로도

3. 실험 기기 및 부품

사용 기기	소요 부품
(1) 디지털 멀티미터(DMM) : 1대 (2) 오실로스코프: 2채널 1대 (3) 직류전원장치: +15[V](50㎃) 1채널, -15[V](50㎃), 1채널 (4) 브레드보드: 1대	(1) µA 741op-amp: 1개 (2) 저항: 10KΩ(0.25W) 1개 1MΩ(0.25W) 1개 1KΩ(0.25W) 3개 2.2KΩ(0.25W) 3개 (3) 가변저항: 1MΩ 1개 (4) 커패시터: 10nF 3개 20nF 3개

4. 실험 내용 및 절차

4.1 위상천이 발진기

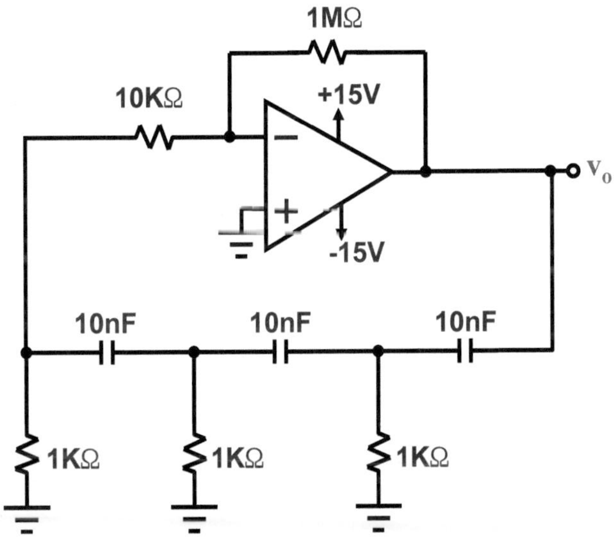

[그림 1] 위상천이 발진기 (병렬저항형)

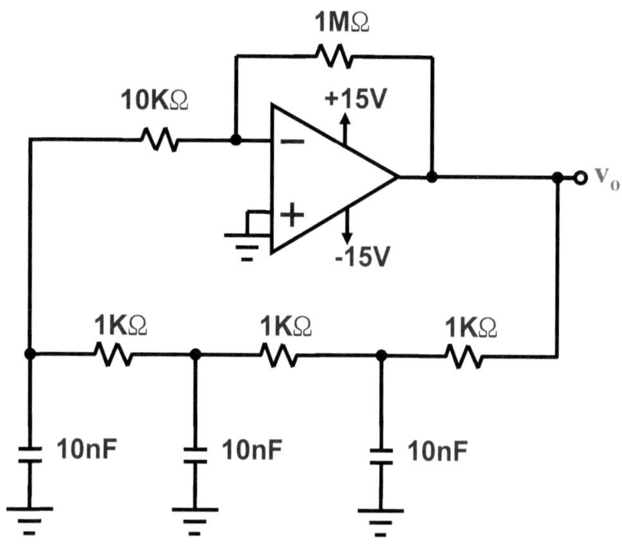

[그림 2] 위상천이 발진기 (병렬커패시터형)

(1) [그림 1]의 회로를 브레드보드에 구성한다.

(2) 오실로스코프의 CH1을 회로의 출력단자에 연결하고 수직설정에서 입력 커플링(coupling)을 접지(GND)로 선택하여 0 [V] 접지레벨이 화면의 수평축 상에 오도록 수직위치를 조절한 다음, 입력 커플링을 다시 교류(AC) 결합으로 변경한다.

(3) 오실로스코프에 나타난 출력 파형을 [그림 R1]에 그리고 주파수가 몇 Hz인지 측정하여 [표 1]에 기입한다.

(4) 저항 R과 커패시터 C를 [표 1]에 지시된 대로 바꾸어가며 측정된 주파수 값을 [표 1]에 기입한다.

(5) 1MΩ의 고정저항을 1MΩ의 가변저항으로 교체한 후, 가변저항 값을 조절하면서 출력 파형의 변화를 관찰하고, 특별히 출력파형이 사라지는 경계에서의 저항 값을 [표 1]에 기입한다.

(6) [그림 2]의 회로를 브레드보드에 구성하고 (3)~(5)실험과정을 반복한다.

실험예비 보고서

실험조: 반 조 학번: 이름:

실험제목:

1. 바르크하우젠의 발진기준을 설명하시오.

2. 위상천이는 발진조건 중의 어떤 조건을 결정해 주는가?

3. 병렬커패시터형 위상천이 발진기에서 발진 주파수를 구하는 수식을 유도하시오.

실험결과 보고서

실험자: 반 조 학번: 이름:

실험일시: 년 월 일 교시

공동 실험자:

실험제목:

1. 실제 실험 회로도

(디지털 멀티미터 등을 사용하여 실제 사용된 소자값을 정확하게 측정하여 회로도에 기재한다.)

2. 실험 결과

[표 1] 위상천이 발진기

<table>
<tr><th rowspan="2"></th><th rowspan="2">R [KΩ]</th><th rowspan="2">C [nF]</th><th colspan="2">발진주파수</th></tr>
<tr><th>측정 값 [KHz]</th><th>계산 값 [KHz]</th></tr>
<tr><td rowspan="4">병렬저항형</td><td>1</td><td>10</td><td></td><td></td></tr>
<tr><td>2.2</td><td>10</td><td></td><td></td></tr>
<tr><td>1</td><td>20</td><td></td><td></td></tr>
<tr><td colspan="2">발진 임계저항 값 [KΩ]</td><td></td><td></td></tr>
<tr><td rowspan="4">병렬
커패시터형</td><td>1</td><td>10</td><td></td><td></td></tr>
<tr><td>2.2</td><td>10</td><td></td><td></td></tr>
<tr><td>1</td><td>20</td><td></td><td></td></tr>
<tr><td colspan="2">발진 임계저항 값 [KΩ]</td><td></td><td></td></tr>
</table>

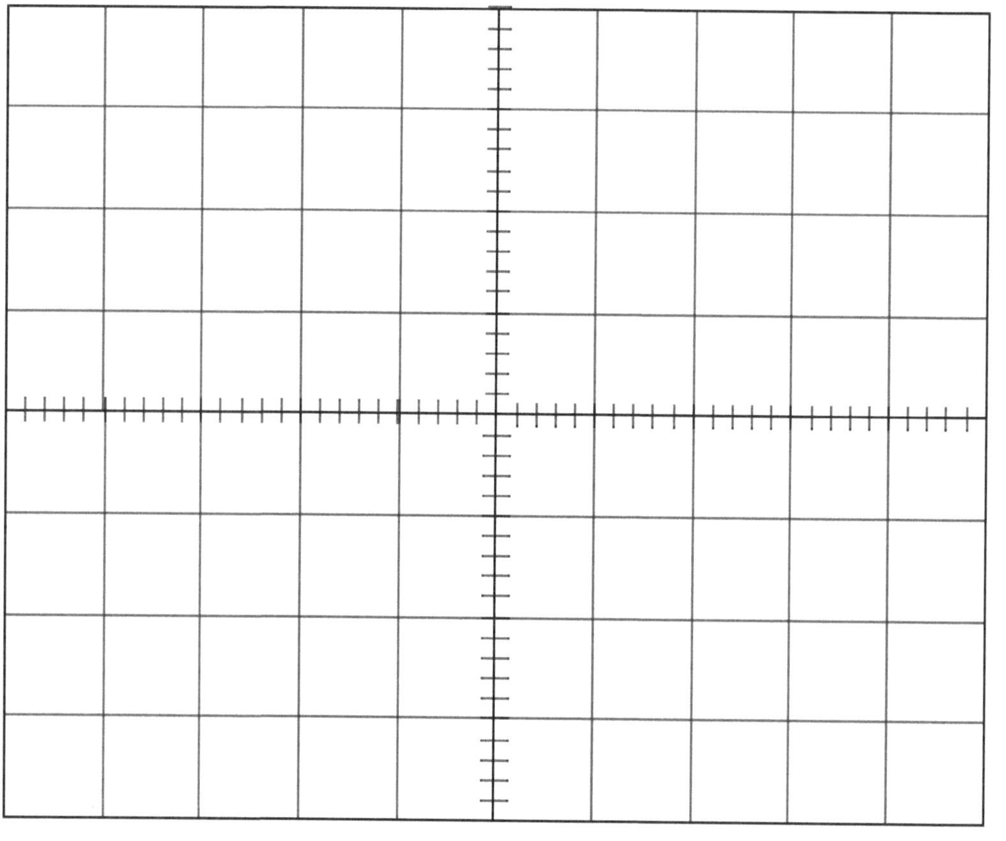

CH1	신호	V/Div.	Time:
CH2	신호	V/Div.	Sec/Div.

[그림 R1] 병렬저항형 출력 파형

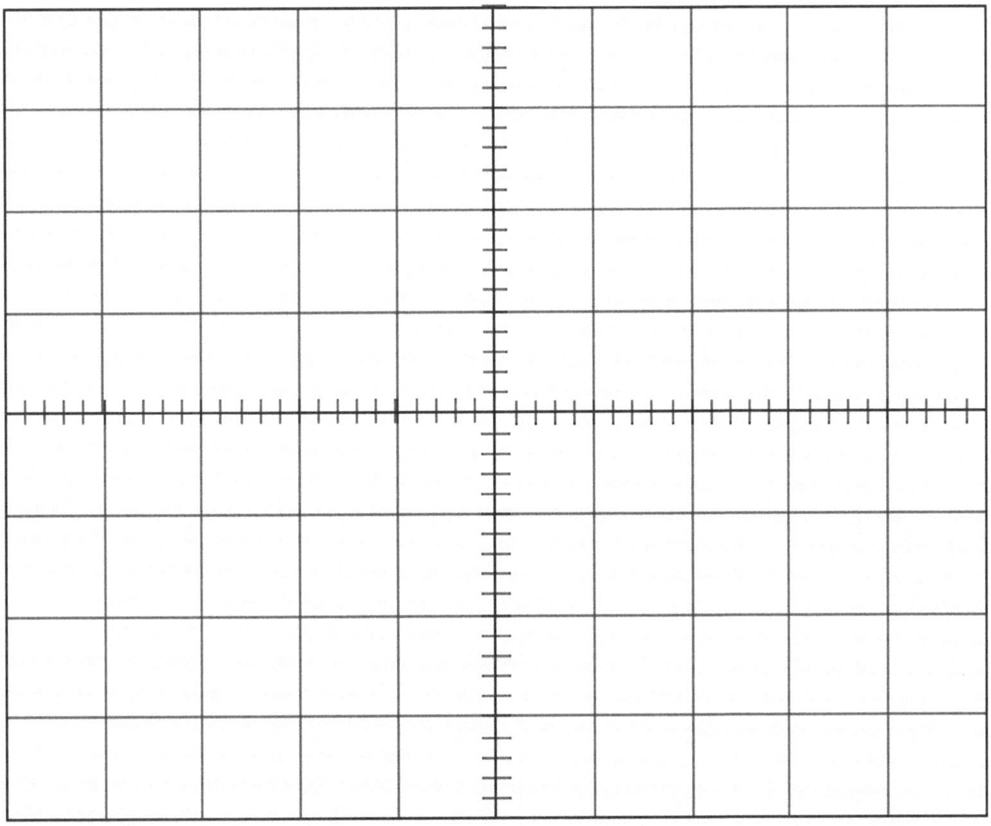

CH1	신호	V/Div.	Time:
CH2	신호	V/Div.	Sec/Div.

[그림 R2] 병렬커패시터형 출력 파형

3. 실험 결과 논의

1. 귀환회로에서 C가 3개인 이유를 설명하고, 만약 C가 2개로도 발진할 수 있는지를 논하시오.
2. 위상천이 발진기에서 증폭기의 이득이 발진에 어떤 영향을 미치고 있었는가?
3. 병렬커패시터형 위상천이 발진기의 출력 파형을 병렬저항형 출력파형과 비교할 때에 어떤 차이가 있었는가?
4. 병렬커패시터형 위상천이 발진기의 발진주파수가 병렬저항형과 달라지는 원인을 설명하시오.

실험 37 윈브리지 발진기

1. 실험 목적

(1) 윈브리지 발진기의 발진 원리를 이해한다.

(2) 귀환회로가 발진 주파수에 미치는 영향을 관찰한다.

(3) 윈브리지 발진기의 발진조건을 이해한다.

2. 관련 이론

2.1 윈브리지 발진기

그림 37.1은 윈브리지 발진기의 구조를 보여 준다. 윈브리지 발진기는 가장 단순한 발진기 구조 중의 하나로서 이득 A=(1+RF/R_A)인 비반전 증폭기의 출력을 두 임피던스 Z_S와 Z_P로 전압분배하여 귀환 시킴으로써 위상을 변화시켜 바르크하우젠의 발진 기준을 만족시킨다.

그림 37.1로부터 귀환율 β는 다음과 같이 구해진다.

$$\beta \equiv \frac{V_f}{V_o} = -\frac{Z_P}{Z_S + Z_P} = -\frac{\omega RC}{j(\omega^2 R^2 C^2 - 1) + 3\omega RC} \qquad (37.1)$$

한편, A=(1+R_F/R_A)로 실수이므로 βA=−1이 되기 위해서 β도 실수여야 한다. 따라서 식(37.1)의 허수부는 0가 되어야 한다.

$$\omega_o^2 R^2 C^2 - 1 = 0 \qquad (37.2)$$

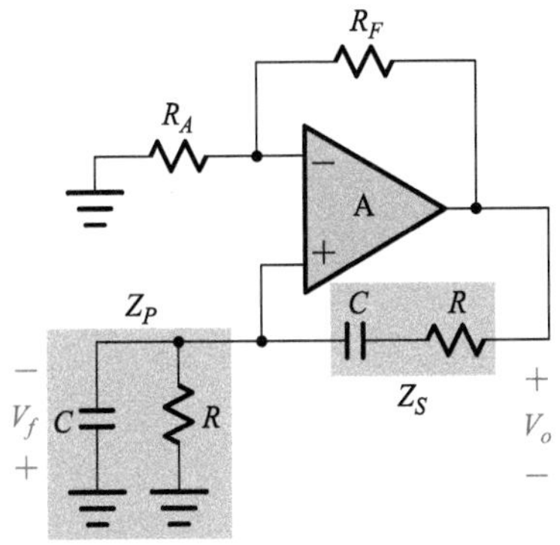

그림 37.1 윈브리지 발진기

식(37.2)의 조건으로부터 발진 주파수 f_o는 다음과 같이 구해진다.

$$f_o = \frac{1}{2\pi RC} \tag{37.3}$$

또한, 식(37.3)을 식(37.1)에 대입하면 귀환율 β는 다음과 같이 구해진다.

$$\beta = -\frac{1}{3} \tag{37.4}$$

따라서 βA=-1의 조건으로부터

$$T = \beta A = -\frac{1}{3} \times \left(1 + \frac{R_F}{R_A}\right) = -1 \tag{37.5}$$

이 되므로 발진을 위해 필요한 최소 이득 $A=(1+R_F/R_A)=3$이 된다.

윈브리지 발진기는 일반적으로 수백Hz~수십KHz의 주파수 범위에서 사용된다.

[예제 37.1] 그림 37.1에서 R=10KΩ, C=15nF, R_A=20KΩ이다. 다음 항목에 답하시오.

(a) 발진 주파수 f_o는 몇 Hz인가?

(b) 귀환율 β는 얼마인가?

(c) 발진하기 위해 필요한 최소한의 R_F 값은 얼마인가?

풀이 (a) 식(37.3)으로부터

$$f_o = \frac{1}{2\pi RC} = \frac{1}{2\pi \times 10^4 \times 15 \times 10^{-9}} = 1.06KHz$$

(b) 식(37.4)로부터

$$\beta = -\frac{1}{3}$$

(c) 식(37.5)로부터

$$R_F = 2R_A = 40K\Omega$$

3. 실험 기기 및 부품

사용 기기	소요 부품
(1) 디지털 멀티미터(DMM): 1대 (2) 오실로스코프: 2채널 1대 (3) 직류전원장치: +15[V](50㎃) 1채널, –15[V](50㎃) 1채널 (4) 브레드보드: 1대	(1) μA 741op-amp: 1개 (2) 저항: 220Ω(0.25W) 1개 10KΩ(0.25W) 2개 100KΩ(0.25W) 2개 (3) 가변저항: lKΩ 1개 (4) 커패시터: 1nF 2개 10nF 2개

4. 실험 내용 및 절차

4.1 윈브리지 발진기

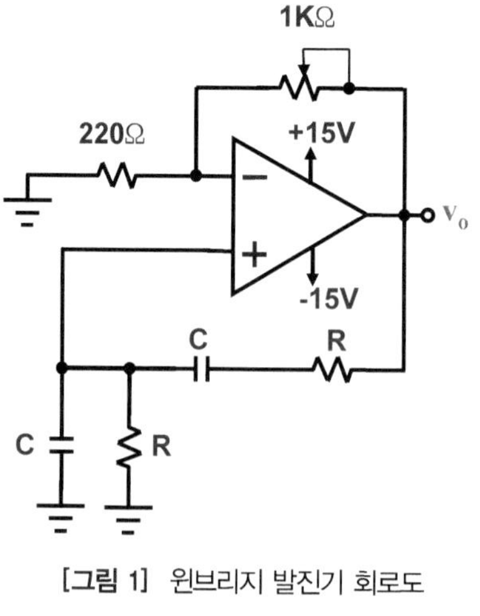

[그림 1] 윈브리지 발진기 회로도

(1) [그림 1]의 회로를 브레드보드에 구성한다.(R=10KΩ, C=1nF, 가변저항은 440Ω으로 설정한다.)

(2) 오실로스코프의 CH1을 회로의 출력단자에 연결하고 수직설정에서 입력 커플링(coupling)을 접지(GND)로 선택하여 0 [V] 접지레벨이 화면의 수평축 상에 오도록 수직위치를 조절한 다음, 입력 커플링을 다시 교류(AC) 결합으로 변경한다.

(3) 오실로스코프의 출력 파형으로부터 발진주파수가 몇 Hz인지 측정하여 [표 1]에 기입한다.

(4) 가변저항 값을 조절하면서 출력 파형의 변화를 관찰하고, 특별히 출력파형이 사라지는 경계에서의 저항 값을 [표 1]에 기입한다.

(5) 저항 R과 커패시터 C를 [표 1]에 지시된 대로 바꾸어가며 (3)~(4)실험과정을 반복한다.

(6) R=100KΩ, C=10nF인 경우에 오실로스코프에 나타난 출력 파형을 [그림 R1]에 그린다.

실험예비 보고서

실험조: 반 조 학번: 이름:

실험제목:
1. 윈브리지 발진기의 발진 원리를 설명하시오. 2. 윈브리지 발진기의 발진주파수를 구하시오. 3. 윈브리지 발진기에서 발진에 필요한 증폭기의 최소 이득을 구하시오.

실험결과 보고서

실험자: 반 조 학번: 이름:

실 험 일 시: 년 월 일 교시

공동 실험자:

실험제목:

1. 실제 실험 회로도

(디지털 멀티미터 등을 사용하여 실제 사용된 소자값을 정확하게 측정하여 회로도에 기재한다.)

2. 실험 결과

[표 1] 윈브리지 발진기

R [KΩ]	C [nF]	발진주파수		발진 임계저항 값	
		측정 값 [KHz]	계산 값 [KHz]	측정 값 [KΩ]	계산 값 [KΩ]
10	1				
10	10				
100	1				
100	10				

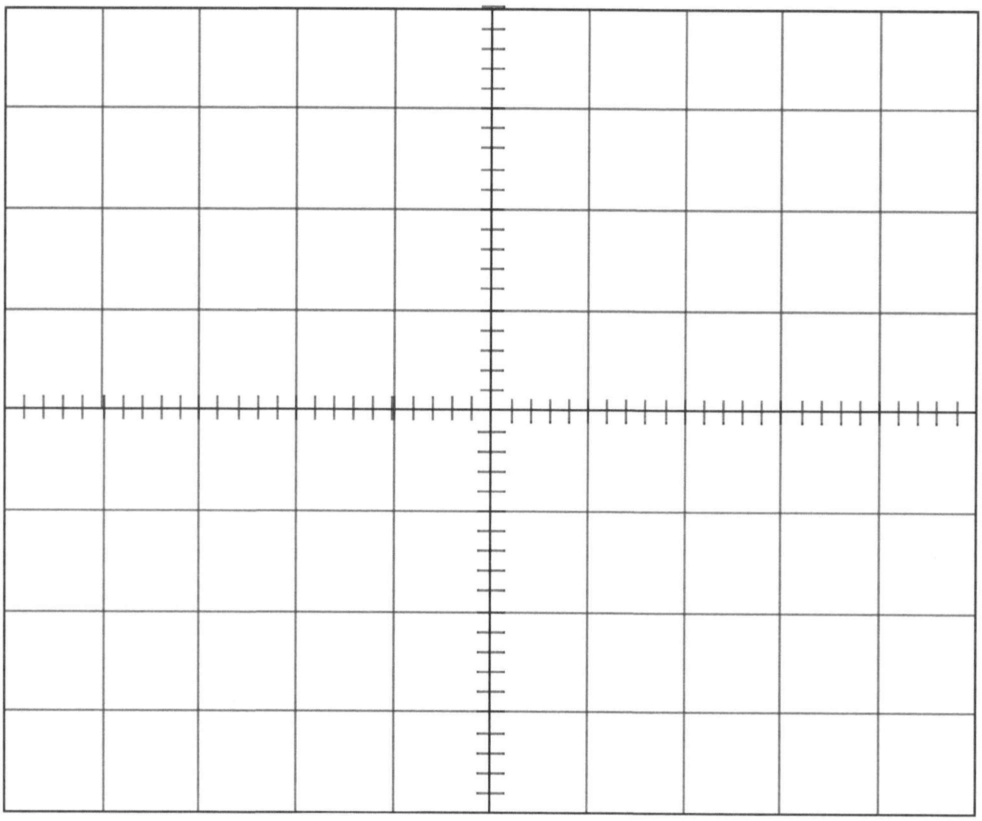

CH1	신호	V/Div.	Time:
CH2	신호	V/Div.	Sec/Div.

[그림 R1] 출력 파형

3. 실험 결과 논의

1. 귀환회로에서 C가 커지면 어떠한 특성변화가 나타나는가?
2. 귀환회로에서 R이 커지면 어떠한 특성변화가 나타나는가?
3. 윈브리지 발진기에서 정귀환을 위한 귀환회로는 RC병렬회로와 RC직렬회로로 구성되어 있다. RC병렬회로와 RC직렬회로는 서로 다른 주파수 특성을 보인다. 이와 연관시켜 윈브리지 발진기의 발진원리를 설명해 보시오.

실험 38 555 타이머 발진기

1. 실험 목적

(1) 555타이머 발진기의 동작 원리를 이해한다.

(2) 555타이머 발진기의 발진주파수와 듀티비가 결정되는 원리를 이해한다.

(3) 외부에 연결한 RC소자로써 발진주파수와 듀티비가 조절됨을 확인한다.

2. 관련 이론

2.1 555 타이머의 동작원리

555타이머 IC(Integrated Circuit)는 값싸고, 안정하며 다양한 회로에 편리하게 적용할 수 있어 여러 분야에서 널리 사용되고 있다. 구조도 8핀으로 간단하며 동작하는 전압의 범위도 4.5~16V로 신축성이 있고, 동작 주파수 범위는 1/50Hz에서 1MHz까지 넓은 영역에서 동작한다.

555타이머(timer)의 응용은 크게 연속발진 회로와 펄스회로의 두 가지로 구분된다. 연속발진 회로는 동일한 주기의 구형파를 필요로 하는 수 많은 분야에 응용된다. 펄스 회로의 경우 최소 10ms에서 최장 1 시간 이상의 폭을 가진 단일펄스를 생성할 수 있으므로 트리거 회로나 기준신호 발생 등 다양한 응용분야를 갖는다.

회로의 동작은 555타이머 IC 외부에 연결하는 저항(R), 콘덴서(C) 값과 연결방법으로 결정된다. 이와 같이 외부의 저항(R)과 콘덴서(C)에 의해 특성이 결정되므로 높은 안정성과 정확도를 유지할 수 있어 고급기능의 회로에도 활용된다.

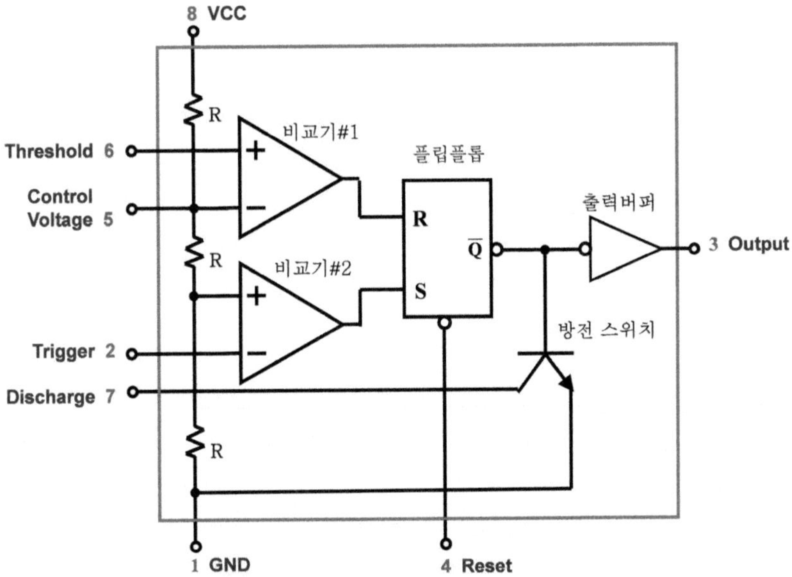

그림 38.1 555타이머 회로의 내부 블록도

그림 38.1은 555타이머 회로의 내부 블록도를 보여주고 있다. 555 타이머는 기본적으로 두 개의 비교기, 한 개의 플립플롭, 방전용 트랜지스터 및 전압분배기로 구성되어있다

전압분배기는 플립플롭의 상태를 제어하기 위한 비교기의 입력 기준레벨을 제공한다. 위의 그림에서 비교기#1은 2/3Vcc의 기준전압을 갖고 비교기#2는 1/3Vcc의 기준전압을 갖는다. trigger 전압이 1/3Vcc 이하로 떨어지면 플립플롭이 세트(S)되어 출력 Q는 'High' 상태가 되고, 동시에 출력 $\overline{Q}$는 'Low' 상태가 된다. 이 경우 방전스위치로 작용하는 트랜지스터의 베이스 단자가 $\overline{Q}$에 연결되어있으므로 방전 스위치는 오프(off)가 된다. 한편, Threshold 단자는 외부 RC 타이밍회로에 연결되며 전압이 2/3 Vcc를 넘으면 위의 비교기#1의 출력이 플립프롭을 리셋(R)시켜 출력 $\overline{Q}$는 'High' 상태가 되고 방전 스위치는 온(on)이 되어 외부 타이밍회로에 방전통로를 형성해 준다.

외부 소자를 통해 이런 기본적인 동작을 적절히 이용함으로써 발진기, 단안정 멀티 바이브레이터 혹은 시간지연 회로 등을 구현할 수 있다.

그림 38.2는 555 타이머 IC의 핀 구조를 보여준다. 각 단자의 기능은 [표 38.1]에 간략히 설명해 놓았다.

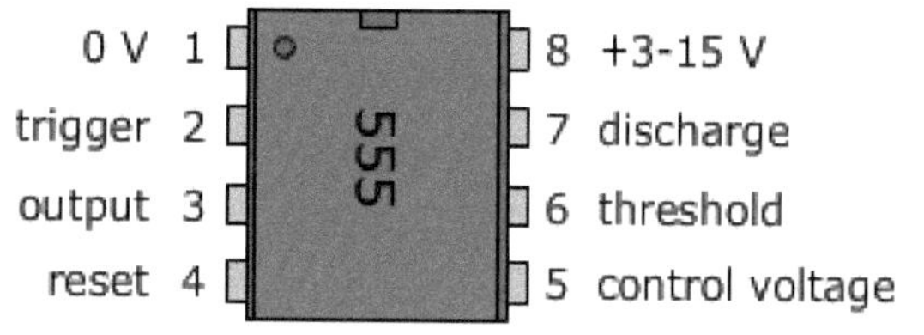

그림 38.2 555 타이머 IC의 핀 구조

[표 38.1] 555 타이머 IC의 각 단자 기능

핀번호	단자	기능
1	GND	마이너스 전원(0V)
2	TRIGGER	1/3Vcc 보다 낮은 전압이 되면 플립플롭을 세트(S)시킨다.
3	OUTPUT	555타이머 출력으로 정지시는 'Low', 타이머 가동중은 'High'가 된다
4	RESET	리셋단자가 'Low(0.4V이하)'가 되면 타이머출력을 'Low'로 하고 방전스위치를 온(on)시켜 방전시킨다.
5	CONTROL VOLTAGE	CONTROL VOLTAGE단자는 내부에서 저항에 의해 2/3Vcc로 전압분배된 마디를 외부로 꺼낸 것이다. 통상은 0.01uF의 바이패스 커패시터를 연결하여 전원 리플이나 외부 노이즈를 억제하도록 하고 있으나 필요할 경우 이 단자 전압을 강제로 가변하기도 한다. 이 경우 CONTROL VOLTAGE단자 전압을 1/2로 분할한 전압이 2번 핀 TRIGGER의 판정기준 전압이 된다. CONTROL VOLTAGE단자 전압을 가변시키면 타이머의 시간과 트리거 감도도 변화된다.
6	THRESHOLD	CONTROL VOLTAGE단자 전압(2/3Vcc)보다 높은 전압이 되면 플립플롭을 리세트(R)시킨다.
7	DISCHARGE	555타이머 출력이 'Low'일 때는 방전스위치가 온(on)되어 GND단자와 연결되어 방전경로를 형성하고, 555타이머 출력이 'High'일 때는 방전스위치가 오프(off)되어 플로우팅된다.
8	VCC	플러스 전원(4.5~16V)

2.2 555 타이머 구형파 발진기

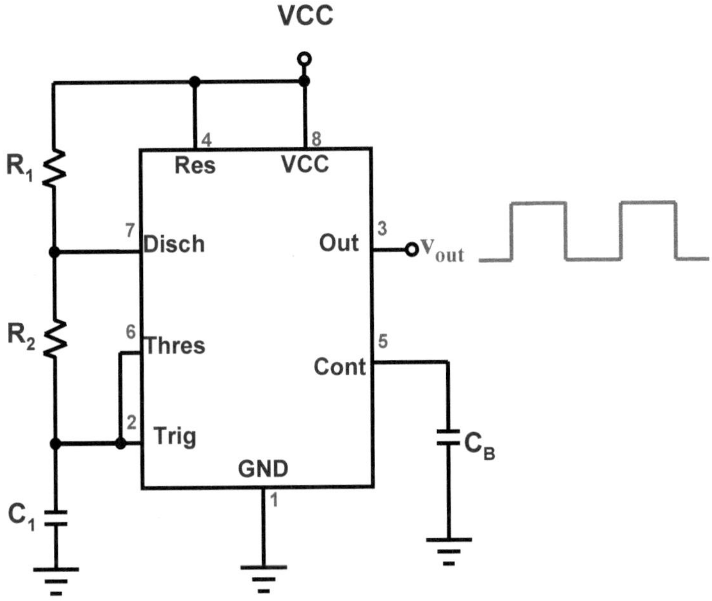

그림 38.3 555 타이머 IC를 이용한 구형파 발생회로

그림 38.3은 555 타이머 IC를 이용한 구형파 발생회로이다. Thres 단자는 Trig단자와 연결된다. R_1, R_2 및 C_1은 발진주파수를 결정하는 타이밍 회로이다. Cont 단자에는 0.01uF의 바이패스 커패시터 C_B를 연결하여 잡음을 억제한다.

전원이 인가된 후 초기에는 C_1은 충전되지 않았으므로 트리거 단자 전압은 0V이다. 이것이 하위 비교기의 출력을 'High'로 상위 비교기의 출력을 'Low'로 되도록 하여 플립플롭을 셋트시킨다. 따라서 방전스위치는 오프가 되고, 555 타이머의 출력은 'High'상태로 된다. 이 경우 커패시터 C_1은 저항 R_1과 R_2를 통해 충전을 시작한다. 커패시터 C_1의 전압이 1/3Vcc가 되면 아래의 비교기는 상태가 바뀌어 상위 및 하위 비교기 모두가 'Low'상태로 되므로 플립플럽은 이전 상태를 유지하여 아무 변화도 야기하지 않는다. 커패시터 C_1의 전압이 더욱 증가하여 2/3Vcc가 되면 상위 비교기가 상태가 바뀌어 'High'가 된다. 이 때에 플립플롭이 reset되므로 555 타이머의 출력은 'Low'가 되고, 방전스위치는 턴온이 되어 C_1의 전압을 방전 시킨다. 방전을 시작하여 C_1의 전압이 2/3Vcc보다 낮아지면 상위 비교기가 상태가 바뀌어 'Low'가 되나 상위 및 하위 비교기 모두 'Low'상태로이므로 플립플럽은 이전 상태를 유지하여 아무 변화도 야기하지 않는다. 커패시터 C_1의 전압이 더욱 감소하여 1/3Vcc 보다 낮아지면 하위 비교기가 상태가 바뀌어 'High'가 된다. 이 때에 플립플롭이 set되므로 555 타이머의 출력은 'High'가 되고, 방전스위치는 턴오프 되어 C_1이 다시 저항 R_1과 R_2를 통해 충전을 시작한다.

이와 같은 방식으로 충방전 사이클을 반복한다. 이 경우 저항 R_1과 R_2에 따라 듀티비가 결정되는 구형파가 된다. 발진주파수는 다음 식으로 구해진다.

$$f_r = \frac{1.44}{(R_1 + 2R_2)C_1} \tag{38.1}$$

또한, 주기 T에 대한 'High'상태 시간의 비율인 듀티비는 다음과 같이 구해진다.

$$Duty\ \ cycle \equiv \frac{t_H}{T} = \frac{R_1 + R_2}{R_1 + 2R_2} \times 100\ \ [\%] \tag{38.2}$$

커패시터 C_1은 저항 R_1과 R_2를 통해 충전되고, R_2만을 통해 방전되므로 충전시간과 방전시간이 비슷해 지도록 $R_2 >> R_1$가 되도록 저항 값을 선택하면 50[%]에 가까운 듀티비를 얻을 수 있다.

3. 실험 기기 및 부품

사용 기기	소요 부품
(1) 디지털 멀티미터(DMM): 1대 (2) 오실로스코프: 2채널 1대 (3) 직류전원장치: +5[V](50㎃) 1채널 (4) 브레드보드: 1대	(1) IC 타이머: NE555: 1개 (2) 저항: 2.2KΩ(0.25W) 1개 1KΩ(0.25W) 1개 10KΩ(0.25W) 1개 (3) 커패시터: 0.1uF 1개 0.01uF 1개

4. 실험 내용 및 절차

4.1 555 타이머 발진기

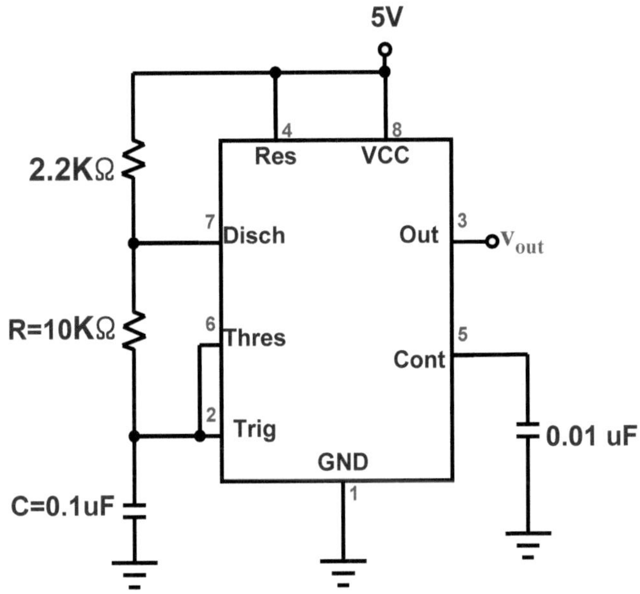

[그림 1] 555 타이머 발진기 회로도

(1) [그림 1]의 회로를 브레드보드에 구성한다.(R=10KΩ, C=0.1uF으로 설정한다.)

(2) 오실로스코프의 CH1을 회로의 출력단자에 연결하고 수지설정에서 입력 커플링(coupling)을 접지(GND)로 선택하여 0 [V] 접지레벨이 화면의 수평축 상에 오도록 수직위치를 조절한 다음, 입력 커플링을 다시 교류(AC) 결합으로 변경한다.

(3) 오실로스코프의 출력 파형으로부터 발진주파수와 듀티비를 측정하여 [표 1]에 기입한다.

(4) 저항 R과 커패시터 C를 [표 1]에 지시된 대로 바꾸어가며 (3)실험과정을 반복한다

(6) R=10KΩ, C=0.01uF인 경우에 오실로스코프에 나타난 출력 파형을 [그림 R1]에 그린다.

실험예비 보고서

실험조:　　반　　조　　　　　　학번:　　　　　이름:

실험제목:
1. 555 타이머의 동작 원리를 설명하시오.   2. 555 타이머 발진기의 발진주파수를 구하시오.   3. 555 타이머 발진기의 듀티비를 구하시오.

실험결과 보고서

실험자: 반 조 학번: 이름:

실 험 일 시: 년 월 일 교시

공동 실험자:

실험제목:

1. 실제 실험 회로도

(디지털 멀티미터 등을 사용하여 실제 사용된 소자값을 정확하게 측정하여 회로도에 기재한다.)

2. 실험 결과

[표 1] 555 타이머 발진기

R [KΩ]	C [uF]	발진주파수		
		구분	측정값	계산값
10	0.1	발진주파수 [Hz]		
		듀티비 [%]		
10	0.01	발진주파수 [Hz]		
		듀티비 [%]		
1	0.1	발진주파수 [Hz]		
		듀티비 [%]		
1	0.01	발진주파수 [Hz]		
		듀티비 [%]		

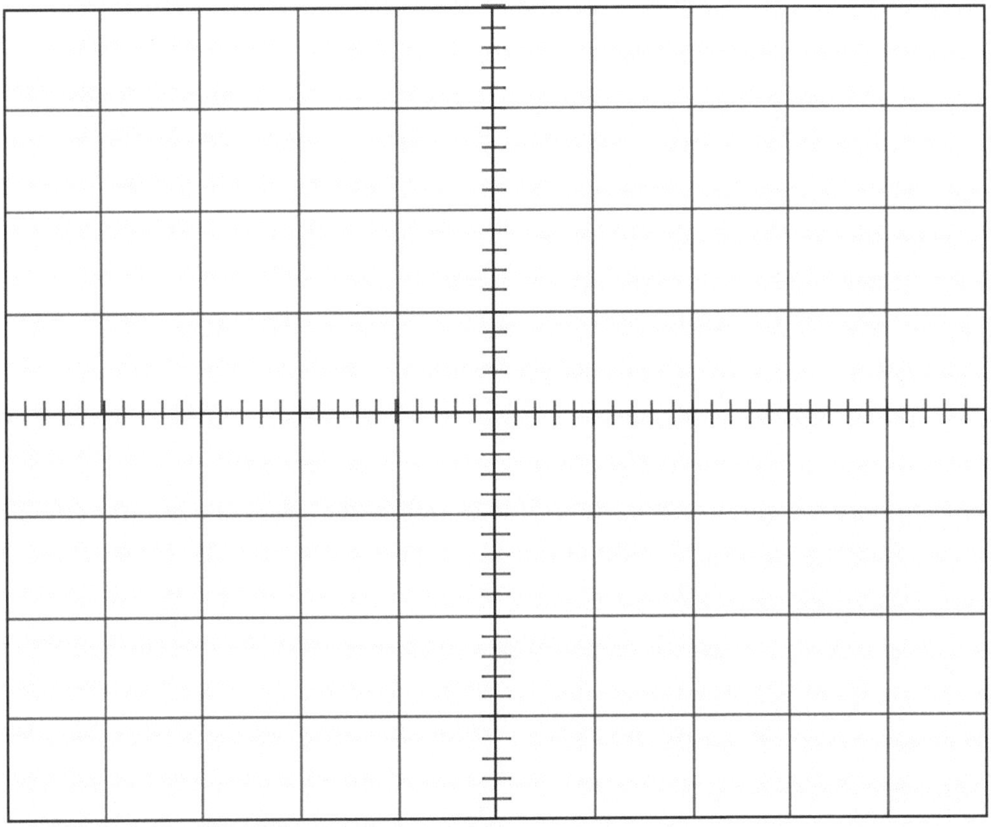

CH1	신호	V/Div.	Time:
CH2	신호	V/Div.	Sec/Div.

[그림 R1] 출력 파형

3. 실험 결과 논의

1. 외부 타이밍 회로의 C_1이 커지면 어떠한 특성변화가 나타나는가?
2. 외부 타이밍 회로의 R_1과 R_2의 변화에 따라 어떠한 특성변화가 나타나는가?
3. 듀티비를 조절하는 방법과 원리를 설명하시오.

Part 8

MOS 회로

실험 39 정전류원과 능동부하

1. 실험 목적

(1) 정전류원의 동작원리를 이해한다.

(2) 능동부하의 동작원리를 이해한다.

(3) 정전류원으로 바이어스되고 능동부하를 사용한 MOS 차동 증폭기의 동작을 확인한다.

2. 관련 이론

2.1 정전류원

바이어스 회로에서 사용되는 큰 저항이나 커패시터를 집적회로에서 구현할 경우 지나치게 넓은 칩 면적이 소요되므로 현실적인 어려움이 있다. 따라서 집적회로에서는 기본적으로 **정전류원**(constant-current source, 혹은 줄여서 current source)을 사용하여 직류 바이어스를 구현한다.

정전류원은 큰 저항이나 커패시터를 필요로 하지 않을 뿐만 아니라 한 곳에 생성한 정전류원을 기준전류로 하여 다른 여러 곳에서 복제하여 사용할 수 있다. 이 경우 칩 밖에서 한 개의 정밀한 저항을 사용하여 매우 안정되고 예측 가능한 정전류원을 생성할 수 있고, 온도나 전원전압이 변할 경우 여러 증폭단의 바이어스 전류가 연동하게 되는 등의 장점이 있다. 정전류원은 여러 곳에서 복제하여 사용할 수 있으므로 **전류미러**(current mirror)라고도 부른다.

[정전류원] 그림 39.1 MOS 정전류원 회로를 보여준다. 여기서, 핵심 역할을 하는 트랜지스터는 M_1으로서 드레인과 게이트를 단락했으므로 포화 모드로 동작한다. 따라서 I_{D1}은 다음 수식으로 표현된다.

$$I_{D1} = \frac{1}{2} k_n' \left(\frac{W}{L} \right)_1 (V_{GS} - V_T)^2 \tag{39.1}$$

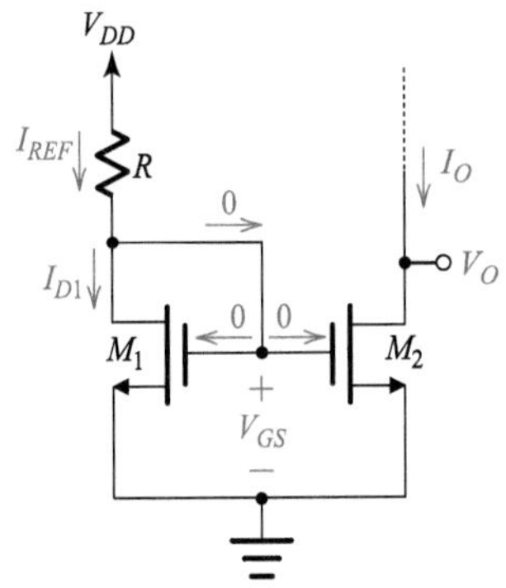

그림 39.1 MOS 정전류원 회로

MOSFET의 게이트로 흐르는 전류는 0이므로 $I_{D1}=I_{REF}$가 되므로 다음 수식을 얻는다.

$$I_{D1} = I_{REF} = \frac{V_{DD} - V_{GS}}{R} \tag{39.2}$$

여기서, 저항 R을 통해 흐르는 전류를 정전류원의 **기준전류**(reference current)라고 부르고 $\mathbf{I_{REF}}$로 표시한다.

한편, MOSFET M_2는 M_1과 같은 V_{GS}전압을 가지므로 출력전류 I_O는 다음 수식으로 표현된다.

$$I_o = I_{D2} = \frac{1}{2}k_n^{'}(\frac{W}{L})_2(V_{GS} - V_T)^2 \tag{39.3}$$

식(39.1)와 식(39.3)로부터 다음의 I_O와 I_{REF}와의 관계식을 구할 수 있다.

$$\frac{I_O}{I_{REF}} = \frac{(W/L)_2}{(W/L)_1} \tag{39.4}$$

식(39.4)로부터 I_O와 I_{REF}와의 관계는 단순히 MOSFET M_1과 M_2의 채널 종횡비(aspect ratio)에 의해서 결정됨을 알 수 있다.

그림 39.1의 MOS 정전류원 회로에서 M_2의 드레인 전압인 V_O가 식(12.47)의 포화 조건을 만족하는 한 M_2는 포화 모드에서 동작하고, 그림 12.8의 회로는 크기 I_o의 정전류원으로 동작하게 된다.

$$V_O \ge V_{GS} - V_T \tag{39.5}$$

이 경우 정전류원 I_O의 출력저항 R_O는 M_2의 출력저항 r_{o2}가 되므로 다음 수식으로 구해진다.

$$R_O = \frac{\Delta V_O}{\Delta I_O} = r_{o2} = \frac{V_{A2}}{I_O} \tag{39.6}$$

여기서, V_{A2}는 M_2의 Early 전압이다. 일반적으로 V_A는 채널 길이에 비례하므로 큰 출력저항이 필요할 경우 MOSFET의 채널 길이를 길게 설계한다.

일단 정전류원이 만들어지면 집적회로 내의 다른 회로에서 필요로 하는 정전류원은 얼마든지 복제하여 쓸 수 있다.

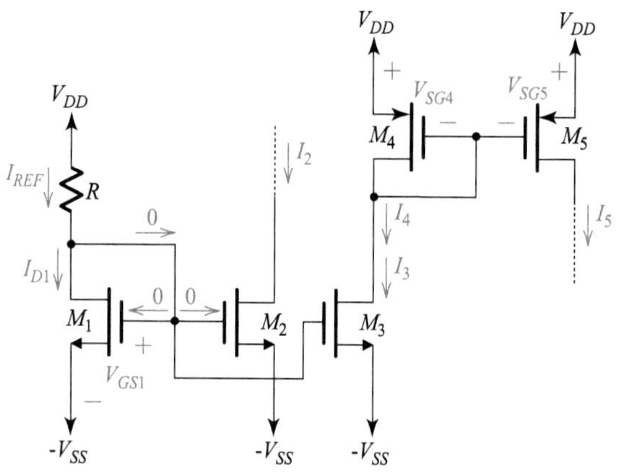

그림 39.2 정전류원의 복제

이와 같이 전류복제를 통하여 구현된 정전류원들은 I_{REF}에 의해 일률적으로 조정될 수 있다.

그림 39.2 에서 M_1, M_2 및 M_3는 I_2과 I_3의 2개의 출력을 갖는 전류미러(current mirror)를 형성하며 각 출력 전류는 다음 수식으로 표현된다.

$$I_2 = I_{REF}\frac{(W/L)_2}{(W/L)_1} \tag{39.7}$$

$$I_3 = I_{REF}\frac{(W/L)_3}{(W/L)_1} \tag{39.8}$$

이 경우 포화 모드 동작을 위해 M_2와 M_3의 드레인 전압은 다음 조건을 만족해야 한다.

$$V_{D2},\ V_{D3} \ge V_{GS1} - V_{Tn} - V_{SS} \tag{39.10}$$

한편, I_3는 PMOS M_4와 M_5로 구성된 전류미러의 입력으로 공급되므로 I_4=I_3가 된다. 따라서 I_5는 다음 수식으로 구해진다.

$$I_5 = I_3 \frac{(W/L)_5}{(W/L)_4} \tag{39.11}$$

이 경우 포화 모드 동작을 위해 M_5의 드레인 전압은 다음 조건을 만족해야 한다.

$$V_{D5} \le V_{DD} - (V_{SG5} - |V_{Tp}|) \tag{39.12}$$

한편, 그림 39.2에서 보면 M_2는 부하로부터 전류 I_2를 끌어 당겨주고 있으므로 전류 싱크(current sink)라고 부르고, M_5는 부하로 전류 I_5를 밀어 넣어주고 있으므로 전류 소스(current source)라고 부른다.

2.1 능동부하

집적회로에서 부하로 사용되는 저항은 일반적으로 매우 큰 값으로서 칩 상에서 구현할 경우 지나치게 넓은 칩 면적이 소요되어 문제가 된다. 따라서 집적회로에서는 기본적으로 능동부하(active load)를 사용한다.

능동부하는 기본적으로 트랜지스터의 출력 저항을 부하로 활용하는 방법이다. 그림 39.3(a)는 능동부하로 구성된 MOS 차동증폭기로서 차동(differential) 입력을 받아서 증폭하여 단일종단(single-ended)으로 출력하고 있다.

M_1=M_2 및 M_3=M_4로 각 쌍의 MOSFET의 특성이 동일하다고 가정하자. 차동 모드 소신호 해석을 위해 직류 전원을 모두 제거하면 그림 39.3(b)의 회로를 얻는다. 마디 v_S는 차동모드 동작에서 가상 접지되므로 접지에 연결하였다. 점선으로 연결한 저항 r_{o2}와 r_{o4}는 M_2와 M_4의 출력저항을 시각적으로 보기 쉽도록 하였다. 입력단자에 그림 39.3(b)에서와 같이 차 신호 v_d를 인가하면 v_{gs1}=$-v_{gs2}$= $v_d/2$가 되므로 M_1의 드레인 전류가 증가한 만큼 M_2의 드레인 전류는 감소하게 된다. 또한, M_3와 M_4가 전류 미러를 이루고 있으므로 M_4의 드레인 전류는 M_1의 드레인 전류와 같다. 따라서 다음의 관계 수식을 얻을 수 있다.

$$i_{D1} = -i_{D2} = i_{D4} = i = (\frac{v_d}{2}) g_{m1} \tag{39.13}$$

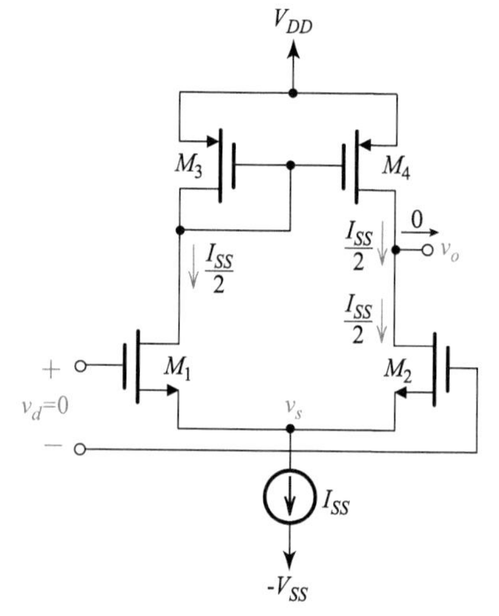

(a)

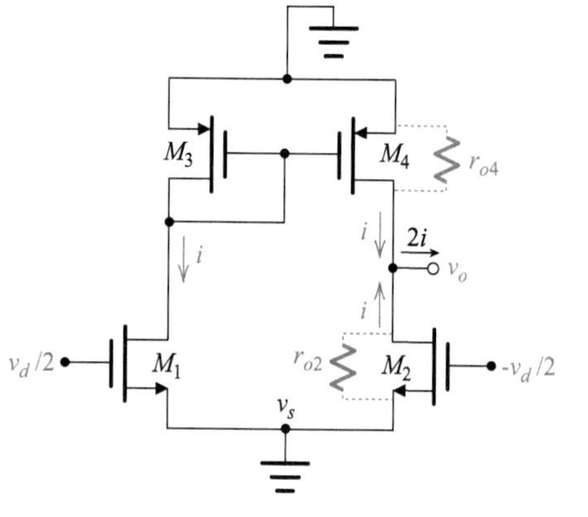

(b)

그림 39.3 MOS 능동부하로 구성된 차동증폭기
(a) 능동부하로 구성된 차동증폭기 (b) 직류 전원이 제거된 능동부하 차동증폭기

식(12.54)로부터 능동부하로 구성된 차동증폭기의 전달컨덕턴스 G_m은 식(39.14)와 같이 구해지며 M_1의 전달컨덕턴스 g_{m1}과 같다.

$$G_m \equiv \frac{i_{D1}}{v_d/2} = \frac{i_{D1} - i_{D2}}{v_d/2 - (-v_d/2)} = \frac{2i_{D1}}{v_d} = g_{m1} \tag{39.14}$$

출력 단자 v_o에서의 등가저항은 $r_{o2}//r_{o4}$가 되고 등가저항을 통해 흐르는 전류는 2i이므로 출력 전압 v_o는 다음과 같이 구해진다.

$$v_o = 2i(r_{o2} // r_{o4}) = v_d g_{m1}(r_{o2} // r_{o4}) \tag{39.15}$$

따라서 전압이득 A_v는 다음과 같이 구해진다.

$$A_v \equiv \frac{v_o}{v_d} = g_{m1}(r_{o2} // r_{o4}) \tag{39.16}$$

식(39.16)으로부터 M_4의 출력저항 r_{o4}가 부하로 작용하고 있음을 알 수 있다. 이와 같이 트랜지스터와 같은 능동소자로써 부하를 구현할 경우 이를 **능동부하**(active load)라고 부른다. 능동부하는 능동소자를 사용하여 큰 값의 저항을 매우 적은 면적에서 구현할 수 있도록 하여 주므로 집적회로에서 널리 사용되고 있다.

3. 실험 기기 및 부품

사용 기기	소요 부품
(1) 디지털 멀티미터(DMM): 1대 (2) 파형 발생기: 1대 (3) 오실로스코프: 2채널-1대 (4) 직류전원장치: +5[V](50㎃) 1채널, –5[V](50㎃), 1채널 +15[V](가변) 2채널 (5) 직류전류계(mA단위): 3대 (6) 브레드보드: 1대	(1) MOSFET: ALD1106PB(N_MOS-quard) 1개 ALD1107PB(P_MOS-quard) 1개 (2) 저항: 4.7KΩ(0.25W) 1개 10KΩ(0.25W) 1개 (3) 가변저항: lKΩ 1개

4. 실험 내용 및 절차

4.1 정전류원

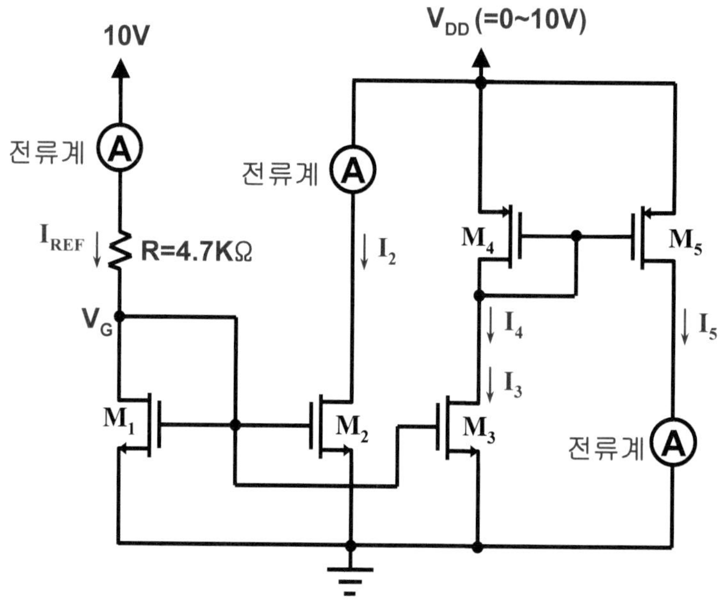

[그림 1] 정전류원

(1) [그림 1]의 회로를 브레드보드에 구성한다. (여기서, N채널 MOSFET은 ALD1106을 사용하고, P채널 MOSFET은 ALD1107을 사용하여 구현한다. ALD1106과 ALD1107의 핀 번호는 아래 그림과 같다.)

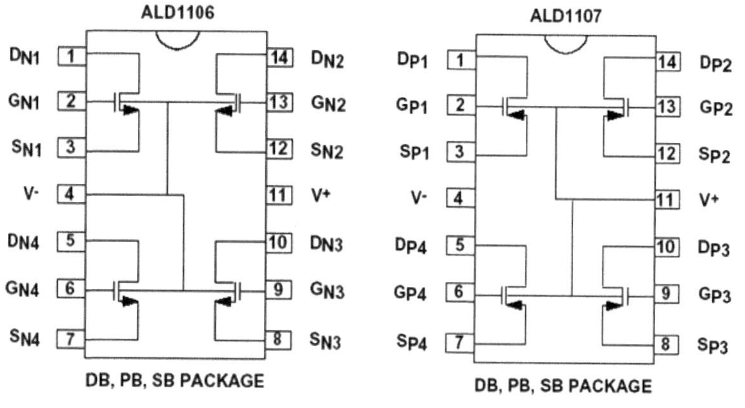

(2) V_{DD}를 표1에 표시된 대로 변화시켜가며 V_G, I_{REF}, I_2, I_3 및 I_5를 측정하여 [표 1]에 기입한다.

(3) R=10KΩ으로 바꾸어 실험과정(2)를 반복한다.

(4) 측정된 [표 1]의 결과로부터 [그림 R1]에 I_{REF}, I_2, I_3 및 I_5를 그래프로 그리시오.

4.2 능동부하

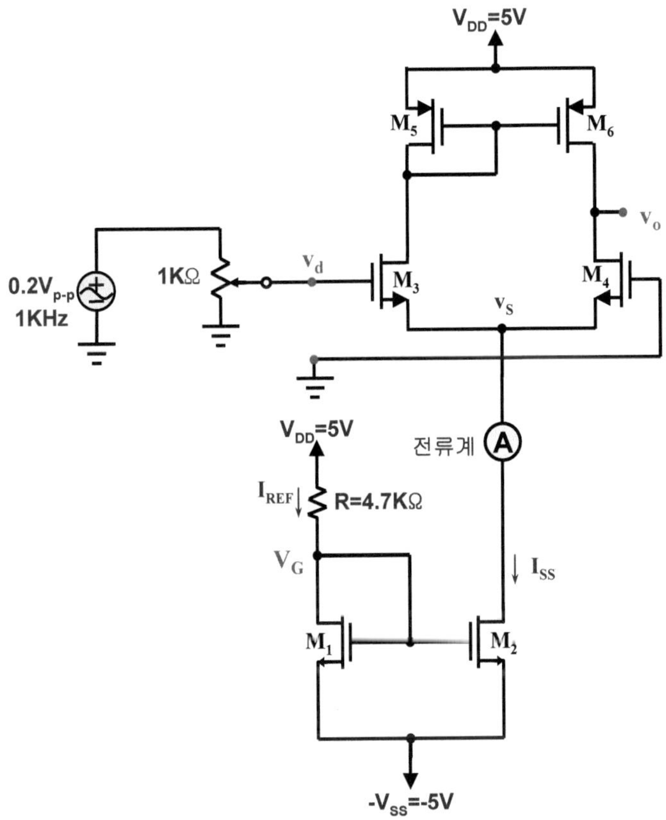

[그림 2] 능동부하

(1) [그림 2]의 회로를 브레드보드에 구성한다. (여기서, N채널 MOSFET은 ALD1106을 사용하고, P채널 MOSFET은 ALD1107을 사용하여 구현한다. 또한, 1KΩ가변저항을 1KΩ으로 설정해놓는다.)

(2) 오실로스코프의 CH1을 회로의 입력단자(v_d)에 연결하고 수직설정에서 입력 커플링(coupling)을 접지(GND)로 선택하여 0 [V] 접지레벨이 화면의 수평축 상에 오도록 수직위치를 조절한 다음, 입력 커플링을 다시 교류(AC) 결합으로 변경한다.

(3) 오실로스코프의 CH1을 이용하여 측정한 입력신호가 0.2V_{p-p}, 1KHz의 사인파(오프셋=0V)가 되도록 파형 발생기를 조정한다.

(4) 오실로스코프의 CH2를 회로의 출력단자(v_o)에 연결하고 수직설정에서 입력 커플링(coupling)을 접지(GND)로 선택하여 0[V] 접지레벨이 화면의 수평축 상에 오도록 수직위치를 조절한 다음, 입력 커플링을 다시 교류(AC) 결합으로 변경한다.

(5) 1KΩ가변저항을 조절하여 오실로스코프의 CH2에 나타난 출력 파형이 1V_{p-p}가 되도록 하고, 이때의 오실로스코프 CH1에 나타난 입력단자 전압(v_d)의 첨두간 값을 측정하여 [표 2]에 기록한다. 또한, 차동 차동증폭기의 전압이득(A_v= v_o/v_d)을 계산하여 [표 2]에 기록한다.

(6) 직류전류계의 값을 읽어 I_{SS}값을 [표 2]에 기록한다.

(7) 위에서 측정한 I_{SS}값을 근거로 N채널 MOSFET은 ALD1106의 데이터시트에서 M_3(혹은 M_4)의 전달컨덕턴스(g_m) 값을 찾아 [표 2]에 기록한다.

(8) 데이터시트에서 찾은 M_3(혹은 M_4)의 전달컨덕턴스(g_m)를 근거로 차동증폭기의 전압이득(A_v)을 계산하고 실험과정(5)에서 구한 차동증폭기의 전압이득(A_v)과 비교함으로써 M_5(혹은 M_6)의 능동저항 값을 계산하여 [표 2]에 기록한다.

실험예비 보고서

실험조: 반 조 학번: 이름:

실험제목:
1. 정전류원의 동작원리를 설명하시오. 2. 능동부하의 동작원리를 설명하시오. 3. MOS 차동증폭기의 전달컨덕턴스 이득 수식을 유도하시오.

실험결과 보고서

실험자: 반 조 학번: 이름:

실 험 일 시: 년 월 일 교시

공동 실험자:

실험제목:

1. 실제 실험 회로도

(디지털 멀티미터 등을 사용하여 실제 사용된 소자값을 정확하게 측정하여 회로도에 기재한다.)

2. 실험 결과

[표 1] 정전류원

R	V_{DD} [V]	V_G [V]	I_{REF} [mA]	I_2 [mA]	I_3 [mA]	I_5 [mA]
4.7KΩ	0.0					
	0.1					
	0.2					
	0.3					
	0.4					
	0.5					
	1.0					
	2.0					
	4.0					
	10					
10KΩ	0.0					
	0.1					
	0.2					
	0.3					
	0.4					
	0.5					
	1.0					
	2.0					
	4.0					
	10					

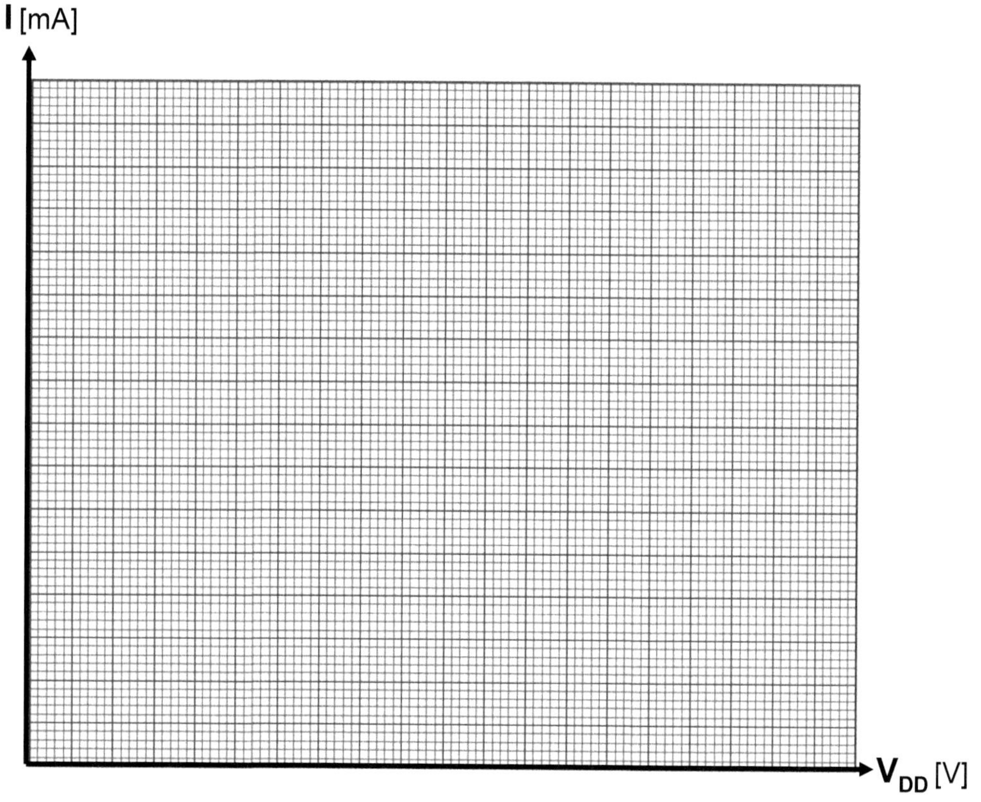

[그림 R1] 정전류원의 전류특성

[표 2] 능동부하

v_o [V_{p-p}]	v_d[V]	I_{SS} [mA]	M_3(or, M_4)의 g_m	A_v(=v_o/v_d)	M_3(or, M_4)의 능동저항 값[KΩ]
1.0					

3. 실험 결과 논의

1. [그림 R1]의 그래프로부터 정전류원이 일정한 전류를 유지하기 위해 필요한 최소한의 드레인 전압은 몇 V인가? 계산에 의한 결과는 일치하는가?
2. 능동부하 실험과정(8)에서 구한 능동저항 값은 MOSFET의 어떤 특성을 이용한 것인가?
3. 능동부하에서 출력을 한쪽 단자에서만 따내도 차동 출력이 나오는 이유를 설명하시오.

실험 40 MOS 연산 증폭기

1. 실험 목적

(1) CMOS 연산증폭기의 동작원리를 이해한다.

(2) 주파수 보상의 동작원리를 이해한다.

(3) 실제로 설계하고 구현한 CMOS 연산증폭기의 성능을 평가한다.

2. 관련 이론

2.1 CMOS 연산증폭기의 구조

[CMOS 연산증폭기의 구조] 그림 40.1는 CMOS를 이용하여 구현된 연산증폭기의 구조를 보여준다. 연산증폭기는 2개의 증폭단으로 구성되어있다. 첫 번째 증폭단은 M_1-M_2의 차동 트랜지스터 쌍과 M_3-M_4의 능동부하로 구성되고 정전류원 M_5에 의해서 직류 바이어스되는 차동증폭기다. 차동입력은 능동부하를 거치면서 단일종단(single-ended)으로 출력되므로 요구되는 공통성분 제거비(CMRR)가 이 단에서 확보되어야 한다.

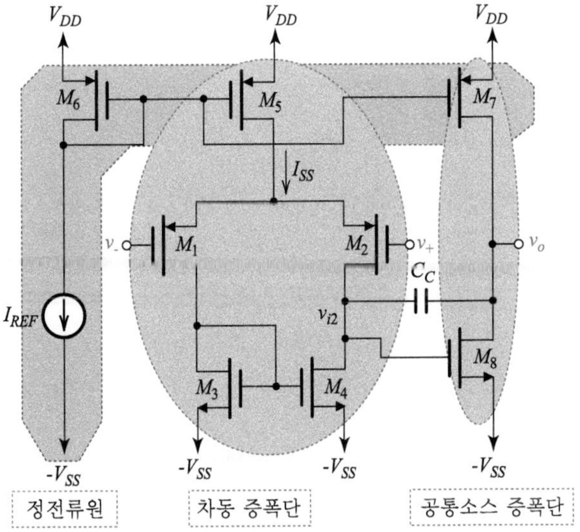

그림 40.1 2단 CMOS 연산증폭기의 구조

M_5-M_7의 정전류원은 M_5와 M_7의 2개의 출력 트랜지스터를 갖고있으며 I_{REF}는 칩 외부에 정밀한 저항을 음전원 $-V_{SS}$에 연결하여 줌으로써 생성된다.

두번째 증폭단은 트랜지스터 M_8으로 구성된 공통소스 증폭기로서 정전류원 M_7이 부하로 사용되어 능동부하를 형성하고 있다.

[주파수 보상회로] 한편, 기생 커패시터는 연산증폭기 내부에 귀환 경로를 형성하여 높은 주파수 대역에서 발진을 야기할 수 있다. 이를 방지하기 위해 두 번째 증폭단의 출력과 입력 사이에 커패시터 C_C를 삽입하여 우성 폴을 형성하여 줌으로써 주파수 보상을 하여준다. 여기서, C_C는 부귀환 경로를 형성하며 주파수가 높아 질수록 귀환량이 증가하므로 고주파 대역에서의 이득을 현저히 떨어뜨려 발진을 방지한다. 결과적으로 커패시터 C_C로써 주파수 보상회로가 형성되므로 **C_C를 보상 커패시터** (compensation capacitor)라고 부른다.

2.2 전압 이득

CMOS 연산증폭기의 전압 이득 특성을 구하기 위해 그림 40.2에 보인 바와 같이 간략화된 CMOS 연산증폭기 소신호 등가회로를 생각하자. 여기서, 2개의 증폭단은 전달컨덕턴스 증폭기로 모델화 되었으며 입력단이 MOS의 게이트로 구성되었으므로 입력저항은 무한대로 간주했다.

$$R_{in} = \infty \tag{40.1}$$

차동증폭기인 첫 단의 전달컨덕턴스 G_{m1}은 식(12.24)의 차동증폭기 이득으로부터 트랜지스터 $M_1(=M_2)$의 전달컨덕턴스 $g_{m1}(=g_{m2})$과 같다.

$$G_{m1} = g_{m1} = g_{m2} \tag{40.2}$$

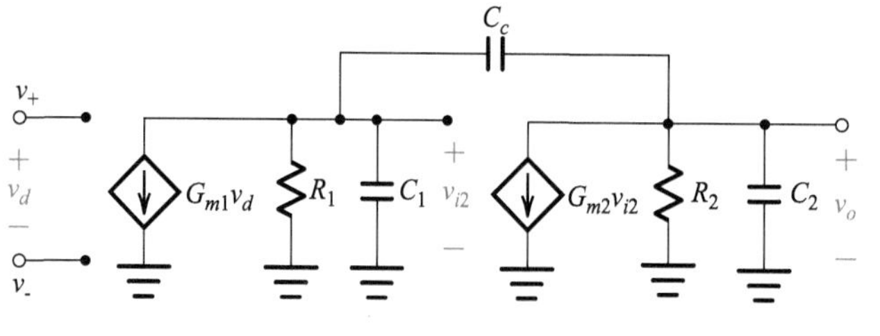

그림 40.2 CMOS 연산증폭기의 소신호 등가회로

한편, 차동증폭기의 두 입력 단자를 접지($v_+=v_-=0$) 시키면 $v_d=v_+-v_-=0$인 동작점이 된다.

g_{m1}(=g_{m2})을 구하기 위해 이 때의 직류 바이어스 상태를 보면 입력 바이어스 전압이 V_{GS1}=V_{GS2}=V_{GS}로서 동일하므로 M_1과 M_2의 드레인 전류는 $I_{SS}/2$가 된다. 따라서 차동 증폭기의 전달컨덕턴스 G_{m1}은 입력 MOSFET의 전달컨덕턴스와 같으므로 다음과 같이 구해진다.

$$G_{m1} = g_{m1} = g_{m2} = \frac{I_{SS}}{V_{GS} - V_T} \tag{40.3}$$

R_1은 첫단의 출력저항이므로 그림 40.1 회로에서 다음과 같이 구해진다.

$$R_1 = (r_{o2} // r_{o4}) \tag{40.4}$$

여기서, $r_{o2} = \dfrac{|V_{A2}|}{I_{SS}/2}$, $r_{o4} = \dfrac{|V_{A4}|}{I_{SS}/2}$ 이다.

따라서 첫단의 전압이득 A_1은 다음 수식으로 구해진다.

$$A_1 = -G_{m1}(r_{o2} // r_{o4}) = -g_{m1}(r_{o2} // r_{o4}) \tag{40.5}$$

한편, 둘째 단은 공통소스 증폭기로서 전압이득 A_2는 다음과 같이 구해진다.

$$A_2 = -G_{m2}R_2 = -G_{m2}(r_{o7} // r_{o8}) = -g_{m8}(r_{o7} // r_{o8}) \tag{40.6}$$

여기서, $R_2 = (r_{o7} // r_{o8})$, $r_{o7} = \dfrac{|V_{A7}|}{I_{D7}}$, $r_{o4} = \dfrac{|V_{A8}|}{I_{D8}}$ 이다.

따라서 CMOS 연산증폭기의 전체 전압이득 A_v는 다음과 같다.

$$A_v = A_1 A_2 = G_{m1}R_1 G_{m2}R_2 = g_{m1}g_{m8}(r_{o2} // r_{o4})(r_{o7} // r_{o8}) \tag{40.7}$$

식(40.7)로부터 CMOS 연산증폭기의 이득은 트랜지스터 M_1(=M_2)과 과 M_8의 전달컨덕턴스인 g_{m1}(=g_{m2})과 g_{m8}에 의해 좌우되고 있으며 무한히 클 수는 없음을 쉽게 알 수 있다. 상용 연산증폭기의 경우 일반적으로 10^5보다는 큰 정도이지 이상적 연산증폭기에서처럼 무한대가 될 수는 없다.

2.3 주파수 응답

그림 40.3의 CMOS 연산증폭기의 등가회로에서 C_1과 C_2는 첫째 단과 둘째 단의 출력단자에서의 총 기생 커패시터이고 C_C는 우성폴을 형성하기 위해 고의적으로 삽

입해준 커패시터이가. C_C의 영향이 C_1이나 C_2의 영향보다 상대적으로 매우 크도록 C_C값을 설정하므로 C_1이나 C_2를 무시하고 C_C만 존재하는 것으로 간주할 수 있다. C_C는 둘째 단 증폭기의 출력단자와 입력단자를 연결하고 있으므로 둘째 단 증폭기를 전압 증폭기 A_2로 표시하면 그림 40.3(a)에서와 같이 CMOS 연산증폭기의 고주파 등가회로를 얻을 수 있다. 여기서, $Z=1/(sC_C)$로 놓고 밀러의 정리를 적용하면 다음의 Z_1과 Z_2의 수식을 얻는다.

$$Z_1 = \frac{1}{sC_c(1+G_{m2}R_2)} \cong \frac{1}{sC_cG_{m2}R_2} \tag{40.8a}$$

$$Z_2 \cong \frac{1}{sC_c} \tag{40.8b}$$

여기서, $A_2(=G_{m2}\ R_2)>>1$라고 가정하면 Z_2의 영향은 Z_1의 영향에 비해 상대적으로 매우 작게된다. 따라서 Z_2를 무시하면 그림 40.3(b)의 등가회로를 얻는다.

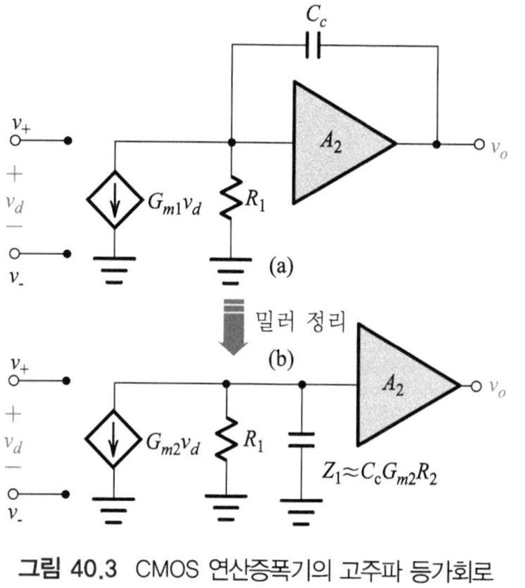

그림 40.3 CMOS 연산증폭기의 고주파 등가회로

그림 40.3(b)의 등가회로로부터 CMOS 연산증폭기의 전체 전압이득 A_v를 구하면 다음의 결과식을 얻는다.

$$A_v(s) = G_{m1}(R_1 // Z_1)A_2 = G_{m1}G_{m2}R_1R_2\left(\frac{1}{sC_cG_{m2}R_1R_2+1}\right)$$

$$\rightarrow A_v(s) = \frac{A_o}{1+s/\omega_H} \tag{40.9}$$

여기서, $A_o = G_{m1}G_{m2}R_1R_2$ 이고, $\omega_H = 1/(C_cG_{m2}R_1R_2)$ 이다.

식(40.9)로부터 CMOS 연산증폭기의 3-dB 대역폭은 다음과 같다.

$$BW = \omega_H = \frac{1}{C_cG_{m2}R_1R_2} \tag{40.10a}$$

$$BW = f_H = \frac{1}{2\pi C_cG_{m2}R_1R_2} \tag{40.10b}$$

식(40.10)로부터 CMOS 연산증폭기의 대역폭은 보상 커패시터 C_c, 트랜지스터의 전달 컨덕턴스, 저항 R_1 및 R_2에 의해 좌우되고 있으며 무한히 클 수는 없다. 오히려 상용 연산증폭기의 경우 10Hz정도로 매우 작다는 것을 알 수 있다.

한편, CMOS 연산증폭기의 주파수 응답은 식(40.9)로부터 1-폴 시스템이 됨을 알 수 있다. 이 것은 보상 커패시터 C_c로 우성 폴을 형성하여 줌으로써 기생 커패시터 등에 의한 다른 폴들이 무시된 결과이다. 따라서 주파수 보상회로를 갖춘 연산증폭기는 근사적으로 식(40.9)와 같은 1-폴 시스템으로 간주할 수 있다.

3. 실험 기기 및 부품

사용 기기	소요 부품
(1) 디지털 멀디미디(DMM) : 1대 (2) 파형 발생기: 1대 (3) 오실로스코프: 2채널-1대 (4) 직류전원장치: +5[V](50mA) 1채널, –5[V](50mA), 1채널 +15[V](가변) 2채널 (5) 직류전류계(mA단위): 2대 (6) 브레드보드: 1대	(1) MOSFET: ALD1106PB(N_MOS-quard) 1개 ALD1107PB(P_MOS-quard) 2개 (2) 저항: 4.7KΩ(0.25W) 1개 (3) 커패시터: 0.01uF 1개

4. 실험 내용 및 절차

4.1 MOS 연산증폭기의 오프셋 전압과 차동 모드 동작

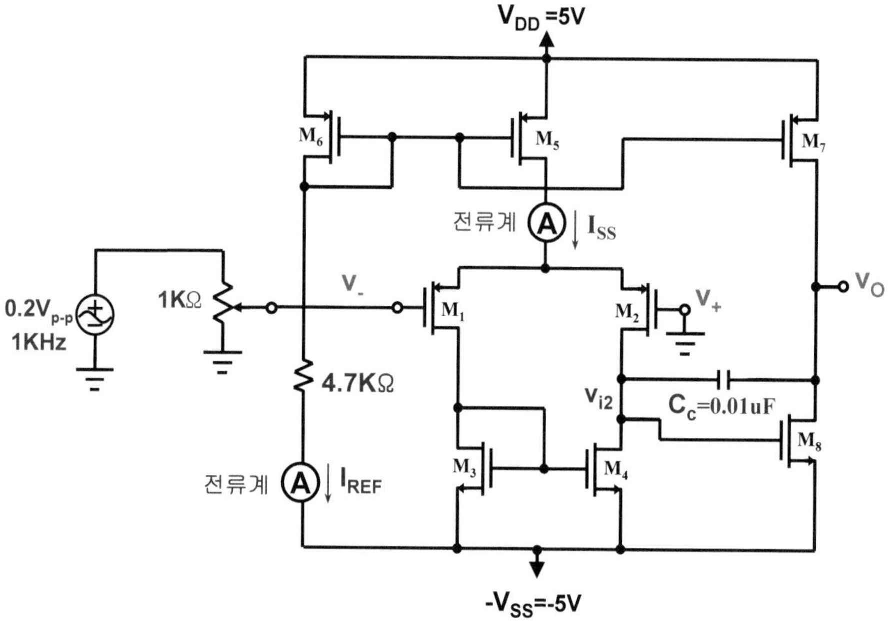

[그림 1] MOS 연산증폭기의 오프셋 전압과 차동 모드 동작

〈 MOS 연산증폭기의 오프셋전압 〉

(1) [그림 1]의 회로를 브레드보드에 구성한다. (여기서, N채널 MOSFET은 ALD1106을 사용하고, P채널 MOSFET은 ALD1107을 사용하여 구현한다. ALD1106과 ALD1107의 핀 번호는 아래 그림과 같다.)

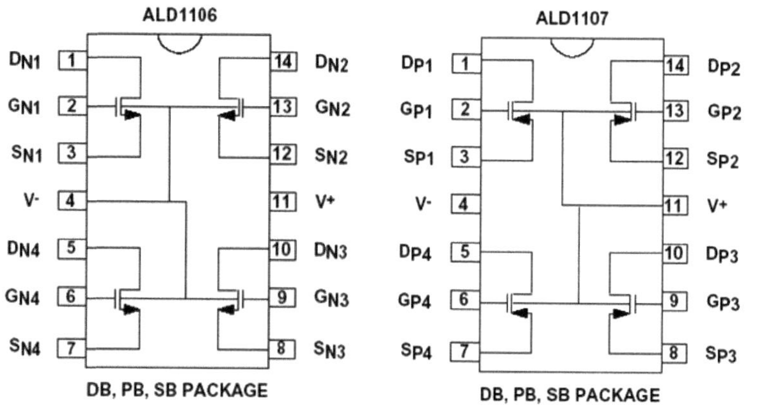

(2) v_-마디를 1KΩ가변저항에서 분리하여 접지시킨 상태에서 I_{REF} 및 I_{SS}의 전류 값을 측정하여 [표 1]에 기입한다.

(3) 오실로스코프의 CH1을 회로의 입력단자(v_-)에 연결하고 수직설정에서 입력 커플링(coupling)을 접지(GND)로 선택하여 0[V] 접지레벨이 화면의 수평축 상에 오도록 수직위치를 조절한 다음, 입력 커플링을 다시 직류(DC) 결합으로 변경한다.

(4) 오실로스코프의 CH2를 회로의 출력단자(v_o)에 연결하고 수직설정에서 입력 커플링(coupling)을 접지(GND)로 선택하여 0[V] 접지레벨이 화면의 수평축 상에 오도록 수직위치를 조절한 다음, 입력 커플링을 다시 직류(DC) 결합으로 변경한다. 이때의 오실로스코프 CH2에 나타난 출력전압(v_o)의 크기를 측정하여 [표 1]에 기록한다.

〈 MOS 연산증폭기의 차동 모드 동작 〉

(5) 1KΩ가변저항을 조절하여 오실로스코프의 CH2에 나타난 출력 파형(v_o)이 $2V_{p\text{-}p}$가 되도록 하고, 이때에 오실로스코프의 CH1에 나타난 입력 파형(v_-)의 첨두간(peak-to-peak) 값을 측정하여 [표 2]에 기록한다.(v_-파형이 너무 작아 측정이 어려울 경우 가변저항의 조정된 값을 멀티미터로 측정하고, 파형 발생기의 신호로부터 전압 분배 법칙을 써서 계산하도록 한다.)

(6) 측정된 결과를 이용하여 차동모드 이득($A_d = v_o/v_-$)을 계산하여 [표 2]에 기록한다.

4.2 MOS 연산증폭기의 공통 모드 동작

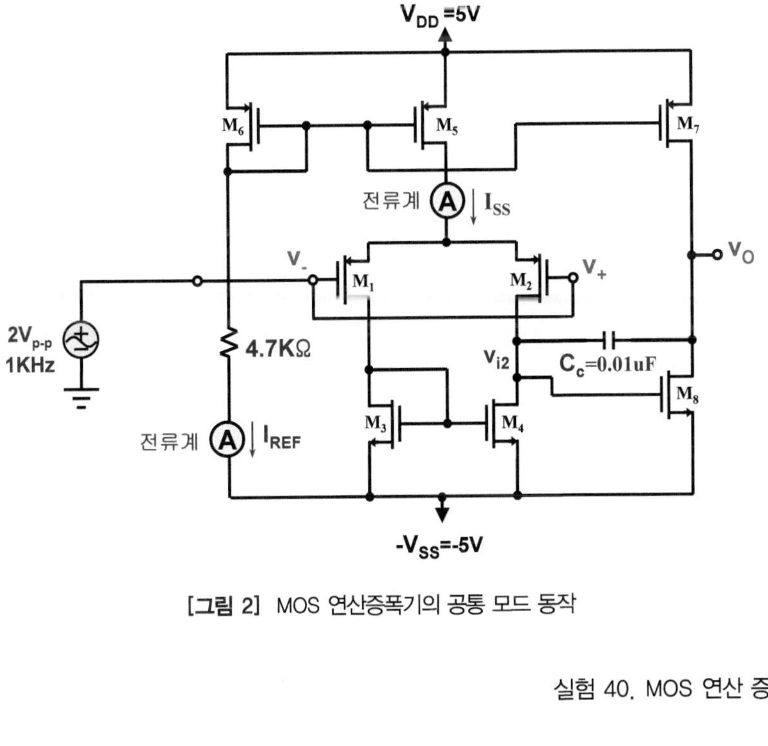

[그림 2] MOS 연산증폭기의 공통 모드 동작

(1) [그림 1]의 회로에서 v_+마디를 v_-마디에 연결하고, 1KΩ가변저항을 제거하여 파형 발생기와 직접연결하여 [그림 2]의 회로도와 같이 구성한다.

(2) 오실로스코프의 CH1을 이용하여 측정한 입력신호가 $2V_{p-p}$, 1KHz의 사인파(오프셋 =0V)가 되도록 파형 발생기를 조정한다.

(3) 오실로스코프의 CH2을 이용하여 측정한 출력신호(v_O)의 첨두간(peak-to-peak) 값을 [표 3]에 기록한다.

(4) 측정된 결과를 이용하여 차동모드 이득($A_c= v_o/v_-$)을 계산하여 [표 3]에 기록한다.

(5) 주파수 보상회로인 커패시터 C_c를 제거하고 출력특성의 변화를 관찰하여 [표 3]에 기록한다.

실험예비 보고서

실험조: 반 조 학번: 이름:

실험제목:

1. MOS 연산증폭기의 동작원리를 설명하시오.

2. 그림 40.1의 MOS 연산증폭기에 대해 전압이득($A_d = v_o/v_d$) 수식을 유도하시오.

3. 그림 40.1의 MOS 연산증폭기에 대해 주파수 특성을 구하시오.

실험결과 보고서

실험자: 반 조 학번: 이름:

실험일시: 년 월 일 교시

공동 실험자:

실험제목:

1. 실제 실험 회로도

(디지털 멀티미터 등을 사용하여 실제 사용된 소자값을 정확하게 측정하여 회로도에 기재한다.)

2. 실험 결과

[표 1] MOS 연산증폭기의 오프셋전압

v_-=단자상태	I_{REF} [mA]	I_{SS} [mA]	v_O [V]	v_- [V]
v_-=접지(0V)				0

[표 2] MOS 연산증폭기의 차동 모드 동작

v_-=단자상태	I_{REF} [mA]	I_{SS} [mA]	v_O [V_{p-p}]	v_- [V_{p-p}]	A_d [v_o/v_-]
v_-=신호원(1KΩ가변저항 단자)과 연결					

[표 3] MOS 연산증폭기의 공통모드 동작

v_-=단자상태	I_{REF} [mA]	I_{SS} [mA]	v_O [V_{p-p}]	$v_-(=v_+)$ [V_{p-p}]	A_c [v_o/v_-]
v_-=신호원(1KΩ가변저항 단자)과 연결					
C_c를 제거한 후의 출력 v_O의 특성 변화를 간략히 기록하시오.					

3. 실험 결과 논의

1. [표 1]의 출력 오프셋 전압으로부터 [표 3]에서 구한 차동전압이득(A_d)를 이용하여 입력 오프셋 전압을 구하시오.
2. MOS 연산증폭기의 측정결과로부터 공통성분제거비(CMRR)를 구하시오.
3. 오프셋 전압을 제거하기 위해 어떤 보정회로가 필요할 지를 설명하시오.

부록

A_1 납땜 방법

■ [납땜이란]

납땜이란 전자기기 및 통신기기 등의 회로를 구성하고 있는 소자 즉, TR, IC, 저항, 콘덴서, 코일 등의 부품을 서로 접합하기 위한 작업으로써 기기의 확실한 동작을 위해서는 올바르고 확실한 납땜이 필요하게 된다. 프린트 기판(인쇄회로기판)에서는 배선이 되어 있으므로 소자 전극부분만 납땜이 필요해 간편하지만 만능기판에는 배선이 되어 있지 않으므로 부품들의 다리를 배선으로 연결해 가면서 납땜을 해야 한다.

1.1 납땜에 필요한 도구

■ [납땜인두]

- 회로와 같이 전자소자를 서로 붙이기 위하여 필요한 기본 공구로서, 인두 끝의 형태, 굵기, 사용처 등에 따라서 여러 종류가 있다. IC나 트렌지스터 등의 부품 납땜 시에는 15W-25W급의 것이 적당하며, IC핀과 같이 세밀한 작업을 할 때는 팁이 가는 것을 구입하는 것이 좋다.
- 인두 끝의 온도는 280~380 정도가 가장 좋다. 온도가 너무 높으면, 팁(tip)의 끝이 쉽게 산화되어 수명이 단축되고, 높은열로 인하여 부품이나 기판의 구리판(동박)이 손상되기 쉽다. 반대로 온도가 너무 낮으면 납땜이 잘 되지 않는다.
- 인두를 오래 사용하다 보면 인두 끝이 무디어지거나 불순물이 붙어 납땜이 잘 되지 않으므로 사포나 줄로 깨끗이 갈아내거나 새로운 팁으로 교환해 준다.
- 전기 인두는 매우 뜨거우므로 사용하지 않을 때에는 반드시 인두받침에 꽂아 두어 화상을 입거나 화재가 발생하지 않도록 주의 해야한다.

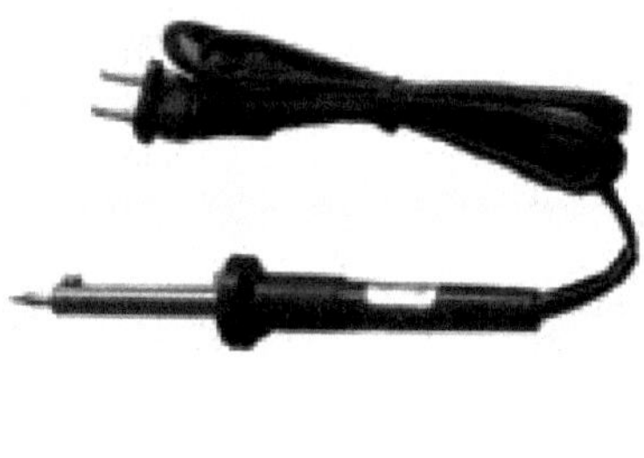

■ [납 흡입기]

납땜을 잘못 하였거나 파손된 부품의 교체를 할 때 부품을 기판에서 제거하기 위해서 사용되는 공구로서. 인두로 납을 녹이면서 흡입기로 납을 흡입, 제거하도록 피스톤 구조로 되어있다.

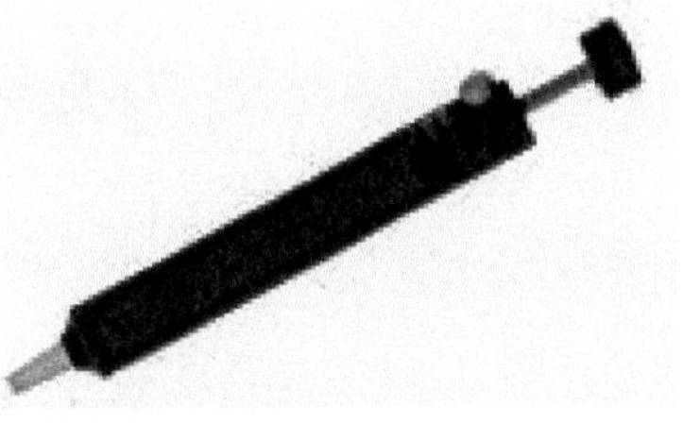

■ [인두 받침대]

납땜작업시 달구어진 인두를 안전하게 놓아두기 위하여 사용된다. 받침대가 없으면 옷이나 기물 등의 손상을 입을 수도 있으므로 꼭 갖추어야 한다.

■ [실납]

전자회로를 납땜할 때 사용되는 재료로 납과 주석의 비율이 사용하는 곳에 따라 여러 가지가 있으며 전자회로에는 납과 주석의 비율이 40:60으로 합금한 실납이 많이 사용되며 실납의 굵기는 0.8mm 나 1.0mm 가 적당하다.

1.2 납땜 시 주의 사항

1. 납땜 인두로 위험한 장난을 하지 않는다.
2. 전기 안전 및 화재에 유의한다.
3. 납땜 인두를 사용하지 않을 때에는 인두 받침대에 올려놓고, 자리를 떠날 때에는 전원 플러그를 뽑는다.
4. 납땜을 할 때에는 환기를 위해 창문을 열어둔다.

■ **[인두를 잡는 방법]**

1. 인두는 펜을 쥐듯이 잡고, 납은 조금씩 녹여 사용한다.
2. 인두는 매우 뜨거우므로, 화상에 주의한다.

■ **[부품을 기판에 부착하는 방법]**

1. 저항이나 다이오드는 전자회로에 따라 그림과 같이 부품의 다리를 구부린다.
2. 부품면에서 동박면 쪽으로 부품을 밀어 넣는다.
3. 기판에서 부품이 빠지지 않도록 다리를 구부린다.

1.3 납땜 순서

1. 기판을 기판받침에 올려놓고 납땜 인두가 충분히 가열될 때까지 기다린다.
2. 먼저 인두의 끝을 기판과 부품의 다리에 닿도록 갖다 댄다. 이때, 1초 정도 기다린다.(구리판과 부품의 다리가 충분히 뜨거워져야 튼튼한 납땜이 된다.)
3. 납을 인두의 끝에 갖다 대고 적당량 녹인다.
4. 땜납이 녹으면서 구리판에 적당히 퍼지면 납을 먼저 떼어 낸다.
5. 땜납을 먼저 떼고, 인두를 나중에 뗀다.

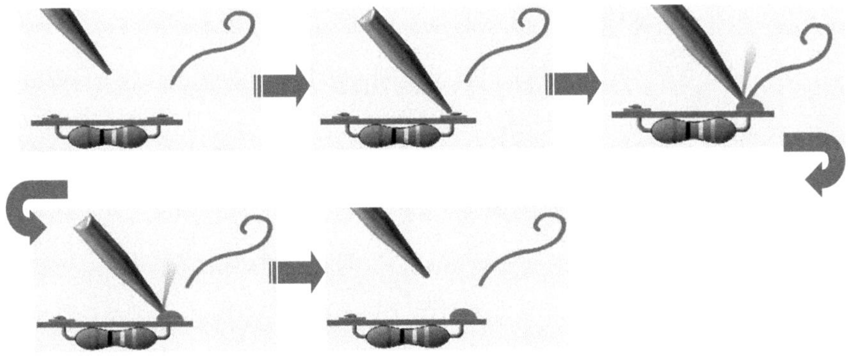

■ [참고사항]

1. 납땜을 하다 보면 인두 끝에 불순물이 따라붙기 때문에 인두끝을 물에 젖은 스폰지에 자주 문질러서 인두팁을 깨끗이 해야 광이 나는 예쁜 땜을 할 수 있다.
2. 부품을 삽입하고 땜을 할 때는 부품다리를 먼저 동판면과 같은 높이로 끊은 후 납땜을 하면 작업완료 후 다리가 튀어 나오지 않기 때문에 깨끗하고 둥근 납땜을 할 수가 있다. 그러나 산업현장에서는 기계로 납땜을 하기 때문에 먼저 납땜한 후 나중에 다리를 끊는다.

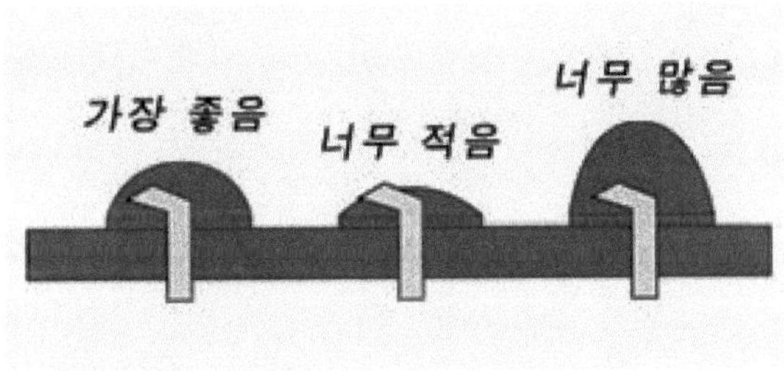

적당한 납땜량

1.4 부품별 납땜하기

■ [저항 납땜하기]

1. 저항을 기판의 부품면 구멍에 바짝 꽂는다.
2. 저항의 리드선을 납땜면에서 직각으로 구부린 뒤, 구리박을 벗어나는 부분은 니퍼로 잘라낸다.
3. 납땜을 한다.
4. 납땜이 잘 되었는가를 검사하여, 이상이 없으면 다른 저항도 같은 방법으로 납땜한다.

■ **[콘덴서 납땜하기]**

1. 전해 콘덴서를 기판에 바짝 꽂는다. 전해 콘덴서는 +극과 −극이서로 바뀌지 않도록 확인하고 바로 꽂는다.
2. 전해 콘덴서의 리드선을 직각으로 구부린 뒤, 구리박을 벗어나는 부분은 니퍼로 잘라낸다.
3. 납땜을 한다.
4. 납땜이 잘 되었는가를 검사하여, 이상이 없으면 다른 콘덴서도 같은 방법으로 납땜한다.

■ **[트랜지스터 납땜하기]**

1. 트랜지스터를 부품면에 인쇄된 안내 표시와 같은 방향이 되도록 주의하면서, 인쇄 회로 기판에서 5mm정도 띄어 꽂는다.
2. 트랜지스터의 리드선을 직각으로 구부린 뒤, 구리박을 벗어나는 부분은 니퍼로 잘라낸다.
3. 납땜을 한다.
4. 납땜이 잘 되었는가를 검사하여, 이상이 없으면 다른 트랜지스터도 같은 방법으로 납땜한다.

A_2 연산증폭기의 핀구조

1.1 Dip Type8 핀의 연산증폭기

(1) Dip Type8 핀의 칩모양

(2) Dip Type8 핀의 핀구조

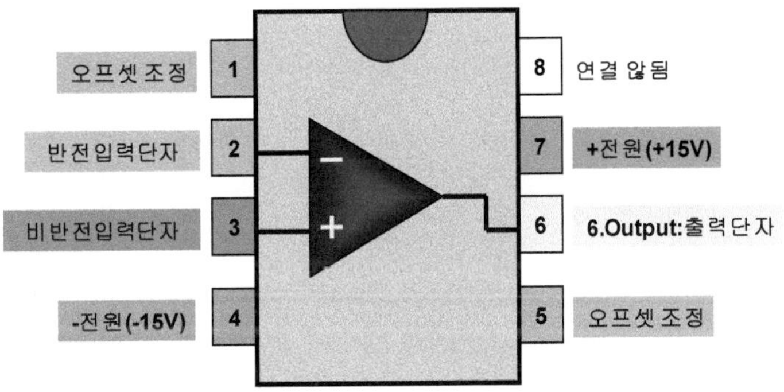

(TOP VIEW)

(3) 회로심볼

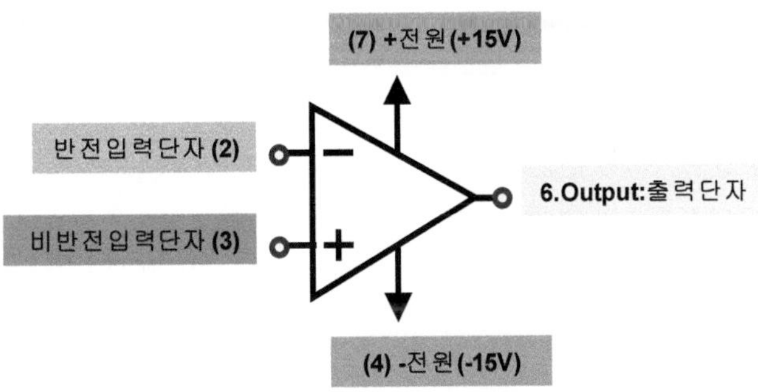

1.2 연산증폭기 패키지 타입에 따른 핀구조

(1) Dip Type8 핀 패키지

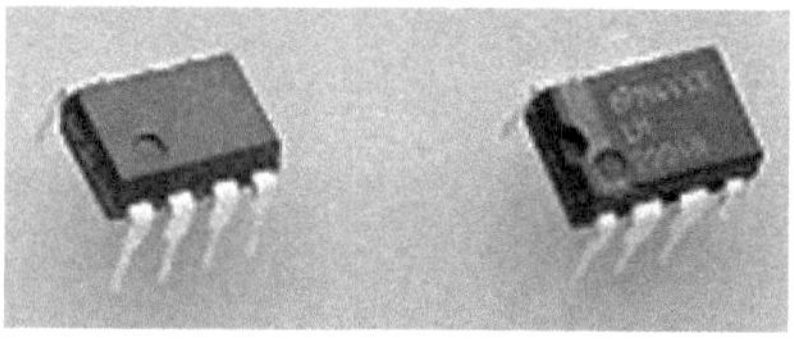

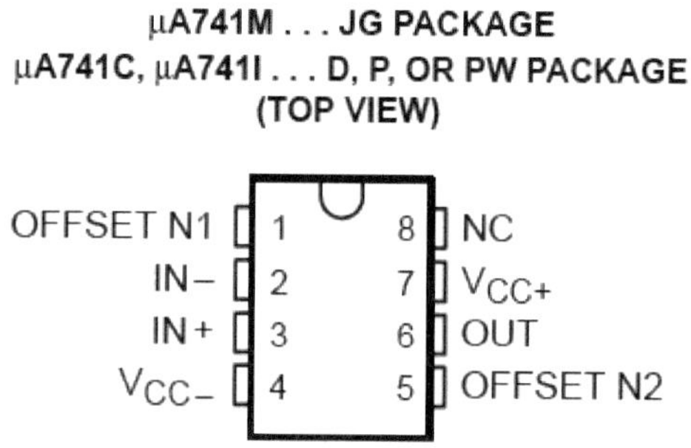

(2) Dip Type14 핀 패키지

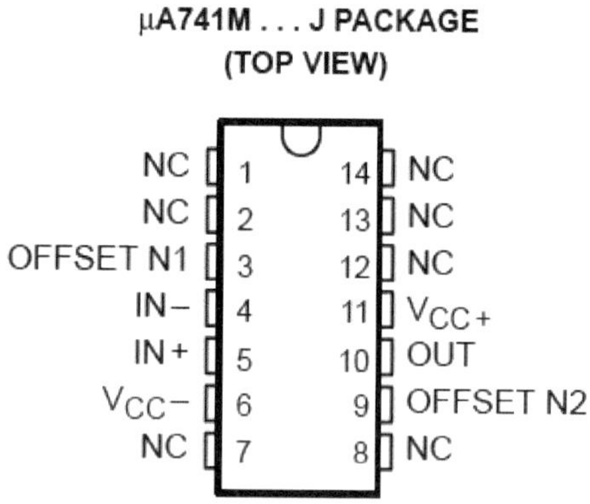

(3) Metal Can Type 8 핀 패키지

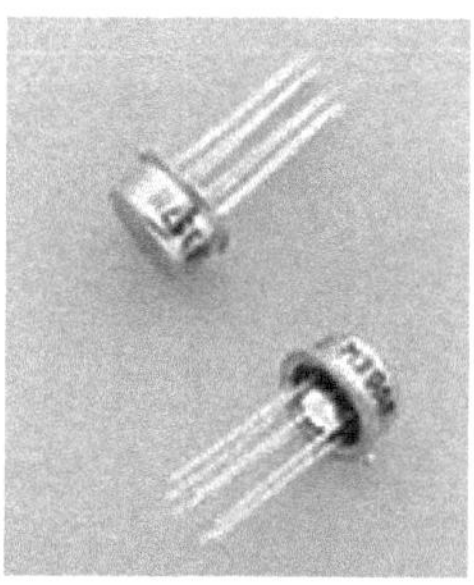

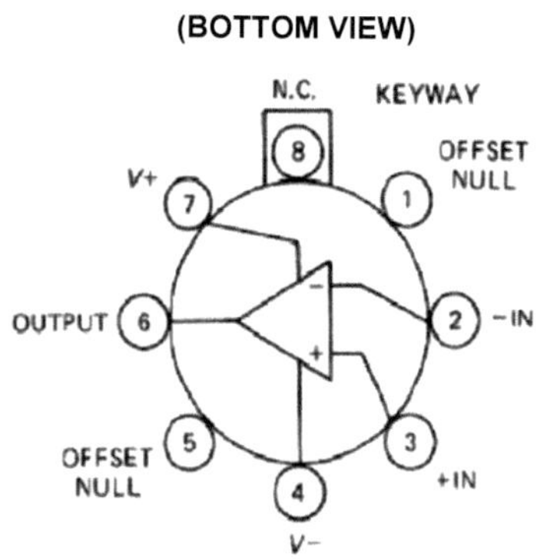

각 실험 별 소요부품 (1조 기준)

사용부품	실험	1	2	3	4	5	6	7	8	9	10	11	12	13	14	15	16	17	18	19	20	21	22	23	24	25	26	27	28	29	30	31	32	33	34	35	36	37	38	39	40	합 계
저항	100Ω																				1					1		1														3
	220Ω																																					1				1
	470Ω			1										1		1		1	1																							5
	1KΩ		1		1	1	1	1	1	1			1	2	1			1	2			1	2			1	3										3		1			25
	1.5KΩ	2																																								2
	2.2KΩ				1	1																2	2														3		1			10
	2.7KΩ																1																	1	1	1						4
	3.9KΩ																2			1																						3
	4.7KΩ				1												1			1															3	4				1	1	12
	5.6KΩ																																1	1	1	1						4
	7.5KΩ																													1												1
	8.2KΩ			1																																						1
	9.1KΩ																													1												1
	10KΩ		1	2							1		1				1	1			2	3	4		1	4	7	1	1			1	3		3	5	1	2	1	1		47
	22KΩ															1			1						1																	3
	27KΩ																		1																							1
	30KΩ																													1												1
	39KΩ			2											1																											3
	47KΩ																1																									1
	100KΩ											1	1													2		1			2	1						2				10
	150KΩ																													1												1
	1MΩ																												1								1					2
	9.1MΩ																												1													1
	10MΩ																												1													1
가변 저항	1KΩ																																					1		1		2
	2KΩ																			1																						1
	10KΩ														1	1										1		1														4
	11KΩ																											1														1
	100KΩ															1								1	1						1	1										5
	1MΩ																																				1					1

사용부품 \ 실험		1	2	3	4	5	6	7	8	9	10	11	12	13	14	15	16	17	18	19	20	21	22	23	24	25	26	27	28	29	30	31	32	33	34	35	36	37	38	39	40	합 계
콘덴서	0.01μF																														1	1	2		2	2			1		1	10
	0.1μF		1																																				1			2
	1μF																	1																								1
	2.2μF																1	2	1															2	2	2						10
	10μF									1		1	2				1																									5
	100μF									1								1	1																							3
	330μF																							1	1																	2
	48nF		1																																							1
	1nF																																					2				2
	10nF																																				3	2				5
	20nF																																				3					3
인덕터	1μH	1																																								1
다이오드	1N4001				1	1	1	2	4	1	2	1	2								2						2															19
	1N4733A (Zener)													1																												1
	LED(RED)															1																										1
타이머	NE555																																						1			1
op-amp	μA741			1																		1	1	1	1	3	2	1	1	1	1	1	1	1	1	1	1	1				21
Audio Transfomer	OPT-16MM							1																																		1
트랜지스터	P2N2222A														1	1	1	1	1																							5
	2N3903																				1																					1
	2N3904																																							3	3	6
	2N3906																				1																			4	5	10
Array Tr	CA3046																			2																						2
MOSFET	ALD1106																																							1	1	2
	ALD1107																																							1	2	3

각 실험 별 소요장비 (1조 기준)

사용장비 \ 실험	1	2	3	4	5	6	7	8	9	10	11	12	13	14	15	16	17	18	19	20	21	22	23	24	25	26	27	28	29	30	31	32	33	34	35	36	37	38	39	40	장비 사용 횟수
디지털 멀티미터 (DMM)	1	1	1	1	1	1	1	1	1	1	1	1	1	1	1	1	1	1	1	1	1	1	1	1	1	1	1	1	1	1	1	1	1	1	1	1	1	1	1	1	40
파형 발생기	1	1	1	–	–	1	–	1	1	1	1	1	–	–	1	1	1	1	1	1	–	–	–	–	1	1	1	1	1	1	1	1	1	1	1	–	–	–	1	1	28
직류전원장치 (±15V, ±5V,)	1	1	1	1	1	–	–	–	1	1	1	1	1	1	1	1	1	1	1	1	1	1	1	1	1	1	1	1	1	1	1	1	1	1	1	1	1	1	1	1	37
오실로스코프 (2채널)	1	1	1	1	1	1	1	1	1	1	1	1	–	–	1	1	1	1	1	1	1	1	1	1	1	1	1	1	1	1	1	1	1	1	1	1	1	1	1	1	38
브레드보드	1	1	1	1	1	1	1	1	1	1	1	1	1	1	1	1	1	1	1	1	1	1	1	1	1	1	1	1	1	1	1	1	1	1	1	1	1	1	1	1	40
직류전압계	–	–	–	2	2	–	–	–	–	–	–	–	2	2	–	–	–	–	–	–	–	–	–	–	–	–	–	–	–	–	–	–	–	–	–	–	–	–	–	–	8
직류전류계	–	–	–	1	1	–	–	–	–	–	–	–	1	2	1	–	–	–	–	–	–	–	–	–	–	–	–	–	–	–	–	–	–	–	–	–	–	–	3	2	11
듀얼채널 파형 발생기	–	–	–	–	–	–	–	–	–	–	–	–	–	–	–	–	–	–	–	–	1	1	1	1	–	–	–	–	–	–	–	–	–	–	–	–	–	–	–	–	4